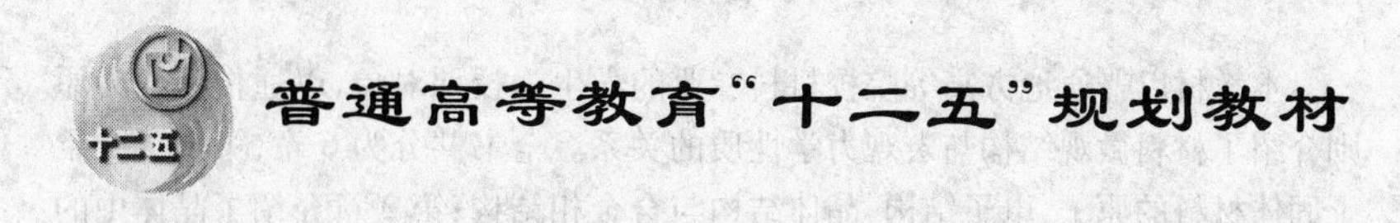

普通高等教育"十二五"规划教材

材料结构与力学性质

刘伟东　屈　华　刘秉余　赵荣达　石　萍　编

北　京
冶金工业出版社
2013

内容提要

本教材以普通地方高等院校材料专业的学生为授课对象，以通俗易懂为原则介绍了材料微观结构与宏观力学性质的关系。全书共分为6章，第1章介绍了固体材料的原子、电子结构、晶体结构与合金相结构；第2章介绍了晶体中的点缺陷与位错；第3章介绍了材料的表面与界面；第4章介绍了材料的变形、回复与再结晶以及材料的高温变形、黏性和黏弹性变形；第5章介绍了材料常见的强化方法、微观机制和基本理论；第6章介绍了材料断裂的过程和微观机制以及断口分析方法。通过对本教材的学习，学生可以把材料的微观结构与宏观力学性质有机地结合起来，达到基础理论与应用融会贯通的目的，有助于培养学生理论联系实际，分析与解决问题的能力。

本书适用于普通地方高等院校材料类专业师生，也可供相关专业的工程技术人员参考。

图书在版编目(CIP)数据

材料结构与力学性质/刘伟东等编．—北京：冶金工业出版社，2012.8（2013.9重印）
普通高等教育“十二五”规划教材
ISBN 978-7-5024-5659-7

Ⅰ.①材…　Ⅱ.①刘…　Ⅲ.①工程材料—结构性能—高等学校—教材　②材料力学性质—高等学校—教材
Ⅳ.①TB303

中国版本图书馆CIP数据核字(2012)第182800号

出版人　谭学余
地　址　北京北河沿大街嵩祝院北巷39号，邮编100009
电　话　(010)64027926　电子信箱　yjcbs@cnmip.com.cn
责任编辑　李梅　李臻　美术编辑　李新　版式设计　孙跃红
责任校对　卿文春　责任印制　张祺鑫
ISBN 978-7-5024-5659-7
冶金工业出版社出版发行；各地新华书店经销；北京百善印刷厂印刷
2012年8月第1版，2013年9月第2次印刷
787mm×1092mm　1/16；14.5印张；346千字；218页
32.00元

冶金工业出版社投稿电话：(010)64027932　投稿信箱：tougao@cnmip.com.cn
冶金工业出版社发行部　电话：(010)64044283　传真：(010)64027893
冶金书店　地址：北京东四西大街46号(100010)　电话：(010)65289081(兼传真)
（本书如有印装质量问题，本社发行部负责退换）

前　言

随着我国高等教育改革的迅速发展,不同高等院校根据自己的实际情况在人才培养目标和要求、人才培养模式、课程体系和教学内容、实践教学等方面都有不同的定位。各高等院校的人才培养方向存在差异,一套教材已经很难再供所有高等院校学生使用。一些偏重理论研究的大学倾向选择使用理论性较强的教材,以便为开展高水平科学研究夯实基础,培养更多的研究型人才;而一些偏重应用科学的高等院校则大多选择使用有一定基础理论且注重工程应用的教材,教学效果会更好,有助于培养更多的应用型人才。本教材是针对偏重应用科学的一般普通高等院校的学生而编写的,以材料微观结构与宏观力学性质的关系为主线,注重基础理论的讲授,但不过分强调理论,以通俗易懂为原则。

本教材共分为6章。第1章介绍了固体材料的结构,主要包括固体材料的原子与电子结构、金属与合金的晶体结构和相结构;第2、3章介绍了晶体中的缺陷,主要包括点缺陷、位错、材料的表面与界面;第4章介绍了材料的变形、回复与再结晶、材料的高温变形、黏性和黏弹性变形;第5章介绍了材料常见的强化方法、微观机制和基本理论;第6章介绍了材料断裂的基本过程、微观机制和断口形貌以及分析方法。

本教材第1章中与原子及电子结构相关的知识是同类教材中所没有介绍的,此部分内容对于帮助学生理解合金的力学性质的微观本质具有重要意义。在与“晶体缺陷与力学性质”有关的教材中,与晶体结构及合金相结构知识相关的内容讲述得很少,一般直接讲述晶体缺陷,缺少过渡,学生很难适应。决定材料宏观性质的应该是材料的结构及其缺陷两部分,过分强调缺陷的重要性,而忽略晶体结构,会使学生对知识的掌握存在缺陷,甚至会产生歧义。因此,本教材第1章重点介绍了材料的原子与电子结构、金属与合金的晶体结构和相结构,使学生从电子、原子、晶胞、相、组织等层面全面系统掌握材料的结构。本教材第2、

3 章为全书的重点，讲述了晶体中各种缺陷及相关基本理论。本教材第 4、5、6 章在讲述材料的变形、回复与再结晶、材料的强化理论、材料断裂知识时，分层次循序渐进地辅以第 1、2、3 章的理论分析，使理论与材料的宏观力学性质有机地结合在一起，达到融会贯通的目的。

本教材第 2、3 章由刘伟东教授编写；第 1、5 章由屈华副教授编写；第 6 章由刘秉余副教授编写；第 4 章 4.4 节 ~4.8 节由赵荣达博士编写；第 4 章 4.1 节 ~4.3 节由石萍教授编写。本教材编写过程中得到了辽宁工业大学齐锦刚教授的指导，在此表示诚挚感谢！

在编写本教材时，参考了很多著作和教材，诸如冯端先生等著的《金属物理学》，胡赓祥、蔡珣主编的《材料科学基础》，崔忠圻、覃耀春主编的《金属学与热处理》等，参考文献如有遗漏，敬请原谅，在此向这些作者表示衷心感谢。

由于编者水平有限、时间仓促，不足之处在所难免，恳请读者批评指正。

编 者

2012 年 5 月

目　　录

1　固体材料的结构

本章提要：材料科学的核心问题是材料的结构和性能的关系，材料结构决定了材料的性能。材料结构可分原子（电子）结构、原子组成的晶体结构和合金相组成的显微结构三个层次。本章介绍了组成固体材料的原子的结构及其状态，金属及合金的晶体结构，合金相及其分类。应重点掌握固体与分子中原子的状态、三种典型的金属晶体结构及其原子堆垛方式和间隙，掌握固溶体的基本特征和力学性能特点及其影响因素，了解金属间化合物的性能特点及其分类。

1.1　引　言

材料是人类社会所能接受的、可经济地制造有用器件或物品的物质。材料科学是研究材料的组织结构、性质、生产流程和使用效能，以及它们之间相互关系的科学。材料科学是多学科交叉与结合的与工程技术密不可分的应用科学。材料科学的核心问题是材料的结构和性能的关系，材料科学的研究对象是材料的结构和性能。材料结构可分为三个层次，第一个层次为原子（电子）的结构，即原子中电子围绕原子核运动的情况；第二个层次为原子在空间的排列；第三个层次为材料的显微结构，即显微镜下所观察到的构成材料的各相的组合图像。

材料的种类繁多，可以根据化学组成、状态、作用和使用领域进行分类。以其最基本的结构单元——原子间的主要化学键可分为三类：以金属键结合的金属材料；以离子键和共价键为主要键合方式的无机非金属材料；以共价键为主要键合方式的高分子材料。

材料的性能指的是材料受到外界作用时的行为。材料的性能可分为简单性能和复杂性能两大类。简单性能包括物理性能、化学性能和力学性能，主要包括材料的热导率、吸声性能、折射率、介电常数、磁导率、抗辐射性能、强度、弹性、塑性、韧性、抗氧化性、抗腐蚀能力、抗渗入性等性能。复杂性能是指工艺性、使用性能和简单性能的复合性能，主要包括切削性、耐磨性和高温疲劳强度等。

材料科学的研究任务是对材料的结构和性能进行分析，并研究结构和材料性能的关系，为材料性能的改进和新材料的开发提供指导。材料科学的研究方法分为理论研究方法和实验研究。材料的结构决定了材料的性能。固体材料的性能取决于其微观的化学成分、组织和结构，化学成分不同的材料具有不同的性能，而相同成分的材料经不同处理具有不同的组织、结构时，也将具有不同的性能。而在化学成分、组织和结构中，结构是最关键的因素。

1.2 材料的原子与状态

决定材料性能最根本的因素是组成材料的各元素的原子结构，包括原子间的相互作用、结合方式，原子或分子在空间的排列分布和运动规律以及原子集合体的形貌特征等。

1.2.1 原子结构

原子结构直接影响原子间的结合方式。原子是由质子和中子组成的原子核以及核外的电子所构成的。原子核内有中子和带正电的质子，因此原子核带正电荷。由于静电吸引作用，带负电荷的电子被牢牢地束缚在原子核周围。每个电子和质子所带的电荷相等。因为原子中电子和质子的数目相等，所以从整体来说，原子是电中性的。

原子 = 原子核（正电） + 电子（负电，若干），就像星系 = 恒星（一个） + 行星（若干），电子在空间的分布形成了包围着核的若干壳层。

原子的体积很小，直径约为 10^{-10}m（Å 量级）数量级，而其原子核的直径更小，仅为 10^{-15}m 数量级。然而，原子的质量却主要集中在原子核内。因为每个质子和中子的质量大致为 1.67×10^{-24}g，而电子的质量约为 9.11×10^{-28}g，仅为质子质量的1/1836。相对原子质量为元素的平均原子质量与核素^{12}C 原子质量的 1/12 之比，单位是 g/mol。

元素的原子序数等于原子中的电子或质子数，因此，有 26 个电子和 26 个质子的铁原子，其原子序数为 26。原子核内含有不同中子数的相同元素的原子称为同位素，它们有着不同的相对原子质量。这种元素的原子质量是这些同位素质量的平均值，因此相对原子质量可能不是一个整数。

1.2.2 自由原子的状态

电子在空间的分布形成了包围着核的若干壳层，Na 的原子结构中 K 、L、M 量子壳层的电子分布状况见图 1-1。

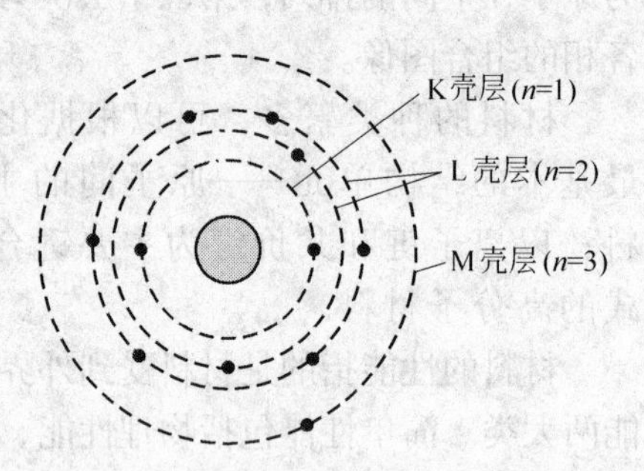

图 1-1 钠原子结构中 K、L、M 量子壳层的电子分布状况

原子中电子的运动状态可用 4 个量子数来描述，它们分别是：主量子数 n，轨道角动量量子数 l，轨道的空间取向磁量子数 m，电子自旋量子数 s。

(1) 主量子数 n。$n=1$，电子在 K 层；$n=2$，电子在 L 层；$n=3$，电子在 M 层；$n=4$，电子在 N 层；$n=5$，电子在 O 层；$n=6$，电子在 P 层；$n=7$，电子在 Q 层。

(2) 轨道角动量量子数 l。每个壳层有若干个电子轨道，每个轨道对应一定的轨道角动量，用角量子数 l 表示。$l=0$，电子在 s 轨道；$l=1$，电子在 p 轨道；$l=2$，电子在 d 轨道；$l=3$，电子在 f 轨道。

K 层只有 s 轨道，L 层有 s、p 两种轨道，M 层有 s、p、d 三种轨道，N 层有 s、p、d、f 四种轨道，O 层有 s、p、d、f 四种轨道，P 层有 s、p、d、f 四种轨道，Q 层有 s、p 两种轨道。s 轨道的形状为球形，p 轨道的形状为 3 个互相垂直的 8 字形，d 轨道的形状较为复杂。s、p、d 原子轨道的形状如图 1-2 所示。

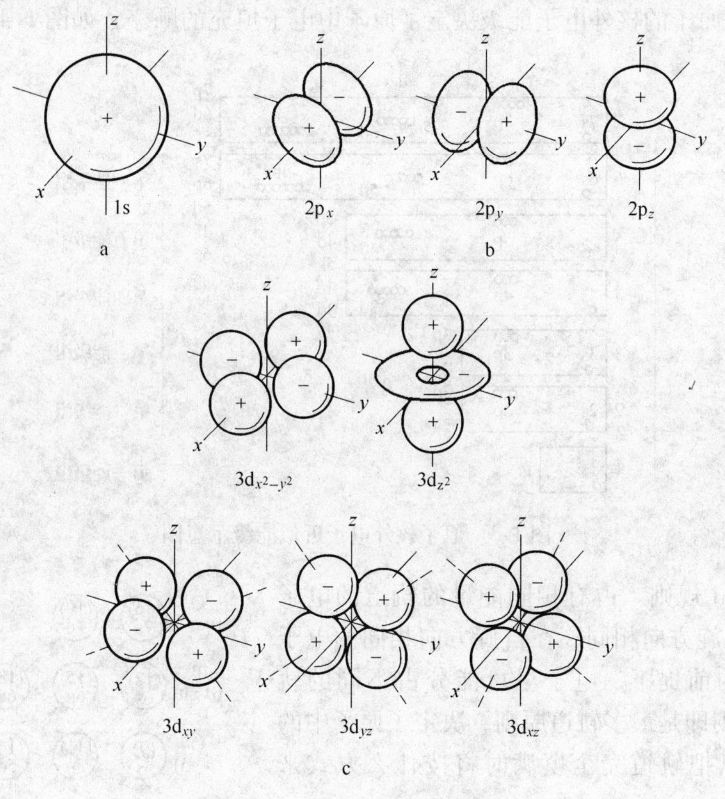

图 1-2　原子轨道三维图形

a—s 轨道；b—p 轨道；c—d 轨道

（3）轨道的空间取向磁量子数 m。磁量子数 m 表征轨道的空间取向特征。对于给定的角量子数 l，$m_{值数}=2l+1$。对于 N 层的 s、p、d、f 四种轨道，s 轨道 $l=0$，$m_{值数}=2\times0+1=1$，s 轨道是球形，有 1 种空间取向，$m=0$；p 轨道 $l=1$，$m_{值数}=2\times1+1=3$，p 轨道是 3 个互相垂直的 8 字形，有 3 种空间取向，$m=1$、0、-1；d 轨道 $l=2$，$m_{值数}=2\times2+1=5$，d 轨道有 5 种空间取向，$m=2$、1、0、-1、-2；f 轨道 $l=3$，$m_{值数}=2\times3+1=7$，f 轨道有 7 种空间取向，$m=3$、2、1、0、-1、-2、-3。

（4）电子自旋量子数 s。电子除了在轨道上绕核运动外，还被认为有自转运动，因而引入自旋量子数，$s=1/2$ 上自旋，$s=-1/2$ 下自旋。

多电子的原子中，核外电子的排布规律遵循 3 个原则，即 Pauli 不相容原理、能量最低原理、Hund 规则。具体如下：

（1）Pauli 不相容原理。任何两个电子的运动状态都不能具有 4 个完全相同的量子数，因此，在同一个轨道上最多只能容纳 2 个电子，且它们的自旋方向必须相反。

依此原理可以推算出：每个壳层内最多可容纳 $2n^2$ 个电子。

（2）能量最低原理。原子中的电子处于原子核的中心势场中，核与电子之间存在库仑相互作用（与距离有关），离核越近电子的能量越低，具有较低能量的电子状态比具有较高能量的状态更稳定。

如图1-3所示，在可能的条件下，电子填充时总是趋向于最稳定的状态，即能量尽可能低的状态。原子的核外电子能级决定了原子中电子填充的顺序，如图1-4所示。

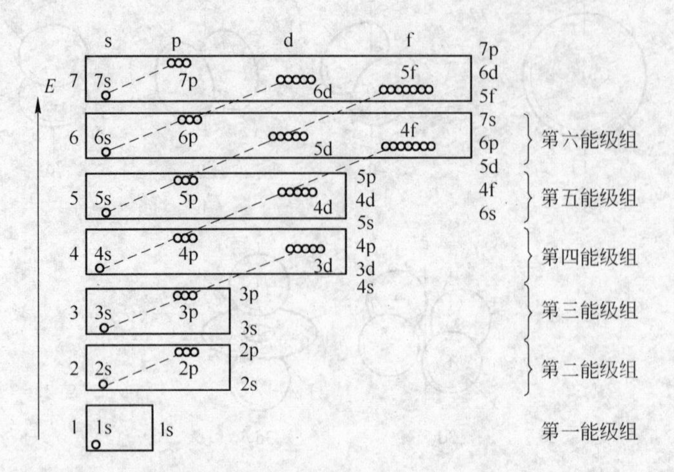

图1-3 原子核外电子近似能级示意图

(3) Hund规则。占有相同能量的轨道的电子尽可能保持自旋方向相同，在自旋方向相同的电子数尽可能多的前提下，电子尽可能分占不同的轨道。Hund规则即是最多轨道原则，决定了原子中的电子数不足以把轨道完全填满时将按什么方式来填充。

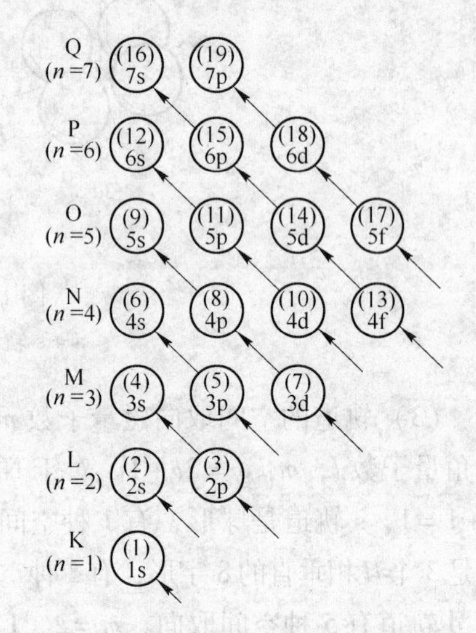

图1-4 电子填入原子轨道顺序

原子的状态可以分为定态、基态与激发态。

(1) 定态。原子是一种稳定存在的体系，即原子体系处于稳定的状态。任何一个原子都具有一系列的定态，每个定态对应着体系的一个能量确定值。

(2) 基态与激发态。基态对应着所有原子状态中能量值最低的那个原子状态。激发态为除基态以外的所有原子状态。低激发态为能量较低的激发状态，高激发态为能量较高的激发状态。

(3) 电子组态对原子状态的影响。对于一个给定的原子来说，它的各种不同的原子状态都起因于其未满壳层中电子排布的变化。因此，在描述原子状态时，所给出的原子中电子的组态不需要全部的电子组态，而只是需要在满壳层以外的那些未满壳层或亚壳层(s、p、d轨道)中的电子组态。

未满壳层或亚壳层即是价电子层。

原子 = 原子芯 + 价电子层

例：Fe原子的电子组态为$1s^2 2s^2 2p^6 3s^2 3p^6 3d^6 4s^2$。

(4) 与基态相联系的电子组态。周期表中所给的电子组态是原子基态所对应的电子组态。

1.2.3　固体与分子中原子的状态

1.2.3.1　价电子层

原子中的电子壳层 = 闭壳层 + 价电子层

闭壳层是指被电子完全填满的内部壳层。价电子层是指未满壳层以外的壳层，包括未满壳层。

周期表给出的 Fe 电子组态为 $3d^64s^2$，即 $1s^22s^22p^63s^23p^63d^64s^2$，可表示如下：

↑↓	↑↓	↑↓ ↑↓ ↑↓	↑↓	↑↓ ↑↓ ↑↓	↑ ↑ ↑ ↑ ↑	↑↓
$1s^2$	$2s^2$	$2p^6$	$3s^2$	$3p^6$	$3d^5$	$4s^2$

3d 有 5 个轨道 6 个电子，怎么填充呢？

当自由原子进入固体与分子中时，原子间的相互作用将引起原子内电子状态的复杂变化，这些变化主要是发生在价电子层中。原子内部的闭壳层中的电子将基本上与原来的自由原子状态保持一致，因此，在讨论原子状态变化时将不予考虑，只考虑价电子层即可。

1.2.3.2　价电子与原子价态

价电子是指处于价电子层中的电子。价的概念来自于化学上一种元素与另一种元素化合时的相对比值。例：H_2O，H 为 +1 价，则 O 为–2 价。价的正负性是相对离子化合物中正负离子的价而言的。

原子的价数取决于价电子层中电子的组态，就是原子在正常的基态或某个容易达到的价态（激发态）所具有的电子单占据轨道的数目。

单占据轨道是指被一个电子占据的轨道。从上面的定义可以看出，原子的价是可以变化的。正常价态是指对应原子基态的价电子组态所给出的原子价态，亦可称为自然价态。假如一个原子基态的价电子组态为 ns^2np^2，则有两个单占据轨道 $np_x\ np_y$，因此，其自然价态是 2 价。但在实际的固体与分子中，这些元素有可能以 ns^1np^3 的价电子组态出现，此时有 4 个单占据轨道 $ns\ np_x\ np_y\ np_z$，则 4 价是其激发态的价态。

1.2.4　原子间的结合

分子和固体是多粒子体系，在多粒子体系中各粒子（原子、分子或离子）之间存在强烈的相互作用，这种作用就是化学键。相互吸引作用与相互排斥作用达到平衡，构成稳定的分子或固体体系。吸引作用从本质上讲是一种电磁相互作用，随原子间距离的变化而改变。

1.2.4.1　金属键

当金属晶体内组成原子的外层价电子全部或部分离开原来的原子而在整个晶体中运动，即价电子为整个晶体公有时，整个晶体就可看做是许多的正离子浸泡在由公有化电子形成的负电子云的海洋之中。在金属晶体内负电子云和正离子实之间存在库仑相互作用，这种作用就是金属键。

金属键的基本特点是电子的公有化。金属键既无饱和性也无方向性，因而每个原子都有可能同更多的原子相结合，并趋于形成低能量的密堆结构。当金属受力变形而改变原子之间的相互位置时，金属键不至于被破坏，这就使金属具有良好的延展性，并且由于自由电子的存在，金属一般都具有良好的导电和导热性能。

金属键的本质可以解释固态金属的一些特性：

（1）导电性。自由电子沿着电场方向定向运动。

（2）导热性。自由电子运动和正离子振动。

（3）正电阻温度系数。温度升高，正离子或原子本身运动幅度加大，阻碍电子通过。

（4）金属光泽。自由电子易吸收可见光能量而跃迁到较高能级，当它跳回原来的能级时，辐射可见光。

（5）延展性。金属键没有方向性和饱和性，当金属的两部分发生相对位移时，金属的正离子始终被包围在电子云中而保持着金属键的结合，金属能经受变形而不发生断裂。

1.2.4.2 离子键

若分子和固体的组成单元不是电中性的原子而是带正电或负电的正、负离子，此时通过正负离子的相互排列，每个离子都与最近邻的异性离子彼此产生库仑吸引作用，这种正负离子间强烈的静电库仑吸引作用就是离子键。大多数盐类（NaCl）、碱类（NaOH）和金属氧化物（Fe_3O_4）主要以离子键的方式结合。

离子键键合的基本特点是以离子而不是以原子为结合单元。一般离子晶体中正负离子静电引力较强，结合牢固，因此其熔点和硬度均较高。另外，在离子晶体中很难产生自由运动的电子，因此它们都是良好的电绝缘体。但当处在高温熔融状态时，正负离子在外电场作用下可以自由运动，即呈现离子导电性。

1.2.4.3 共价键

当两个原子相互靠近时，原子中某些电子的波函数（原子轨道）彼此发生重叠。若重叠的两个原子间电子密度增加，则将引起两个原子间强烈的相互吸引作用，这种作用就是共价键。共价键是两个或多个电负性相差不大的原子通过共用电子对而形成的。

共价键键合的基本特点是核外电子云达到最大的重叠，形成共用电子对，有确定的方位，且配位数较小。共价键在亚金属（碳、硅、锡、锗等）、聚合物和无机非金属材料中均占有重要地位。共价晶体中各个键之间都有确定的方位，配位数比较小。共价键的结合极为牢固，故共价晶体具有结构稳定、熔点高、质硬脆等特点。由共价键形成的材料一般是绝缘体，其导电性能差。

共价键、离子键、金属键是对实际分子和固体中原子间相互作用的极端情况的描述，在实际的分子和固体中，大多数情况下原子间的相互作用介于这些极端的相互作用之间。

1.3 金属及合金的晶体结构

固体材料可分为晶体与非晶体，金属材料在通常情况下都是晶体。晶体的特性是相对于非晶体而言的。晶体与非晶体的区别不在于外形，而在于内部原子排列情况。晶体中的原子按一定的规律周期性地重复排列，而非晶体中的原子散乱分布，最多局部会出现一些短程规则排列。晶体有固定的熔点，不同方向上性能有或大或小的差异，即晶体具有各向异性。但晶体与非晶体在一定条件下是可以相互转化的，例如玻璃经过长时间高温加热可以转化为晶态玻璃，液态金属经极快冷却可转化为非晶态金属。

金属材料的突出特性是具有金属光泽，高的导电性和导热性，较好的机械强度和塑性，正的电阻温度系数等。金属的这些性能并不完全取决于单个原子的结构及原子间的键合，而是与其晶体结构密切相关。原子的排列方式对材料的结构和性能有十分重要的作用。例如，铝的原子排列方式使得铝具有良好的塑性，而铁的原子排列方式使得铁具有很好的强度。

1.3.1 三种典型的金属晶体结构

晶体结构是指晶体中原子（或离子、分子、原子集团）的具体排列情况，也就是晶体中这些质点（原子、离子、分子、原子集团）在三维空间有规律的周期性的重复排列方式。金属及合金的晶体结构比较简单，其中最典型、最常见的金属晶体结构有 3 种类型：体心立方结构、面心立方结构和密排六方结构。

1.3.1.1 体心立方结构

体心立方结构，简写为 bcc，又称为 A_2结构，具有体心立方结构的金属有 α-Fe、Cr、V、Nb、Mo、W 等约 30 多种。

体心立方晶格的晶胞模型见图 1-5。晶胞的 3 个棱边长度相等，3 个轴间夹角均为 90°，构成立方体。除了在晶胞的 8 个角上各有一个原子外，在立方体的中心还有一个原子。

a

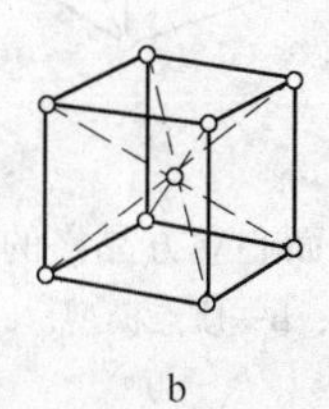
b

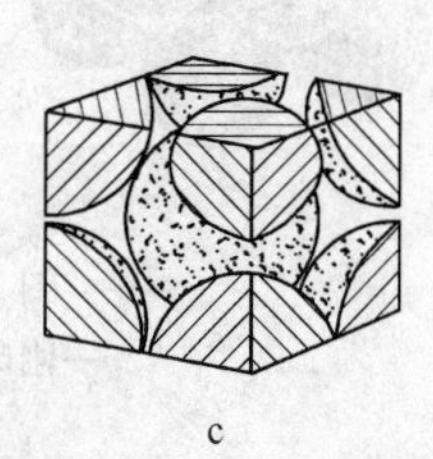
c

图 1-5 体心立方晶格的晶胞模型
a—刚球模型；b—质点模型；c—晶胞原子数

在体心立方晶胞中，原子沿立方体的体对角线紧密地接触着，如图 1-5a 所示。设晶胞的点阵常数（或晶格常数）为 a，则立方体的体对角线的长度为 $\sqrt{3}a$ ，等于 4 个原子半径，所以体心立方晶胞中的原子半径 $r = \sqrt{3}a/4$。

由于晶格由大量晶胞堆垛而成，因而晶胞每个角上的原子为与其相邻的 8 个晶胞所共有，故只有 1/8 个原子属于这个晶胞，晶胞中心的原子完全属于这个晶胞，所以体心立方晶胞中的原子数为 $8 \times (1/8) + 1 = 2$，如图 1-5c 所示。

晶胞中原子排列的紧密程度也是反映晶体结构特征的一个重要因素，通常用两个参数来表征：一个是配位数，另一个是致密度。

配位数是指晶体结构中与任一原子最近邻、等距离的原子数目。显然，配位数越大，晶体中的原子排列便越紧密。在体心立方晶格中，以立方体中心的原子来看，与其最近邻、等距离的原子数有 8 个，所以体心立方晶格的配位数为 8。

若把原子看成刚性圆球，那么原子之间必然有空隙存在，原子排列的紧密程度可用晶胞中原子所占体积与晶胞体积之比表示，称为致密度。致密度可表示为 $K = nV_1/V$，其中，K 为晶体的致密度，n 为一个晶胞实际包含的原子数，V_1 为一个原子的体积，V 为晶胞的体积。

体心立方晶格的致密度为：

$$K_{体} = \frac{n_{体}\ V_{原子}}{V_{晶胞}} = \frac{2 \times \frac{4}{3}\pi \times \left(\frac{\sqrt{3}}{4}a\right)^3}{a^3} \approx 0.68$$

此值表明，在体心立方晶格中，有 68% 的体积为原子所占据，其余 32% 为间隙体积。

1.3.1.2　面心立方结构

面心立方结构，简称为 fcc，又称为 A_1 结构，具有面心立方结构的金属有 γ-Fe、Cu、Ni、Al、Ag 等约 20 多种。面心立方晶格的晶胞模型见图 1-6。晶胞的 3 个棱边长度相等，3 个轴间夹角均为 90°，构成立方体。在晶胞的 8 个角上各有 1 个原子，在立方体 6 个面的中心各有 1 个原子。

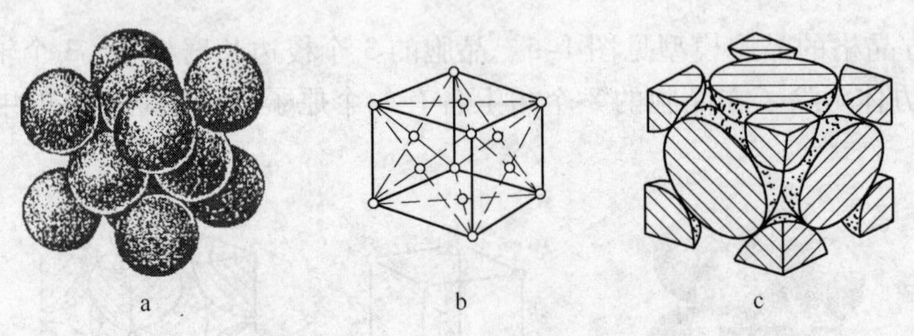

图 1-6　面心立方晶格的晶胞模型

a—刚球模型；b—质点模型；c—晶胞原子数

由图 1-6c 可以看出，每个角上的原子为 8 个晶胞所共有，每个晶胞实际占有该原子的 1/8，而位于 6 个面中心的原子同时为相邻的两个晶胞所共有，每个晶胞只分到面心原子的 1/2，因此面心立方晶胞中的原子数为 $8 \times (1/8) + 6 \times (1/2) = 4$。

在面心立方晶胞中，只有沿着晶胞 6 个面的对角线方向的原子才是互相接触的，面对角线的长度为 $\sqrt{2}a$，它与 4 个原子半径的长度相等，所以面心立方晶胞的原子半径 $r = \sqrt{2}a/4$。

从图 1-6 可看出，以面中心那个原子为例，与之最近邻的是它周围顶角上的 4 个原子，这 5 个原子构成了一个平面，这样的平面共有 3 个，3 个面彼此相互垂直，结构形式相同，所以与该原子最近邻、等距离的原子共有 $4 \times 3 = 12$ 个，因此面心立方晶格的配位数为 12。

由于面心立方晶胞中的原子数和原子半径是已知的，因此可以计算出它的致密度为：

$$K_{面} = \frac{n_{面} V_{原子}}{V_{晶胞}} = \frac{4 \times \frac{4}{3}\pi \times \left(\frac{\sqrt{2}}{4}a\right)^3}{a^3} \approx 0.74$$

此值表明，在面心立方晶格中，有 74% 的体积为原子所占据，其余 26% 为间隙体积。

1.3.1.3 密排六方结构

密排六方结构，简称为 hcp，又称为 A_3结构，具有密排六方结构的金属有 Zn、Mg、Be、α-Ti、α-Co、Cd 等约 25 种。密排六方晶格的晶胞模型见图 1-7。在晶胞的 12 个角上各有 1 个原子，构成六方柱体，上底面和下底面的中心各有 1 个原子，晶胞内还有 3 个原子。

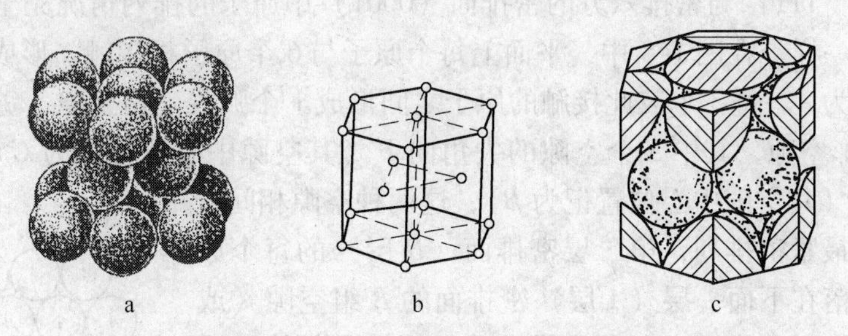

图 1-7 密排六方晶格的晶胞模型

a—刚球模型；b—质点模型；c—晶胞原子数

由图 1-7c 可以看出，六方柱体每个角上的原子均属 6 个晶胞所共有，上、下底面中心的原子同时为两个晶胞所共有，再加上晶胞内的 3 个原子，故密排六方晶胞中的原子数为 $12 \times (1/6) + 2 \times (1/2) + 3 = 6$。

密排六方晶格的晶格常数有两个：一是正六边形的边长 a；另一个是上、下两底面之间的距离 c，c 与 a 之比 c/a 称为轴比。在典型的密排六方晶格中，原子刚球十分紧密地堆垛排列，如晶胞上底面中心的原子，它不仅与周围 6 个角上的原子相接触，而且与其下面的 3 个位于晶胞之内的原子以及与其上面相邻晶胞内的 3 个原子相接触，故配位数为 12，此时的轴比 $c/a = \sqrt{8/3} \approx 1.633$。但是，实际的密排六方晶格金属，其轴比或大或小地偏离这一数值，大约在 1.57～1.64 之间波动。

对于典型的密排六方晶格金属，其原子半径为 $a/2$，致密度为：

$$K_{密} = \frac{n_{密} V_{原子}}{V_{晶胞}} = \frac{6 \times \frac{4}{3}\pi \times \left(\frac{a}{2}\right)^3}{\frac{3\sqrt{3}}{2}a^2 \times \sqrt{\frac{8}{3}}a} \approx 0.74$$

密排六方晶格的配位数和致密度均与面心立方晶格相同，说明这两种晶格的晶胞中原子的紧密排列程度相同。

1.3.2 三种典型金属晶体结构中的原子堆垛方式

三种典型金属晶体结构的配位数和致密度的计算结果表明，配位数以 12 为最大，致密度以 0.74 为最高。因此，面心立方晶格和密排六方晶格均属于最紧密排列的晶格。为什么两者的晶体结构不同但却会有相同的密排程度呢？这与它们的原子堆垛方式有关。

任何晶体都可以看成是由任意的（*hkl*）原子面一层一层地堆垛而成的。晶体堆积的球有两种：一种是单质原子作等大球紧密堆积，比如金属晶体，另一种是离子作不等大球的紧密堆积。对于金属来说，由于金属键没有方向性，其堆垛一般是采用紧密堆积的方式。不同晶体结构中不同晶面上的原子排列方式和排列密度不一样。晶体中原子排列最紧密的平面称为密排面。

1.3.2.1　fcc 和 hcp 结构中的原子堆垛方式

在一个平面上原子最紧密排列的情况是原子之间彼此紧密接触，如图 1-8 所示。面心立方的密排面｛111｝与密排六方的密排面（0001）中原子的排列情况完全相同，但原子的堆垛方式不一样。在图 1-8 中，平面上每个原子与 6 个原子相接触，形成第一层，其原子中心位置记为 *A*。每 3 个彼此接触的原子之间形成 1 个弧线三角空隙，每个原子周围有 6 个弧线三角形空隙，其中 3 个空隙的尖角向下（其空隙中心位置记为 *C*），另外 3 个空隙的尖角向上（其空隙中心位置记为 *B*），这两种空隙相间分布。

为了获得最紧密排列，第二层密排面（*B* 层）的每个原子应当正好坐落在下面一层（*A* 层）密排面的 *B* 组空隙（或 *C* 组）上。第三层密排面有两种堆垛方式：第一种是第三层密排面的每个原子中心正好对应第一层（*A* 层）密排面的原子中心，第四层密排面又与第二层重复，以下依此类推。因此，密排面的堆垛顺序是 *ABAB*…，按照这种堆垛方式，即构成密排六方晶格，如图 1-9 所示。

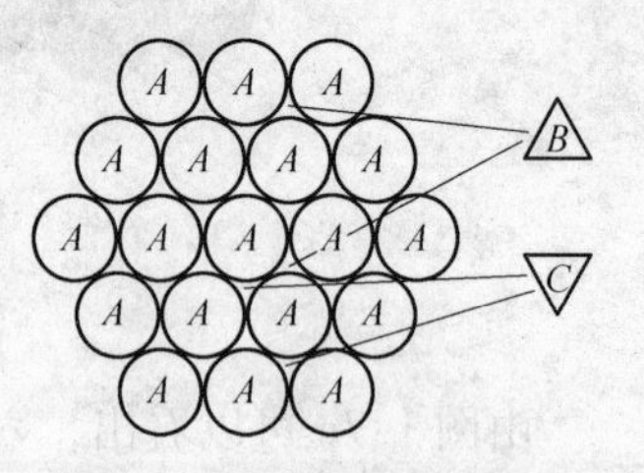

图 1-8　面心立方与密排六方密排面原子排列情况

第二种堆垛方式是第三层密排面（*C* 层）的每个原子中心不与第一层密排面的原子中心重复，而是位于既是第二层原子的空隙中心，又是第一层原子的空隙中心处。之后，第四层的原子中心与第一层的原子中心重复，第五层又与第二层重复，以此类推，它的堆垛方式为 *ABCABCABC*…，这就构成了面心立方晶格，如图 1-10 所示。

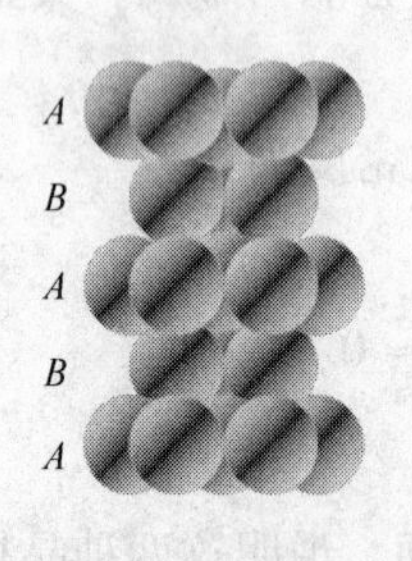

图 1-9　密排六方原子堆垛方式

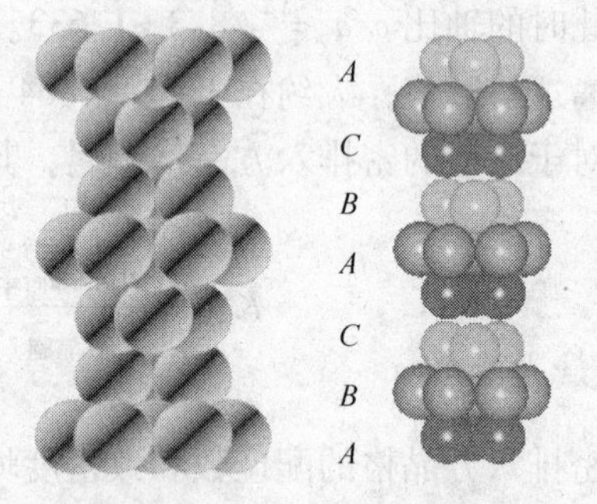

图 1-10　面心立方原子堆垛方式

1.3.2.2　bcc 结构中的原子堆垛方式

在体心立方晶胞中，体心原子与 8 个顶角原子相切，8 个顶角上的原子彼此间不相互接触，原子排列较为紧密的面是连接立方体晶胞的两个斜体对角线所组成的面，若将该面取出并向四周扩展，则可绘出如图 1-11a 所示的原子面。由图 1-11 可看出，这层原子面上原子间的空隙是由 4 个原子构成的，原子排列的紧密程度较差，通常称其为次密排面。为了获得较为紧密的排列，第二层次密排面（*B* 层）应坐落在第一层（*A* 层）的空隙中心上，第三层的原子位于第二层的原子空隙处，并与第一层的原子中心相重复，依此类推。因而它的堆垛方式为 *ABABAB*…，由此构成体心立方晶格，如图 1-11b 所示。

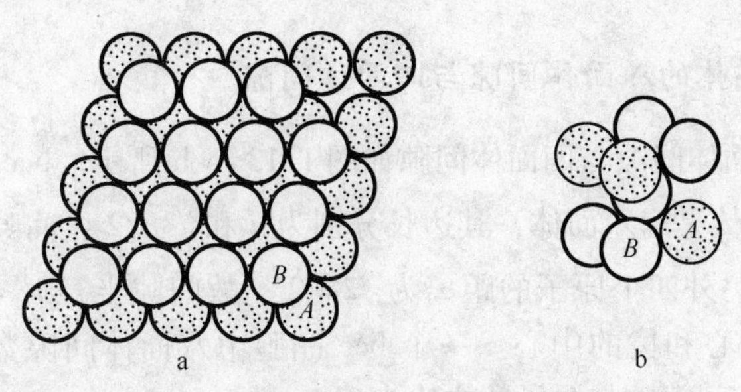

图 1-11　体心立方原子堆垛方式

a—原子面；b—体心立方晶格

1.3.3　三种典型金属晶体结构中的间隙

从金属晶体中原子排列的刚性模型及其致密度可以看出，金属中存在许多间隙，这些间隙对金属的性能、合金相结构和扩散与相变等都有重要的影响。金属晶体中常见的间隙有两类，即八面体间隙和四面体间隙。

1.3.3.1　fcc 晶体的八面体间隙与四面体间隙

fcc 晶胞的 6 个面心原子可以连成一个边长为 $\sqrt{2}a/2$ 的正八面体，其中心为晶胞的体心，如图 1-12a 所示。由于 fcc 晶胞每条棱的中心和体心是等同位置，所以这些棱的中心也是八面体间隙的中心。一个 fcc 晶胞中八面体间隙的数量为 12 ×（1/4）+ 1 = 4 个，故八面体间隙数与原子数之比为 1∶1。间隙的大小可用间隙半径 r_x 来表示，fcc 八面体间隙的半径为八面体顶点原子至间隙中心的距离减去原子半径，即 $r_x = a/2 - r$，而 $r = \sqrt{2}a/4$，故 $r_x = a/2 - \sqrt{2}a/4 = 0.146a$。

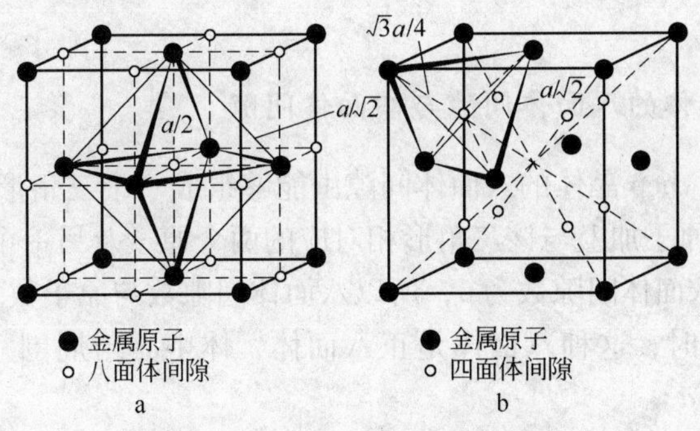

图 1-12　面心立方晶体的间隙

a—八面体间隙；b—四面体间隙

若用（200）、（020）、（002）三个晶面将 fcc 晶胞分成 8 个相同的小立方体，则每个小立方体的中心就是 fcc 晶胞四面体间隙的中心，一个 fcc 晶胞内有 8 个四面体间隙，所以四面体间隙数与原子数之比为2∶1。如图 1-12b 所示，fcc 晶胞的四面体间隙是由一个顶点原子和与其相邻的 3 个面中心原子所组成的，这个正四面体的边长为 $\sqrt{2}a/2$，则四面体间隙的半径 $r_x = \sqrt{3}a/4 - r = \sqrt{3}a/4 - \sqrt{2}a/2 = 0.08a$。fcc 晶胞的八面体间隙比四面体间隙大得多。

1.3.3.2　bcc 晶体的八面体间隙与四面体间隙

bcc 晶体中的八面体间隙与四面体间隙如图 1-13a、b 所示。bcc 的八面体间隙由 6 个原子围成，这个八面体是扁八面体，其边长分别为 a 和 $\sqrt{3}a/2$，间隙中心与上下两个原子的距离为 $a/2$，而与另外四个原子的距离为 $\sqrt{2}a/2$，故间隙半径 $r_x = 0.067a$。bcc 晶体的八面体间隙中心为面心和棱的中心。一个 bcc 晶胞中八面体间隙数为 $6 \times (1/2) + 12 \times (1/4) = 6$ 个，八面体间隙数与原子数之比为 3∶1。

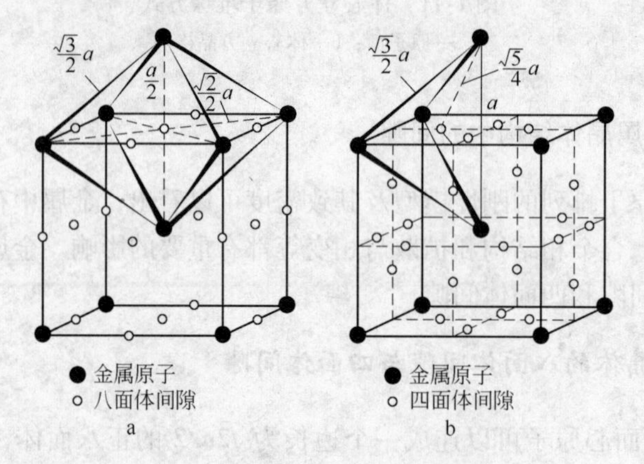

图 1-13　体心立方晶体的间隙

a—八面体间隙；b—四面体间隙

bcc 的四面体间隙由相邻两个晶胞的体心原子及它们的公共棱上的两个原子构成，其边长为 a 和 $\sqrt{3}a/2$，因此也不是正四面体，其间隙半径 $r_x = 0.126a$。每个面上有 4 个这样的四面体中心，因此一个晶胞的四面体数为 $4 \times 6 \times (1/2) = 12$ 个。四面体间隙数与原子数之比为 6∶1。

1.3.3.3　hcp 晶体的八面体间隙与四面体间隙

如图 1-14a 所示，hcp 晶体的八面体间隙由能够组成一个三角形的底面中心的一个原子和一个边上的两个原子加上与该三角形相对应的两个原子及另一个晶胞体内的一个原子所组成。hcp 晶体的八面体间隙数为 6，所以八面体间隙数与原子数之比为 1∶1。当 hcp 晶体的轴比 $c/a = 1.633$ 时，这种八面体是正八面体，体中心与周围六个原子的距离相等，其间隙半径 $r_x = 0.146a$。

hcp 晶体的四面体由上、下面上的 3 个原子与体中心的 1 个原子或中心的 3 个原子与上、下面上的 1 个原子间隙组成。如图 1-14b 所示，1 个 hcp 晶胞中含有 12 个四面体间

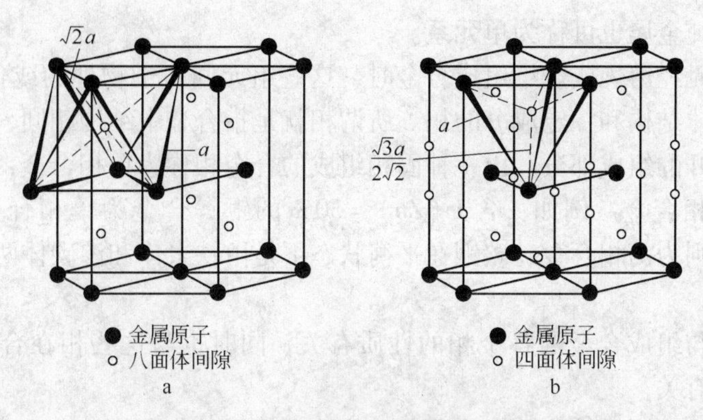

图 1-14 密排六方晶体的间隙

a—八面体间隙；b—四面体间隙

隙，四面体间隙数与原子数之比为 2∶1，其间隙半径 $r_x = 0.08a$。

hcp 晶体的八面体间隙和四面体间隙的形状与 fcc 晶体的完全相似，当原子半径相等时，间隙大小完全相等，只是间隙中心在晶胞中的位置不同。

综上所述，可以看出：

（1）fcc 和 hcp 都是密排六方结构，而 bcc 则是比较不致密的结构，因为其间隙较多。因此，原子半径较小的 H、O、C、N、B 等间隙式元素在 bcc 中的扩散速度要比在 fcc 和 hcp 中高得多。

（2）fcc 和 hcp 中的八面体间隙大于四面体间隙，所以在这些结构中间隙原子优先位于八面体间隙中。

（3）在 bcc 晶体中，四面体间隙大于八面体间隙，因而间隙式原子应占据四面体间隙位置。但因 bcc 的八面体间隙是不对称的，即使间隙式原子占据八面体间隙位置，也只会引起距离中心为 $a/2$ 的两个原子显著地偏离平衡位置，而与中心相距为 $\sqrt{2}a/2$ 的 4 个原子则不会显著地偏离平衡位置，因而总的结构畸变不大。所以，在一些 bcc 金属中间隙原子占据四面体间隙位置（如 C 在 Mo 中），而在另一些 bcc 金属中，间隙原子则占据八面体间隙位置（如 C 在 α-Fe 中）。

（4）fcc 和 hcp 中的八面体间隙远大于 bcc 中的八面体间隙和四面体间隙，所以间隙式元素在 fcc 和 hcp 中的溶解度往往比在 bcc 中大得多。

1.4 合金相的分类

纯金属材料一般作为功能材料使用，而在工程上广泛应用的金属结构材料主要是合金。

所谓合金，是指由两种或两种以上的金属，或金属与非金属，经熔炼、烧结或其他方法组合而成并具有金属特性的物质。

组成合金最基本的、独立的物质，简称为组元。组元就是组成合金的元素，也可以是稳定的化合物。由两种或两种以上组元形成的合金分别称为二元、三元或 n 元合金。组元的种类相同，但含量不同的各种合金形成一个合金系列，简称为合金系，这样就有二元系、三元系等。纯金属也可称为单元系。

当不同的组元经熔炼或烧结组成合金时，这些组元间由于物理的或化学的相互作用，形成具有一定晶体结构和一定成分的相。所谓相就是指合金中结构相同、成分和性能均一并以界面相互分开的组成部分。由一种固相组成的合金相称为单相合金，由几种不同相组成的合金称为多相合金。例如：含 $w(\mathrm{Zn})=30\%$ 的铜锌合金为单相合金，而 $w(\mathrm{Zn})=40\%$ 的铜锌合金则为两相合金，碳钢在平衡状态下是由铁素体和渗碳体两个相所组成的双相合金。

合金的性质与组成合金的各个相的性质有关，同时也与这些相在合金中的数量、形态、大小及分布有关。

按照晶体结构不同，可将合金相分为固溶体和金属间化合物两类。

当合金相的晶体结构与溶剂组元的晶体结构相同时，这种合金相称为一次固溶体，简称固溶体。根据溶质原子在溶剂晶体结构中的位置不同，固溶体又分为置换式固溶体和间隙式固溶体。溶质原子取代了部分溶剂原子的位置，称为置换式固溶体，溶质原子位于溶剂晶体结构的间隙位置称为间隙式固溶体。一般来说，固溶体都有一定的成分范围，溶质原子在溶剂中的最大含量称为固溶度。

金属间化合物是由两种或多种组元按一定的比例构成一个新的晶体结构，它既不同于溶剂的晶体结构，也不同于溶质的晶体结构。虽然金属间化合物通常可以用一个化学式（如渗碳体 Fe_3C）表示，但许多化合物，特别是金属与金属形成的金属间化合物往往或多或少有一定的成分范围，但一般比固溶体的成分范围小得多。

在显微镜下观察到的组成相的种类、大小、形态和分布称为显微组织，简称组织，因此相是组成组织的基本物质。同样的相，当它们的大小及形态、数量、分布不同时，形成的组织不同。金属的组织对金属的力学性能有很大的影响。

1.4.1 固溶体

固溶体是固溶态的溶体，是溶质组元溶于溶剂点阵中而组成的单一的均匀固体。固溶体在形式上只以原子状态溶解，在结构上必须是保持溶剂组元的点阵类型。若溶剂是纯金属，那么这一类相的结构类型应该和纯金属的结构类型完全一致，纯金属有哪些类型，固溶体就有哪些类型。一般来说固溶体没有独立的结构类型，形成固溶体的组元之间没有严格的比例，而是存在一定的浓度范围。

1.4.1.1 固溶体的基本特征

固溶体是工程金属材料中最主要的使用组织。一般合金中使用的固溶体有下列一些特点：由于溶入了一些合金元素，合金的强度和硬度总是比纯金属的强度、硬度高一些，这也是强化金属的一个方法，叫做固溶强化。通常，极少量合金化时强度变化比较显著，再增加溶质含量强度增加得不很显著了，但是置换溶质的情况下，含量约 50% 时强度比较高。通常钢铁材料通过固溶强化提高的强度水平不超过几十兆帕。固溶体的强度、硬度和其他性能显然是组成元素和含量的函数。通常，间隙固溶的元素在合金中的强化效果要比置换固溶的元素的强化效果大得多。这是由于间隙固溶时原子完全挤在溶剂原子的点阵空隙中，在固溶体中造成显著的应变。

间隙溶质含量比较高的时候会对合金的塑性有损害，使合金的韧性下降，置换溶质在溶解度范围内对合金的塑性没有很大的影响，可以认为对塑性影响不大。例如，在铜中加入10%的镍，使合金的抗拉强度由220MPa提高到400~800MPa，硬度由44HBS提高到70HBS，而断面收缩率仍然保持在50%左右。溶质会增加合金电阻而降低导电性，所以对导体材料不主张用固溶强化的方法提高强度。固溶体合金的磁矫顽力要比纯金属的高。

固溶体具有如下三个基本特征：

（1）固溶体的点阵类型与溶剂的点阵类型相同。

（2）固溶体具有一定的成分范围，也就是说，组元的含量可在一定范围内改变而不会导致固溶体点阵类型的改变。由于成分范围可变，故通常固溶体不能用一个化学式来表示。

（3）具有比较明显的金属性质，例如，具有一定的导电性和导热性及一定的塑性等。这表明，固溶体中的结合键主要是金属键。

1.4.1.2 固溶体的分类

A 根据固溶体在相图中的位置分类

根据固溶体在相图中的位置不同，固溶体可分为端部固溶体和中间固溶体。

端部固溶体，也称初级固溶体。它位于相图端部，其成分范围包括纯组元。例如，在图1-15的Cu-Zn系相图中，α和η固溶体都是端部固溶体。通常讲的固溶体就是指端部固溶体。

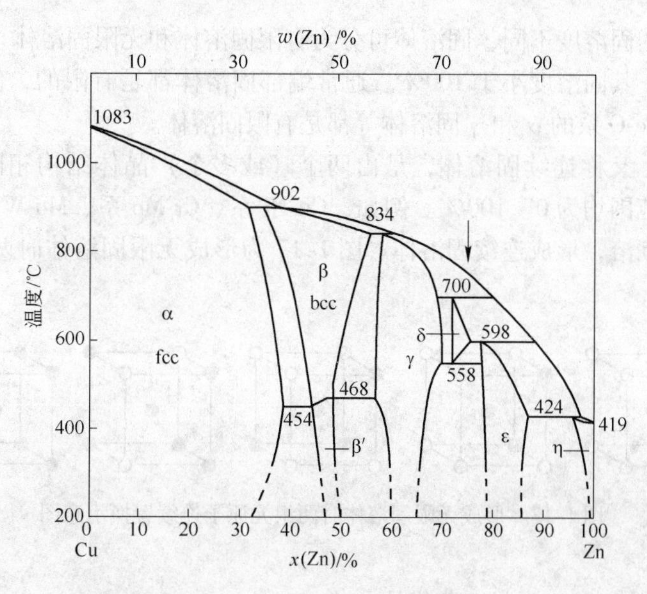

图1-15 Cu-Zn合金相图

中间固溶体，也称二次固溶体。它位于相图中间，因而任一组元的浓度均大于0，小于100%。这种固溶体虽有一定的成分范围，但并不具有任一组元的结构，故严格来讲，不符合前面谈到的固溶体的定义。因此，二次固溶体这个名称已不常用，而代之以中间相了。不过，也可以将它看成是以化合物为基的固溶体，例如β黄铜就可看成是以金属间化合物 CuZn 为基的固溶体。

B 根据溶质原子在点阵中的位置分类

根据溶质原子在点阵中的位置不同，固溶体可分为置换式固溶体和间隙式固溶体。

置换式固溶体，亦称替代固溶体，其溶质原子位于点阵节点上，置换了部分溶剂原子，如图 1-16a 所示。例如，Cu-Zn 系中的 α 和 η 固溶体都是置换式固溶体。一般地，金属和金属形成的固溶体都是置换式的。

间隙式固溶体，亦称填隙式固溶体，其溶质原子位于溶剂点阵的间隙中，如图 1-16b 所示。例如，在 Fe-C 系的 α 固溶体中，碳原子就位于铁原子的 bcc 点阵的八面体间隙中。一般地，金属和非金属元素 H、B、C、N 等形成的固溶体都是间隙式的。

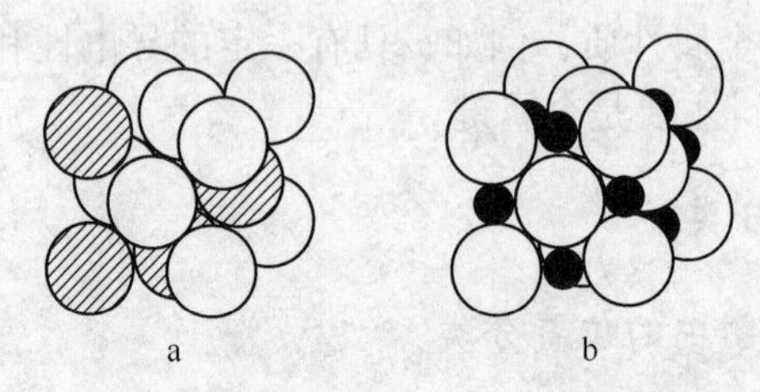

图 1-16 置换式与间隙式固溶体原子模型

a—置换式固溶体；b—间隙式固溶体

C 根据固溶度分类

根据固溶体的固溶度不同，固溶体可分为有限固溶体和无限固溶体。

有限固溶体，其固溶度小于 100%。通常端部固溶体都是有限的，例如，Cu-Zn 系的 α 和 η 固溶体，Fe-C 系的 α 和 γ 固溶体等都是有限固溶体。

无限固溶体，又称连续固溶体，是由两个（或多个）晶体结构相同的组元形成的，任一组元的成分范围均为 0 ~ 100%。例如，Cu-Ni 系、Cr-Mo 系、Mo-W 系、Ti-Zr 系等在室温下都能无限互溶，形成连续固溶体。图 1-17 为形成无限固溶体时两组元原子连续置换示意图。

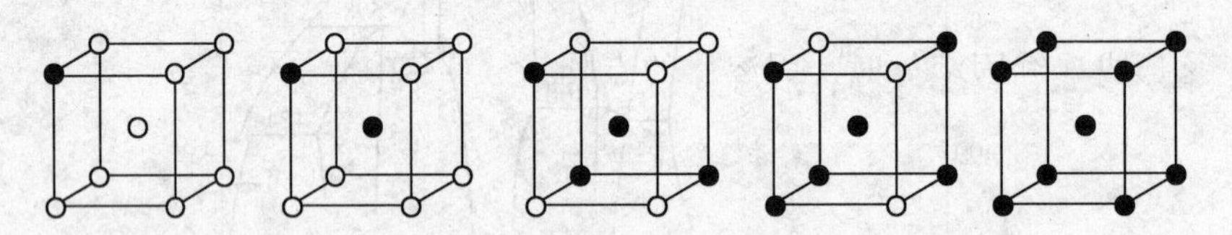

图 1-17 形成无限固溶体时两组元原子连续置换示意图

D 根据各组元原子分布的规律性分类

根据各组元原子分布的规律性不同，固溶体可分为无序固溶体和有序固溶体。

无序固溶体，其中各组元原子的分布是随机的（无规的）。例如，对 A-B 二元置换式无序固溶体来说，每个点阵节点既可被 A 原子占据，也可被 B 原子占据，且占据的几率就等于相应组元的含量。

有序固溶体，各组元的分布具有一定的规律性。例如，50% Fe（摩尔分数）+50% Al（摩尔分数）合金在高温下为具有体心立方点阵结构的无序固溶体，每个节点被由半个 Fe 原子和半个 Al 原子所组成的平均原子所占据，但在低温下，一种原子（如 Fe 原子）占据晶胞的顶点，另一种原子（如 Al 原子）占据体心，此时顶点和体心不再是等同点，因而 FeAl 合金在低温下就不再是体心立方点阵，而是由两个分别被铁原子和铝原子占据的简单立方分点阵穿插而成的复杂点阵。所以有时称其为超点阵、超结构。

1.4.1.3 休姆-罗瑟里规则

间隙式固溶体的固溶度都是有限的，而置换式固溶体的固溶度则随合金系不同而有很大的差别。为了估计置换式初级固溶体的固溶度，休姆-罗瑟里（Hume-Rothery）提出了以下经验规则：

（1）15% 规则。如果形成合金的元素的原子半径之差超过 14% ~15%，则固溶度极为有限。

（2）负电（原子）价效应。如果合金组元的电负性相差很大，例如 Gordy 定义的电负性值相差 0.4 以上时，固溶度就极小，因为此时 A、B 二组元易形成稳定的中间相。

（3）相对价效应。两个给定元素的相互固溶度是与它们各自的原子价有关的，且高价元素在低价元素中的固溶度大于低价元素在高价元素中的固溶度。

（4）价电子浓度规则。如果用价电子浓度表示合金的成分，那么ⅡB、ⅢA、ⅣA、ⅤA 族溶质元素在 IB 族溶剂元素中的固溶度都相同（e/a 约为 1.36），而与具体的元素种类无关。这表明在这种情形下，价电子浓度 e/a 是决定固溶度的一个重要因素。以 Cu 做溶剂为例，Zn、Ga、Ge、As 等 2 ~5 价元素在 Cu 中的初级固溶度分别为 38%、20%、12%、7.0%，相应的极限电子浓度分别为 1.38、1.40、1.36 和 1.28。

（5）两组元形成无限（或连续）固溶体的必要条件是它们具有相同的晶体结构。

1.4.1.4 固溶体性能与其成分的关系

A 固溶体点阵常数与成分的关系

Vegard 定律指出，当两种同晶型的盐（如 KCl - KBr）形成连续固溶体时，固溶体的点阵常数与成分成直线关系。可将 Vegard 定律推广到由两种具有相同晶体结构的金属所形成的固溶体。对大多数金属固溶体来说，韦加定律并不成立，而是略有偏差，如图 1-18 所示。出现偏差的原因在于影响固溶体结构的因素不只是尺寸因素，还有其他因素（例如电子浓度、负电性、晶体结构等）的综合作用。

置换固溶体的平均点阵常数随溶质原子的溶入增大或减小，间隙固溶体的平均点阵常数总是随溶质原子的溶入而增大。

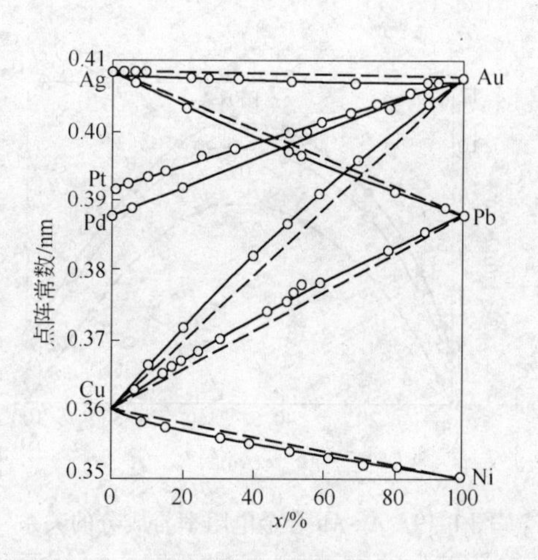

图 1-18 一些固溶体的点阵常数与成分的关系

B　固溶体力学性能与成分的关系

固溶体的强度和硬度往往高于各组元，而塑性则较低，这种现象就称为固溶强化。无论是置换固溶体还是间隙固溶体，由于溶质原子的尺寸与溶剂原子不同，其晶格都会产生畸变，而晶格畸变增加了位错移动的阻力，使滑移变形难以进行，因此，固溶体的强度和硬度提高，塑性和韧性则有所下降。

固溶强化效果不仅取决于它的成分，还取决于固溶体的类型、结构特点、固溶度、组元的原子半径等一系列因素。具体影响如下：

（1）溶剂原子与溶质原子的尺寸差别。尺寸差别越大，原始晶体结构受到的干扰就越大，位错滑移就越困难。

（2）合金元素含量。加入的合金元素越多，强化效果越好。如果加入过多太大或太小的原子，就会超过溶解度，这就涉及另一种强化机制——分散相强化。

（3）间隙型溶质原子比置换型原子具有更好的固溶强化效果。

（4）溶质原子与基体金属的价电子数相差越大，固溶强化作用越显著。

C　固溶体物理性能与成分的关系

固溶体的电学、热学、磁学等物理性质也随成分而连续变化，但一般都不是线性关系。图1-19给出了Ag-Au合金（连续固溶体）在不同温度下的电阻率ρ随含Au量（质量分数）的变化曲线。从图1-19可看出，固溶体的电阻率ρ是随溶质含量的增加而增加的，且在某一中间含量时电阻率最大。这是由于溶质原子加入后破坏了纯溶剂中的周期势场，在溶质原子附近电子波受到更强烈的散射，因而电阻率增加。但是，如果在某一成分下合金呈有序状态，则电阻率急剧下降，因为有序合金中势场也是严格周期性的，因而电子波受到的散射较小。

图1-20给出了在650℃淬火和200℃退火的Cu-Au连续固溶体的电阻率随成分的变化曲线。淬火状态的合金是无序固溶体，其电阻率随溶质（含量较低的组元）原子分数的增加而连续增大，在原子分数为50%时电阻率达到极大值，如曲线1所示。退火状态的

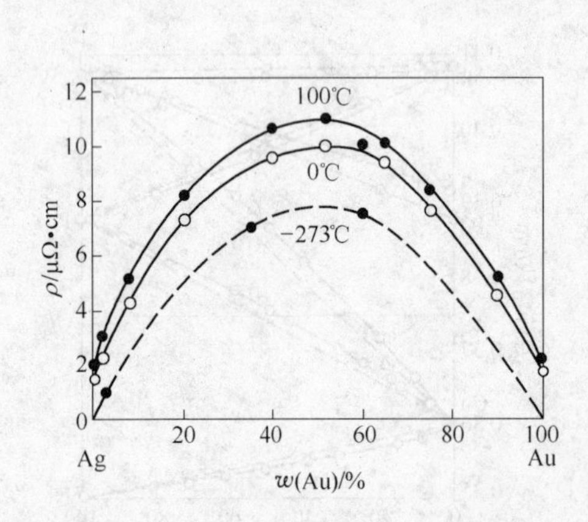

图1-19　Ag-Au合金电阻率与成分的关系

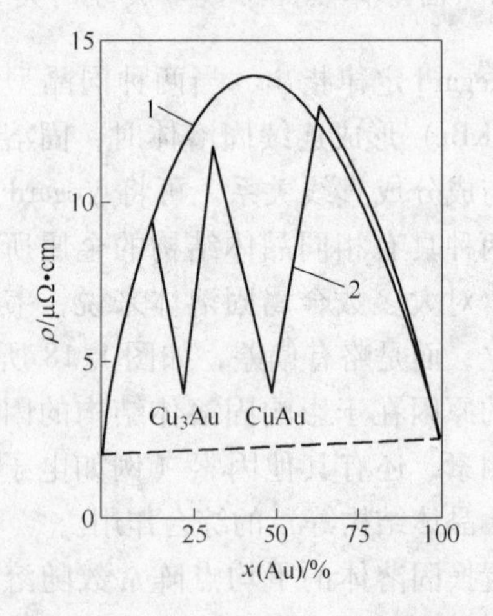

图1-20　Cu-Au合金有序转变对电阻率的影响

1—无序（淬火）；2—有序（退火）

合金是部分有序合金，并且成分越接近完全有序的 Cu_3Au 和 CuAu 合金时，有序度越高，因而电阻率越低（和同样成分的无序固溶体相比），而 Cu_3Au 和 CuAu 合金的电阻率则达到了极小值，如图 1-20 中折线 2 所示。

1.4.2 金属间化合物

金属间化合物是由金属与金属、金属与准金属形成的化合物。金属间化合物的特点是熔点较高，硬度高，脆性大。合金中含有金属间化合物时，强度、硬度和耐磨性提高，而塑性和韧性降低。金属间化合物的结构有两个特点：一是有基本固定的原子数目比，可用化学分子式表示；二是晶体结构不同于其任何组元。在相图中，金属间化合物的位置都在相图的中间，所以也称为中间相。根据决定化合物结构的因素不同，可以将金属间化合物分为三类，即由负电性决定的正常价化合物，由电子浓度决定的电子化合物，以及由原子尺寸决定的间隙化合物。除了这三类由单一因素决定的典型金属间化合物外，还有许多金属间化合物的结构是由两个或多个因素决定的，统称为复杂化合物。

过去，人们曾把金属中存在的一些金属间化合物视为有害的因素，因为它会阻碍组成金属材料的许许多多小晶粒之间的相对移动，往往会使材料变脆。时至今日，人们对传统金属材料的潜力已挖得差不多了，随着对材料的要求越来越高，人们想到了利用金属间化合物的特点，开发完全崭新的材料。金属间化合物因阻碍晶粒移动，在使材料变脆的同时，也提高了材料的强度和耐热性。近年来，人们开始研究开发金属间化合物材料，这是金属材料领域一个根本性的转变，也是今后发展金属材料的重要方向。对金属间化合物的研究表明，由于它的特殊晶体结构，其具有固溶体材料所没有的性能。例如，固溶体材料的强度通常随着温度的升高而降低，但某些金属间化合物的强度在一定范围内反而随着温度的升高而升高，这就为它有可能作为新型的高温结构材料奠定基础。另外，还有一些性能可以是固溶体材料的数倍乃至二三十倍。

1.4.2.1 正常价化合物

严格遵守化合价规律的化合物称正常价化合物。它们由元素周期表中相距较远、电负性相差较大的两元素组成，可用确定的化学式表示。例如，大多数金属和ⅣA 族、ⅤA 族、ⅥA 族元素生成的如 Mg_2Si、Mg_2Sb_3、Mg_2Sn、Cu_2Se、ZnS、AlP 及 β-SiC 等，都是正常价化合物。这类化合物性能的特点是硬度高、脆性大。

1.4.2.2 电子化合物

不遵守化合价规律但符合于一定电子浓度（化合物中价电子数与原子数之比）的化合物叫做电子化合物。它们由ⅠB 族或过渡族元素与ⅡB 族、ⅢA 族、ⅣA 族、ⅤA 族元素组成。一定电子浓度的化合物相应有确定的晶体结构，并且还可溶解其组元，形成以电子化合物为基的固溶体。生成这种合金相时，元素的每个原子所贡献的价电子数 Au、Ag、Cu 为 1 个，Be、Mg、Zn 为 2 个，Al 为 3 个，Fe、Ni 为 0 个。

电子化合物主要以金属键结合，具有明显的金属特性，可以导电。它们的熔点和硬度较高，塑性较差，在许多有色金属中为重要的强化相。

1.4.2.3　间隙化合物

由过渡族金属元素与碳、氮、氢、硼等原子半径较小的非金属元素形成的化合物为间隙化合物。尺寸较大的过渡族元素的原子占据晶格的节点位置，尺寸较小的非金属原子则有规则地嵌入晶格的间隙之中。根据结构特点，间隙化合物分间隙相和复杂结构的间隙化合物两种。

A　间隙相

当非金属原子半径与金属原子半径之比小于 0.59 时，形成具有简单晶格的间隙化合物，称为间隙相。间隙相具有金属特性，有极高的熔点和硬度，非常稳定。它们的合理存在可有效地提高钢的强度、热强性、红硬性和耐磨性，是高合金钢和硬质合金中的重要组成相。图 1-21 为间隙相 VC 的原子结构。

B　复杂结构的间隙化合物

当非金属原子半径与金属原子半径之比大于 0.59 时，形成具有复杂结构的间隙化合物。钢中的 Fe_3C、$Cr_{23}C_6$、Fe_4W_2C、Cr_7C_3、Mn_3C、FeB、Fe_2B 等都是这类化合物。Fe_3C是铁碳合金中的重要组成相，具有复杂的斜方晶格结构，其原子结构如图 1-22 所示。其中铁原子可以部分地被锰、铬、钼、钨等金属原子所置换，形成以间隙化合物为基的固溶体，如 $(Fe, Mn)_3C$、$(Fe, Cr)_3C$ 等。复杂结构的间隙化合物也具有很高的熔点和硬度，但比间隙相稍低些，在钢中也起强化相作用。

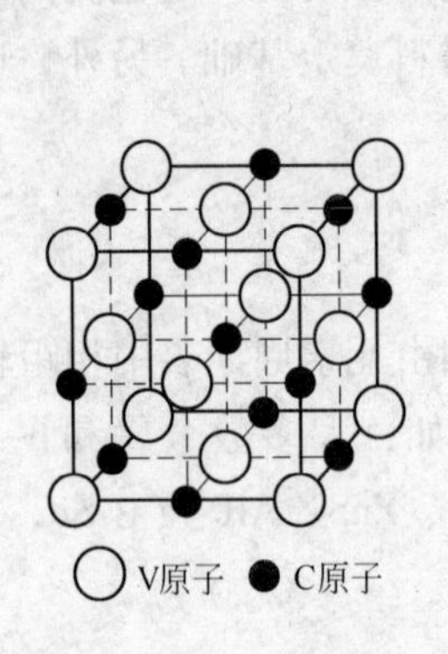

图 1-21　间隙相 VC 的原子结构

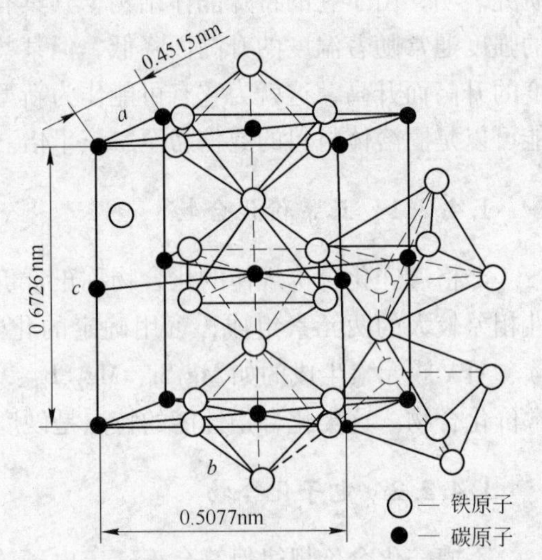

图 1-22　复杂结构的间隙化合物 Fe_3C 的原子结构

习　题

1-1　材料的结构可分哪几个层次？

1-2　自由原子的状态可用哪几个量子数来描述？

1-3　什么是原子的定态、基态与激发态，什么是价电子与原子价？

1-4 什么是金属键，金属键的本质可以解释固态金属的哪些特性？

1-5 填表。

三种典型金属晶体结构几何参数

晶格类型	晶胞原子数 n	原子半径 r	配位数	致密度 K	间隙类型	间隙半径	原子密排面堆垛方式
bcc							
fcc							
hcp							

1-6 为什么 C 在 α-Fe 中占据的是较小的八面体间隙，而不是相对较大的四面体间隙？

1-7 何为组元、相、组织，何为合金？

1-8 何为固溶体？简述固溶体的分类与基本特征。

1-9 何为置换固溶体，影响其固溶度的因素有哪些？

1-10 固溶体点阵常数与成分有何关系？

1-11 何为固溶强化，影响固溶强化效果的因素有哪些，有何影响？

1-12 金属间化合物分哪几类？

2　晶体中的点缺陷与位错

本章提要：晶体缺陷的产生和发展、运动和交互行为、合并和消失在材料的强度和塑性、扩散以及其他结构敏感性的问题中扮演了重要的角色。掌握晶体缺陷的知识是掌握材料科学的基础。本章介绍了晶体中的点缺陷，位错及其几何与弹性性质，位错的交割、形成与增殖，实际晶体中的位错。应重点掌握点缺陷的形成及其对材料性能的影响，刃型位错与螺型位错的几何性质，位错的运动，刃型和螺型位错的应力场及其特点，位错间的相互作用，位错的塞积、交割、形成与增殖，典型晶体结构中的单位位错和堆垛层错及不全位错，位错反应。掌握点缺陷的几何组态，刃型位错的攀移与螺型位错的交滑移，位错与表面、溶质原子的相互作用，位错的点阵模型，几种典型位错的交割，带割阶的位错的运动。了解空位的形成能，混合型位错，位错应变能与线张力，扩展位错与溶质原子的化学交互作用。

2.1　引　　言

在理想的完整晶体中，原子按一定的次序严格地处在空间有规则的、周期性的格点上。但在实际的晶体中，由于晶体形成条件、原子的热运动及其他条件的影响，原子的排列不可能那样完整和规则，往往存在偏离了理想晶体结构的区域。这些与完整周期性点阵结构偏离的区域就是晶体中的缺陷。由于晶体结构具有规律性，晶体缺陷可归结为几种标准类型，而每种类型又可用相当确切的几何图像加以描述。

2.1.1　按缺陷的几何形状和涉及的范围分类

具体如下：

（1）点缺陷。指三维尺寸都很小，不超过几个原子直径的缺陷。属于这类缺陷的主要有空位、间隙原子和置换原子。

（2）线缺陷。指三维空间中在二维方向上尺寸较小，在另一维方向上尺寸较大的缺陷。属于这类缺陷的主要是位错。

（3）面缺陷。指二维尺寸很大而第三维尺寸很小的缺陷。通常是指晶界和亚晶界。

2.1.2　按缺陷的形成分类

缺陷按形成方式不同可分为本征缺陷和杂质缺陷。

（1）本征缺陷。晶体本身偏离晶格结构形成的缺陷，是晶格节点上的粒子的热运动产生的，也称热缺陷。本征缺陷包括空位缺陷、间充缺陷、错位缺陷、非整比缺陷等。

1）空位缺陷。晶格节点缺少了某些原子（或离子）而出现了空位。

2）间充缺陷。在晶格节点的空隙中，间充有原子（或离子）。

3）错位缺陷。在晶格节点上 A 类原子占据了 B 类原子所应占据的位置。

4）非整比缺陷。晶体的组成偏离了定组成定律。

(2) 杂质缺陷。杂质粒子进入晶体形成的缺陷，如杂质粒子缺陷和间隙粒子缺陷。

晶体缺陷一般对晶体的化学性质影响较小，而对晶体的一些物理性质如导电性、磁性、光学性能及力学性能影响很大。实际应用的金属材料中偏离其规定位置的原子数目很少，即使在最严重的情况下，晶体中位置偏离很大的原子数目至多占总原子数的千分之一。因此，从整体上看，其结构还是接近完整的。尽管如此，这些晶体缺陷的产生和发展、运动与交互作用，以至于合并和消失，在晶体的强度和塑性、扩散以及其他结构敏感性的问题中扮演了主要的角色，晶体的完整部分反而默默无闻地处于背景的地位。掌握晶体结构缺陷的知识是掌握材料科学的基础。

20 世纪初，X 射线衍射方法的应用为金属研究开辟了新天地，使我们的认识深入到原子的水平。30 年代中期，泰勒与伯格斯等的研究奠定了晶体位错理论的基础。50 年代以后，电子显微镜的使用填补了显微组织和晶体结构之间的空白，成为研究晶体缺陷和探明金属实际结构的主要手段，位错被有力的实验观测所证实。基于晶体位错理论人们开展了大量的研究工作，进而澄清了金属塑性形变的微观机制和强化效应的物理本质。

2.2 点 缺 陷

晶体中的点缺陷是在晶格节点上或邻近区域偏离其正常结构的一种缺陷，它是最简单的晶体缺陷，在三维空间各个方向上尺寸都很小，范围约为一个或几个原子尺度。所有点缺陷的存在都破坏了原有原子间作用力的平衡，造成邻近原子偏离其平衡位置，发生晶格畸变，使晶格内能升高。金属晶体中常见的点缺陷有空位、间隙原子和置换原子三种。

2.2.1 点缺陷的几何组态

2.2.1.1 空位

A 空位的经典图像

晶体中的原子以其平衡位置为中心不断地进行着热振动。原子热振动的振幅大小与温度有关，温度越高，振幅越大。在一定的温度下，每个原子的振动能量并不完全相同，在某一瞬间，某些原子的能量可能高些，其振幅就要大些；而另一些原子的能量可能低些，振幅就要小些。对一个原子来说，某一瞬间能量可能高些，另一瞬间反而可能低些。统计规律显示，在某一温度下的某一瞬间，总有一些原子具有足够高的能量，以克服周围原子对它的约束，脱离原来的平衡位置迁移到别处，结果在原位置上出现了空节点，这就是空位。

假定原子移走后，其周围原子基本不动，这就是经典的空位图像。如果空位周围的原子向其做较大的松弛，甚至崩塌到空位里面去，那么就形成了一种弥散的空位或者由十几个原子构成的松弛集团，类似于局部的熔化区。周围原子的松弛程度与温度有关。在一般温度下，用经典图像描述空位是足够的，只有在接近熔点时才明显地呈现出松弛集团图像。经典空位图像与实际空位图像可用晶体的皂泡筏模型的机械振动来模拟，如图 2-1 所示。

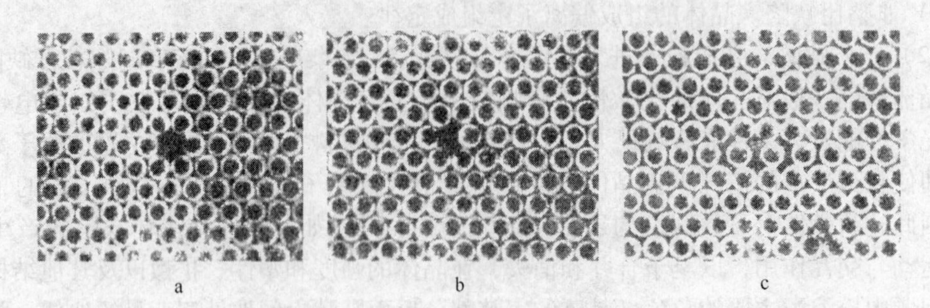

图 2-1　皂泡筏模型中的空位

a—室温；b—约 200℃；c—接近熔点

B　空位的种类

脱离平衡位置的原子大致有三个去处：一是迁移到晶体的表面上，这样所产生的空位叫肖脱基空位（如图 2-2a 所示）；二是迁移到晶格的间隙中，这种空位叫弗兰克尔空位（如图 2-2b 所示）；三是迁移到其他空位处，这样虽然不产生新的空位，但可使空位变换位置。

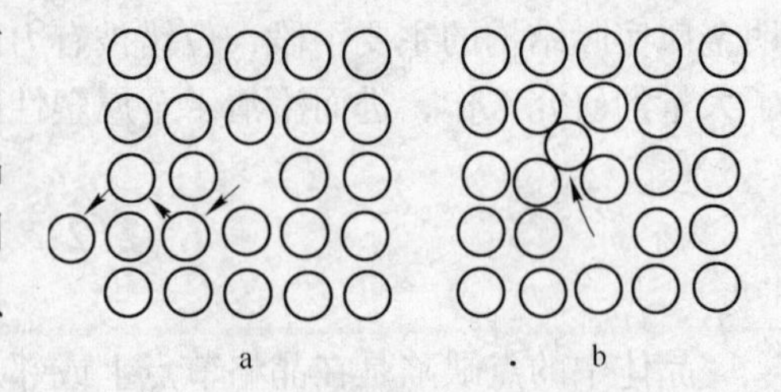

图 2-2　晶体中的空位

a—肖脱基空位；b—弗兰克尔空位

空位的平衡浓度是极小的。例如，当铜的温度接近其熔点时，空位的平衡浓度约为 10^{-5} 数量级，即在十万个原子中才出现一个空位。形成肖脱基空位所需的能量要比弗兰克尔空位小得多，所以在固态金属中，主要是形成肖脱基空位。此外，空位还会两个、三个或多个聚在一起，形成复合空位。尽管空位的浓度很小，但它在固态金属的扩散过程中起着极为重要的作用。

由于空位的存在，其周围原子失去了一个近邻原子而使相互间的作用失去平衡，因而它们朝空位方向稍有移动，偏离其平衡位置，这样就在空位的周围出现一个涉及几个原子间距范围的弹性畸变区，简称为晶格畸变。

通过高能粒子辐照、高温淬火及冷加工等处理，可使晶体中的空位浓度高于平衡浓度而处于过饱和状态。这种过饱和空位是不稳定的，如温度升高而使原子获得较高的能量，空位浓度便大大下降。

2.2.1.2　间隙原子

处于晶格间隙中的原子即为间隙原子。金属晶体多数为面心立方、体心立方和密排六方结构，在这些晶体结构中都存在着间隙位置。较小的原子，如 H、B、C、N 和 O 等，都可以填入这些间隙位置，形成稀的间隙固溶体，如图 2-3a 所示。

尽管间隙原子的半径很小，但仍比晶格中的间隙大得多。当间隙原子硬挤入很小的晶

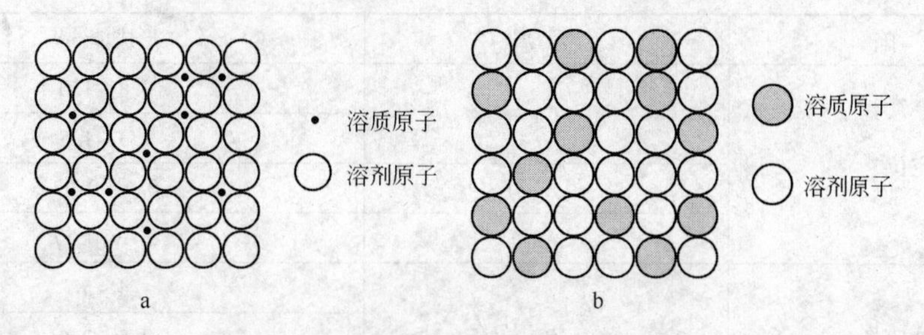

图 2-3 间隙固溶体与置换固溶体示意图

a—间隙原子；b—置换原子

格间隙中后，会造成严重的晶格畸变。间隙原子也是一种热平衡缺陷，在一定温度下有一平衡浓度值。

2.2.1.3 置换原子

如图 2-3b 所示，占据在原基体原子平衡位置上的异类原子称为置换原子。由于置换原子的大小不可能与基体原子完全相同，因此其周围邻近原子也将偏离其平衡位置，进而造成晶格畸变。置换原子在一定温度下也有一个平衡浓度值。

综上所述，不管是哪类点缺陷，都会造成晶格畸变，这将对金属的性能产生影响，如使屈服强度升高、电阻增大、体积膨胀等。此外，点缺陷的存在将加速金属中的扩散过程，因而凡是与扩散有关的相变、化学热处理、高温下的塑性变形和断裂等，全部与空位和间隙原子的存在及运动有着密切的关系。

2.2.2 空位的形成能

从晶体内正常原子座位上取出一个原子放在晶体表面的原子座位上所需要的能量称为空位形成能。这种方法需假设在此过程中不改变晶体的表面能，例如可将取出的原子放在表面台阶处，如图 2-4 所示。

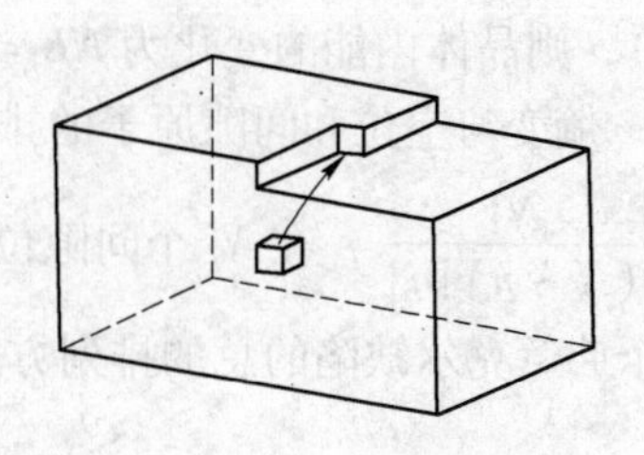

图 2-4 空位的形成

计算空位形成能的方法有很多。本章只简要介绍由原子对作用能来计算空位形成能的基本思路。以 fcc 晶体空位形成能的计算为例，首先对 fcc 晶体的空位形成能做一个粗略估计。设原子间的交互作用只限于最近邻原子，则从晶体内取出一个原子需要割断 12 条键（fcc 结构的配位数为 12），而在表面台阶处放置一个原子要形成 6 条键，因此，净效应为割断 6 条键，所以空位形成能应和晶体的结合能（即升华能）相等，或等于原子对作用能的 6 倍。这样的估计有些偏大，实际上，空位形成能约为结合能的 1/2 ~ 1/4。对于 bcc 结构，除第一近邻外还需考虑第二近邻原子对的作用能。

表 2-1 给出了几种贵金属中点缺陷的形成能的理论计算值，因为计算方法不同，不同的文献可能给出不同的值。从表 2-1 中可见，间隙原子的形成能远高于空位的形成能，这是很容易理解的。

表 2-1　贵金属中点缺陷的形成能（理论计算值）

缺　陷	金　属	形成能/eV
空位	Cu	0.8 ~ 1.0
		1.3 ~ 1.5
	Ag	0.6 ~ 0.92
	Au	0.6 ~ 0.77
间隙原子	Cu	4 ~ 5
		2.5 ~ 2.6
		3

2.2.3　热平衡状态的点缺陷

点缺陷的存在使晶体的内能增加，但同时也使晶体的熵增大。根据自由能表达式 $F = U - TS$ 可以看出，存在一定量的点缺陷有可能使晶体的自由能反而降低。由自由能极小条件可求出热平衡状态下的点缺陷数目。显然，缺陷的浓度与温度有直接关系，下面分三种情况加以介绍。

2.2.3.1　弗兰克尔点缺陷热平衡态的浓度

晶体内部原子离开正常点阵位置后，形成了间隙原子，这样的点缺陷称为弗兰克尔点缺陷。其特点是空位和间隙原子成对出现，两者数目相等。由于产生于晶体内部，所以发生一定的体积变化，但很小。

设晶体内总的原子数为 N，晶体结构中共有 N_i 个间隙位置，形成了 n 个弗兰克尔点缺陷，每一个缺陷的形成能为 E（即把一个原子从正常点阵位置推移到间隙位置所需的能量），则晶体内能的变化为 $NE = U$。

熵变与空位和间隙原子的排列组态有关。在 N 个原子中，形成 n 个空位的组合数目为 $\dfrac{N!}{(N-n)!n!}$，在 N_i 个间隙位置形成 n 个间隙原子的组合数为 $\dfrac{N_i!}{(N_i-n)!n!}$，因此形成 n 个弗兰克尔缺陷的总的排列方式为：

$$W = \frac{N!}{(N-n)!n!} \times \frac{N_i!}{(N_i-n)!n!} \tag{2-1}$$

则其熵变为 $S = k\ln W = k\ln \dfrac{N!}{(N-n)!n!} \times \dfrac{N_i!}{(N_i-n)!n!}$。

根据斯特林近似公式 $\ln N! = N\ln N - N$，则有：

$$S = k[N\ln N - (N-n)\ln(N-n) - 2n\ln n + N_i\ln N_i - (N_i-n)\ln(N_i-n)] \tag{2-2}$$

$$F = nE - Tk[N\ln N - (N-n)\ln(N-n) - 2n\ln n + N_i\ln N_i - (N_i-n)\ln(N_i-n)] \tag{2-3}$$

令 $\left(\dfrac{\partial F}{\partial n}\right)_T = 0$，并考虑 $N \gg n$，$N_i \gg n$，且 $N \approx N_i$，则 $\left(\dfrac{\partial F}{\partial n}\right)_T = E - 2kT\ln\dfrac{N}{n}$，可得：

$$\frac{n}{N} = \exp\left(-\frac{E}{2kT}\right) \tag{2-4}$$

弗兰克尔缺陷的浓度为 $C = n/N$，所以有：

$$C = \exp(-\frac{E}{2kT}) \quad (2\text{-}5)$$

上述计算只考虑了组态熵的变化，实际上，点缺陷的存在使其周围原子的振动频率发生变化，要引起振动熵的变化，这里没有加以考虑。

2.2.3.2 肖脱基点缺陷热平衡态的浓度

晶体内正常点阵位置上的原子脱离原子坐标后，跑到晶体表面上形成新的一层，而在晶体内形成空位，这样的点缺陷称为肖脱基点缺陷。

设空位形成能为 E_f，则在 N 个原子座位中形成 N_V 个空位时，内能变化为 $U = N_V E_f$。空位的组态数目为 $\frac{N!}{N_V!(N-N_V)!}$，则组态熵的变化为 $S = k\ln\frac{N!}{N_V!(N-N_V)!}$，应用斯特林公式可得：

$$S = k[N\ln N - (N-N_V)\ln(N-N_V) - N_V\ln N_V] \quad (2\text{-}6)$$

$$F = N_V E_f - Tk[N\ln N - (N-N_V)\ln(N-N_V) - N_V\ln N_V] \quad (2\text{-}7)$$

令 $\frac{\partial F}{\partial N_V} = 0$，并考虑 $N_V \ll N$，有：

$$N_V = N\exp[-\frac{E_f}{kT}] \quad (2\text{-}8)$$

肖脱基点缺陷的浓度为 $C = N_V/N$，所以有：

$$C_V = \exp[-\frac{E_f}{kT}] \quad (2\text{-}9)$$

同理，肖脱基点缺陷浓度的计算中也只考虑了组态熵，而未考虑振动熵的贡献。

2.2.3.3 晶体内只有间隙原子的热平衡态浓度

晶体表面上的原子跑到晶体的间隙位置。设 N 为晶体内的原子总数，N_i 为总的间隙数，有 n_2 个原子进入间隙位置。形成一个间隙原子所需要的能量为 E_2，假设 $N_i \approx N$，则可得：

$$C_2 = \frac{n_2}{N} = \exp(-\frac{E_2}{kT}) \quad (2\text{-}10)$$

由式 2-5、式 2-9 和式 2-10 可见，点缺陷的浓度随温度的升高上升很快。

晶体中的空位在热力学上是稳定的，一定的温度对应一定的平衡浓度。空位的形成能越大，空位浓度越小。对于不同的晶体，其点缺陷的形成能也不相同，对于金属晶体，空位的形成能大约为 1eV，如此估算，在 1000K 时，$C = 10^{-5}$，即在 10 万个原子坐标中将有一个空位存在。

2.2.4 空位的移动

空位是一种热平衡缺陷，即在一定温度下，它有一定的平衡浓度。温度升高，则原子的振动能量升高，振幅增大，从而使脱离其平衡位置往别处迁移的原子数增多，空位浓度提高。温度降低，则空位的浓度也随之减小。但是，空位的位置在晶体中不是固定不变的，而是处于运动、消失和形成的不断变化的动态平衡中，如图 2-5 所示。一方面，周围原子可以与空位换位，使空位移动一个原子间距，当这种换位不断进行时，就造成空位的运动；另一方面，空位迁移至晶体表面或与间隙原子相遇而消失，但在其他地方又会有新的空位形成。

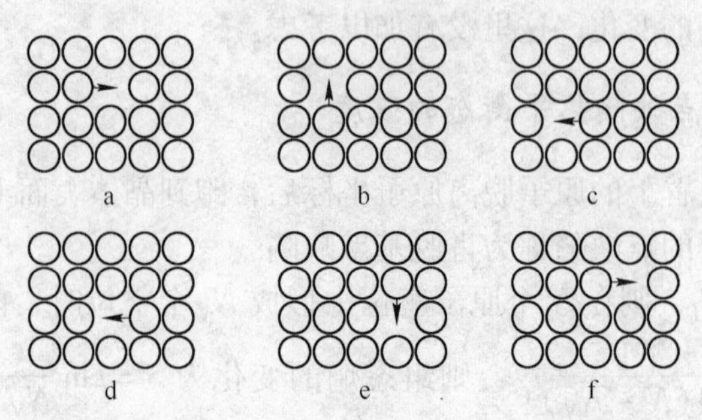

图 2-5 晶体中空位的移动（a ~ f）

空位的移动实际上是通过与其周围原子交换位置，即周围原子跃入空位来实现的，所以其跃迁频率与配位数有关。同时，与空位近邻的原子要跃入空位还需要具备适当的能量，即该过程是热激活过程。图 2-6 表明了空位的跃迁过程。原子 B 要跃入空位 A，必要经过图 2-6b 的状态，这个过渡状态是一个能量较高的状态，称为鞍点状态。鞍点状态和正常状态的能量差就是原子 B 与空位 A 进行交换的激活自由能，即空位移动激活能。因此，空位跃迁的频率还取决于周围原子获得足够激活能而处于鞍点的几率。

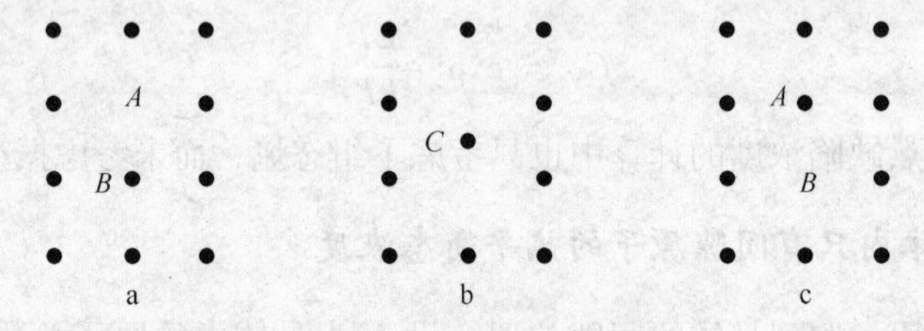

图 2-6 晶体中空位的跃迁过程（a ~ c）

假设一些原子处于鞍点的时间足够长，以至于可把其作为晶体保持热平衡的一种组态。若 n 表示处于鞍点状态的原子数，N 表示总的原子座位数，则有：

$$n = N\exp(-\frac{\Delta G_m}{kT}) \tag{2-11}$$

式中，ΔG_m 是形成一个鞍点原子所需的吉布斯自由能，包括两部分：

$$\Delta G_m = \Delta H_m - T\Delta S_m \approx \Delta U_m - T\Delta S_m \tag{2-12}$$

式中，ΔG_m 称为激活自由能；ΔH_m 称为激活焓；ΔU_m 为激活能。在常压下 $\Delta H_m \approx \Delta U_m$。$\Delta S_m$ 是原子达到鞍点的熵变。ΔG_m 的物理意义可以认为是振动的原子 B 在恒温恒压下可逆地由原来的座位移到鞍点所需要做的功。式 2-11 中的 n/N 即为一个原子由于自由能涨落而能够跃到鞍点的几率。若原子 B 的振动频率为 ν，则每秒钟 B 原子可能跃入空位 A 的几率就是 ν（n/N）。但是空位 A 不仅可以和 B 交换，也可以和其第一近邻中的任一个原子交换，故单位时间内空位的跃迁几率为：

$$\Gamma = Z\nu\exp(-\frac{\Delta G_m}{kT}) \tag{2-13}$$

单位时间内的跃迁几率就是跃迁频率。

把式2-12代入式2-13中，并把含熵项分离出去，则有：

$$\Gamma = \beta Z\nu\exp(-\frac{\Delta U_m}{kT}) \tag{2-14}$$

式中，$\beta = \exp(\Delta S_m/k)$。$\Delta U_m$为空位移动激活能，也就是通常所指的自扩散激活能，其值可由自扩散实验求得。真正的自扩散激活能 $E_D = E_f + \Delta U_m$，所以自扩散激活能与空位形成能之差即为空位移动激活能。表2-2给出了Au、Ag、Cu、Al金属中自扩散激活能、空位形成能和由两者计算出的单个空位的移动激活能。

表2-2 金属中单个空位移动激活能 ΔU_m

金属	自扩散激活能 E_D/eV	空位形成能 E_f/eV	空位移动激活能 ΔU_m/eV
Au	1.81	0.98	0.83
Ag	1.92	1.10	0.82
Cu	2.15	1.24	0.91
Al	1.25	0.70	0.55
	1.48	0.76	0.72

2.2.5 晶体中过饱和点缺陷的产生

在点缺陷的平衡浓度下晶体的自由能最低，系统最稳定。当温度缓缓下降时，为维持平衡，空位浓度应当减小（例如铝慢冷至20℃时，其空位平衡浓度约为10^{-13}），即一部分空位将移至外表面、晶界和位错等处而消失。当在一定的温度下，晶体中点缺陷的数目明显超过其平衡浓度时，这些点缺陷称为过饱和点缺陷。产生过饱和点缺陷的方法有淬火、冷加工、辐照三种。

（1）淬火。高温时晶体中的空位浓度很高，经过淬火后，空位来不及通过扩散达到平衡，故在低温下仍保持了较高的空位浓度。

（2）冷加工。金属在室温下进行压力加工时，位错交割所形成的割阶发生攀移，从而使金属晶体内空位浓度增加。

（3）辐照。当金属受到高能粒子（中子、质子、氘核、α粒子、电子等）辐照时，晶体中的原子将被击出，挤入晶格间隙中，由于被击出的原子具有很高的能量，因此还有可能发生连锁作用，从而在晶体中形成大量的空位和间隙原子。

2.2.6 点缺陷对晶体材料性能的影响

点缺陷主要影响金属材料的物理性质，如体积、比热容、电阻率、扩散系数、介电常数等。

（1）体积。形成肖脱基空位时，原子迁移到晶体表面上的新位置，导致晶体体积增加。

（2）比热容。形成点缺陷需向晶体提供附加的能量，因而引起附加比热容。

（3）电阻率。金属的电阻主要来源于离子对传导电子的散射。正常情况下，电子基本上在均匀电场中运动，在有缺陷的晶体中，晶格的周期性被破坏，电场急剧变化，因而对电子产生强烈散射，导致晶体的电阻率增大。

点缺陷对金属材料力学性能的影响较小，它只是通过与位错的交互作用，阻碍位错运动而使晶体强化。但在高能粒子辐照的情形下，由于形成大量的点缺陷而能引起晶体显著硬化和脆化。淬火或冷加工后的金属材料中由于保留了过饱和空位，其屈服强度会得到提高。

此外，空位还对金属材料在高温下发生的许多物理化学过程，如蠕变、沉淀、回复、表面氧化、烧结等产生较大的影响，因为这些过程都与空位的存在和运动有密切的联系。

2.3 位错及其几何性质

2.3.1 位错概念的提出和发展

早在20世纪20年代，人们就已开始对金属单晶体的塑性变形进行了系统的研究。通过计算晶体的临界剪切应力，并与实际的临界剪切应力进行比较，人们发现，理论计算得到的剪切强度值比实验测得的剪切强度要高一千倍以上。为了解释这种理论值和实际值的差别，1934年泰勒（G. I. Taylor）、奥罗万（E. Orowan）和波兰伊（M. Polanyi）分别提出了位错假设。他们把位错与晶体塑变的滑移联系起来，认为在晶体内存在着一种线缺陷，即位错，位错在剪切应力的作用下发生运动，依靠位错的逐步传递完成了滑移过程，如图2-7所示。

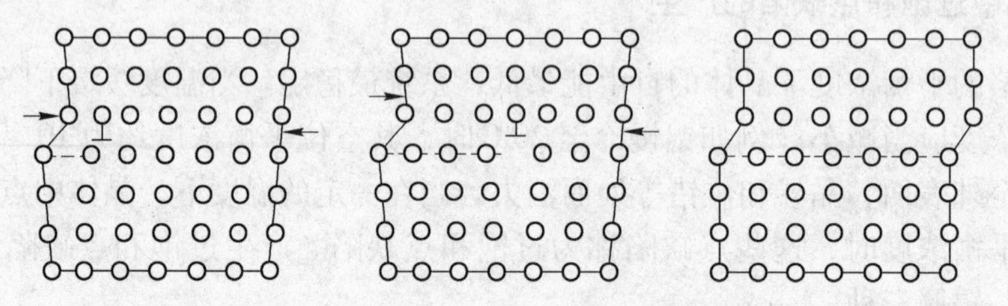

图2-7 刃位错的滑移

与刚性滑移不同，位错的移动只需邻近原子做很小距离的弹性偏移就能实现，而晶体其他区域的原子仍处在正常位置，因此滑移所需的临界切应力大为减小。1939年柏格斯（Burgers）提出了表征位错特性的柏氏矢量，同时引入螺型位错。1940~1947年，派耳斯和纳巴罗用半点阵模型求出了位错宽度，得出的屈服强度与实际晶体符合得很好，说明了实际滑移易在密排面与密排方向上进行。1947年柯垂尔（A. H. Cottrell）利用溶质原子与位错的交互作用解释了低碳钢的屈服现象。1950年弗兰克（Frank）与瑞德（Read）同时提出了位错增殖机制的F-R位错源。1953年汤普森研究了fcc结构金属材料中存在的位错组态的规律，提出了汤普森记号，为以后人们研究fcc结构金属材料位错组态给予了极大的方便。20世纪50年代后，人们用透射电镜直接观测到了晶体中位错的存在、运动和增殖。当然还有许多其他重要理论的发现，如斯诺克气团、铃木气团、洛默－柯垂尔锁、位错的塞积理论、扩展位错等。

位错理论经过数十年的发展已逐步成为比较完善的理论。用位错理论可以很好地解释金属晶体的理论强度与实际强度之间的差异。位错理论已成为研究晶体材料的力学性能和塑性变形的理论基础，比较成功地、系统地解释了晶体的屈服强度、加工硬化、合金强化、相变强化以及脆性、断裂和蠕变等材料中的重要问题。

2.3.1.1 金属的变形特性

低碳钢在外力作用下的变形行为可分为弹性变形、塑性变形和断裂三个阶段。由图2-8低碳钢拉伸时的应力-应变曲线可知，当外加应力小于弹性极限σ_e时，金属只产生弹性变形；当应力大于弹性极限σ_e而低于抗拉强度极限σ_b时，金属除了产生弹性变形外，还产生塑性变形；当应力超过抗拉强度极限σ_b时，金属产生断裂。

弹性变形和塑性变形的区别在于，当外力去除后，前者能恢复到原来的形状和尺寸，而后者只能恢复弹性变形量，最终留下永久变形。金属的弹性变形量一般不超过1%。在工程实际中很难确定弹性变形与塑性变形的准确分界线，所以规定残余应变量为0.005%时的应力值为金属的弹性极限，即σ_e。通常认为应力小于σ_e时，金属只产生弹性变形。工程上更为常用的指标是σ_s或$\sigma_{0.2}$，σ_s表示金属开始产生屈服现象时的应力，称为屈服极限。$\sigma_{0.2}$表示金属的残余应变量达到0.2%时的应力，称为条件屈服极限。σ_s和$\sigma_{0.2}$都代表金属开始产生明显塑性变形时的应力。拉伸曲线的最高点所代表的应力被定义为金属的抗拉强度极限，以σ_b表示。

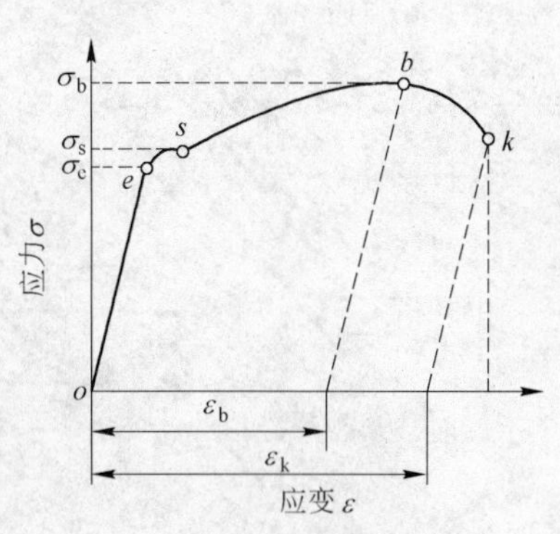

图2-8 退火低碳钢拉伸时的应力-应变曲线

试样断裂后标距长度伸长量$\Delta L(L_k-L_0)$与原始标距长度L_0之比称为伸长率，用A表示。即：

$$A = \frac{L_k - L_0}{L_0} \times 100\% \tag{2-15}$$

试样的原始横截面面积F_0和断裂时的横截面面积F_k之差与原始横截面积F_0之比称为断面收缩率，用Z表示。即：

$$Z = \frac{F_0 - F_k}{F_0} \times 100\% \tag{2-16}$$

A、Z表示金属产生塑性变形的能力。在拉伸条件下，即为试样断裂前所能产生的最大塑性变形量。

2.3.1.2 单晶体的塑性变形

由图2-8可知，当应力超过弹性极限σ_e时，金属将产生塑性变形。实际应用的金属材料绝大多数是多晶体，由于多晶体的塑性变形与组成它的各个晶粒的塑性变形行为有关，故先介绍单晶体金属的塑性变形行为。在常温条件下金属塑性变形的主要方式是滑移。此外，还有孪生和扭折。

A 滑移带与滑移线

晶体的塑性变形是晶体的一部分相对于另一部分沿着某些晶面和晶向发生相对滑动的结果，这种变形方式称为滑移。

将表面抛光的单晶体金属试样进行拉伸，当试样经过适量的塑性变形后，在金相显微镜下可以观察到在抛光的表面上出现了许多相互平行的线条，这些线条称为滑移带，如图 2-9 所示。用高分辨率电子显微镜观察可发现，每条滑移带实际上是由一族相互平行的线组成的，这些线称为滑移线。进一步观察分析发现，这些滑移线是经塑性变形后在试样表面上产生的一个个小台阶。这些小台阶的高度约为 1000 个原子间距，宽约 100 个原子间距。每条滑移带实际上是由相互靠近的 4 ~ 5 条滑移线所形成的大台阶，滑移带之间的距离为 10000 个原子间距。滑移线和滑移带如图 2-10 所示。

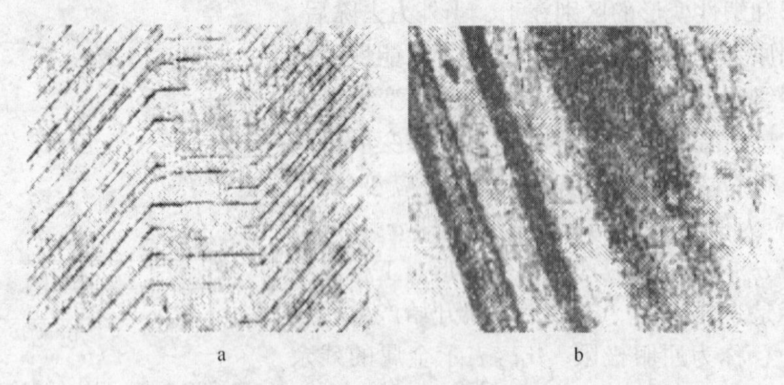

图 2-9　铝单晶抛光后再拉伸，表面出现的滑移带

a—100 ×；b—12500 ×

对变形前后的晶体进行 X 射线结构分析发现，滑移带之间或滑移线之间的晶体层片的晶体结构未发生变化。

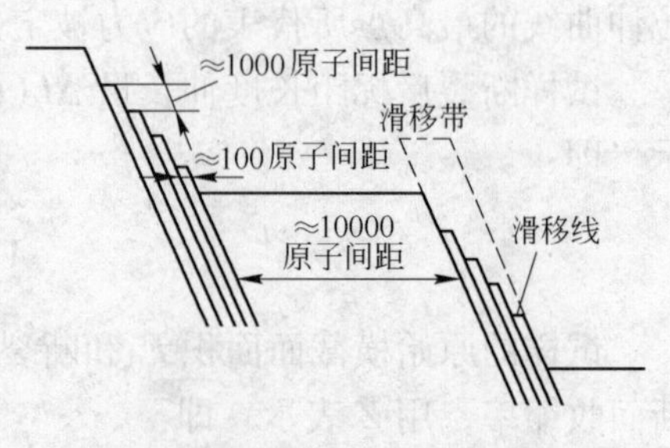

图 2-10　滑移线与滑移带示意图

B　滑移系

观察图 2-9 可发现，在塑性变形试样中出现的滑移线与滑移带的排列并不是任意的，它们彼此之间或者相互平行，或者成一定角度，这说明滑移是沿着一定的晶面和晶面上一定的晶向进行的，这些晶面称为滑移面，晶向称为滑移方向。滑移面通常是金属晶体中原子排列最密的晶面，而滑移方向则是原子排列最密的晶向。

一个滑移面和此面上的一个滑移方向结合起来组成一个滑移系。如体心立方晶格中，$(\bar{1}10)$ 面和［111］晶向即组成一个滑移系。每一个滑移系表示金属晶体在进行滑移时可能采取的一个空间取向。在其他条件相同时，金属晶体中的滑移系越多，滑移过程中可能采取的空间取向便越多，金属发生滑移的可能性越大，塑性就越好。

表 2-3 给出了 3 种典型金属晶体结构的滑移系。由表 2-3 可看出，面心立方金属的滑移面为｛111｝，共有 4 个，滑移方向为〈110〉，每个滑移面上有 3 个滑移方向，故面心立方金属共有 12 个滑移系。体心立方金属的滑移面为｛110｝，共有 6 个，滑移方向为〈111〉，每个滑移面上有 2 个滑移方向，因此体心立方金属共有 12 个滑移系。密排六方金属的滑移面在室温时只有｛0001｝一个，滑移方向为〈$11\bar{2}0$〉，滑移面上有 3 个滑移方向，因此它的滑移系只有 3 个。由于滑移系数目太少，故密排六方金属的塑性较差。

表 2-3 金属三种常见晶格的滑移系

晶格结构	体心立方晶格	面心立方晶格	密排六方晶格
滑移面	{110} 6 个	{111} 4 个	{0001} 1 个
每个滑移面上的滑移方向	〈111〉 2 个	〈110〉 3 个	〈11$\bar{2}$0〉 3 个
滑移系	6×2 = 12	4×3 = 12	1×3 = 3

金属塑性好坏不完全取决于滑移系的多少，还与滑移面上原子的密排程度和滑移方向的数目等因素有关。例如体心立方金属α-Fe，它的滑移方向不如面心立方金属多，同时滑移面上的原子密排程度也比面心立方金属低，因此，它的滑移面间距离较小，原子间结合力较大，必须在较大的应力作用下才能开始滑移，所以它的塑性要比 Cu、Al、Ag、Au 等面心立方金属差。

C 临界分切应力定律

晶体受力后先发生弹性变形。当外力超过晶体的弹性极限 σ_e后，将发生塑性变形。其主要变形形式是滑移，滑移是晶体的一部分相对于另一部分发生的平行滑动。图 2-11 为单晶体某滑移系上的分切应力。

晶体的滑移是在切应力的作用下进行的。当一定外力作用于晶体时，滑移系的开动并非直接取决于外应力的大小和方向，而是取决于外力在某些滑移系上的分切应力的大小。只有当分切应力达到一定的临界值τ_c时，滑移系才能开动。τ_c叫做临界分切应力，它是使滑移系开动的最小分切应力。而滑移的这种实验规律叫做临界分切应力定律或斯密特定律。

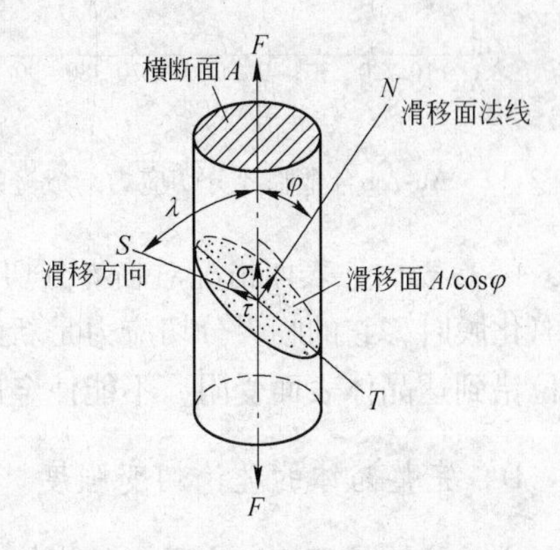

图 2-11 单晶体某滑移系上的分切应力

如图 2-11 所示，设拉力 F 作用于横截面为 A 的圆柱形单晶体上，外力轴和滑移面法线的夹角为ϕ，与滑移方向的夹角为 λ，则外力在滑移面上沿滑移方向的分切应力为：

$$\tau = \frac{F\cos\lambda}{A/\cos\varphi} = \frac{F}{A}\cos\lambda\cos\varphi \qquad (2\text{-}17)$$

式中，F/A 为试样拉伸时横截面上的正应力；$\cos\varphi\cos\lambda$ 称为取向因子，记为 Ω。当滑移系中的分切应力达到其临界值τ_c时，晶体开始滑移，这时在宏观上金属开始出现屈服现象，即 $F/A = \sigma_s$，σ_s为材料的屈服强度极限，将其代入式 2-17，即得：

$$\tau_c = \sigma_s\cos\lambda\cos\varphi \qquad (2\text{-}18)$$

或

$$\sigma_s = \frac{\tau_c}{\cos\lambda\cos\varphi} \qquad (2\text{-}19)$$

临界分切应力τ_c是材料常数，其值只取决于材料的本性、金属的纯度、试验温度与加载速度，而与外力的大小、方向及作用方式无关。当力轴、滑移面法向和滑移方向三者在同一个平面内，并且 $\varphi = \lambda = 45°$时，取向因子 Ω 最大，最大值为 0.5，此时分切应力τ也最大，使晶体滑移所需的σ_s最小，金属最容易进行滑移，并表现出最大的塑性，这种取向称为软取向。而当滑移面垂直于力轴（$\lambda=90°$）或平行于力轴（$\varphi=90°$）时，取向因子Ω最小（为0），此时分切应力τ为0，σ_s均为无穷大，滑移系不能开动，晶体不能产生塑性变形，直至断裂。这样的取向（或接近）称为硬取向。临界分切应力的本质反映在宏观上就是使晶体开始变形的最低切应力值。

影响临界分切应力大小的因素主要有：

（1）化学成分。两组元固态互溶，合金的临界分切应力随溶质原子分数的增大而增大，如图2-12所示。

（2）温度。温度升高时，临界分切应力减小。此外，温度改变时，滑移面也改变，不同的滑移系临界分切应力改变的情况也不同，见图2-13。

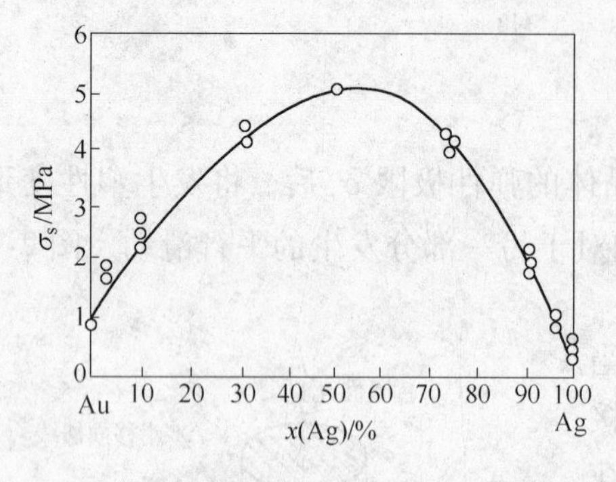

图2-12　Au-Ag合金临界分切应力与成分的关系

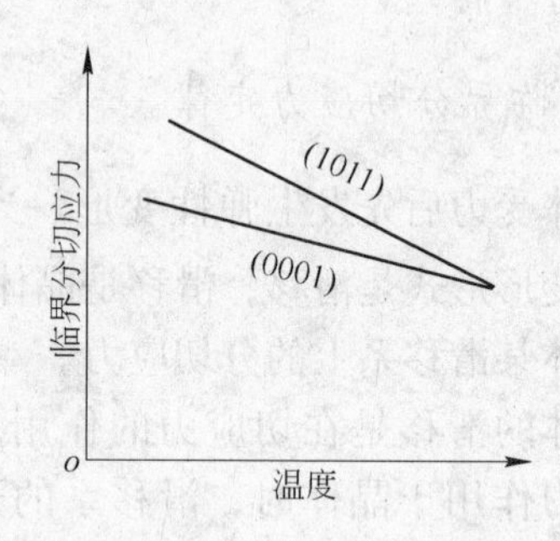

图2-13　不同滑移系的临界分切应力随温度的变化

（3）表面。表面情况对临界分切应力也有影响。如金属镉表面具有1000个原子厚度的氧化膜时，它的临界分切应力是新鲜表面的2.5倍。这是因为当晶体受外力时，晶体内部位错到达晶体表面受阻，不能使金属变形，若变形还要增大应力，因此增加了强度。

D　完整晶体的理论切变强度

完整晶体的理论切变强度是指使理想完整晶体产生切变屈服时需要的临界分切应力。根据原子面与原子面之间刚性错开的模型，可计算出晶体发生滑移所需的临界分切变应力。下面以简单立方晶体的理论切变强度的理论估算为例。设晶体的切应变是由两排相邻的原子面作整体相对移动而产生的，如图2-14所示，两排原子面的间距为d，在滑移方向的原子间距为b，上面原子相对下面原子的位移为u。当应变很小时，切应变是弹性的，应用虎克定律可得切应力为：

$$\tau=\mu\times\frac{u}{d} \tag{2-20}$$

式中，μ为材料的切变模量。

当应变较大时，滑移阻力的变化比较复杂。由图2-14可知，当$u=b/2$时，$\tau=0$，可设想当u介于$0\sim b/2$之间时，τ应有一个极大值。满足这一条件的最简单的关系式就是正弦函数，故取：

$$\tau=\tau_{\max}\sin\frac{2\pi u}{b} \tag{2-21}$$

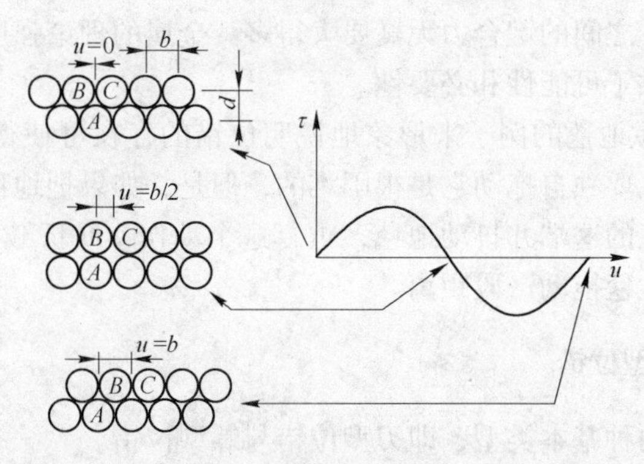

图 2-14　简单立方晶体理论切变强度的计算模型

当 u 较小时，由式 2-20 与式 2-21 可得：

$$\tau_{\max}=\frac{\mu}{2\pi}\times\frac{b}{d} \tag{2-22}$$

对于简单立方晶体，$b=d$，其他晶体结构亦可取 $b\approx d$，所以，理想晶体相邻原子平面整体相对滑移产生塑性变形所需要的临界应力为：

$$\tau_{\max}=\frac{\mu}{2\pi} \tag{2-23}$$

通常将$\tau_{\max}$称为理论切变强度。根据理论估算，金属的理论切变强度一般是其切变模量的 1/10 ~ 1/30。而金属的实际强度只是这个理论强度的几十分之一，甚至几千分之一。例如，纯铁单晶的室温切变强度约为 49MPa，而按铁的切变模量（57859MPa）来估算，其理论切变强度应达 6374MPa。晶体材料的理论估算切变强度比实际的切变强度高约 $10^3\sim10^4$数量级，如表 2-4 所示。

表 2-4　理论与实际切变强度的比较

金　属	理论值/MPa	实际值/MPa
Al	3870	0.786
Ag	3980	0.372
Cu	6480	0.490
α-Fe	10960	2.750
Mg	2630	0.393

切变强度理论值与实验值的这种差异，并非是由理论计算的近似和实验中的误差造成的。理论估算是以无缺陷的完整晶体原子面做整体移动为基础的，而实际晶体都是非完整性的，在金属晶体结构中存在某种弱的联结，从而使金属容易被切开。通过大量研究人们认识到，晶体的滑移并非是刚性的，滑移过程也不是原子面之间整体同步地发生相对位移，而是一部分先发生位移，然后另一部分再发生位移，如此循序渐进。

位错理论的发展揭示了晶体实际切变强度（和屈服强度）低于理论切变强度的本质。在有位错存在的情况下，切变滑移是通过位错的运动来实现的，所涉及的是位错线附近的几列原子。而对于无位错的近完整晶体，切变时滑移面上的所有原子将同时滑移，这时需克服的滑移面上下原子之间的键合力无疑要大得多。金属的理论强度与实际强度之间的巨大差别为金属强化提供了可能性和必要性。

West 曾举过一个掀地毯的例子来形象地说明位错的存在可使得滑移变得容易。设想有一条长地毯，一个人要独自拖动它是很困难的，但是，如果把地毯靠近人的一端弄出一个折皱，然后掀开地毯的这端并抖动地毯，重复这个动作，使折皱从一端滑移到另一端，这样便可很省劲地把地毯拖动一段距离。

2.3.2　刃型位错与螺型位错

晶体中的位错有两种基本类型，即刃型位错与螺型位错。

2.3.2.1　*刃型位错*

刃型位错的形成如图 2-15a 所示。设有一完整晶体，沿 *BCEF* 晶面横切一刀，从 *BC* →*AD*，将 *ABCD* 面上半部分作用以切应力τ，使之产生滑移，滑移面为 *BCEF*，滑移区为 *ABCD*。*AD* 为未滑移区 *ADEF* 和已滑移区 *ABCD* 的交界线，即为刃型位错线。滑移面上部多出半个原子面，犹如插入的刀刃一样，因此称为刃型位错。位错线 *AD* 附近区域发生了原子错排，由图 2-15b 可看出，位错线的上部邻近范围受到压应力，而其下部邻近范围受到拉应力，离位错线较远处的原子排列正常。通常把晶格畸变程度大于其正常原子间距 1/4 的区域称为位错宽度，其值约为 3 ~ 5 个原子间距。位错线的长度很长，一般为数百到数万个原子间距，相比之下，位错宽度显得非常之小，可以把位错看成是线缺陷，但实际上，位错是一条具有一定宽度的细长的晶格畸变管道。通常称晶体上半部多出原子面的位错为正刃型位错，用符号“⊥”表示，反之为负刃型位错，用“┬”表示。

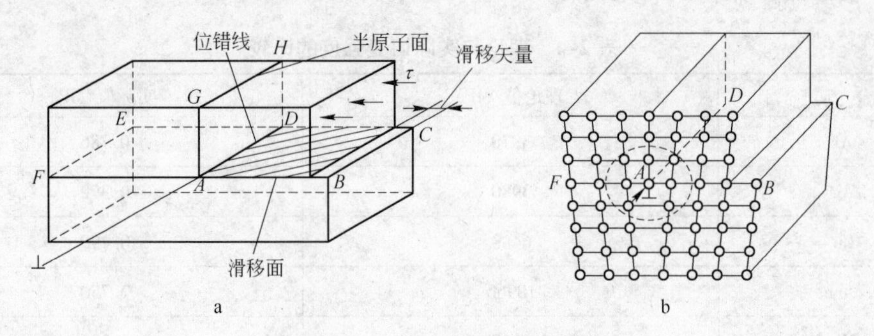

图 2-15　含有刃型位错的晶体

a—刃型位错的形成；b—刃型位错的原子模型

刃型位错具有如下特点：

（1）刃型位错有一个多余的半原子面。

（2）刃型位错在晶体中引起畸变，既有正应变，又有切应变。滑移面上边的原子显得拥挤，原子间距变小，晶格受到压应力；滑移面下边的原子则显得稀疏，原子间距变大，晶格受到拉应力；而在滑移面上，晶格受到的是切应力。位错中心处畸变最大，随着与位错中心距离的增加，畸变程度逐渐减小。

（3）和完整区域相比，位错线附近的原子配位数发生了变化，如图 2-15b 中的 *A* 点。

（4）滑移方向与位错线垂直，但与位错线运动方向平行。刃型位错的滑移线不一定是直线，可以是折线或曲线，如图2-16所示。

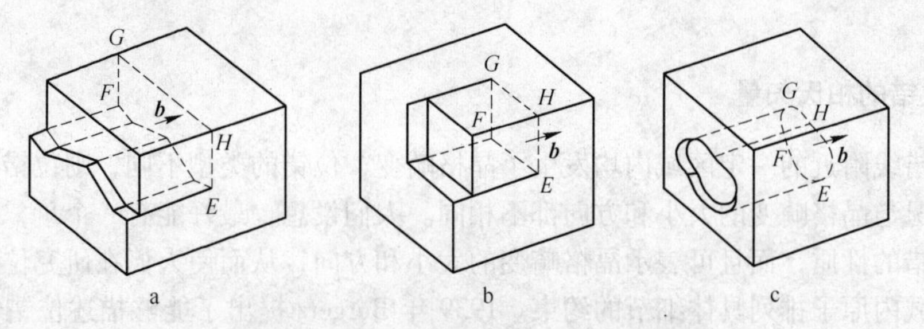

图2-16　几种形状的刃型位错线

a—位错线为折线；b—位错线为直线；c—位错线为曲线

2.3.2.2　螺型位错

如图2-17所示，设想在简单立方晶体右端沿 $ADCB$ 晶面横切一刀，从 $AD \rightarrow BC$。在立方晶体右端施加一切应力τ，使右端滑移面上下两部分晶体发生一个原子间距的相对切变，于是就出现了已滑移区和未滑移面的边界 BC，BC 就是螺形位错线。从滑移面上下相邻两层晶面上原子排列的情况可以看出（如图2-17b所示），在 aa'的右侧，晶体的上下两部分相对错动了一个原子间距，但在 aa' 和 BC 之间的过渡带，则发现上下两层相邻原子发生了错排和不对齐的现象，原子被扭曲成了螺旋形。如果从 a 开始，按顺时针方向依次连接此过渡带的各原子，每旋转一周，原子面就沿滑移方向前进一个原子间距，犹如一个右旋螺纹，如图2-17c所示。由于位错线附近的原子是按螺旋形排列的，所以这种位错叫做螺型位错。

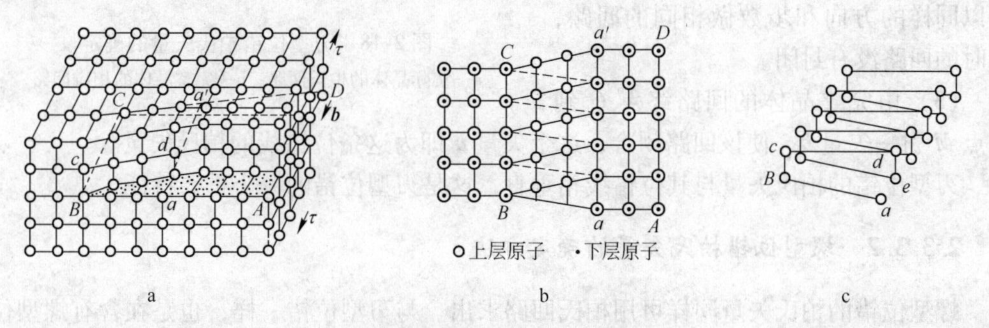

图2-17　螺型位错示意图

a—立体图；b—俯视图；c—过渡带原子螺旋排列

以大拇指代表螺旋面前进方向，其他四指代表螺旋面的旋转方向，符合右手法则的称右旋螺型位错，符合左手法则的称左旋螺型位错。

螺型位错具有如下特点：

（1）螺型位错没有额外半原子面。

（2）螺型位错线是一个具有一定宽度的细长的晶格畸变管道，其中只有切应变，而无正应变。

（3）位错线附近原子的配位数不发生变化，但配位多面体产生了畸变，随距离增加，畸变减小，如图 2-17b 所示。

（4）位错线与滑移方向平行，位错线运动的方向与位错线垂直。螺型位错线为一直线。

2.3.3 位错的柏氏矢量

在位错线附近的一定区域内均发生了晶格畸变，位错的类型不同，则位错区域内的原子排列情况与晶格畸变的大小和方向都不相同。人们设想，最好能有一个量，用它不但可以表示位错的性质，而且可表示晶格畸变的大小和方向，从而使人们在研究位错时能够摆脱位错区域内原子排列具体细节的约束。1939 年 Burgers 提出了能够描述位错性质的柏氏矢量 $\boldsymbol{b}$。

在确定位错柏氏矢量时，要先确定位错线的方向。一般规定位错线垂直于纸面时，由纸面向外为正向。然后，按右手法则做柏氏回路，右手大拇指指向位错线正向，回路方向由右手螺旋方向确定。

2.3.3.1 刃型位错柏氏矢量的确定方法

具体如下：

（1）如图 2-18a 所示，在实际晶体中，从与位错有一定距离的任一原子 M 出发，以至相邻原子为一步，沿逆时针方向环绕位错线做一闭合回路，称为柏氏回路。

（2）如图 2-18b 所示，在完整晶体中以同样的方向和步数做相同的回路，此时的回路没有封闭。

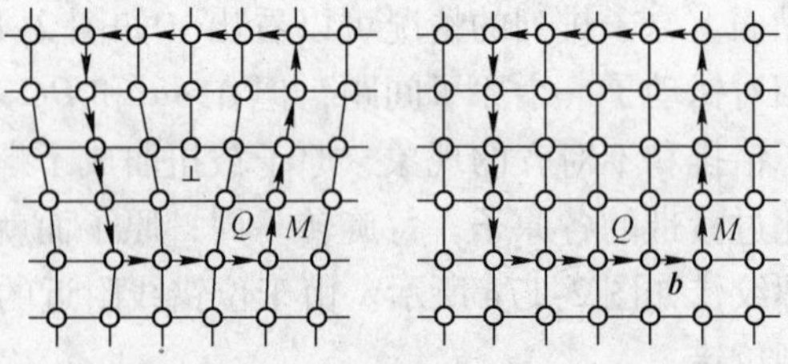

图 2-18 刃型位错柏氏矢量的确定
a—实际晶体的柏氏回路；b—完整晶体的相应回路

（3）由完整晶体的回路终点 Q 到始点 M 引一矢量 $\boldsymbol{b}$，使该回路闭合，这个矢量 $\boldsymbol{b}$ 即为这条位错线的柏氏矢量。

刃型位错的柏氏矢量与其位错线相垂直，这是刃型位错的一个重要特征。

2.3.3.2 螺型位错柏氏矢量的确定方法

螺型位错的柏氏矢量同样可用柏氏回路求出。与刃型位错一样，也是在含有螺型位错的晶体中做柏氏回路（如图 2-19 所示），然后在完整晶体中做相似的回路，前者的回路闭合，后者的回路则不闭合，自终点向始点引一矢量 $\boldsymbol{b}$，使回路闭合，这个矢量就是螺型位错的柏氏矢量。

螺型位错的柏氏矢量与其位错线平行，这是螺型位错的重要特征。通常规定，柏氏矢量与位错线方向相同的为右螺型位错，反之为左螺型位错。

由位错柏氏矢量的确定方法可知：

（1）位错柏氏矢量与所做回路的大小无关，它是位错本身的属性。

（2）柏氏矢量与形成位错时晶体的滑移矢量大小相等，方向平行。

（3）螺型位错的柏氏矢量与位错线平行，故螺型位错只能是直线。刃型位错的柏氏矢量与位错线垂直，故刃型位错可呈任意形状。

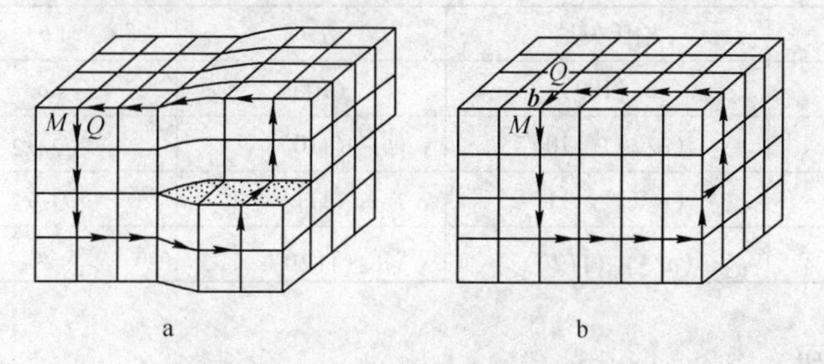

图 2-19 螺型位错柏氏矢量的确定

a—实际晶体的柏氏回路；b—完整晶体的相应回路

2.3.3.3 柏氏矢量守恒性

位错柏氏矢量具有守恒性，体现在如下三个方面：

（1）一条位错线只有一个柏氏矢量。与位错类型、位错线长短和形状无关。

（2）若做一柏氏回路，其中包括数个位错，则由该回路求出的柏氏矢量是其包围的所有位错的柏氏矢量之和。

（3）一根位错线不可能中止在晶体内部，它或构成一闭合的圈，或中止于晶体表面，或交于某一位错节点。

2.3.3.4 柏氏矢量的意义

柏氏矢量是其他缺陷所没有，位错所独有的性质，标志着位错的结构特征，但是它只有大小和方向，与位错并无固定的坐标位置关系。柏氏矢量表征了柏氏回路包含的位错引起的周围晶体点阵畸变的总积累，因此，柏氏矢量又称为位错强度。位错的许多性质，如位错的能量、所受的力、应力场、位错反应等均与其有关。它也表示出晶体滑移的大小和方向。

2.3.3.5 柏氏矢量的表示方法

柏氏矢量的表示方法与晶向指数相似，只不过晶向指数没有大小的概念，而柏氏矢量必须在晶向指数的基础上把矢量的模也表示出来。柏氏矢量的方向可以用晶向指数表示。为了表示柏氏矢量的模，可以在括号外写上适宜的数字。

立方晶体结构中位错的柏氏矢量可表示为：

$$\boldsymbol{b} = ka[uvw] \tag{2-24}$$

式中，a 为点阵常数；$[uvw]$ 为柏氏矢量方向的晶向指数；k 是公因子。

立方晶体结构中位错的柏氏矢量的大小为：

$$|\boldsymbol{b}| = ka\sqrt{u^2+v^2+w^2} \tag{2-25}$$

例如，在 fcc 晶体中，[110] 方向上最小的原子位移是 $[a/2\ a/2\ 0]$，则该方向上的柏氏矢量为 $\boldsymbol{b}=(a/2)[110]$，一般将 a 略为1，即 $\boldsymbol{b}=(1/2)[110]$。fcc 晶体 [110] 方向位错柏氏矢量的大小为 $|\boldsymbol{b}|=\sqrt{2}a/2$ 或 $|\boldsymbol{b}|=\sqrt{2}/2$。

表 2-5 给出了典型金属晶体结构中单位位错的柏氏矢量。

表 2-5 典型晶体结构中单位位错的柏氏矢量

结构类型	柏氏矢量	方向	$\vert b \vert$	数量
简单立方	$a\langle 100\rangle$	$\langle 100\rangle$	a	3
面心立方	$(a/2)\langle 110\rangle$	$\langle 110\rangle$	$\sqrt{2}a/2$	6
体心立方	$(a/2)\langle 111\rangle$	$\langle 111\rangle$	$\sqrt{3}a/2$	4
密排六方	$(a/3)\langle 11\bar{2}0\rangle$	$\langle 11\bar{2}0\rangle$	a	3

2.3.4 混合型位错

柏氏矢量与位错线垂直的位错是刃型位错，柏氏矢量与位错线平行的位错是螺型位错。若位错线的柏氏矢量与其成一角度，则此位错为混合型位错。混合型位错可以是直线，也可以是曲线，可把其看成是纯刃型位错和纯螺型位错的组合。混合型位错如图2-20所示。

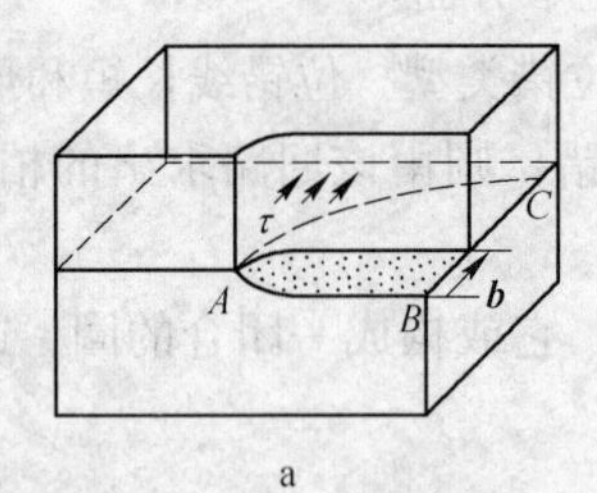

a

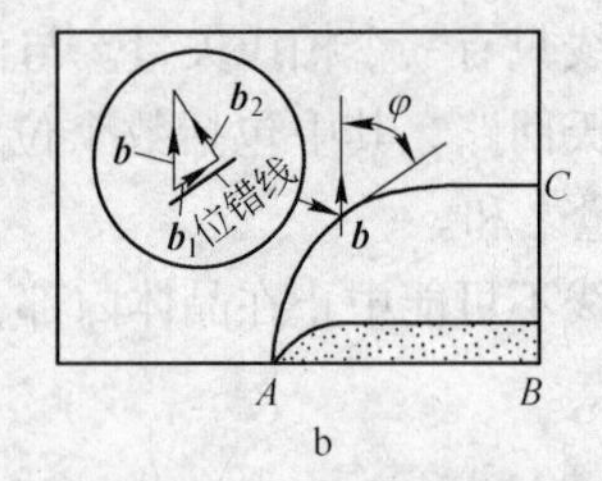

b

图 2-20 混合型位错

a—立体图；b—俯视图

如图 2-20a 所示，晶体发生局部滑移后，形成了一弯曲位错线 AC（已滑移区与未滑移区的交界线）。A 点处位错线与 $\boldsymbol{b}$ 平行为右螺型位错，C 点处位错与 $\boldsymbol{b}$ 垂直为正刃型位错。A 点和 C 点之间的位错线与 $\boldsymbol{b}$ 既不平行，也不垂直，属混合型位错，如图 2-20b 所示，混合位错可分解为螺型分量 $\boldsymbol{b}_1$ 与刃型分量 $\boldsymbol{b}_2$，$\boldsymbol{b}_1 = \boldsymbol{b}\cos\varphi$，$\boldsymbol{b}_2 = \boldsymbol{b}\sin\varphi$。混合型位错各点与柏氏矢量 $\boldsymbol{b}$ 的夹角不同，故各点的刃型分量和螺型分量之比也是变化的。

图 2-21 给出了混合型位错的原子组态。实际晶体中的混合型位错可以在空间呈任意形态的曲线。

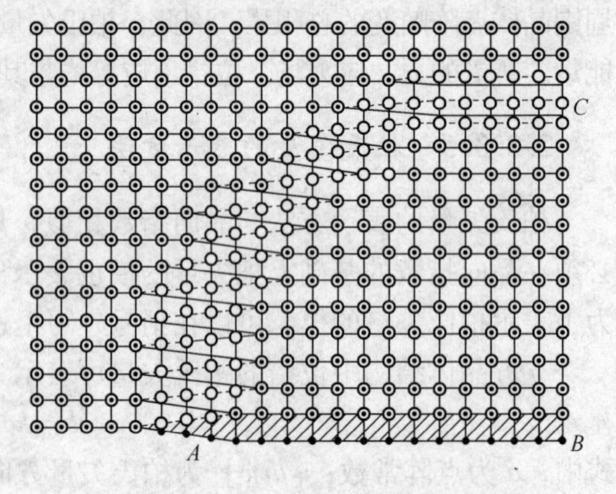

图 2-21 混合型位错的原子结构

2.3.5 位错的运动

晶体宏观的塑性变形是通过位错运动来实现的，并且晶体的力学性能（如强度、塑韧性和断裂等）均与位错的运动有关。位错运动的基本形式有两种，即滑移和攀移。位错的易动性使得实际晶体很容易变形，故实际晶体的变形及变形速率与位错的多少及运动速度密切相关。

2.3.5.1 位错运动与晶体宏观塑性变形

晶体中位错运动是逐步进行的，每一步只涉及位错线附近 3 ~ 5 个原子间距范围内的原子，当位错线扫过整个滑移面后，晶体便产生了一个和柏氏矢量同样大小的宏观位移。图 2-22 ~ 图 2-24 分别示意了刃型位错、螺型位错与混合型位错的滑移过程和最终产生的宏观变形。显然，位错的逐步滑移比整个晶体上下两部分沿滑移面作整体刚性滑移需要的应力要小得多，而使晶体产生的宏观塑性变形量却是相同的。

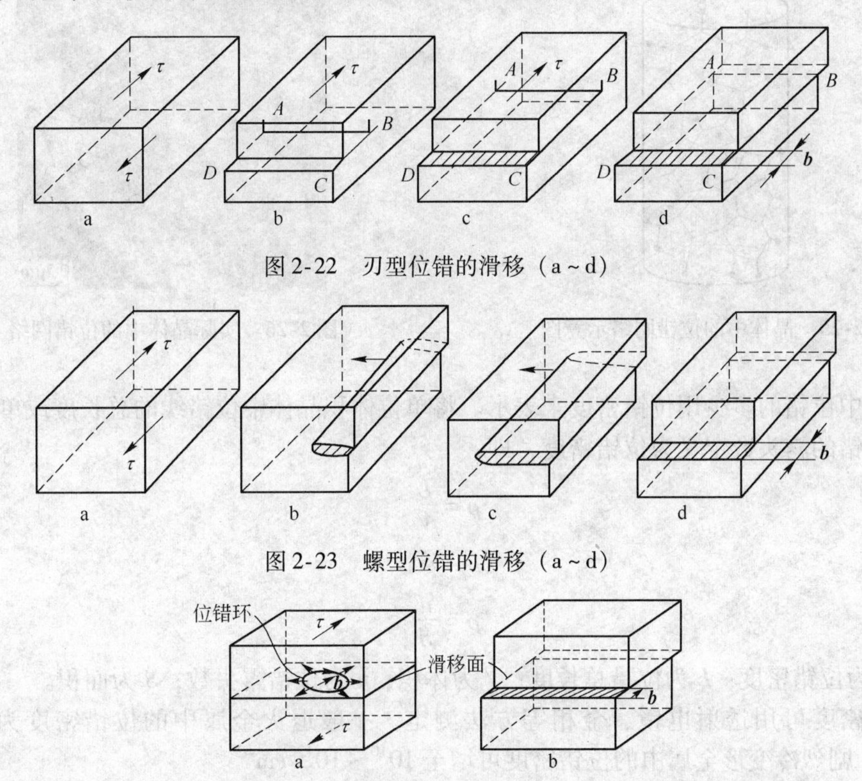

图 2-22 刃型位错的滑移（a ~ d）

图 2-23 螺型位错的滑移（a ~ d）

图 2-24 混合型位错的滑移（a、b）

无论是刃型位错、螺型位错还是混合型位错，当其扫过滑移面之后，便使晶体在该位错的柏氏矢量方向上产生一个和柏氏矢量同样大小的滑移量，而实际晶体在切应力作用下发生塑性变形的滑移量是很大的。这是因为晶体中不止一个位错，而是有许多位错，而且在变形中位错还会不断增殖，所以，各位错滑移的累加结果便造成了晶体的宏观变形。

在位错运动过程中，其位错线往往很难同时实现全长的运动，因而一个运动的位错线，特别是在受阻碍的情况下，有可能通过其上一部分首先进行滑移，若由此形成的曲折线段位于位错线所在的滑移面之上时，则称为扭折。若该曲线段不处于位错所在的滑移面之上时，则称为割阶。可见刃型位错的扭折部分为螺形部分，而割阶部分仍为刃型位错，螺形位错的扭折和割阶均属于刃型位错。

2.3.5.2 位错密度及其与晶体切变速度的关系

应用物理和化学的实验方法可将晶体中的位错显示出来。例如用浸蚀法可得到位错腐蚀坑，这是因为位错附近的能量较高，在晶体表面露头部位的位错容易受到腐蚀，从而产生蚀坑。另外，用电子显微镜可直接观察金属薄膜中的位错组态及分布，还可用 X 射线衍射等方法间接地检查位错的存在。由于位错是已滑移区和未滑移区的边界，所以位错线不能终止在晶体内部，而只能终止在晶体的表面或晶界上。在晶体内部，位错线一定是封闭的，或者自身封闭成一个位错圈，或者构成三维位错网络。图 2-25 是晶体中三维位错网络示意图，图 2-26 是晶体中位错的实际照片。

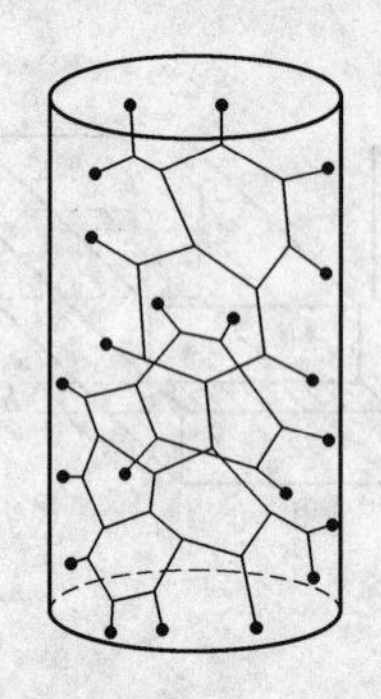

图 2-25　晶体中的位错网络示意图

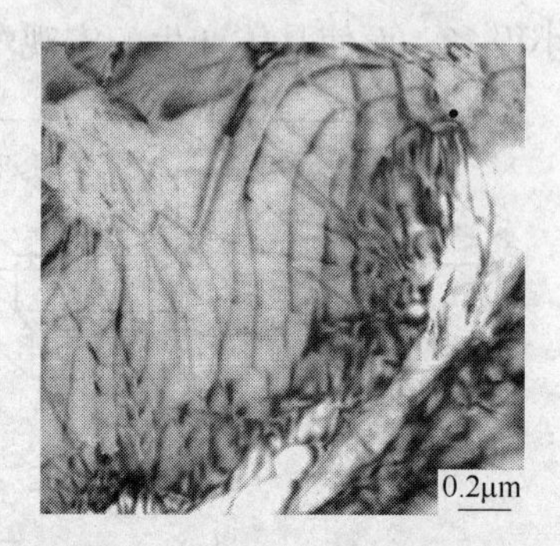

图 2-26　实际晶体中的位错网络

晶体中位错的多少用位错密度来表示。将单位体积晶体中位错线的总长度或单位面积晶面上位错的露头数定义为位错密度，即：

$$\rho = \frac{L}{V} \tag{2-26}$$

或

$$\rho = \frac{n}{S} \tag{2-27}$$

式中，ρ 为位错密度；L 为位错总长度；V 为体积；n 为位错露头数；S 为面积。

位错密度可用透射电镜、金相等方法测定。一般退火金属中的位错密度为 $10^5 \sim 10^6 \text{cm}^{-2}$，剧烈冷变形金属中的位错密度可增至 $10^{10} \sim 10^{12}\ \text{cm}^{-2}$。

晶体宏观应变速率与位错密度及位错运动速度有关。设晶体中已有一个刃型位错，在外加切应力作用下，这个位错从晶体的一端运动到另一端，即扫过整个滑移面之后，晶体将产生一个位错柏氏矢量 $\boldsymbol{b}$ 大小的塑性变形。

如果位错只扫过滑移面的一部分，则其产生的塑性变形也应为 $\boldsymbol{b}$ 的一部分，用 $\alpha\boldsymbol{b}$ 表示，$\alpha < 1$。

如图 2-27 所示，设有一个晶体高为 l_1，长为 l_2，宽为 l_3。位错线长为 l_3，当位错线扫过整个滑移面时，晶体产生的切变为 b/l_1，在 $\mathrm{d}t$ 时间内位错滑移了 x 的距离，则在 $\mathrm{d}t$ 时间内，位错线扫过的面积为：

$$l_3 x = \frac{x}{\mathrm{d}t} \cdot \mathrm{d}t \cdot l_3 = v l_3 \mathrm{d}t \tag{2-28}$$

式中，$v = x/\mathrm{d}t$，为位错运动速度。

晶体滑移面的总面积为 $l_3 l_2$，则：

$$\alpha b = \frac{l_3 x}{l_2 l_3} b$$

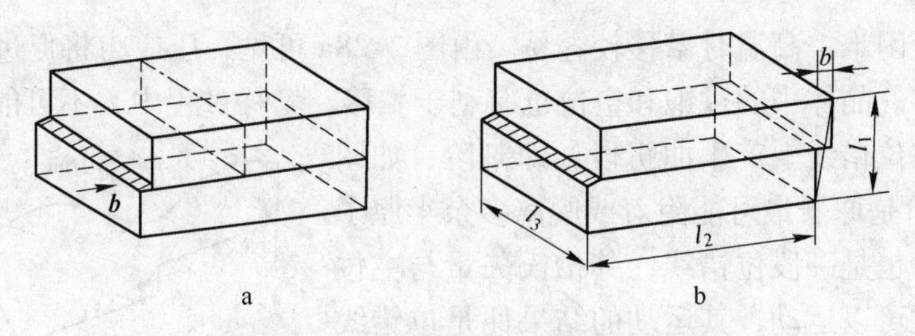

图 2-27 刃型位错运动造成的塑性变形

a—位错在滑移面上运动；b—位错扫过整个滑移面

晶体产生的切应变为：

$$\mathrm{d}\gamma = \frac{\alpha b}{l_1} = \frac{l_3 x}{l_1 l_2 l_3} b = \frac{l_3}{V} x b = \rho x b \tag{2-29}$$

$$\gamma = \frac{\mathrm{d}\gamma}{\mathrm{d}t} = \rho b \frac{\mathrm{d}x}{\mathrm{d}t} = \rho b v \tag{2-30}$$

实际上，在 l_1 高的晶体中有若干个平行的滑移面，且每一个滑移面上也不只一根位错线。假设共有 n 个柏氏矢量相同的位错，以平均速度 v 运动，即平均位移为 $\bar{x}$，则在 $\mathrm{d}t$ 时间里产生的总切应变为：

$$\mathrm{d}\gamma = n\frac{\alpha b}{l_1} = \frac{n l_3 \bar{x}}{l_1 l_2 l_3} b = \rho b \bar{x} \tag{2-31}$$

$$\gamma = \rho b \bar{v} \tag{2-32}$$

式 2-32 即为所求的晶体切应变速率与位错密度的关系。

2.3.6 刃型位错的攀移

刃型位错除可以在滑移面上滑移外，还可在垂直滑移面的方向上运动。刃型位错在垂直于其滑移面方向的运动称为攀移。攀移的实质是由于原子（或空位）的扩散而导致的刃型位错多余半原子面的伸长或缩短。一般把多余半原子面向上移动称正攀移，向下移动称负攀移，如图 2-28 所示。当空位扩散到位错的刃部时，使多余半原子面缩短叫正攀移，如图 2-28a 所示；当刃部的空位离开多余半原子面时，相当于原子扩散到位错的刃部，使多余半原子面伸长，位错向下攀移称为负攀移，如图 2-28c 所示。

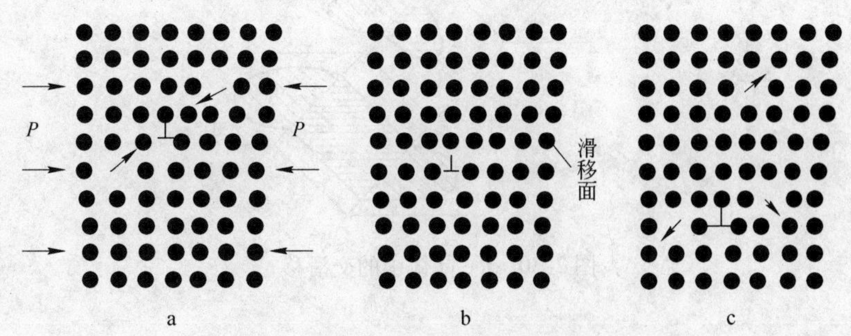

图 2-28 刃型位错运动造成的塑性变形

a—正攀移；b—原始位置；c—负攀移

由于攀移时伴随物质的迁移，需要空位的扩散，需要热激活，故攀移比滑移需更大能量。低温攀移较困难，高温时攀移较容易。由图 2-28a 可见，压应力将促进正攀移，拉应力可促进负攀移。晶体中的过饱和空位也有利于攀移。攀移过程中，不可能整列原子同时运动，由此会在位错线上产生曲折段，即割阶，如图 2-29 所示。割阶是原子最可能附着或脱离多余半原子面的地方。割阶也是一段位错线，其柏氏矢量与主位错相同。割阶也可以运动，其运动的结果便是位错线的逐段攀移。刃型位错通过割阶沿图中箭头方向运动实现攀移，如图 2-29 所示。

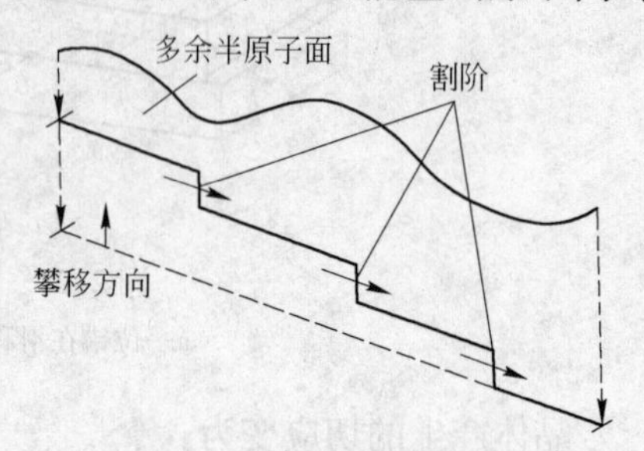

图 2-29　刃型位错运动造成的塑性变形

2.3.7　螺型位错的交滑移

由于所有包含螺型位错线的晶面都可以成为其滑移面，因此当某一螺型位错在原滑移面上的运动受阻时，有可能从原滑移面转移到与之相交的另一滑移面上继续滑移，这一过程称为交滑移。如果交滑移后的位错再转回和原滑移面平行的滑移面上继续运动，则称为双交滑移。

位错环在面心立方晶体中的滑移如图 2-30 所示。[$\bar{1}$01] 是 (111) 和 (1$\bar{1}$1) 两个密排面的交线。在 (111) 面上有一个小位错环，其柏氏矢量 $\boldsymbol{b}$ = (1/2) [$\bar{1}$01]，方向为顺时针 *WXYZ*，*W* 处为正刃型位错，*Y* 处为负刃型位错，*X* 处为左螺型位错，*Z* 处为右螺型位错，如图 2-30a 所示。该位错环在切应力作用下在 (111) 面上不断扩大。当螺型位错接近交线 [$\bar{1}$01] 时，它可以转移到 (1$\bar{1}$1) 面上并在这个面上继续滑移，如图 2-30b、c 所示，这就是螺型位错的交滑移。图 2-30d 表示螺型位错再次发生交滑移，又回到了 (111) 面上。

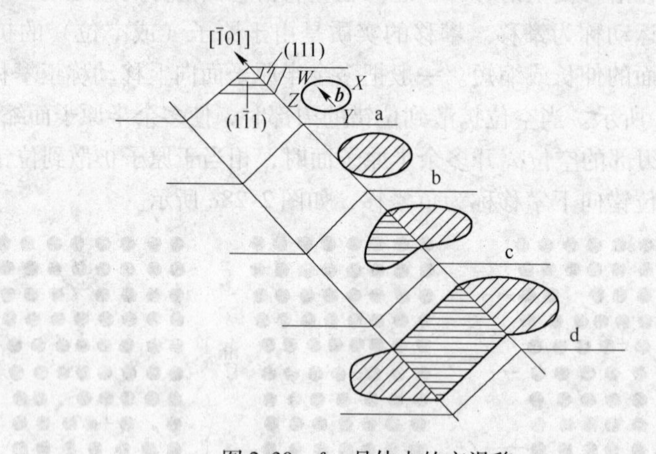

图 2-30　fcc 晶体中的交滑移

2.4　位错的弹性性质

位错的存在不仅使其中心产生严重的结构畸变，而且还使其周围一定范围内的结构产生弹性应变，故位错是晶体中的内应力源，在其周围存在着应力场。

位错的弹性性质是位错理论的核心与基础，它考虑的是位错在晶体中引起的畸变的分布及其能量变化。处理位错的弹性性质的方法主要有连续介质方法、点阵离散方法等，其中连续介质模型发展得比较成熟。要进一步了解位错的性质，就需讨论位错的弹性性质，包括位错的弹性应力场，位错的弹性应变能，位错所受的力，位错之间及位错与溶质原子之间的交互作用等内容。

要准确地定量计算晶体中位错周围的弹性应力场是复杂而困难的，为简化起见，通常可采用弹性连续介质模型来进行计算。该模型作了如下三点假设：

（1）晶体是完全弹性体；

（2）晶体是各向同性的；

（3）晶体中没有空隙，由连续介质组成。因此，晶体中的应力应变是连续的，可用连续函数表示。

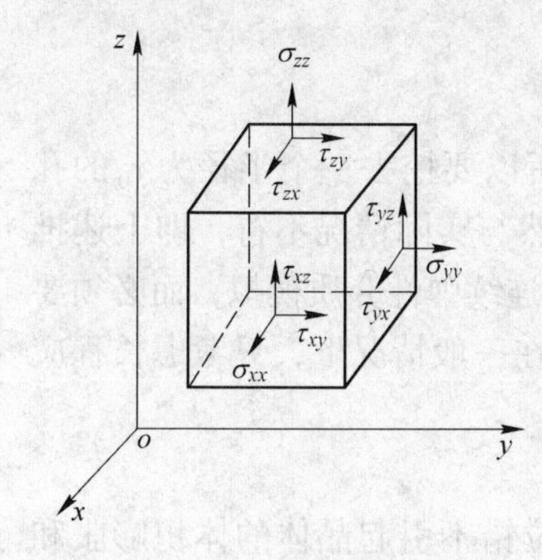

图 2-31　单元体上的应力分量

由材料力学可知，固体中任一点的应力状态可用图 2-31所示的 9 个应力分量来表示。其中 σ_{ij}（3 个正应力分量 σ_{xx}、σ_{yy}、σ_{zz}）和 τ_{ij}（6 个切应力分量 τ_{xy}、τ_{yx}、τ_{xz}、τ_{zx}、τ_{yz}、τ_{zy}）分别为正应力分量和切应力分量，相对应的应变分量是 γ_{ij}（3 个正应变分量 γ_{xx}、γ_{yy}、γ_{zz}）和 ε_{ij}（6 个切应变分量 ε_{xy}、ε_{yx}、ε_{xz}、ε_{zx}、ε_{yz}、ε_{zy}）。应力分量与应变分量中的第一个下标表示应力作用的外法线方向，第二个下标表示应力的方向。由于物体处于平衡状态时，$\tau_{ij}=\tau_{ji}$，因此，实际上只要 6 个应力分量就可决定任一点的应力状态。

无限长直位错的弹性应力场可用一个变形的圆筒状各向同性弹性材料体来模拟。

2.4.1　螺型位错应力场

在图 2-32a 中，AB 是一个柏氏矢量为 $\boldsymbol{b}$ 的右螺型位错。取一外径为 R 的长圆柱形弹性体，如图 2-32b 所示，首先将其中心挖去一半径为 r_0 的圆柱体，再沿 xz 平面切开一径向切口 $LMND$，并使切口处的两个自由表面在 z 方向上彼此刚性位移 b 距离，则 z 轴处形成了一个与 AB 等效的螺型位错，圆柱体因变形而产生的弹性畸变场与 AB 螺型位错产生的弹性应力场也完全等效。

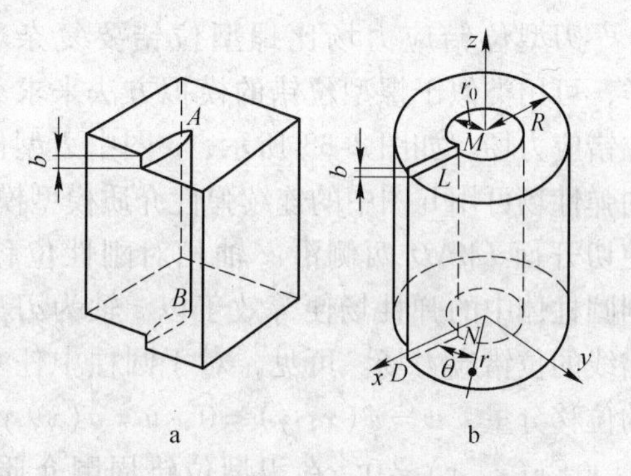

图 2-32　螺型位错的连续介质模型
a—右螺型位错；b—长圆柱形弹性体

由图 2-32b 中模型的构造过程可看出，圆柱体内任一点在 x 及 y 方向上没有位移，即 $u=u(x,y)=0$，$v=v(x,y)=0$。而沿 z 方向上的位移 $w=w(x,y)\neq 0$，且只是 θ 的函数，即是 x 和 y 的函数，当 θ 从 0 变化到 2π 时，位移 w 均匀地由 0 变化到 b，故：

$$w = \frac{b\theta}{2\pi} = \frac{b}{2\pi}\arctan\ (y/x) \tag{2-33}$$

由弹性力学知道，在6个应变分量中只有两个不为零，即：

$$\left.\begin{aligned} \varepsilon_{xz} &= \frac{1}{2}\frac{\partial w}{\partial x} = -\frac{1}{4\pi} \times \frac{y}{x^2 + y^2} \\ \varepsilon_{yz} &= \frac{1}{2}\frac{\partial w}{\partial y} = \frac{1}{4\pi} \times \frac{x}{x^2 + y^2} \end{aligned}\right\} \tag{2-34}$$

由弹性力学可知，在6个应力分量中只有两个不为零，即：

$$\left.\begin{aligned} \tau_{xz} &= -\frac{\mu b}{2\pi} \times \frac{y}{x^2 + y^2} \\ \tau_{yz} &= \frac{\mu b}{2\pi} \times \frac{x}{x^2 + y^2} \end{aligned}\right\} \tag{2-35}$$

式中，μ 为材料的切变模量。

由螺型位错弹性连续介质模型及其推导结果可知，之所以要挖去一个半径为 r_0 的孔洞，是因为当 $r \to 0$ 时，切应力和应变将趋向于无穷大，显然与实际情况不符，即上述推导结果不适用于位错中心的严重畸变区，位错中心区不能用连续弹性介质模拟，而必须要考虑到晶体的结构。但是，r_0 只有几个原子间距的大小，故在一般情况下，只考虑长程应力场就足够了。

螺型位错的应力场具有如下特点：

（1）只有切应力与切应变，无正应力与正应变，螺型位错不引起晶体的体积膨胀和收缩。

（2）切应力和切应变只与 r 有关，而与 θ、z 无关。切应力和切应变是轴对称的，即与位错等距离的各处，其值相等，并随着与位错距离的增大而减小。

2.4.2 刃型位错应力场

刃型位错应力场比螺型位错要复杂。同样，可用类似于螺型位错的模拟方法来求刃型位错应力场。如图2-33所示，a图中刃型位错的弹性场可用b图中的连续弹性介质模型模拟，使切开面 $LMNO$ 两侧沿 x 轴相对刚性位移 b，则圆柱体中的弹性场便等效于以 z 轴为刃型位错线的位错应力场。可见，对于圆柱中任一点的位移分量，$w = w(x, y) = 0$，$u = u(x, y) \neq 0$，$v = v(x, y) \neq 0$。在刃型位错周围介质中，$\varepsilon_{xx} = \partial u/\partial x$，$\varepsilon_{yy} = \partial v/\partial y$，$\varepsilon_{xy} = (\partial u/\partial x + \partial v/\partial y)/2$，而与 z 有关的应变分量为0，应变只产生于 xoy 平面内，故刃型位错应力场实际是一个平面应变问题。

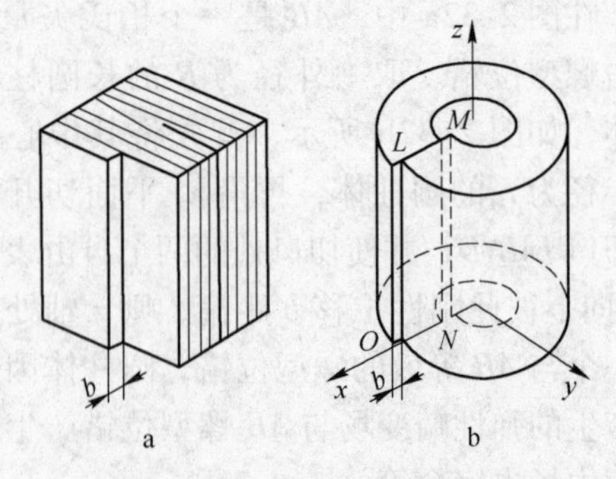

图2-33 刃型位错的连续介质模型

按弹性力学理论可求刃型位错应力分量为：

$$\left.\begin{aligned}
\sigma_{xx} &= -D\frac{y(3x^2+y^2)}{(x^2+y^2)^2}\\
\sigma_{yy} &= D\frac{y(x^2-y^2)}{(x^2+y^2)^2}\\
\sigma_{zz} &= \nu(\sigma_{xx}+\sigma_{yy})\\
\tau_{xy} &= \tau_{xy} = D\frac{x(x^2-y^2)}{(x^2+y^2)^2}\\
\tau_{xz} &= \tau_{zx} = \tau_{yz} = \tau_{zy} = 0
\end{aligned}\right\} \tag{2-36}$$

式中，$D=\mu b/[2\pi(1-\nu)]$，ν 为泊松比。

刃型位错的应力场具有如下特点：

(1) 同时存在正应力分量与切应力分量，且各应力分量的大小与 μ 和 b 成正比，与 r 成反比，即随着与位错的距离增大，应力的绝对值减小。

(2) 各应力分量都与 x 和 y 有关，而与 z 无关。

(3) 刃型位错的应力场对称于多余的半原子面（yz 面）。

(4) 在刃型位错的滑移面上，没有正应力，只有切应力。切应力的极大值为 $D=\mu b/[2\pi(1-\nu)x]$。

(5) 正刃型位错的滑移面之上有压应力，滑移面之下有拉应力。在应力场的任意位置处，$|\sigma_{xx}|>|\sigma_{yy}|$。在 xy 面的两条对角线处（$x=\pm y$）只有 σ_{xx}，且在对角线的两侧，τ_{xy}（τ_{yx}）及 σ_{yy} 的方向相反。

图 2-34 给出了刃型位错周围的应力分布的情况。如同螺型位错一样，上述推导不适用于刃型位错的中心区域。

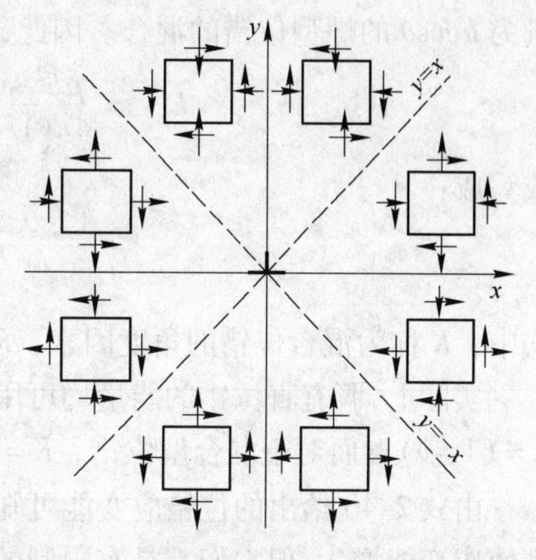

图 2-34 刃型位错各应力分量与位置

2.4.3 位错的应变能与线张力

2.4.3.1 位错应变能

位错周围点阵畸变引起的弹性应力场导致晶体能量增加，这部分能量称为位错的应变能，或称为位错的能量。

位错的能量可分为位错中心畸变能 E_c 和位错应力场引起的弹性应变能 E_e 两部分。位错中心区域由于点阵畸变很大，不能用连续弹性介质弹性模型估算，而需要用点阵模型直接考虑晶体结构和原子间的相互作用进行估算。位错中心区域的畸变能 E_c 大约为位错总畸变能的 1/10 ~ 1/15 左右，故常常予以忽略，而以中心区域以外的弹性应变能代表位错的应变能。位错应力场引起的弹性应变能 E_e 可采用连续弹性介质弹性模型根据单位长度位错所需做的功求得。

图 2-32b 中的模型是切开面 $LMNO$ 沿 z 轴相对位移 b 而形成的一个螺型位错。现假设，位错先位移 αb，$\alpha<1$，则形成一个柏氏矢量为 $\alpha\boldsymbol{b}$ 的螺型位错，则其应力场为

$\sigma_{\theta z}=\mu\alpha b/(2\pi r)$，而 α 由 0→1 的过程是完整位错的形成过程。显然在这一过程中外力克服内应力场 $\sigma_{\theta z}$ 使介质变形所做的功就是位错的应变能。若设位错为单位长度，则应变能为：

$$
\begin{aligned}
E_{\mathrm{e}}^{螺} &= \int_{r_0}^{R}\int_{0}^{1}\sigma_{\theta z}\cdot 1\cdot \mathrm{d}r\cdot \mathrm{d}(\alpha b) \\
&= \int_{r_0}^{R}\int_{0}^{1}\frac{\mu\alpha b}{2\pi r}\cdot \mathrm{d}r\cdot \mathrm{d}(\alpha b) \\
&= \frac{\mu b^2}{4\pi}\ln\frac{R}{r_0}
\end{aligned}
\tag{2-37}
$$

同理可求得单位长度刃型位错的应变能为：

$$E_{\mathrm{e}}^{刃} = \frac{\mu b^2}{4\pi(1-\nu)}\ln\frac{R}{r_0} \tag{2-38}$$

由螺型位错和刃型位错的应变能可求出混合型位错的应变能。设单位长度的混合型位错线与其柏氏矢量 $\boldsymbol{b}$ 的夹角为 θ，则可将其看做是柏氏矢量为 $\boldsymbol{b}\sin\theta$ 的刃型位错和柏氏矢量为 $\boldsymbol{b}\cos\theta$ 的螺型位错的混合。因此，混合型位错的应变能表示为：

$$E_{\mathrm{e}}^{混} = \frac{\mu b^2\sin^2\theta}{4\pi(1-\nu)}\ln\frac{R}{r_0}+\frac{\mu b^2\cos^2\theta}{4\pi}\ln\frac{R}{r_0} \tag{2-39}$$

或写成：

$$E_{\mathrm{e}}^{混} = \frac{\mu b^2}{4\pi K}\ln\frac{R}{r_0} \tag{2-40}$$

式中，K 称为混合位错的角度因素，$K=(1-\nu)/(1-\nu\cos^2\theta)$，介于 1 和 $(1-\nu)$ 之间。

实际上，所有直位错的能量均可用式 2-40 表达。对于螺型位错，$K=1$；对于刃型位错，$K=(1-\nu)$；而对于混合型位错，$K=(1-\nu)/(1-\nu\cos^2\theta)$。

由式 2-40 给出的位错应变能可知，位错应变能的大小与 R 和 r_0 有关，R 增大和 r_0 减小都使应变能增大，但它们都是有限制的。因弹性连续介质模型不适用于位错中心区域，所以 r_0 不能过小，一般认为 $r_0\approx b$，约为 10^{-10} m，实际上位错中心区域的应变已超出了弹性范围。而 R 是位错应力场最大作用范围的半径，不会超过金属晶体的晶粒尺寸，一般取 $R\approx 10^{-6}$ m。因此，单位长度位错的弹性应变能约为：

$$E=\alpha\mu b^2 \tag{2-41}$$

式中，α 为与几何因素有关的系数，其值约为 0.5 ~ 1.0。

位错应变能可总结如下：

(1) 位错应变能包括位错中心畸变能 E_{c} 和位错弹性应变能 E_{e} 两部分。E_{c} 一般小于总能量的 1/10，$E_{\mathrm{e}}\propto\ln(R/r_0)$，位错具有长程应力场。

(2) 位错应变能与 b^2 成正比。因此，从能量角度看，具有最小 $\boldsymbol{b}$ 的位错应该最稳定，而 $\boldsymbol{b}$ 大的位错有可能分解为 $\boldsymbol{b}$ 小的位错，以降低系统的能量。

(3) 螺型位错的弹性应变能 $E_{\mathrm{e}}^{螺}$ 约为刃型位错的弹性应变能 $E_{\mathrm{e}}^{刃}$ 的 2/3。

(4) 位错总应变能还与位错长度及形状有关。直位错的应变能小于弯位错的应变能，因此，位错线有尽量变直和缩短长度的倾向。

(5) 位错的存在使系统内能升高。因此，位错是热力学上不稳定的晶体缺陷。

2.4.3.2 位错的线张力

位错应变能量正比于长度，为了降低能量，位错线有缩短长度的趋势，故在位错线上存在一种使其变直的线张力。线张力是一种组态力，类似于液体的表面张力。位错线每增加单位长度而增加的能量称为位错线张力，用 T 表示，则 $T = dE/dl$。

弗里代尔提出了一种粗略估算位错线张力的方法。如图 2-35 所示，一条长为 l 的直位错，当它受力变成波浪形后，长度增至 $l + dl$。将弹性能分成虚线以内和虚线以外两部分。图中虚线是以位错线为轴心，以波浪形位错的波长 λ 为半径形成的圆柱体。位错弯曲所增加的应变能主要局限在虚线以内，即 $r \leqslant \lambda$ 的区域，虚线以内的应变能 E_1 近似等于长度为 $l + dl$ 的直位错的应变能，即：

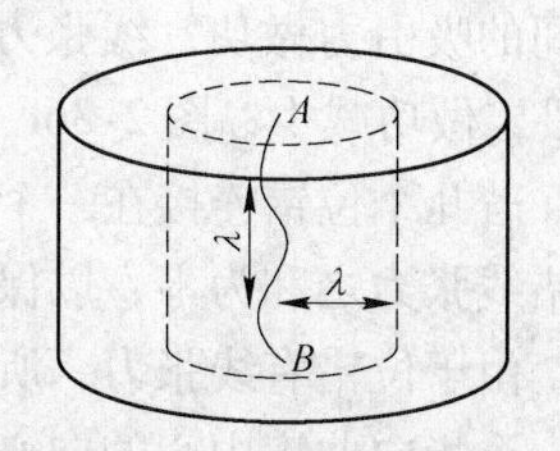

图 2-35 位错线弯曲变形
（应变能增量局限在虚线范围内）

$$E_1 = \frac{\mu b^2}{4\pi k}(l + dl)\ln\frac{\lambda}{r_0} \tag{2-42}$$

在 $r > \lambda$ 的区域，弯曲所引起的应力增量相互抵消，这个区域的应变能与长度为 l 的直位错的应变能相同，即：

$$E_1 = \frac{\mu b^2}{4\pi k} l \ln\frac{R}{\lambda} \tag{2-43}$$

总的能量 E 为：

$$\begin{aligned} E &= \frac{\mu b^2}{4\pi k}(l + dl)\ln\frac{\lambda}{r_0} + \frac{\mu b^2}{4\pi k} l\ln\frac{R}{\lambda} \\ &= \frac{\mu b^2}{4\pi k} l\ln\frac{R}{r_0} + \frac{\mu b^2}{4\pi k} dl\ln\frac{\lambda}{r_0} \end{aligned} \tag{2-44}$$

一条直位错在 R 范围内的应变能为$\frac{\mu b^2}{4\pi k} l\ln\frac{R}{r_0}$，因此位错长度每增加 dl，能量增加了 $\frac{\mu b^2}{4\pi k} dl\ln\frac{\lambda}{r_0}$，因此线张力为：

$$T = \frac{dE}{dl} = \frac{\mu b^2}{4\pi k}\ln\frac{\lambda}{r_0} \tag{2-45}$$

对于直位错一般将 T 写为：

$$T = \alpha\mu b^2 \tag{2-46}$$

式中，α 为系数，$\alpha \approx 0.3 \sim 1.2$，取平均值 $\alpha = 0.7$，作为粗略估计，$\alpha = 1/2$，$T \approx \mu b^2/2$。

以上推导是针对直位错而言的，刃型直位错的线张力比螺型位错大 $1/(1-\gamma)$，即约 1.5 倍。直位错受力弯曲后，情况相反，直刃型位错弯曲后，增加了螺位错的分量，虽然位错线长度增加了，但位错线单位长度的能量却减少了，而直螺型位错在弯曲时却增加了刃型位错的分量。故螺型位错反倒比刃型位错难弯曲，螺型位错的线张力约是刃型位错的 4 倍。用透射电镜经常可以观察到大量直螺型位错，证明螺型位错确实较难弯曲，线张力较大。

因此，当直位错同时改变形状与长度时，其线张力需要更精确计算。图 2-36 给出了棱柱形刃型位错采取不同形状时的线张力，其线张力 T 一般写为：

$$T = \frac{\mu b^2}{4\pi(1-\nu)}\ln\left(\frac{\alpha L}{r_0}\right) \tag{2-47}$$

对于图 2-36 中 a、b、c 三种情况，α 分别为 6.41、1.11 和 0.18。在图 2-36a 中，因为线段 A 和 B 相等且符号相反，故在形成环时需要抵抗它们之间的吸引力做功，线张力最大；图 2-36b 中没有 B 段，做功减少；图 2-36c 中的线张力最小。

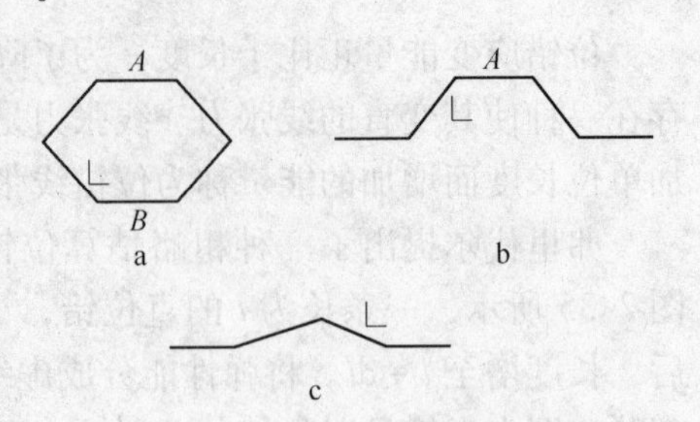

图 2-36　棱柱形刃位错的线张力
（柏氏矢量垂直于纸面）

若几个位错连接在一个节点上，则在节点上的位错线张力之和为零，以保持力学上的平衡。

由于位错有线张力，所以弯曲位错会因此而产生一个指向曲率中心的向心恢复力。在图 2-37 中，柏氏矢量为 $\boldsymbol{b}$ 的一段位错微弧 ds，它向曲率中心所张角度为 $\mathrm{d}\theta = \mathrm{d}s/r$，微弧两端受线张力 T 的作用，因此有：

$$F = f\mathrm{d}s = 2T\sin\frac{\mathrm{d}\theta}{2} \tag{2-48}$$

式中，F 为微弧 ds 上的向心恢复力；f 为单位长度位错线的向心恢复力。

当 dθ 很小时，有：

$$f = \frac{T}{r} = \frac{\mu b^2}{2r} \tag{2-49}$$

可见，曲率半径 r 越小，则恢复力越大。如果要使位错线保持弯曲形状，就必须施加外力以平衡向心恢复力。

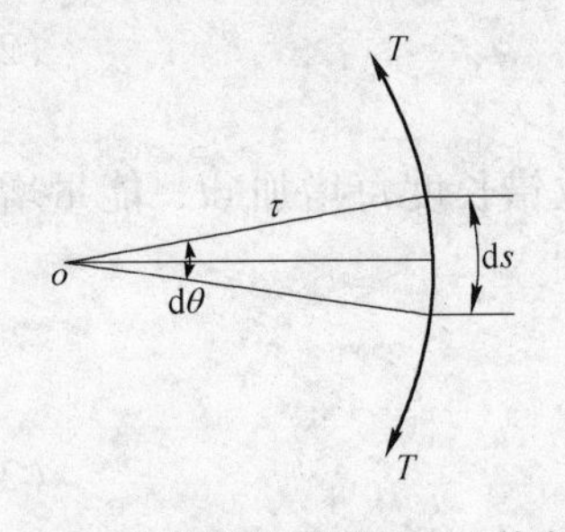

图 2-37　弯曲位错受到的向心恢复力

2.4.4　作用在位错上的力

在外加应力的作用下，位错将在滑移面上产生滑移运动，并使晶体产生塑性变形。因此，外力对晶体做了功。由于位错的移动方向总是与位错线垂直，故可以理解为有一垂直于位错线的“力”作用在位错线上使其运动。

利用虚功原理可推导出作用在位错上的力。如图 2-38 所示，设有切应力τ使一小段位错线 dl 移动了 ds 的距离，结果使晶体沿滑移面产生了大小为 b 的滑移，故切应力所做的功为 $\mathrm{d}W = \tau\mathrm{d}A = \tau\mathrm{d}l\mathrm{d}sb$。此功相当于作用在位错上的力 F 使位错线移动 ds 距离所做的功，即 $\mathrm{d}W = F\mathrm{d}s$。因此有$\tau\mathrm{d}l\mathrm{d}sb = F\mathrm{d}s$，$F = \tau b\mathrm{d}l$，则作用在单位长度位错上的力 F_d为：

$$F_\mathrm{d} = F/\mathrm{d}l = \tau b \tag{2-50}$$

作用在单位长度位错上的力 F_d与外切应力τ和位错的柏氏矢量 $\boldsymbol{b}$ 成正比，其方向总是与位错线相垂直并指向滑移面的未滑移部分。

需要特别说明的是，位错原本是原子排列的一种特殊组态，并非物理上的实际线状物体，所以，作用在位错上的力并不能理解为真的有力作用在位错上，而是应从位错运动使晶体产生塑性变形这一结果来看，相当于有力作用在位错上。所以说，

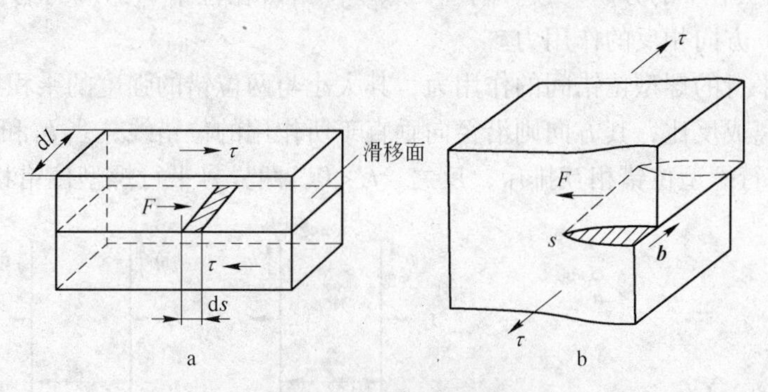

图 2-38 作用在位错上的力

a— 一小段位错线移动；b—作用在螺型位错上的力

作用在位错上的力是一种组态力。F_d的方向与外切应力τ的方向可以不同，如对于纯螺型位错，F_d的方向与τ的方向垂直（如图 2-38b 所示）。其次，由于一根位错具有唯一的柏氏矢量，故只要作用在晶体上的切应力是均匀的，那么各段位错线所受的力的大小就完全相同。

上述是切应力作用在滑移面上使位错滑移的情况，位错线受到的这种力也称为滑移力。如果对晶体施加一正应力分量，位错不会沿滑移面滑移，但对于刃型位错而言，则可在垂直于滑移面的法线方向发生攀移运动，此时位错受到的力也称为攀移力。

如图 2-39 所示，有一单位长度的位错线，当晶体受到 x 方向的拉应力 σ 作用后，此位错线段在 F_y 作用下向下运动 dy 的距离，则位错攀移所消耗的功为 $F_y dy$。位错线向下攀移 dy 的距离后，在 x 方向推开了一个 b 大小的距离，引起的晶体体积膨胀为 $dybdl$，而应力所做的膨胀功为 $-\sigma dybdl$。根据虚功原理，$F_y dy = -\sigma dybdl$，则有：

$$F_y = -\sigma b dl \tag{2-51}$$

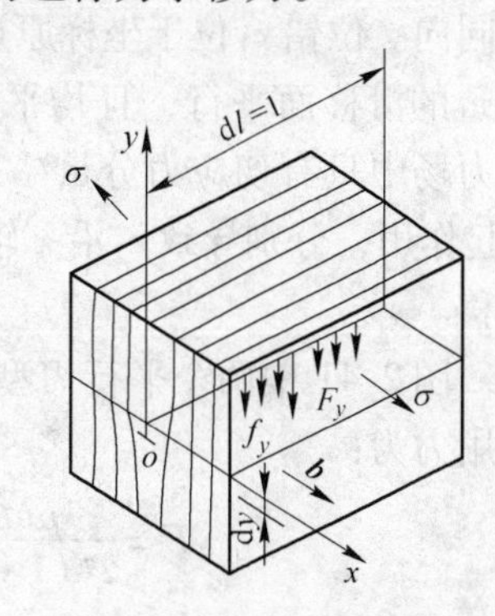

图 2-39 刃型位错的攀移

2.4.5 位错间的相互作用力

晶体中存在位错，在它的周围便产生一个应力场。实际晶体中同时存在许多位错，所以，在一定距离内的两个位错之间必然存在着相互作用力，也就是两者应力场的交互作用。此交互作用力随位错类型、柏氏矢量大小、位错线相对位向的变化而变化。

2.4.5.1 两平行螺型位错间的作用力

如图 2-40 所示，s_1 和 s_2 为两个相互平行的螺型位错，它们的柏氏矢量分别为 $\boldsymbol{b}_1$ 和 $\boldsymbol{b}_2$，位错线平行于 z 轴，螺型位错 s_1 位于坐标原点 o 处，螺型位错 s_2 位于（r，θ）处。螺型位错 s_2 在 s_1 的应力场作用下受到的径向作用力为：

$$f_r = \tau_{\theta z} b_2 = \frac{\mu b_1 b_2}{2\pi r} \tag{2-52}$$

f_r的方向与矢径 r 的方向一致。同理，螺型位错 s_1 在位错 s_2 的应力场作用下也将受到一个大小相等、方向相反的作用力。

两个相互平行的螺型位错间的作用力，其大小与两位错的强度的乘积成正比，而与两位错之间的距离成反比，其方向则沿径向垂直于所作用的位错线；当 $\boldsymbol{b}_1$ 和 $\boldsymbol{b}_2$ 同向时，$f_r>0$，即两同号平行螺型位错相互排斥，反之，$f_r<0$，两异号平行螺型位错相互吸引。

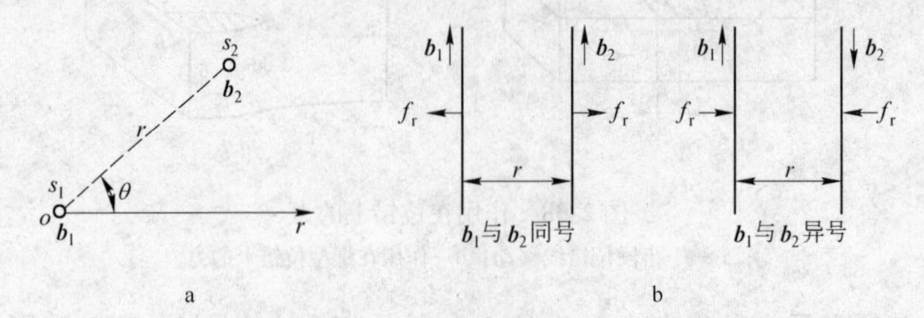

图 2-40 两平行螺型位错间的相互作用力

a—计算交互作用力的示意图；b—交互作用力的方向

2.4.5.2 两平行刃型位错间的作用力

如图 2-41 所示，两个平行于 z 轴相距 $r(x, y)$ 的刃型位错 e_1 与 e_2，它们的柏氏矢量 $\boldsymbol{b}_1$ 和 $\boldsymbol{b}_2$ 均与 x 轴同向。位错 e_1 位于坐标原点，位错 e_2 的滑移面与位错 e_1 的滑移面平行，且均平行于 xz 面。在位错 e_1 的应力场中只有切应力分量 τ_{yx} 和正应力分量 σ_{xx} 对位错 e_2 起作用，分别导致 e_2 沿 x 轴方向滑移和沿 y 轴方向攀移。

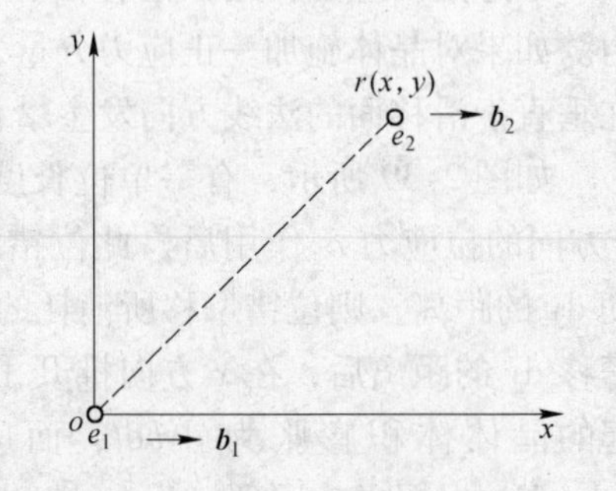

图 2-41 两平行刃型位错间的相互作用

图 2-41 中两个平行刃型位错 e_1 与 e_2 之间的相互作用力为：

$$\boldsymbol{F}=\frac{\mu b^2}{2\pi(1-\nu)}\times\frac{x(x^2-y^2)}{(x^2+y^2)^2}\boldsymbol{i}+\frac{\mu b^2}{2\pi(1-\nu)}\times\frac{y(3x^2+y^2)}{(x^2+y^2)^2}\boldsymbol{j} \tag{2-53}$$

则两个平行刃型位错 e_1 与 e_2 沿 x 轴和沿 y 轴方向的交互作用力分别为：

$$\left.\begin{aligned}F_x&=\frac{\mu b_1 b_2}{2\pi(1-\nu)}\times\frac{x(x^2-y^2)}{(x^2+y^2)^2}\\F_y&=\frac{\mu b_1 b_2}{2\pi(1-\nu)}\times\frac{y(3x^2+y^2)}{(x^2+y^2)^2}\end{aligned}\right\} \tag{2-54}$$

因 F_x 在滑移面上可使位错滑移，所以是一个非常重要的量。如果以 y 为度量 x 的单位，以$\frac{\mu b_1 b_2}{2\pi(1-\nu)}\times\frac{1}{y}$为度量 F_x 的单位，则根据式 2-54，若位错 e_1 与 e_2 为同号位错，可绘出图 2-42c 中的实线；若位错 e_1 与 e_2 为异号位错，可绘出图 2-42c 中的虚线。在 $x=\pm y/2$ 处，F_x 有极大值，即：

$$(F_x)_{\max}\approx\frac{0.25\mu b_1 b_2}{2\pi(1-\nu)y} \tag{2-55}$$

由图 2-42c 可以看出，两同号位错之间的作用力与两异号位错之间的作用力大小相等，而方向相反。

两个同号平行刃型位错之间的相互作用可归纳如下：

（1）当 $|x|>|y|$ 时，若 $x>0$，则 $F_x>0$；若 $x<0$，则 $F_x<0$。因此，当位错 e_2 位于图 2-42a 中的①、②区时，两位错相互排斥。

（2）当 $|x|<|y|$ 时，若 $x>0$，则 $F_x<0$；若 $x<0$，则 $F_x>0$。因此，当位错 e_2 位于图 2-42a 中的③、④区时，两位错相互吸引。

（3）当 $|x|=|y|$ 时，$F_x=0$。位错 e_2 位于图 2-42a 中①、②、③和④区的界线处，处于介稳定平衡位置，若偏离此位置，会受到位错 e_1 的吸引或排斥，使之偏离得更远。

（4）当 $x=0$ 时，$F_x=0$。位错 e_2 位于图 2-42a 中的 y 轴上，处于稳定平衡位置，若偏离此位置，会受到位错 e_1 的吸引而回到原位。

（5）若 $y>0$，则 $F_y>0$；若 $y<0$，则 $F_y<0$。位错 e_2 位于图 2-42a 中位错 e_1 的滑移面之上时，受到向上的攀移力；位错 e_2 位于图 2-42a 中位错 e_1 的滑移面之下时，受到向下的攀移力；故位错 e_2 与 e_1 沿 y 方向相互排斥。

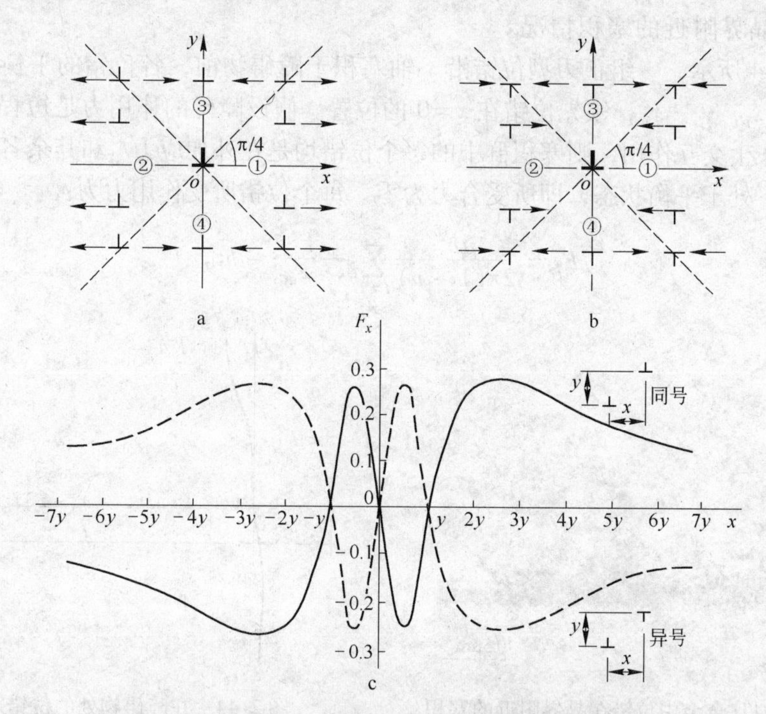

图 2-42 两平行刃型位错在 x 轴方向上的相互作用

a—同号位错；b—异号位错；c—两平行刃型位错沿柏氏矢量方向的交互作用力

两个异号平行刃型位错之间的相互作用可归纳如下：

（1）两个异号平行刃型位错之间的交互作用力 F_x 和 F_y 的方向与上述同号平行刃型位错相反，且位错 e_2 的稳定平衡位置和介稳定平衡位置正好相互对换，如图 2-42b 所示。

（2）若 $y>0$，则 $F_y<0$；若 $y<0$，则 $F_y>0$。位错 e_2 位于图 2-42b 中位错 e_1 的滑移面之上时，受到向下的攀移力；位错 e_2 位于图 2-42b 中位错 e_1 的滑移面之下时，受到向上的攀移力；故位错 e_2 与 e_1 沿 y 方向相互吸引，并尽可能靠近乃至最后消失。

2.4.5.3　刃型位错与螺型位错间的作用力

在相互平行的螺型位错与刃型位错之间，由于它们的柏氏矢量相互垂直，各自的应力场均没有使对方受力的应力分量，故彼此之间不发生相互作用。

另外，若是两个平行的位错中有一个或两个都是混合型位错时，可将混合型位错分解为刃型和螺型位错分量，再分别计算它们之间的作用力，叠加起来就是总的作用力。

2.4.6　位错的塞积

同一滑移面上由同一个位错源发出的同号位错在运动过程中遇到障碍物（晶界、孪晶界、相界、杂质原子、第二相粒子以及不动位错等）时，如果使其向前运动的力不能克服障碍物的阻力，位错就会被迫停在障碍物之前，形成一种前端密、后端疏的位错排列组态，称为位错塞积。紧挨障碍物的那个位错就被称为领先位错，塞积的位错数目越多，领先位错对障碍物的作用力就越大，达到一定程度时，就会引起邻近晶粒的位错源开动，进而发生塑性变形或萌生裂纹。图 2-43 给出了 Cu4Ti 合金中位错在晶界附近的塞积情况。

如图 2-44 所示，一组正刃型位错沿 x 轴塞积于障碍物前，各位错的平衡位置依次为 x_0，x_1，x_2，x_i，…，x_n，领先位错在 $x=0$ 的位置。假设障碍的作用力是短程的，即它只和领先位错产生交互作用，则塞积群中的每个位错均是在外加应力 τ_0 和其余各位错应力场的共同作用下处于平衡状态，即所受合力为零。每个位错所受作用力为：

$$F_j = \frac{\mu b^2}{2\pi(1-\nu)} \sum_{\substack{i=1 \\ i\neq j}}^{i=n} \frac{1}{x_j - x_i} - b\tau_0 \tag{2-56}$$

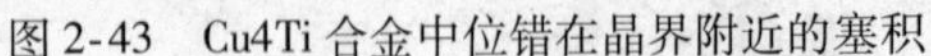

图 2-43　Cu4Ti 合金中位错在晶界附近的塞积

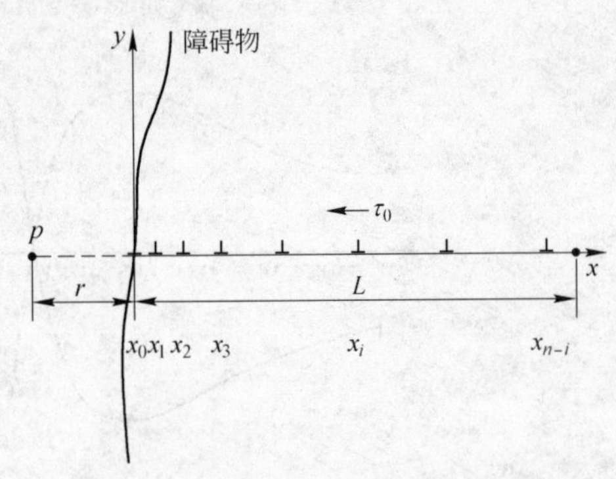

图 2-44　在障碍物处的位错塞积群

在平衡条件下，$F_j=0$，可求得（$n-1$）个联立代数方程：

$$\frac{\tau_0}{D} = \sum_{\substack{i=1 \\ i\neq j}}^{i=n} \frac{1}{x_j - x_i}, D = \frac{\mu b}{2\pi(1-\nu)} \tag{2-57}$$

求解式 2-57 可得到位错塞积群中各位错的位置。当 n 很大时，近似解为：

$$x_i = \frac{D\pi^2}{8n\tau_0}(i-1)^2 \tag{2-58}$$

式中，x_i 为塞积群中第 i 个位错的位置。

塞积群的长度可近似地表示为：

$$L = x_n \approx \frac{D\pi^2 n}{8\tau_0} \tag{2-59}$$

更精确的计算时，位错塞积群的长度为：

$$L = \frac{2Dn}{\tau_0} \tag{2-60}$$

由式 2-60 可知，位错塞积群的长度 L 与塞积的位错数目 n 成正比；当位错数目一定时，外加应力越大，则塞积群越短，即位错排列越紧密。

障碍物与领先位错有交互作用，设领先位错对障碍物的作用力为τ，也就是障碍物对领先位错的作用力。利用虚功原理，设在外应力 τ_0 的作用下，整个塞积群向障碍移动了 $-\mathrm{d}x$的距离，做功为 $nb\tau_0\mathrm{d}x$ ，而领先位错反抗障碍物的作用力做功 $b\tau\mathrm{d}x$ ，这两者应相等，故：

$$\tau = n\tau_0 \tag{2-61}$$

式 2-61 表明塞积群在障碍物处产生了应力集中，作用于障碍物的作用力比外加应力放大了 n 倍。当塞积群的位错数目不断增加时，应力集中不断加大而达到某一程度，塞积位错的螺型位错分量可通过交滑移越过障碍物，在应力更大时，甚至可把障碍物摧毁。在晶界附近存在的位错塞积群，当应力集中达到一定程度时可促发相邻晶粒的位错源开动。

由于在领先位错前有很大的应力集中，故在它附近存在一应力场。如图 2-44 所示，在距领先位错为 r 处的 P 点所产生的切应力可表示为外加应力与塞积群中各位错所产生的切应力的总和，即：

$$\tau(r) = \tau_0 + \frac{\mu b}{2\pi(1-\nu)} \sum_{i=1}^{n} \frac{1}{r + x_i} \tag{2-62}$$

分别考虑三种不同的情况：

（1）当 $r \ll x_2$ 时，只需考虑领先位错的作用，其他位错的作用可忽略不计，即 $\tau = n\tau_0$ 。

（2）当 $r \gg L$ 时，塞积群中位错的作用相当于一个柏氏矢量为 $n\boldsymbol{b}$ 的大位错，即：

$$\tau(r) = \tau_0 + \frac{\mu(nb)}{2\pi(1-\nu)r} \tag{2-63}$$

（3）当 $x_2 < r < L$ 时，可近似地表示为：

$$\tau(r) = \tau_0\left(1 + \sqrt{\frac{L}{r}}\right) \tag{2-64}$$

分析上述三种情况可见，塞积群的存在使 P 处的切应力大于外加应力。

若以上塞积群是由螺型位错或混合型位错组成的，则要相应地改变各公式中的 $1/(1-\nu)$因子。

2.4.7 位错与表面的相互作用

对于晶体内部的位错而言，其能量和它的位置无关。但对于近表面或界面的位错，其能量和它位置的关系还需要满足表面或界面的边界条件。当位错距表面（界面）的距离小于 R（相邻晶粒间平均距离的一半）时，位错的弹性能将减小。位错越靠近表面（界面)，其弹性能越小。因此，从能量的角度来看，距表面（界面）的距离小于 R 的所有位错都有向表面运动的倾向。为了描述这种位移倾向，设想这种近表面位错受到一个力 f 的作用，这种虚构的力 f 称为镜像力。

2.4.7.1 半无限大介质中平行于表面的螺型位错

如图 2-45 所示，设在 $-\infty < x < 0$ 的区域内充满切变模量为 μ 的弹性介质，而 $0 < x < \infty$ 的区域为真空，平行于 z 轴的左螺型位错在 $x = -l$、$y = 0$ 处，其柏氏矢量为 $\boldsymbol{b}$。

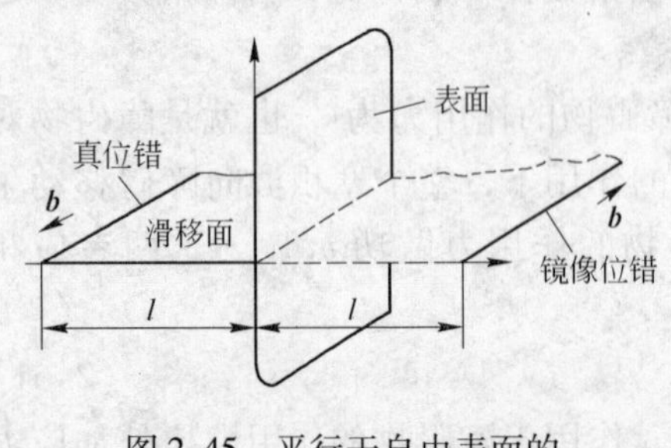

图 2-45 平行于自由表面的螺型位错及其镜像位错

自由表面的边界条件为通过表面的正应力和切应力均等于零。为了满足边界条件，设想在和位错对称的位置 $x = l$、$y = 0$ 处引入一个右螺型位错（镜像位错），其柏氏矢量为 $\boldsymbol{b}' = \boldsymbol{b}$。显然，镜像位错在表面产生的应力与近表面左螺型位错在表面产生的应力大小相等，方向相反。因此，在两个位错的共同作用下，表面上各点的总应力为 0。如果近表面位错为正刃型位错，那么镜像位错就为负刃型位错。

作用在近表面左螺型位错上的镜像力 f 可表示为：

$$f_x = -\frac{\mu b^2}{4\pi l} \tag{2-65}$$

由于镜像力的作用，晶体中近表面处的位错都试图移动到表面，致使表面的位错密度高于晶体内部的位错密度，从而提高了晶体表面的耐磨性。

在考虑表面对位错的作用力时，要注意表面是否被氧化物所覆盖，一般金属氧化物的弹性模量比金属的大，此时“表面”对位错是相排斥的。

2.4.7.2 圆柱体形介质中平行于轴线的螺型位错

如图 2-46 所示，在圆柱形介质中，在 $x = \lambda$ 处有一平行于轴线的螺型位错，其柏氏矢量为 $\boldsymbol{b}$，为满足自由表面的边界条件，要求圆柱体表面上的切应力为 0，则应在圆柱以外的共轭点 $x = R^2/\lambda$ 处加上一个等量的异号镜像位错。

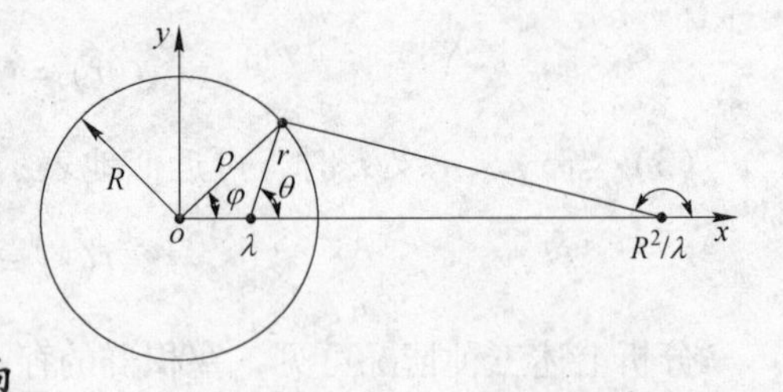

图 2-46 圆柱形介质内 λ 处的螺型位错及其镜像位错

2.4.7.3 两种不同介质的界面对位错的影响

如图 2-47 所示，在 $x > 0$ 的区域充满了切变量为 μ_1 的介质，在 $x < 0$ 的区域充满了切变模量为 μ_2 的介质，在 $x = l$、$y = 0$ 的 A 点有一个平行于 z 轴的螺型位错，其柏氏矢量为 $\boldsymbol{b}$，界面的边界条件要求位移和应力必须连续地穿过界面。设 A 的镜像位错在 C 处，其柏氏矢量值设为 $\gamma \boldsymbol{b}$，为了说明介质Ⅱ中的应力场，A 处位错的柏氏矢量修正为 $\beta \boldsymbol{b}$，$\beta = 1 - \gamma$。

根据螺型位错所引起的应力关系可得：

$$\gamma = \frac{\mu_2 - \mu_1}{\mu_2 + \mu_1} \tag{2-66}$$

$$\beta = 1 - \gamma = \frac{2\mu_1}{\mu_2 + \mu_1} \tag{2-67}$$

结果表明，如果在区域Ⅰ中，在 A 点的螺型位错强度为 b，加上一个强度为$(\mu_2-\mu_1)b/(\mu_2+\mu_1)$的在 C 点的镜像位错，则能满足边界条件。如在区域Ⅱ的 C 处有一螺型位错，则在 A 处加上一个强度为$2\mu_1 b/(\mu_2+\mu_1)$的镜像位错，也能满足边界条件。

若$\mu_1 > \mu_2$，则 A 处螺型位错将被界面吸收，若$\mu_1 < \mu_2$，则 A 处的螺型位错将被排斥。

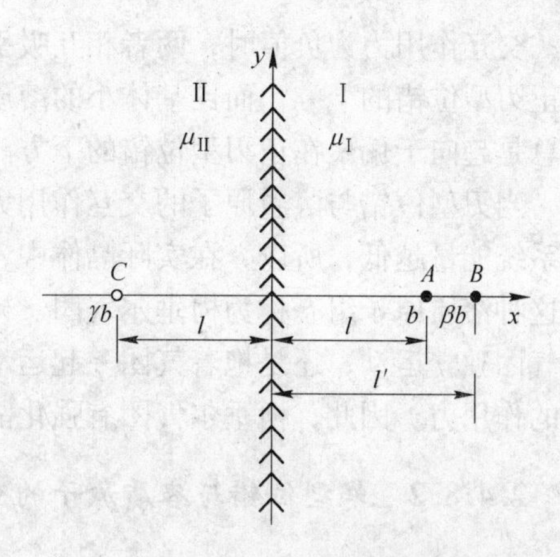

图 2-47　两种不同介质的界面附近的螺型位错及其镜像位错

2.4.8　位错与溶质原子的相互作用

位错在晶体中产生应力场，而由于原子大小不同于基体原子，溶质原子也会在基体中产生弹性畸变。溶质原子产生的弹性畸变必然要对位错的应力场做功，从而产生位错与溶质原子的交互作用能。交互作用能可理解为在溶质原子应力场形成过程中位错应力场所做的阻力功，即位错应力场做功的负值。如果交互作用能随着溶质原子与位错的相对位置而变化，则溶质原子将趋向于能量较低的位置，这就表现出位错对溶质原子的作用力。上述这种作用纯粹是由于溶质原子与基体原子的尺寸不同而产生的，一般称为尺寸交互作用。由于溶质原子与基体原子模量不同、电学性质不同，还会产生模量交互作用、电学交互作用。此外，还存在化学交互作用等。

2.4.8.1　刃型位错与溶质原子的尺寸交互作用

如图 2-48 所示，在 $x-y$ 坐标原点处有一正刃型位错，而在距其 R 的 (x, y) 处有一溶质原子置换了基体原子，现求两者的交互作用能。设基体原子半径为 r，溶质原子半径为 r'，两者的相对差异为：

$$\varepsilon = \frac{r' - r}{r} \tag{2-68}$$

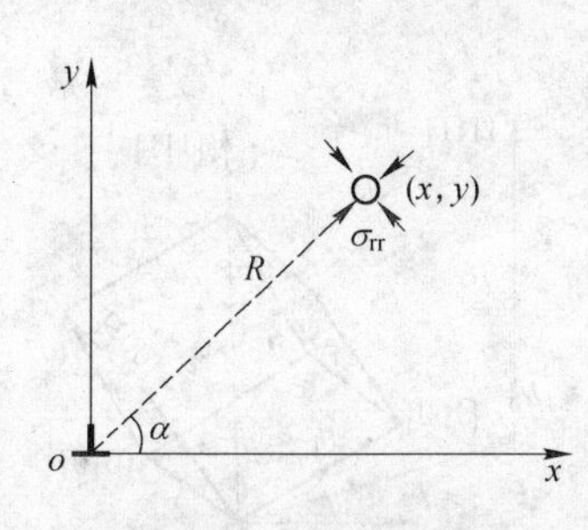

图 2-48　刃型位错与溶质原子的交互作用

设溶质原子为刚性球，置换过程中只有原子半径的变化而无形状变化，则只有作用在球面法线方向的应力 σ_{rr} 做功。σ_{rr} 是由位错产生的应力场作用在溶质原子表面的正应力。

溶质原子溶入基体后引起的体积变化为 $\Delta V = 4\pi\varepsilon r^3/3$。

正刃型位错与 (x, y) 处溶质原子在 R 方向上的作用力为：

$$F_{\mathrm{R}} = \frac{1}{3\pi} \times \frac{1+\nu}{1-\nu} \mu b \Delta V \frac{\sin\alpha}{R^2} \tag{2-69}$$

由式 2-69 可知，刃型位错与溶质原子的交互作用能与溶质原子所造成的体积膨胀成正比，与位错和溶质原子的距离成反比。交互作用力为正值时，位错与溶质原子相互排斥；交互作用力为负值时，两者相互吸引。所以，比基体大的置换溶质原子将趋向于偏聚在正刃型位错的下方，而比基体小的溶质原子则趋向于偏聚在位错上方。间隙式溶质原子则总是趋向于偏聚在正刃型位错的下方。

当刃型位错与溶质原子的交互作用力为负值时，位错与溶质原子相互吸引，两者越靠近系统能量越低，所以，在实际晶体中，常常有一群溶质原子围绕在刃型位错周围，一般将这种溶质原子组态称为柯垂尔气团。柯垂尔气团对位错有一种钉扎作用，无论位错是脱离气团独立运动，还是拖着气团一起运动，都要增加额外的力或功以克服位错与溶质原子间的作用力。因此，柯垂尔气团有强化晶体的作用。

2.4.8.2 螺型位错与溶质原子的交互作用

以上讨论假定溶质原子是刚性硬球，且产生球对称畸变时溶质原子与刃型位错有交互作用。螺型位错在一级近似下其应力场中没有正应力，只有切应力，故此类原子与螺型位错无交互作用。但在二级近似下，螺型位错也有正应力分量。所以，实际上螺型位错与产生球对称畸变的溶质原子也有一定的交互作用，只不过很小，一般情况下可忽略。

如图 2-49 所示，纯切应力场可等效于一正应力场，有些非球对称畸变的点缺陷有可能和螺型位错发生交互作用。例如碳原子处于具有体心立方结构 α-Fe 的八面体间隙位置时产生的四方畸变就是非球对称的，在［001］方向的畸变比［110］及［$\bar{1}$10］方向的畸变大。因而，螺型位错附近的碳原子倾向于跑到恰好相当于［001］方向受拉、在其垂直方向受压的位置。此四方畸变与位错有着强烈的交互作用（包括螺型位错和刃型位错）。

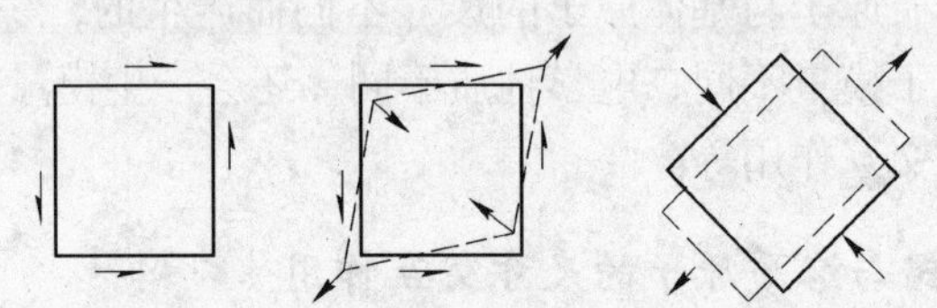

图 2-49　纯切应力场等效正应力场

下面分析螺型位错与产生四方畸变的溶质原子的交互作用。

如图 2-50 所示，在 α-Fe 晶体中有一个［111］方向的螺型位错。距它为 r 处有一个晶胞：1、2、3 是三个棱，碳原子在 1 处。（1，2，3）构成坐标系，另外还有一个坐标系为（x'，y'，z'）。z'和［111］平行，y'轴和 r 方向重合。轴线 1 在 $x'oy'$平面上的投影是（1，2，3）坐标系的［2$\bar{1}\bar{1}$］方向。令［2$\bar{1}\bar{1}$］方向与 ox'轴的夹角为 φ。

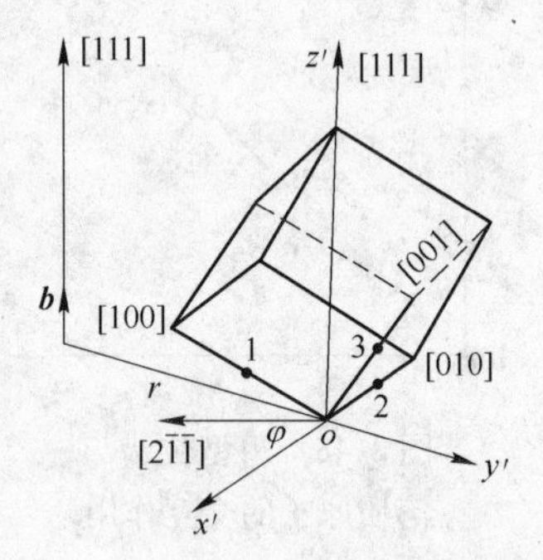

图 2-50　斯诺克气团的成因

因为晶胞中只有一个碳原子，如果忽略邻近碳原子的相互影响，则晶胞的应变张量可表示为：

$$\varepsilon_{123} = \begin{pmatrix} \varepsilon_1 & 0 & 0 \\ 0 & \varepsilon_2 & 0 \\ 0 & 0 & \varepsilon_3 \end{pmatrix} \tag{2-70}$$

其中，$\varepsilon_1 = 0.38$，$\varepsilon_2 = \varepsilon_3 = -0.026$。即1轴为四方轴，原子间距拉长，而与其垂直的2、3轴发生收缩。

用$x'y'z'$坐标表示的螺型位错的应力张量为：

$$\sigma_{x'y'z'} = -\frac{\mu b}{2\pi r}\begin{pmatrix} 0 & 0 & 1 \\ 0 & 0 & 0 \\ 1 & 0 & 0 \end{pmatrix} \tag{2-71}$$

根据图2-50中两坐标系之间的关系，可将式2-70转换成$x'y'z'$坐标系，结果为：

$$\varepsilon_{x'y'z'} = \frac{\sqrt{2}}{3}(\varepsilon_1 - \varepsilon_2)\cos\varphi \begin{pmatrix} 0 & 0 & 1 \\ 0 & 0 & 0 \\ 1 & 0 & 0 \end{pmatrix} \tag{2-72}$$

一个晶胞在螺型位错应力场中产生式2-72表示的应变时，所做的功为：

$$\begin{aligned} \Delta U &= -\left(\sum_{ij} \sigma_{ij} \cdot \varepsilon_{ij}\right) a^3 \\ &= \frac{\sqrt{2}}{3\pi r}\mu b a^3 (\varepsilon_1 - \varepsilon_2)\cos\varphi \\ &= A\frac{\cos\varphi}{r} \end{aligned} \tag{2-73}$$

式2-73即为螺型位错与α-Fe晶体中产生非球对称畸变的溶质原子的交互作用能。显然，当$\varepsilon_1 = \varepsilon_2$，即畸变为球对称时，交互作用能为零。

式2-73是以间隙原子在1轴为前提的。因为1、2、3轴在$x'oy'$平面上的投影相差$2\pi/3$，见图2-50，所以，当间隙原子在任意一个轴上时，交互作用能为：

$$(\Delta U)_i = \frac{A}{r}\cos\left[\varphi - (i-1)\frac{2\pi}{3}\right] \tag{2-74}$$

式中，$i = 1, 2, 3$。

可见，当间隙原子处于不同的位置时，与螺型位错的交互作用能是不相同的。这样，间隙原子将趋向于交互作用能最低的位置，以降低系统的能量，这种现象称为斯诺克效应。由于与螺型位错的交互作用而聚集在位错附近的溶质原子群称为斯诺克气团，其作用和柯垂尔气团一样，可以阻碍位错运动，从而强化晶体。

2.4.9　位错的点阵模型

前面讨论的问题，如位错应力场、位错应变能、位错间的相互作用、位错与溶质原子的交互作用等，都是假设位错处在连续的、均匀的和各向同性的弹性介质中，而忽略了位错所处的晶体的点阵式结构。为了用弹性力学的知识进行推导，位错连续弹性介质模型在位错中心挖去了一个半径为r_0的圆柱体。所以关于位错中心区域的问题并未解决，求出的位错应力场只是长程应力场，应变能也未能包括位错中心区。为了解决位错中心的宽度，位错中心能量和位错在晶体中运动的周期性晶格阻力等问题，需要具体考虑位错线中心原子排列的特征，引进了点阵的周期性。皮尔斯提出的后来经纳巴罗推广和修正的P-N点阵模型，比较成功地解决了上述问题。这个模型提出了一些重要概念，并能定量地估算位错宽度和位错中心的能量，估计位错移动时需要克服的周期性势垒和周期性阻力。P-N模型在某些方面仍然要采用连续介质的某些观点与结果，所以它不是一个彻底的点阵模型，亦称作半点阵模型。

2.4.9.1 P-N 模型的基本概念与方程

如图 2-51a 所示，设想简单立方晶体沿滑移面剖开为两半，先作 $b/2$ 的相对位移。在对接面上侧的晶体稍作压缩，在对接面下侧的晶体稍作伸张，然后再黏合起来，则对接面两侧的原子面 A 及 B 上的原子都作了适当的位移达到平衡位置，形成了一个刃型位错，如图 2-51b 所示。在黏合时，A 面上的原子受到两种力的作用：一是下半块晶体通过 B 层原子对 A 层原子的吸引作用使 A 层和 B 层相对应的原子尽可能地靠近对齐（A 层原点处的原子除外），在这种作用中引入点阵的周期性；二是 A 层以上的半块晶体通过其弹性性质试图使水平方向受压缩的 A 层原子相互散开，在这种作用中将采用连续介质的观点。两层原子面上对应原子的相对位移便是这两种力趋于平衡状态的结果。

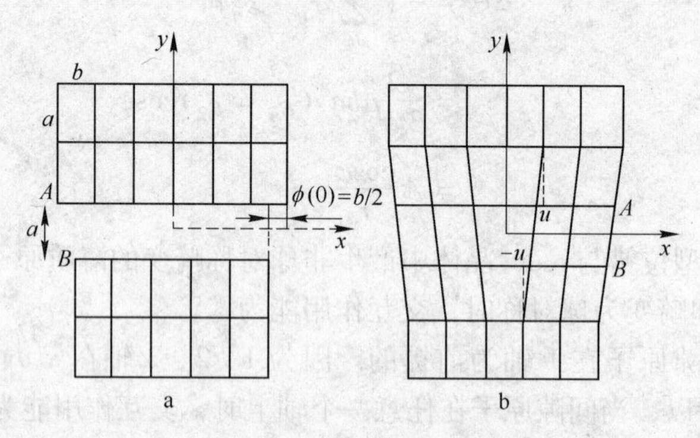

图 2-51 刃型位错的 P-N 模型

a—两块半无限大晶体相对位移 $b/2$；b—形成刃型位错

两块晶体不论在黏合前或黏合后在黏合面上、下侧的原子列都有错排，以 $\phi(x)$ 来描述这种错排的程度，$\phi(x)$ 定义为每对原子列在黏合面上侧和下侧位置处 x 坐标之差。在黏合前，原子列的原始错排度 $\phi(0)$ 为：

$$\phi(0) = \begin{cases} b/2 & x > 0 \\ -b/2 & x < 0 \end{cases} \tag{2-75}$$

黏合后，上、下侧原子排列要协调，A 面原子产生沿 x 轴指向坐标原点的位移 $u(x)$，而 B 面上的对应原子产生的位移与其大小相等方向相反，则 A、B 面上相对应的原子列在 x 方向上的相对位移可表示为：

$$\phi(x) = \begin{cases} 2u(x) + \dfrac{b}{2} & x > 0 \\ 2u(x) - \dfrac{b}{2} & x < 0 \end{cases} \tag{2-76}$$

由式 2-76 可知，当 $x > 0$ 时，$u(x) < 0$，$\phi(x) > 0$；当 $x < 0$ 时，$u(x) > 0$，$\phi(x) < 0$；在原点附近，原子几乎不产生位移，即当 $x \to 0$ 时，$u(x) \to 0$，$\phi(x) \to \pm b/2$；在距原点很远的地方，位错的影响消失，对应原子完全对齐，即当 $x \to \pm\infty$ 时，$u(x) \to b/4$，$\phi(x) \to 0$。

ϕ 和 u 随 x 的变化如图 2-52 所示。P-N 位错半点阵模型与连续弹性介质模型的根本差别表现在讨论的黏合面两侧的位移不同。连续弹性介质模型认为黏合面两侧的位移有一个不连续的位移 b，故只有在位错中心才有晶体学上的不连续。而P-N位错半点阵模型则认为晶体学上的不连续是遍布整个黏合面的。

下面考虑 A 面上 $x>0$ 一侧的原子受力平衡，根据皮尔斯的简化来确定 $u(x)$。

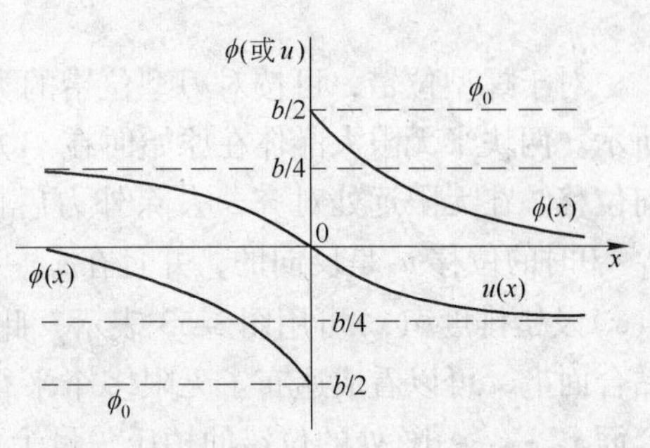

图2-52　刃型位错的ϕ和 u 随 x 的变化

(1) A、B 面之间的相互作用切应力是 A、B 面之间对应原子相对位移的周期函数，用正弦函数表示，周期当然为 x 方向的点阵常数 b，即：

$$\sigma_{yx}=-\frac{\mu}{2\pi}\frac{b}{a}\sin\frac{4\pi u(x)}{b}\tag{2-77}$$

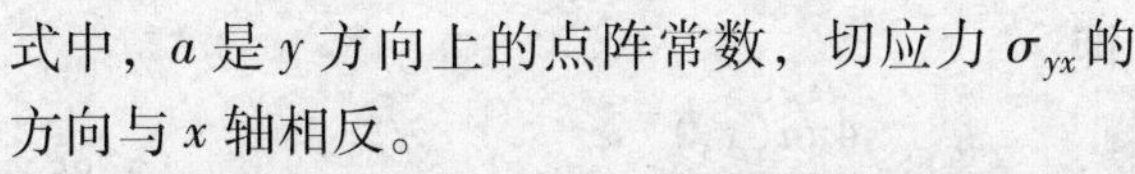

式中，a 是 y 方向上的点阵常数，切应力 σ_{yx} 的方向与 x 轴相反。

(2) 将 A 面以上作为连续弹性介质，求出其作用于 A 面原子并使其散开的切应力。设想柏氏矢量为 $\boldsymbol{b}$ 的一个位错可分成无穷多个小位错连续分布在滑移面上，其柏氏矢量总和为 $\boldsymbol{b}$。当然，小位错的分布是不均匀的，离原点越远位错分布密度越小。设分布在 x' 至 $x'+\mathrm{d}x'$ 之间的柏氏矢量为 $\boldsymbol{b}'(x')\mathrm{d}x'$，则：

$$\int_{-\infty}^{+\infty}\boldsymbol{b}'(x')\mathrm{d}x'=\boldsymbol{b}\tag{2-78}$$

全部位错在 x 处产生的切应力 σ_{yx} 为：

$$\sigma_{yx}=\frac{\mu}{2\pi(1-\nu)}\int_{-\infty}^{+\infty}\frac{b'(x')\mathrm{d}x'}{x-x'}\quad x>0\tag{2-79}$$

σ_{yx} 切应力的方向沿 x 轴正向。

从几何上看，x' 点至 $x'+\mathrm{d}x'$ 点之间小位错的柏氏矢量 $\boldsymbol{b}'(x')\mathrm{d}x'$ 就是这两点处 A、B 面的相对位移，即 $b'(x')\mathrm{d}x'=\phi(x')-\phi(x'+\mathrm{d}x')$。利用式2-76，有：

$$b'(x')=\frac{-2\mathrm{d}u(x')}{\mathrm{d}x'}\tag{2-80}$$

将式2-80代入式2-79，有：

$$\sigma_{yx}=-\frac{\mu}{\pi(1-\nu)}\int_{-\infty}^{+\infty}\frac{\frac{\mathrm{d}u(x')}{\mathrm{d}x'}\mathrm{d}x'}{x-x'}\quad x>0\tag{2-81}$$

这就是 A 面以上晶体对 A 面上原子的切应力。在平衡状态下，它和式2-77中表示的 B 面对 A 面原子的切应力应该大小相等方向相反。因此有：

$$\int_{-\infty}^{+\infty}\frac{\frac{\mathrm{d}u(x')}{\mathrm{d}x'}\mathrm{d}x'}{x-x'}=\frac{(1-\nu)b}{2a}\sin\frac{4\pi u(x)}{b}\tag{2-82}$$

式2-82是P-N半点阵模型的基本方程，它适用于 $x<0$ 的一侧。P-N半点阵模型的基本方程应满足边界条件：$x\to\pm\infty$ 时，$u(x)\to\mp b/4$，$\phi(x)\to 0$。用试探法可求解，得：

$$u(x)=-\frac{b}{2\pi}\arctan\frac{x}{\xi},\xi=\frac{a}{2(1-\nu)}\tag{2-83}$$

当 $x=\xi$ 时，$u(\xi)=-b/8$，即此处 u 值等于无穷远处的 u 值的一半，这大约确定了位错中心原子严重错排区域的范围，故定义它为位错的半宽度。

根据式 2-83 给出的位移 $u(x)$，可求出各处的散布位错的柏氏矢量分布函数为：

$$b(x) = -\frac{b}{\pi} \times \frac{\xi}{x^2 + \xi^2} \tag{2-84}$$

对于螺型位错，可按对刃型位错的类似方法来处理，它的 P-N 半点阵模型如图 2-53 所示。两块半无限大晶体在原始时在 x_3 方向有错排，错排为 $b/2$，然后把两块晶体在 x_3 方向位移，在无限远处对齐，去除外力后再黏合，这就构成一个右螺型位错。在 $x_1>0$ 和 $x_1<0$ 时的位移 u_3 是反向的，并且在 $x_1 \to \pm\infty$ 时，$u(x) \to \mp b/4$，$\phi(x) \to 0$。这时位移 $u(x)$ 及错排度 $\phi(x)$ 可用图 2-53 表示，此时的位移是 x_3 轴方向的 u_3。根据位错的定义，在黏合面上，可以看成遍布了无限多个平行于 x_3 轴方向的柏氏矢量为无限小的位错，在黏合面 $x_1 \sim x_1 + dx_1$ 处的位错的柏氏矢量为 $\boldsymbol{b}(x_1)dx_1$，其位错密度也和式 2-83 一样。同样也可以获得与式 2-82 类似的位移积分方程，即：

$$\int_{-\infty}^{+\infty} \frac{\partial u_3/\partial x_1}{x_1 - x'_1} dx_1 = -\frac{b}{2a} \sin \frac{4\pi u(x_3)}{b} \tag{2-85}$$

用试探法可求解，得：

$$u(x) = -\frac{b}{2\pi} \arctan \frac{x_1}{\xi} \quad \xi = \frac{a}{2} \tag{2-86}$$

由式 2-86 可知，螺型位错的半宽度是刃型位错的（$1-\nu$）倍，故螺型位错的宽度比刃型位错的窄。

根据式 2-86 给出的位移 $u(x)$，可求出各处散布的螺型位错的柏氏矢量分布函数为：

$$b(x_1) = \frac{b}{\pi} \times \frac{\xi}{x_1^2 + \xi^2} \tag{2-87}$$

式 2-87 和刃型位错的柏氏矢量分布函数的形式完全一样，仅是其中的位错半宽度不同。

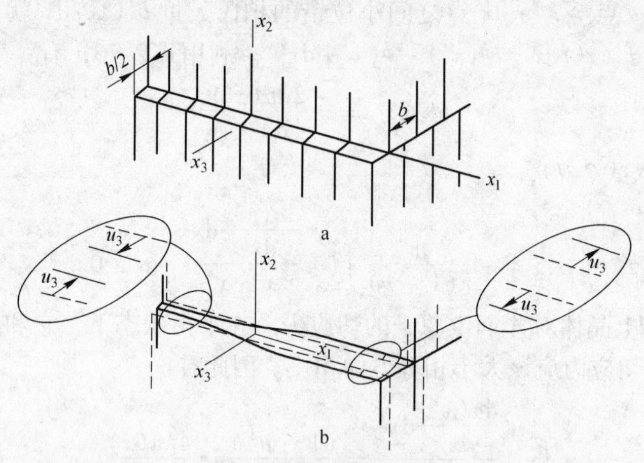

图 2-53　螺型位错的 P-N 模型

a—两块半无限大晶体；b—原子在黏合面上、下的原子错排情况

2.4.9.2　位错中心的宽度

从 P-N 半点阵模型可看出，刃型位错在滑移面上各点产生的位移，也就是 A 层和 B

层对应原子的相对位移，与离位错中心的距离有关（而连续介质模型是假设滑移面上下晶体作刚性位移）。离位错越远，A 层与 B 层原子对应的越整齐；而在位错中心，原子错排最为严重。定义位错宽度如式2-88所示时，所确定的 x 坐标范围：

$$-\frac{b}{8} \leqslant u(x) \leqslant +\frac{b}{8} \tag{2-88}$$

由式2-83，当 $x = \pm\xi$ 时，$u(x) = b/8$，因此，位错宽度为：

$$2\xi = \frac{a}{1-\nu} \tag{2-89}$$

显然，所谓位错宽度就是由原子错排程度相当于位错中心处一半的位置所界定的区域范围。一般金属的 $\nu \approx 1/3$，所以刃型位错的宽度 $2\xi \approx 3a/2$，螺型位错宽度 $2\xi \approx a$，位错的宽度是很窄的。实际晶体中的位错宽度要宽些。简单立方晶体中刃型位错的 ϕ 和 $b(x)$ 曲线的典型形式如图2-54所示，这些曲线原则上和图2-52的相同，但为了得出连续的曲线，当 ϕ 是负值时在这里都加上 b 值。图2-54a表示位错宽度较宽的情况，图2-54b表示位错宽度较窄的情况，图2-54c表示位错分解为两根部分位错的情况，两个部分位错间有一定的间距 d，柏氏矢量分布函数只出现在两个部分位错附近处。此外，柏氏矢量分布函数下面的面积等于 b。从图2-54中可看出，分布曲线清楚地显示了错排集中于何处。当含有两个或多个靠得很近的部分位错时，这种表示特别有用。错排和柏氏矢量并非主要分布于一个平面上的非平面状核心，可以使用二维图形来描述，在此图中用箭头长度来表示错排度 ϕ。

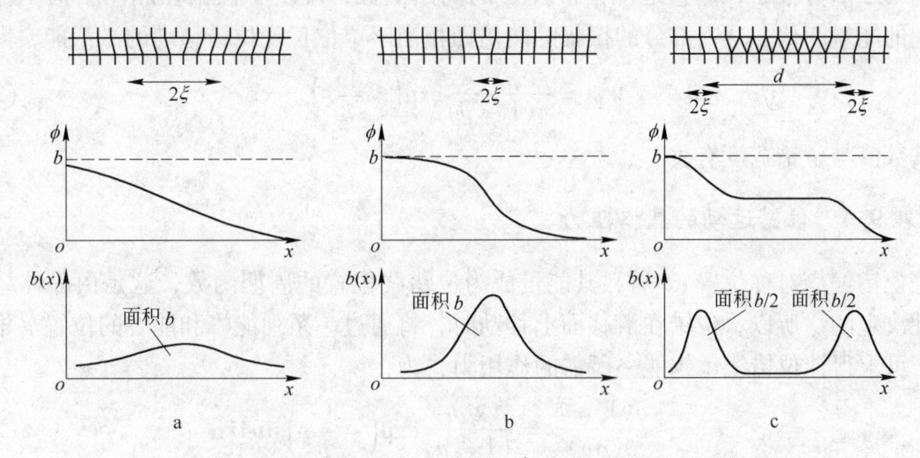

图2-54 简单立方晶体中原子位置、错排度 ϕ 和柏氏矢量分布函数 $b(x)$ 的曲线

a—位错宽度较宽；b—位错宽度较窄；c—分解为部分位错

2.4.9.3 位错中心区的能量

P-N位错的能量可分为两部分，一部分是储存于两块无限大晶体中的弹性应变能，这部分能量相当于2.4.3节中求出的连续弹性介质模型中的位错弹性应变能，它只是位错能量的主要部分，并非全部，因为位错中心区的能量并未包括在内；另一部分是在此面上原子错排而使结合键歪扭的储存于黏合面上的错排能，这部分能量相当于连续弹性介质模型中位错的中心能量。

位错的总能量应为：

$$W = W_0 + W_{AB} \tag{2-90}$$

式中，W_0就是式2-37和式2-38表示的位错弹性应变能，在P-N点阵模型中，W_0就是上下两半晶体中的弹性应变能，可表示为：

$$W_0 = \frac{\mu b^2}{4\pi(1-\nu)}\ln\frac{R}{\xi} \tag{2-91}$$

其中，以ξ代替r_0。

式2-90中W_{AB}是位错中心区的能量，在P-N点阵模型中就是A和B原子面间的相互作用能，也就是使A、B面对应原子产生错排时外力所做的功，即为错排能。用错排能表示位错中心区的能量是因为所谓位错中心区也就是原子严重错排的区域，因而两者是一致的。

P-N点阵模型中位错的错排能为：

$$W_{AB} = \frac{\mu b^2}{4\pi(1-\nu)}\left[1 + 2\exp\left(-\frac{4\pi}{b}\xi\right)\cos 4\pi\alpha\right] \tag{2-92}$$

式中，α为位错位置常数，$\alpha \leqslant 1$，用αb表示位错相对于原点的偏离。

P-N位错的错排能包括两部分，第一部分与位错的位置无关，是错排能的主要部分，因为在式2-91中$\ln(R/\xi)$约为1/10，所以在一级近似下，错排能只占位错总能量的1/10左右；第二部分很小，但它是位错位置α的周期函数，反映了位错在晶体结构中移动时所引起的能量起伏。这一部分的振幅的两倍即相当于单位长度位错移动的激活能，即：

$$W_P = \frac{\mu b^2}{\pi(1-\nu)}\exp\left(-\frac{4\pi}{b}\xi\right) \tag{2-93}$$

其数值与位错宽度有关。

2.4.9.4 位错运动的晶格阻力

当位错偏离对称位置αb后，其能量成为位错线位置的周期函数，这是由晶体结构的周期性决定的。所以，位错在滑移面上移动时，将通过一系列能峰和能谷的位置。根据式2-92，可求得让位错线攀越能垒所需的作用力，为：

$$F = -\frac{\partial(W_{AB})}{\partial(\alpha b)} = \frac{2\mu b}{(1-\nu)}\exp\left(-\frac{4\pi}{b}\xi\right)\sin 4\pi\alpha \tag{2-94}$$

F就是位错滑移时所要克服的晶格点阵阻力。它是周期性的，当$\sin 4\pi\alpha = 1$时，$F = F_{max}$达到最大值。化成切应力为：

$$\sigma_c = \frac{F_{max}}{b} = \frac{2\mu}{1-\nu}\exp\left[-\frac{2\pi\alpha}{b(1-\nu)}\right] \tag{2-95}$$

σ_c即为位错移动的最大阻碍切应力，即临界切应力，一般称为晶格阻力、点阵阻力或P-N力。

式2-95给出的σ_c的推导结果是经过很多近似得出的，但具有重要意义。若令$a \approx b$，$\nu = 0.3$，则$\sigma_c \approx 3.6 \times 10^{-4}\mu$。其值远小于完整晶体的理论切变强度$\mu/2\pi$，这可以很好地定量解释位错的移动性，也肯定了点阵阻力的存在。同时可知，a/b越大，点阵阻力σ_c就越小，这表明位错的滑移一般将在密排面的密排方向上发生。

2.5 位错的交割

晶体中存在着许多位错。就某个滑移面而言，有的位错在滑移面内，有的位错则穿过滑移面。穿过滑移面的其他位错称为林位错。当位错在滑移面上运动时，将受到林位错的阻碍，若外力足够大时，两者可以交叉通过，各自继续向前运动。两个位错交叉通过的行为称为位错交割或交截。位错交割时会发生相互作用，这对材料的强化、点缺陷的产生等有重要意义。

2.5.1 割阶与扭折

实际晶体中，位错线在滑移运动过程中往往很难同时实现全长的运动。一个运动的位错线，特别是在受阻的情况下，有可能通过其中一部分线段首先进行滑移。若由此形成的弯折线段与原位错在同一滑移面上时，则称之为扭折；若弯折线段和原位错的滑移面垂直，则称之为割阶。刃型位错与螺型位错运动中出现的割阶与扭折如图2-55所示。

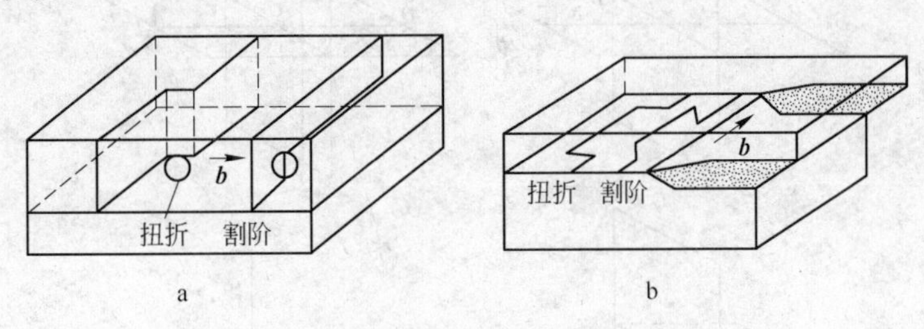

图2-55 位错运动中出现的割阶与扭折示意图
a—刃型位错；b—螺型位错

刃型位错也可通过攀移在已攀移与未攀移段之间形成割阶，如图2-56所示。

2.5.2 几种典型位错的交割

2.5.2.1 两柏氏矢量互相垂直的刃型位错的交割

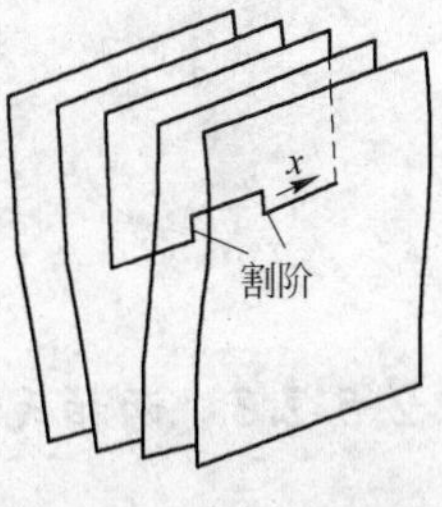

如图2-57a所示，柏氏矢量为 $\boldsymbol{b}_1$ 的位错 XY 在滑移面 P_{XY} 上运动，在外力作用下它与柏氏矢量为 $\boldsymbol{b}_2$ 的滑移面 P_{AB} 上的位错 AB 相交割，XY 位错产生的弯折段 PP' 就是一个割阶。

图2-56 刃型位错攀移过程中形成割阶的示意图

由于位错 XY 扫过 P_{XY} 面后，P_{XY} 面上下的晶体产生了一个矢量为 $\boldsymbol{b}_1$ 的相对位移，这必然会使与 P_{XY} 面相交的 P_{AB} 面产生错位，形成一个台阶，而位错 AB 在 P_{AB} 面上，故也产生了一段弯折——割阶，使位错线由 AB 变成了 $AP-PP'-P'B$。这就是割阶的成因。

割阶 PP' 具有如下特点：

（1）割阶 PP' 的大小和方向等于位错 XY 的柏氏矢量 $\boldsymbol{b}_2$。

（2）割阶是位错 AB 的一部分，也是一段位错线，其柏氏矢量与 AB 的相同。

（3）因 $PP'\perp\boldsymbol{b}_2$，故 PP' 是刃型位错，但它与主位错具有不同的滑移面。

（4）尽管 PP' 与主位错 AB 滑移面不同，但它可与主位错 AB 一起滑动，PP' 是可动割阶。

两位错交割后，AB 产生了割阶，变成曲折的位错线，并且总长度增加了 b_1。交割后 XY 虽仍是直线，没有产生割阶，但其长度却发生了变化，缩短了 b_2。这是因为 XY 从 AB 位错有多余半原子面的一侧运动到了无多余半原子面的一侧，相差一个面间距，即 b_2。

2.5.2.2　两柏氏矢量互相平行的刃型位错的交割

如图 2-57b 所示，AB 和 XY 分别是 P_{AB} 和 P_{XY} 两滑移面上的刃型位错，柏氏矢量分别为相互平行的 $\boldsymbol{b}_1$ 和 $\boldsymbol{b}_2$。两位错相交割后都产生扭折，分别为 PP' 和 QQ'，其大小和方向分别与对方位错的柏氏矢量一致，故均为螺型位错。两扭折都与其主位错在同一滑移面上，在位错的运动过程中，在位错线张力的作用下可能被拉直而消失。

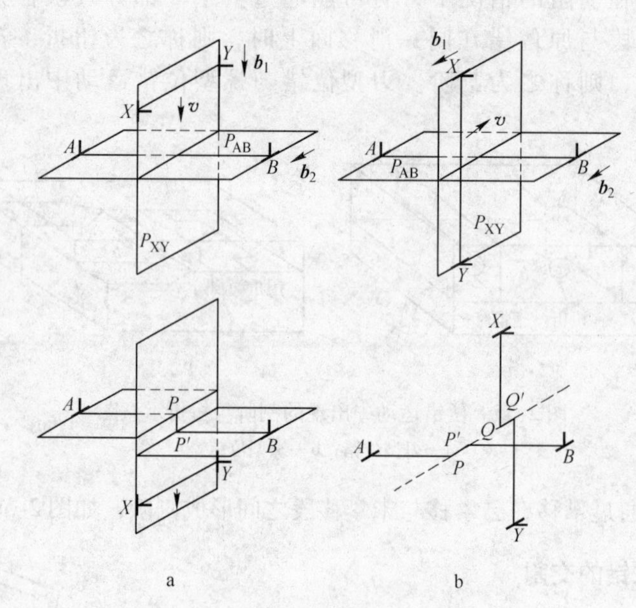

图 2-57　两相互垂直的刃型位错的交割

a—柏氏矢量相互垂直；b—柏氏矢量相互平行

2.5.2.3　两柏氏矢量互相垂直的刃型位错与螺型位错的交割

两柏氏矢量相互垂直的刃型位错与螺型位错的交割如图 2-58 所示。柏氏矢量为 $\boldsymbol{b}_1$ 的刃型位错 AA' 在 π_1 面上滑移，与柏氏矢量为 $\boldsymbol{b}_2$ 的螺型位错 BB' 交割后，分别形成割阶 MM' 和扭折 NN'。MM' 是刃型位错，是可动割阶。NN' 也是刃型位错，但它与 BB' 在同一滑移面上，因此，可能在位错滑移过程中因位错的线张力被拉直而消失。

2.5.2.4　两柏氏矢量互相垂直的螺型位错的交割

柏氏矢量为 $\boldsymbol{b}_1$ 和 $\boldsymbol{b}_2$ 的相互垂直的两个螺型位错 AA' 和 BB' 的相互交割过程如图 2-59 所示。交割后在 AA' 上形成大小等于 $\boldsymbol{b}_2$，方向与 $\boldsymbol{b}_2$ 平行的割阶 MM'。割阶 MM' 的柏氏矢

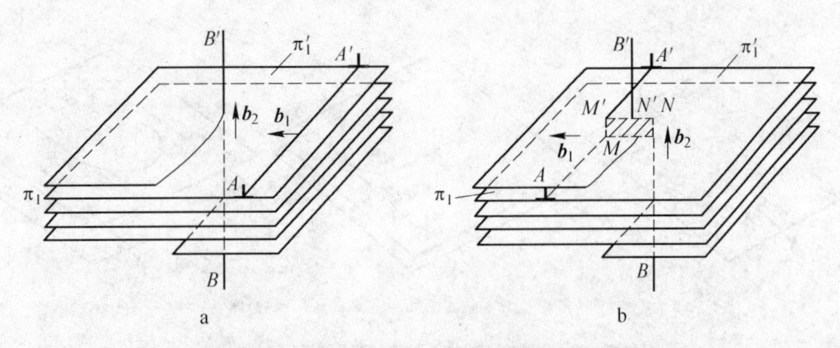

图 2-58　两相互垂直的刃型位错与螺型位错的交割

a—交割前；b—交割后

量为 $\boldsymbol{b}_1$，其滑移面不在 AA' 的滑移面上，是刃型割阶。同样，在位错线 BB' 上形成一个刃型割阶 NN'。显然，割阶 MM' 和 NN' 不能与主位错一起滑动，当主位错滑移时，割阶只能以攀移的形式被主位错拖着运动，而这是非常困难的。故割阶 MM' 和 NN' 为不可动割阶，也称拖动割阶。

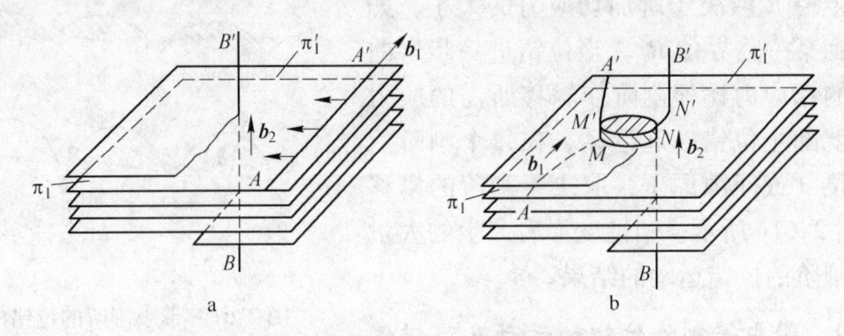

图 2-59　两相互垂直的螺型位错的交割

a—交割前；b—交割后

2.5.3　带割阶的位错的运动

运动位错交割后，每根位错线上都可能产生一割阶或扭折，其大小与方向取决于另一位错的柏氏矢量，但具有与原位错相同的柏氏矢量。割阶都是刃型位错，而扭折既可以是刃型位错，也可以是螺型位错。割阶与主位错不在同一滑移面上，不能跟随主位错一起运动（割阶产生攀移的情况除外），成为位错运动的障碍，也称为割阶硬化。扭折与主位错在同一滑移面上，可以随主位错一起运动，对主位错运动产生的阻力较小，可以忽略，且扭折在位错线张力的作用下易于消失。

螺型位错上的刃型位错割阶可按割阶高度分为三种类型：小割阶、中等割阶和大割阶，如图 2-60 所示。

2.5.3.1　带小割阶位错的运动

大小为 1 ~2 个原子间距的割阶称为小割阶。当一条螺型位错在滑移面上和许多林位错交割时，在位错线上会产生许多割阶，它们可能是同号的，也可能是异号的，异号割阶可沿位错线滑动而相互抵消，最后只剩下同号割阶。同号割阶相互排斥，使它们在位错线

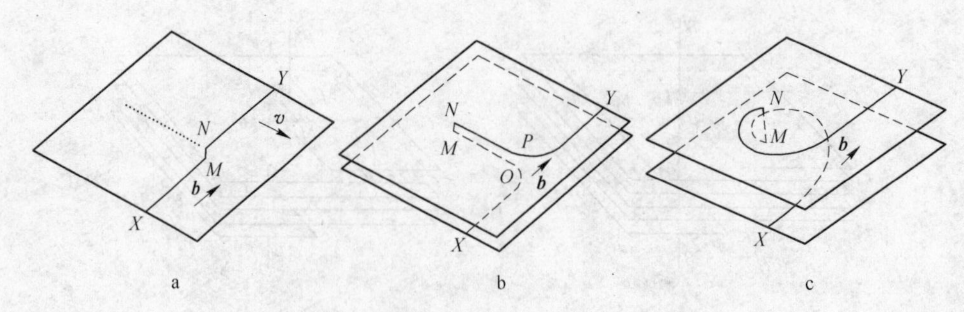

图 2-60　螺型位错上三种不同高度的交割

a—小割阶；b—中等割阶；c—大割阶

上大体等距离地分布，如图 2-61a 所示。

当在滑移方向施加切应力时，位错将发生运动，而由于割阶的钉扎作用，割阶之间的位错在滑移面上向位错运动的方向弯曲，如图 2-61b 所示。弯曲的半径 R 取决于所加切应力的大小，如弯曲半径达到某一临界值 R_c，当位错进一步弯曲所要求增加的切应力比使割阶作攀移所需的应力大时，割阶就随主位错一起运动，在每个割阶后留下一串空位（或间隙原子，取决于割阶的攀移方向），如图 2-61c 所示。塑性变形后产生的大量空位就是带割阶的位错运动的结果。

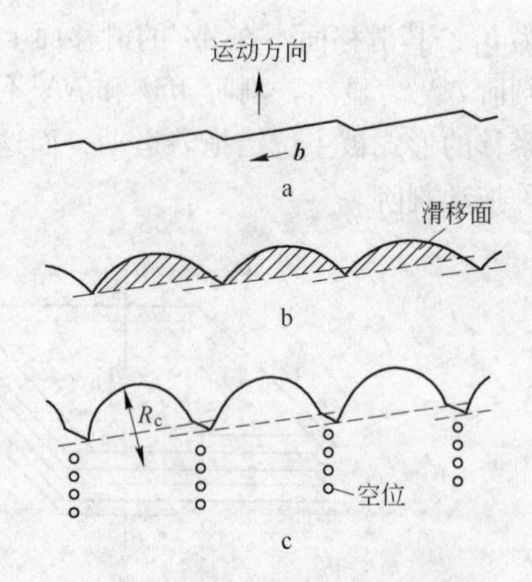

图 2-61　带小割阶的位错的运动

a—在零应力下的直位错；

b—加切应力后，位错在滑移面上弯曲；

c—位错运动后，在割阶后留下空位串

2.5.3.2　带中等割阶位错的运动及位错偶极的形成

当位错线上的割阶高度达几个至 20 个原子间距时，位错就会被割阶的两端钉扎住，而不可能拖着割阶一起运动了。如图 2-62a 所示，*CD* 是一条带着较大割阶 *OP* 的螺型位错线，*CO* 和 *PD* 分别在两个平行的滑移面上。由于割阶 *OP* 不动，则当外力足够大而使主位错沿滑移面滑移时，割阶之间的位错线弯曲，便在割阶两端引出两个异号刃型位错线 *PP′* 和 *OO′*，如图 2-62b 所示。这对异号刃型位错分别在两个平行的滑移面上，且由于相互吸引而处于平衡状态，这种位错组态称为位错偶极或位错偶。当位错偶极达到一定长度后，便脱离主位错，形成一个位错环，而主位错线又恢复到原来带割阶的状态，如图 2-62c 所示。长的位错环又可以分裂成若干个小的位错环，如图 2-62d 所示。

2.5.3.3　带大割阶位错的运动

高度约 20nm 以上的割阶称为大割阶。如图 2-63 所示，割阶以外的两段位错 *NY* 和 *MX* 相距太远，它们之间的交互作用很微弱，因而它们可以独立地在各自的滑移面上滑移运动，它们以割阶为轴，在滑移面上旋转。大割阶对位错的钉扎作用更为显著。

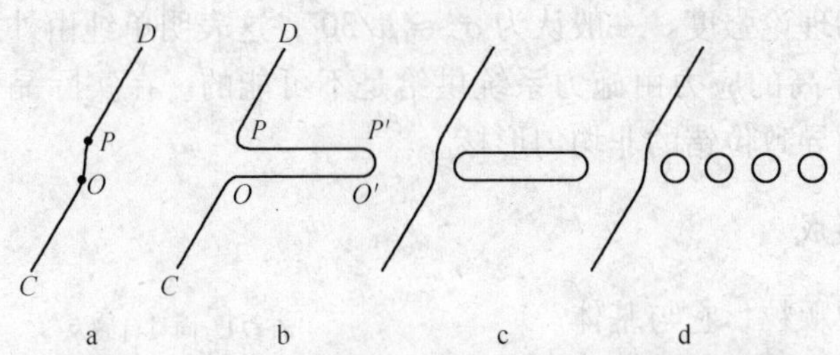

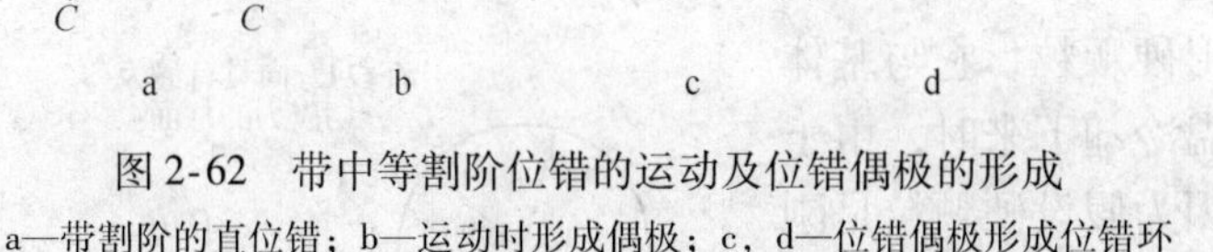

图 2-62 带中等割阶位错的运动及位错偶极的形成

a—带割阶的直位错；b—运动时形成偶极；c，d—位错偶极形成位错环

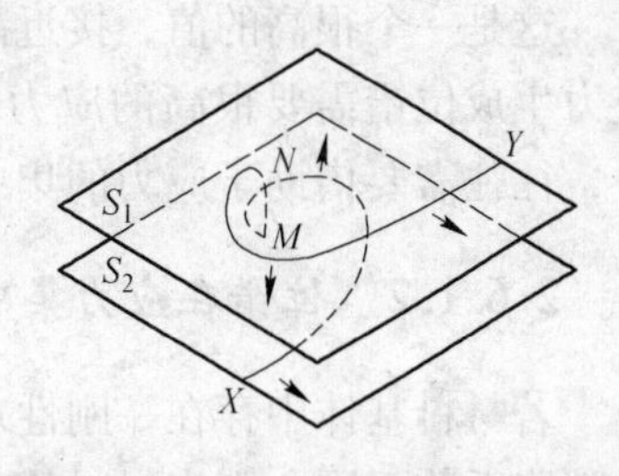

图 2-63 带大割阶位错的运动

2.6 位错的形成与增殖

大多数晶体材料的位错密度都很大，即便是精心制备的纯单晶体中也存在许多位错，这是因为在材料由液态变为固态晶体的过程中会形成大量位错。即便在经过充分退火的晶体中，位错也不会完全消失，一般经退火的晶体的位错密度达 $10^6 \sim 10^8 cm^{-2}$。如果晶体经受塑性变形，位错密度随变形量加大而加大，可达 $10^{10} \sim 10^{12} cm^{-2}$。晶体中原始位错的来源可概括为以下三种：

（1）晶体生长过程中产生位错。其主要来源有：

1）熔体中杂质原子在凝固过程中不均匀分布，使晶体的先后凝固部分成分不同，从而点阵常数也有差异，可能形成位错作为过渡。

2）由于受温度梯度、浓度梯度、机械振动等的影响，生长着的晶体偏转或弯曲引起相邻晶块之间有位相差，它们之间就会形成位错。

3）晶体生长过程中相邻晶粒发生碰撞或因液流冲击，以及冷却时体积变化的热应力等原因会使晶体表面产生台阶或受力变形而形成位错。

（2）由于自高温较快凝固及冷却时晶体内存在大量过饱和空位，空位的聚集能形成位错。

（3）晶体内部的某些界面（如第二相质点、孪晶、晶界等）和微裂纹的附近，由于热应力和组织应力的作用，往往出现应力集中现象，当此应力高至足以使该局部区域发生滑移时，就在该区域产生位错。

所谓位错形成是指在晶体中萌生出新的位错，而增殖则是指通过已经存在的位错以某种机制不断增生出新位错的过程。

2.6.1 位错的形成

2.6.1.1 位错的均匀形核

当位错在晶体中无任何缺陷的地方产生时，称其为均匀形核。因为这需要很大的应力，故仅在极端条件下才会发生。

在晶体中无任何缺陷的地方产生位错所需要的临界切应力 σ_c 为：

$$\sigma_c \approx \frac{\mu}{e\pi K}\ln e \approx 10^{-1}\mu \tag{2-96}$$

这是一个很高的值，接近晶体的理论强度。一般认为 $\sigma_c \approx \mu/30$，这表明单纯由外加应力生成位错需要很高的应力，这样高的应力由施力系统供给是不可能的。在实际晶体中，往往需要借助于应力的集中，而导致位错的非均匀形核。

2.6.1.2 位错在应力集中处形成

若材料基体中存在一刚性球形硬颗粒，它与基体的膨胀系数不同，则当材料从高温冷却下来时，由于基体和硬颗粒的收缩量不同，又因为假设硬颗粒是刚性的，它不变形，则将在硬颗粒周围的基体中产生很大的应力场，甚至可达到萌生位错所要求的应力水平。如图 2-64a 所示，以通过硬颗粒球心的 OA 直线为轴线，以 $\sqrt{2}r_1$ 为直径作一个圆柱面与硬颗粒表面相交，则由应力集中产生的最大切应力作用在柱面上。当应力集中达到某一高度时，在柱面上的分切应力作用下，在和硬颗粒交界的柱面上萌生出一小段位错环，如图 2-64b 所示。位错环的刃型部分在圆柱面上朝远离硬颗粒表面的方向移动，而位错环的螺型部分沿柱面平行于轴线 OA 方向作反向运动，如图 2-64c所示。当两螺型部分相遇后就放出一个位错环，如图 2-64d 所示。上述过程重复进行，便在柱面上产生一系列位错环，这些位错环只在柱面上滑动。每当所形成的一个位错环滑走后，就可松弛一部分应力，当位错环达到一定数量后，应力松弛到不足以产生新位错环时，就不再产生新位错环。

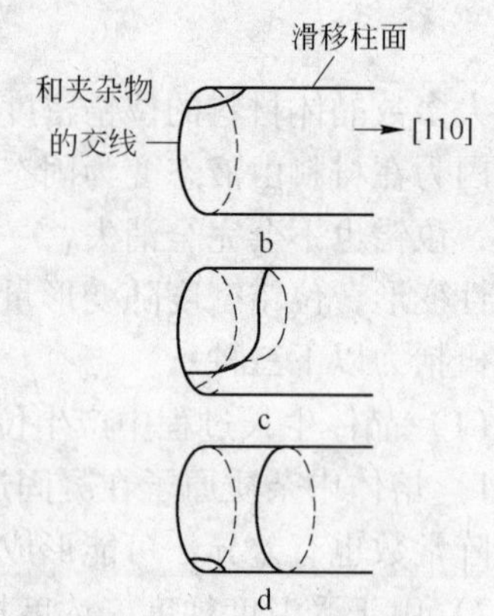

图 2-64 在硬颗粒周围产生位错环的示意图（a ~ d）

2.6.1.3 位错通过不均匀变形形成

当材料中含有不易变形的第二相颗粒时，若用外力使之发生塑性变形，则在此颗粒周围可产生位错环。如图 2-65 所示，假设粒子可以和基体一起变形，则变形后粒子由球形变为椭球形，但实际上，粒子并未变形。为了使其恢复原来的球形，将Ⅱ区挖掉放入左侧，将Ⅰ区挖掉放入Ⅱ区，这样做的结果是粒子恢复了球形，相当于粒子未随基体一起变形。但由于Ⅰ区被挖掉，在其位置上将产生一组空位型位错环；而由于Ⅱ区移向其左侧，所以在粒子左侧产生了一组间隙原子型位错环。

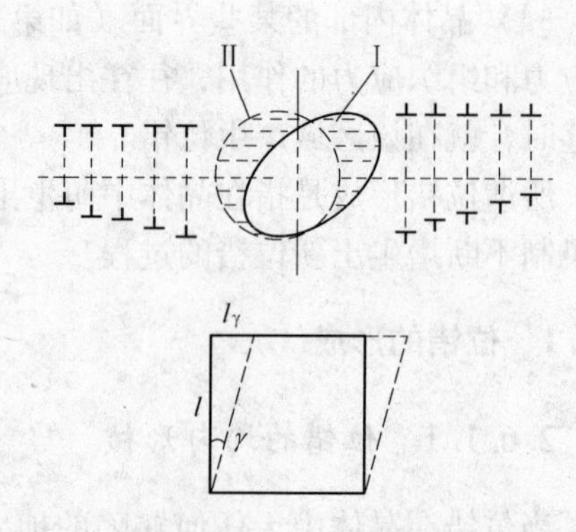

图 2-65 不均匀变形产生位错环的示意图

设第二相粒子的半径为 r，基体应变为 γ，位错环的柏氏矢量为 $\boldsymbol{b}$，位错环的总数为 n。因为Ⅰ区和Ⅱ区的体积之和等于总的位错环所占的体积，故有：

$$n(\pi r^2 b) = \frac{4}{3}\pi r^3 \gamma \tag{2-97}$$

若晶体中的第二相粒子不止一个，设第二相粒子的总体积分数为 f，则单位体积中将有 $f/(4\pi r^3/3)$ 个粒子，所以位错密度为：

$$\rho = n(2\pi r) \times \frac{3f}{4\pi r^3} = \frac{2\gamma f}{rb} \tag{2-98}$$

这表明由于第二相粒子不能与基体协调变形而产生的位错密度与变形量及第二相粒子的数量成正比，而与粒子半径成反比。

2.6.2 位错的增殖

晶体在受力时，位错会发生滑移运动，最终移至晶体表面而产生宏观变形。一个位错扫过滑移面而到达晶体表面，则使晶体产生一个柏氏矢量大小的滑移量，同时该位错也就消失了。随着塑性变形的进行，晶体中的位错应该越来越少，且某一晶面的滑移量也应该是很有限的。但事实恰恰相反，晶体在某一滑移面可以连续地滑移非常大的滑移量，而且变形量越大，晶体中位错密度越高。经过剧烈塑性变形的金属，其位错密度可增加 4 ~ 5 个数量级，这种现象充分表明在变形应力作用下，晶体中的位错可以通过某种机制不断地增殖。位错能增殖的地方称为位错源。位错的增殖机制有多种，例如弗兰克和瑞德增殖机制、双交滑移增殖机制和攀移增殖机制等，其中弗兰克和瑞德位错源是一种主要的增殖机制。

2.6.2.1 弗兰克-瑞德增殖机制

弗兰克和瑞德（F-R）两人通过位错的一端或两端被固定在滑移面上的一段位错线的滑移行为，阐明了位错的增殖机制。

A 单端 F-R 源位错增殖机制

一端固定的位错线段称单端 F-R 位错源。如图 2-66a 所示，*ABC* 位错线的 *AB* 和 *BC* 两段不在同一滑移面上，*AB* 是在滑移面上的可动位错，它的柏氏矢量为 $\boldsymbol{b}$。*BC* 是不可动林位错，*AB* 段在 *B* 点被固定。当滑移面上的分切应力达到位错 *AB* 滑移的临界切应力值后，*AB* 开始滑移。因为 *B* 点被固定，*AB* 以 *BC* 为轴旋转而形成螺旋形位错，如图 2-66b 与和 2-66c 所示。*AB* 形成的螺旋位错每扫过其滑移面一次，相当于一个位错线扫出晶体，使晶体产生一个 b 大小的滑移量，其过程如图 2-67 所示。*AB* 在切应力作用下不断地运动，使晶体滑移量不断增加，这就是单端 F-R 源位错增殖机制。图 2-63 为带大割阶的位错的运动，其实就是两个平行滑移面上的一对单端 F-R 源。

B 双端 F-R 源位错增殖机制

双端固定的位错线称为双端 F-R 位错源。如图 2-68a 所示，DD' 是一段正刃型位错，柏氏矢量为 $\boldsymbol{b}$，D 和 D' 两点被钉扎。当滑移面上的外加分切应力为 τ 时，作用在位错线上的力为 τb。位错线上每一点所受的力都相等且与位错线垂直。在力 τb 的作用下，位错线向力 τb 的方向滑动，因 D 和 D' 两点固定不动，所以位错线只能弯曲。而单位长度位错线所

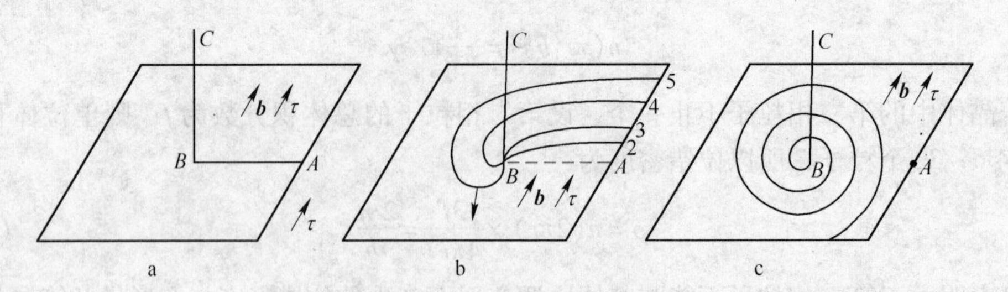

图 2-66　单端 F-R 源位错增殖示意图（a ~ c）

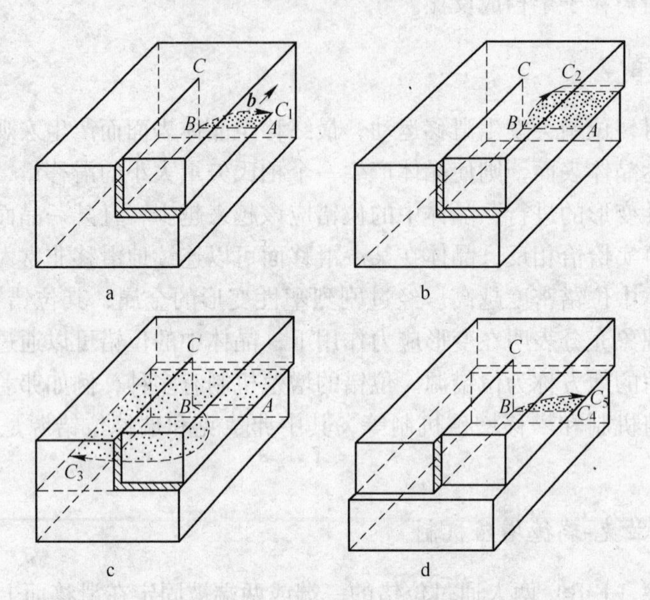

图 2-67　单端 F-R 源位错增殖与晶体滑移示意图（a ~ d）

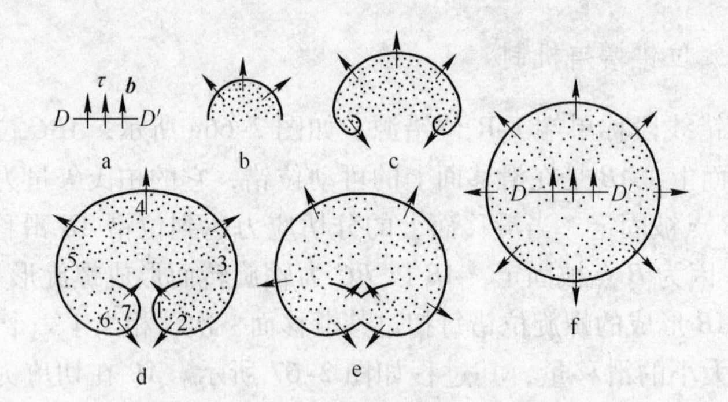

图 2-68　双端 F-R 源位错增殖示意图（a ~ f）

受的滑移力τb总是与位错线本身垂直，所以弯曲后的位错每一小段继续受到τb的作用，沿它的法线方向向外扩展，其两端则分别绕 D 和 D'两点发生回转。随外力τ的增加，位错线逐渐形成半圆形，如图 2-68b 所示。由于位错线各点受力均为τb，所以各点运动的线速度相同，但由于 D 和 D'两点不动，故越靠近 D、D'的位错线角速度就越大，结果是 D 和 D'两点周围的位错线在图 2-68b 的基础上向外发生旋转，逐渐达到图 2-68c 和 2-68d 的形态。位错卷曲后，位错线与柏氏矢量 $\boldsymbol{b}$ 的夹角发生了变化，所以位错的性质发生了变化。

例如，在图2-68d的状态下，2、4、6各点分别为正负刃型位错；1、5两点为右螺型位错；3、7两点为左螺型位错；余下各点为混合型位错。当位错线继续向外旋转扩展时，1、7两点相遇，由于符号相反而相互抵消，使位错断开成为两部分，形成一闭合位错圈和一段短位错线，如图2-68e所示。短位错线将在张力作用下被拉直而恢复到DD'位错线原来的状态，如图2-68f所示。在外力作用下DD'重复图2-68a~f的滑移过程。每重复一次便产生一个位错环。这样在外力作用下，DD'位错线段就成为一个增殖位错的机构。

当位错环滑移扩展与晶体表面相截，就形成了台阶，如图2-69所示。当更多的位错环和表面相截，中央部分的台阶逐渐变高，并向两边伸展，这就是滑移线的生长过程。

一些直接的实验观察证实了晶体中弗兰克-瑞德双端位错源的存在，如图2-70所示。

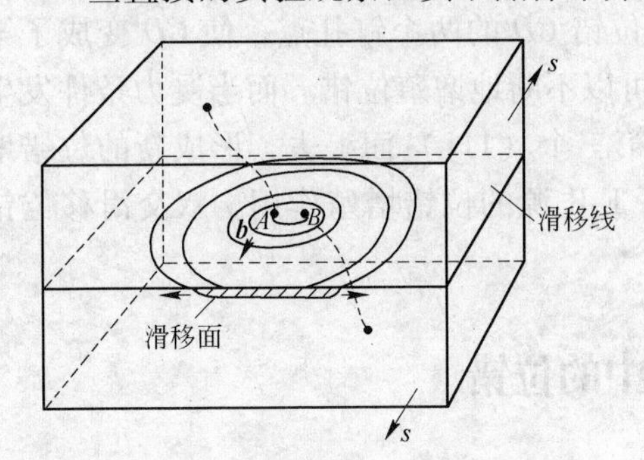

图2-69　滑移线生长的F-R源示意图

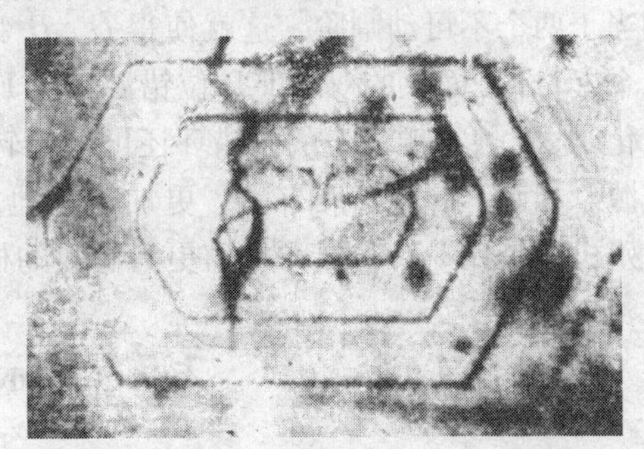

图2-70　硅单晶中的双端F-R源

对于双端F-R位错源，当位错线形成半圆时，曲率半径r达到最小，如图2-68b所示，此时的外应力就是开动这一F-R源的临界切应力τ_c，若设DD'相距为L，则有：

$$\tau_c = \frac{\mu b}{L} \tag{2-99}$$

一般情况下，τ_c和晶体的屈服强度极限相当。晶体屈服也就是塑性变形的开始，而这恰好是由位错源开动造成的。另外，使位错源开动的临界应力τ_c远小于在晶体中生成新位错的应力，说明晶体中位错的增加主要是已有位错的增殖而不是新位错的形成。

在晶体中，两端被固定的位错线段是普遍存在的。例如，三维位错网络中两节点间的位错线段；两端连着固定位错或不可动割阶的位错线段；被杂质或第二相粒子钉扎的位错线段等等，都可构成双端F-R位错源。

2.6.2.2　双交滑移位错增殖机制

F-R位错源并不是晶体中位错增殖的唯一机制，在金属晶体中这种增殖机制就比较少见。如果双端F-R源发出的位错环不进行交滑移，将集中在一个平面上，当位错环塞积应力抵消了外加应力时，F-R源就会失去增殖作用。F-R位错源增殖机制也不能解释滑移带逐渐变宽的实验事实。吉耳曼等人提出了双交滑移位错增殖机制。如图2-71a所示，在(111)面上的一螺型位错滑移受阻时，其AB段位错线可通过交滑移而转到$(11\bar{1})$面上继续滑移。当AB段在$(1\bar{1}1)$面上滑移到CD时，可再次发生交滑移而转到与原来的(111)面平行的另一(111)面上继续滑移，这种两次交滑移的过程叫做双交滑移。

在位错线AB滑移到CD的过程中，产生了AC和BD两段位错，它们都是刃型位错，

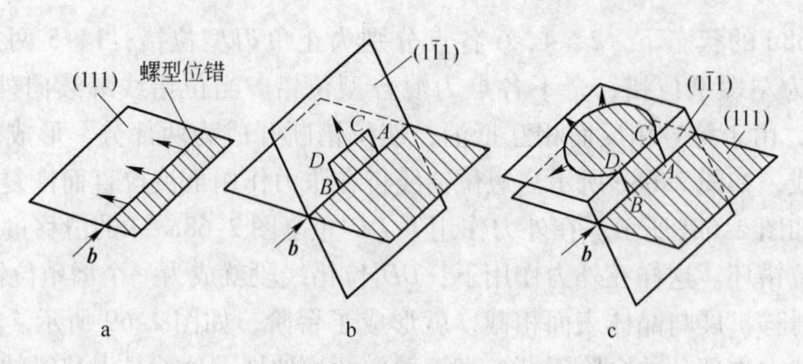

图 2-71　螺型位错双交滑移增殖示意图（a～c）

相当于两个不可动割阶，这就使得 C、D 变成了位错 CD 的两个钉扎点，使 CD 变成了第二个（111）面上的双端 F-R 位错源。该 F-R 源可以不断地增殖位错。而当受力条件发生变化时，由 CD 源产生的位错环还可以再转移到第三个（111）面上去，形成新的位错增殖源。如此不断地扩展下去，更加充分地发挥了 F-R 源的位错增殖作用。双交滑移位错增殖机制是比 F-R 位错源增殖更为有效的机制。

2.7　实际晶体中的位错

前面所讲述的有关晶体中的位错结构及其一般性质，主要是以简单立方晶体作为研究对象，而实际晶体结构中的位错要更为复杂，它们除了具有前述的共性之外，还有一些特殊的性质和复杂组态。

位错的组态及其基本性质均可通过柏氏矢量 $\boldsymbol{b}$ 反映出来。在实际晶体中，位错的柏氏矢量不是随意的，而是由晶体结构决定的。虽然晶体中可以萌生出各种组态的、不同柏氏矢量的位错，但晶体中原子间的作用力决定了位错可以稳定存在的结构条件与能量条件。

（1）几何条件。位错组态必须是原子受力平衡的状态。柏氏矢量表示位错运动后晶体的相对滑移量，由于晶体点阵周期作用力的要求，晶体滑移时，位错线上的原子要从一个平衡位置到另一个平衡位置。

（2）能量条件。位错的能态应该最低。位错的能态取决于它的取向、类型、几何组态、柏氏矢量以及晶体的各向异性等因素，其中起主要作用的是位错的弹性能。由于位错的弹性能与柏氏矢量的平方成正比，因此位错要尽量取最小的柏氏矢量的组态。

简单立方晶体中位错的柏氏矢量 $\boldsymbol{b}$ 总是等于点阵矢量，但在实际晶体中，位错的柏氏矢量除等于点阵矢量外，还可能小于或大于点阵矢量。通常把柏氏矢量等于点阵矢量或其整数倍的位错称为全位错，其中柏氏矢量等于单位点阵矢量的位错称为单位位错，故全位错滑移后晶体中原子的排列不变；把柏氏矢量不等于点阵矢量整数倍的位错称为不全位错，其中柏氏矢量小于点阵矢量的位错称为部分位错。不全位错一般表现为晶体原子堆垛层错区与无层错区的边界线，其滑移后原子排列发生变化。

从位错稳定存在的能量条件来看，单位位错应该是最稳定的位错。不同的位错组态在一定条件下可以转化，称作位错反应。位错反应的条件是在满足几何条件的情况下由高能态向低能态转变。

如图 2-72 所示，柏氏矢量大小为两倍点阵常数 a 的大刃型位错会自发地分解为柏氏矢量大小为点阵常数 a 的两个小位错，其反应式为：$2a[100] \to a[100] + a[100]$。此反应既满足位错反应的几何条件，又满足位错反应的能量条件，从模型上也可看出，插入两个半原子面的大位错，周围的点阵畸变十分严重，分解后畸变程度明显降低。

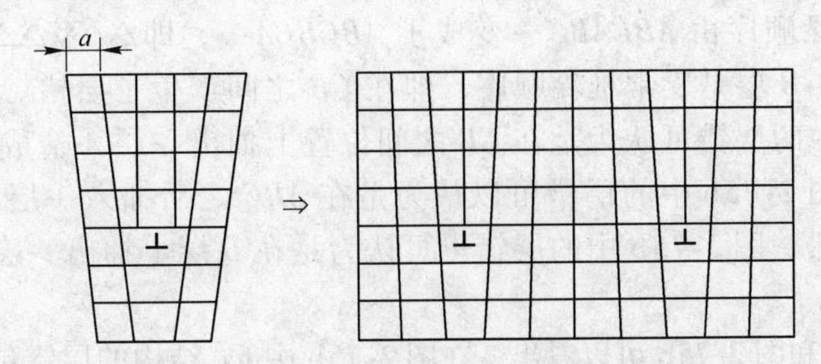

图 2-72 大刃型位错分解为小刃型位错的示意图

2.7.1 典型晶体结构中的单位位错

单位位错的柏氏矢量平行于晶体最密排方向，这与实际观察到的晶体滑移方向是一致的。简单立方晶体结构中的单位位错的柏氏矢量是 $\langle 100 \rangle$ 方向，柏氏矢量 $\boldsymbol{b} = a\langle 100 \rangle$，它的大小为 $b = a = 1$。三种典型金属晶体结构中的单位位错的柏氏矢量如图 2-73 所示，它们分别为：

(1) 面心立方点阵 $\boldsymbol{b} = (a/2)\langle 110 \rangle, b = \sqrt{2}a/2 = \sqrt{2}/2$。

(2) 体心立方点阵 $\boldsymbol{b} = (a/2)\langle 111 \rangle, b = \sqrt{3}a/2 = \sqrt{3}/2$。

(3) 密排六方结构点阵 $\boldsymbol{b} = (a/3)\langle 11\bar{2}0 \rangle, b = 1$。

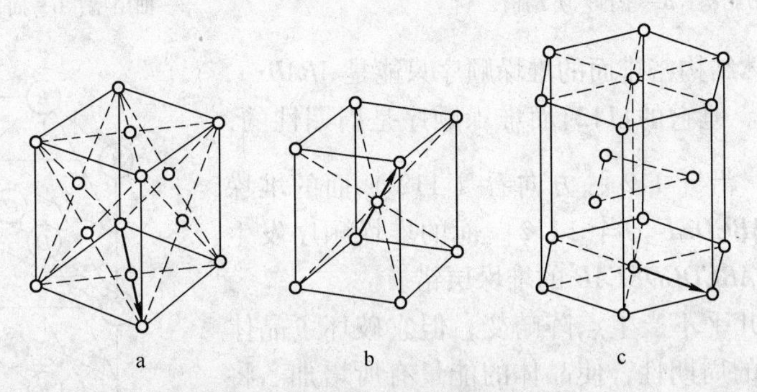

图 2-73 典型晶体结构中的单位位错

a—面心立方结构；b—体心立方结构；c—密排六方结构

晶体中的单位位错因其柏氏矢量最小，能态最低，故是最稳定的位错组态。其他位错组态在一定条件下都将通过位错反应向单位位错转变，以趋于低能组态。

2.7.2 堆垛层错

面心立方结构是以密排的 $\{111\}$ 面按 $ABCABCA\cdots$ 顺序堆垛而成的；密排六方结构是

以密排｛0001｝面按 *ABAB*…顺序堆垛而成的。用△表示 *AB*，*BC*，*CA*…顺序；用▽表示 *BA*，*CB*，*AC*…顺序。则面心立方结构的堆垛顺序为△△△△…，如图 2-74a 所示；密排六方结构的堆垛顺序为△▽△▽…，如图 2-74b 所示。

实际晶体结构中所出现的不全位错通常与原子堆垛结构的变化有关。在实际晶体结构中，密排面的正常堆垛顺序有可能遭到破坏和错排，称为堆垛层错。例如，如果面心立方的堆垛顺序由 *ABCABC*…变成了 *ABCBCA*…，即△△▽△△…，如图 2-75a 所示，则由 *C* 层→*B* 层是反常堆垛顺序，即在 *CB* 之间产生了层错。层错有两种基本类型：图 2-75a 中的层错可认为是在 *CB* 之间位置上抽出一层 *A* 造成的，这种层错称为抽出型层错；图 2-75b 中的层错可以认为是在 *ABC* 之后插入一层 *B* 造成的，称为插入型层错。当然，图 2-75b 中的层错也可认为是在 *B* 层上抽出一层 *A*，在 *B* 层下抽出一层 *C* 造成的。

比较图 2-74a 和图 2-75b 可以看出，在图 2-75b 中 fcc 结构的层错包含有薄层孪晶结构，即 *ABCBA* 层，孪晶面为 *C*。比较图 2-74a 和图 2-75a 可以看出，在图 2-75a 中 fcc 结构的层错相当于嵌入了四层 hcp 结构，即 *BCBC* 层。

在 hcp 结构中也有相似的层错，例如，*ABABAB* 变为 *ABACBCB*，其中有四层为 fcc 结构。

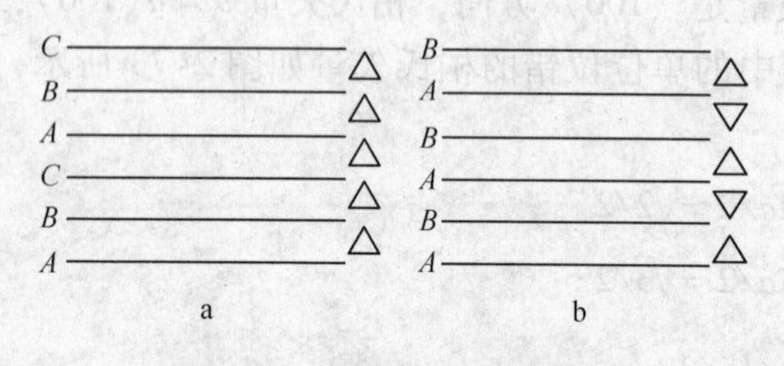

图 2-74　密排面的堆垛顺序
a—面心立方结构；b—密排六方结构

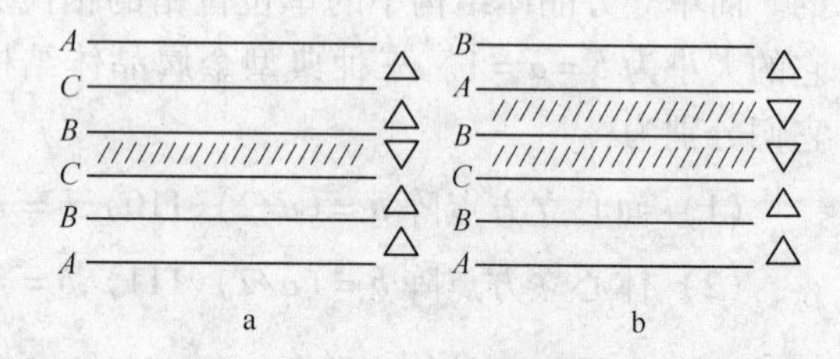

图 2-75　面心立方结构的堆垛层错
a—抽出型；b—插入型

体心立方晶体结构密排面的堆垛顺序只能是 *ABAB*…，不存在堆垛层错。但它的{112}面堆垛顺序是周期性的，如图 2-76 所示。沿 $[\bar{1}1\bar{2}]$ 方向看 $(\bar{1}1\bar{2})$ 面的堆垛顺序为 *ABCDEFABCDEF*。当｛112｝面的堆垛顺序发生错排时，可形成 *ABCDCDEFAB* 的堆垛层错。

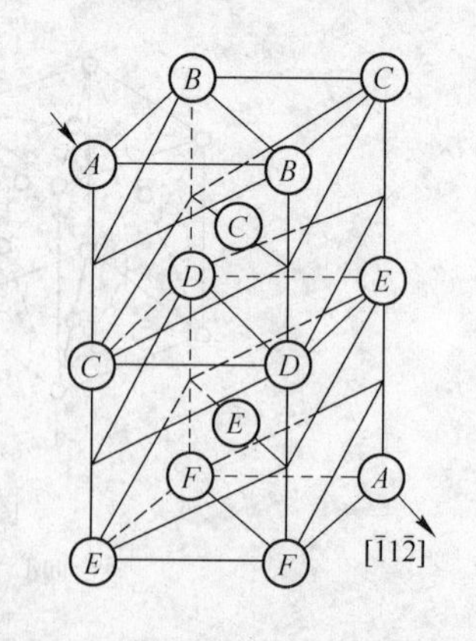

图 2-76　体心立方结构$(\bar{1}1\bar{2})$面的堆垛顺序示意图

形成层错时几乎不产生点阵畸变，但它破坏了晶体的完整性和正常的周期性，使晶体的能量有所增加。将产生单位面积层错使晶体增加的能量定义为层错能。用实验方法可以间接测得层错能，表 2-6 给出了部分面心立方金属的层错能。

晶体中出现层错的几率与层错能的大小有关，层错能越高，层错出现的几率越小。在层错能很低的奥氏体不锈钢和 α 黄铜中，常常可见大量的层错（如图 2-77 所示），而在层错能较高的铝中，几乎看不到层错的存在。

表 2-6　部分面心立方金属的层错能

金属晶体	Ag	Au	Cu	Al	Ni	不锈钢
层错能/$J \cdot m^{-2}$	0.02	0.06	0.04	0.20	0.25	0.013

2.7.3　面心立方结构中的不全位错

晶体中的层错往往只能在一定晶面间的部分区域内形成，层错区和正常堆垛之间存在着界线，这种界线也是位错。但这种位错的柏氏矢量不等于点阵矢量，因此是不全位错。

凡是可以形成层错的晶体，均可形成不全位错。面心立方晶体和密排六方晶体的层错组态相近，不全位错的组态也相近。

由于形成方式不同，面心立方晶体中的不全位错可有肖克莱不全位错与弗兰克不全位错两种组态。

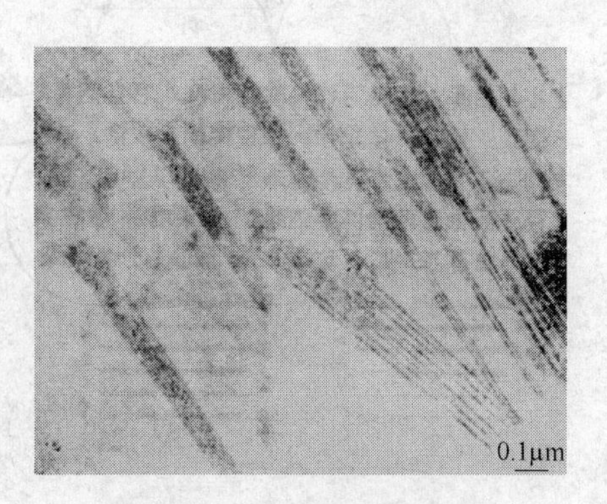

图 2-77　不锈钢中的层错
（电子显微镜衍衬像）

2.7.3.1　肖克莱不全位错

在面心立方晶体中，位于（111）A 面以上的 B 层原子，当沿着矢量 $\boldsymbol{b}_1$ 从 B_1 位置滑移到 B_2 位置时，因晶格点阵阻力的周期性，原子滑动要通过一个能峰；如果先沿着 $\boldsymbol{b}_2$ 从 B_1 位置滑移到 C 位置，再沿着 $\boldsymbol{b}_3$ 从 C 滑移到 B_2 位置，则原子滑动一直走能谷，这样消耗的能量要少些，如图 2-78a 所示。但这样分两步完成的切变位移改变了原来的堆垛顺序 $ABCABC\cdots$，变成了 $ABCAC\cdots$，只有在第二次切变位移之后才能恢复原来的堆垛顺序，因而产生了层错，层错的边界是已滑移区和未滑移区的分界线，存在着位错，这个位错的大小如图 2-78b 所示。$\boldsymbol{b}_1 = B_1B_2 = (1/2)[\bar{1}10]$；因为 $[\bar{1}2\bar{1}]$ 矢量长度是 mn 的 2 倍，而 $B_1C = mn/3$，所以 $\boldsymbol{b}_2 = B_1C = (1/6)[\bar{1}2\bar{1}]$；同理，$\boldsymbol{b}_3 = B_2C = (1/6)[\bar{2}11]$。不全位错 $\boldsymbol{b}_2 = (1/6)[\bar{1}2\bar{1}]$ 或 $\boldsymbol{b}_3 = (1/6)[\bar{2}11]$ 是层错区与未滑移区的界线，被称作肖克莱不全位错。肖克莱不全位错总是成对出现。

面心立方晶体中肖克莱不全位错的形成方式和组态特征可用图 2-79a 和 b 表示。图 2-79a 给出了面心立方晶体（$1\bar{1}0$）晶面的原子排列情况。每一横排原子为一层（111）晶面，沿［111］晶向按 $A_1B_1C_1A_2B_2C_2\cdots$ 顺序堆垛起来。从左至右，水平方向为 $[\bar{2}11]$ 方向。如图 2-79b 所示，若晶体沿 A_2 层（111）面的 $m \sim n$ 区间发生图 2-78b 中 $\boldsymbol{b}_3 = (1/6)[\bar{2}11]$ 的滑移，使 A_2 层（111）晶面上的原子从 A_2 位置滑移到 B_2 位置，则它上面 B_2、C_2、$A_3\cdots$ 的各层（111）晶面也要随着分别滑移到 C_2、A_3、$B_3\cdots$ 各层（111）晶面的位置上来。这样，在 A_2 层和 C_1 层晶面之间的 $m \sim n$ 区域，就形成了堆垛层错，而滑移面的 m 以左和 n 以右的区域为未滑移区，在层错区与未滑移区的界线 m 处和 n 处，则形成

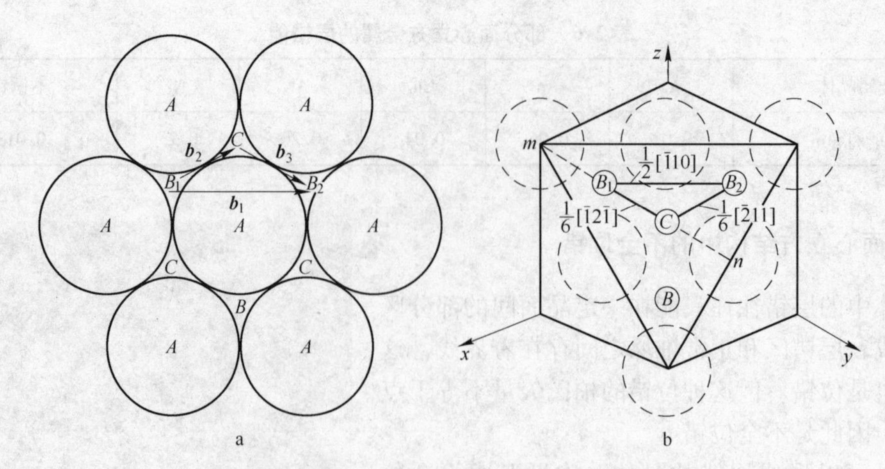

图 2-78　面心立方结构肖克莱不全位错的产生

a—两步滑移降低能量；b—肖克莱不全位错的大小

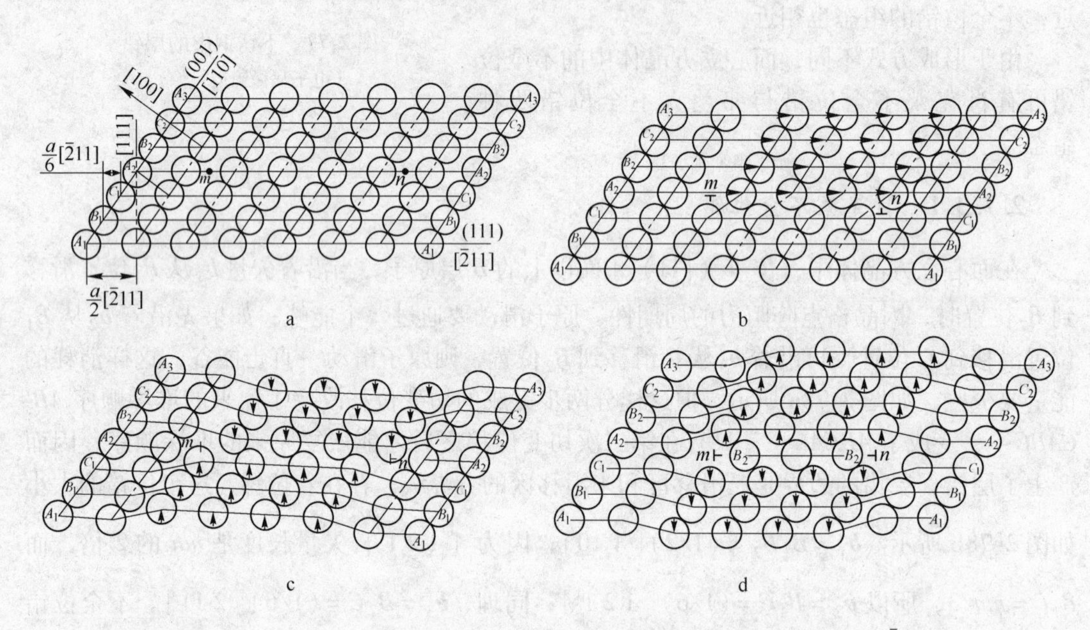

图 2-79　面心立方结构不全位错的形成与组态（图面为面心立方结构的（$1\bar{1}0$）面）

a—正常堆垛；b—$m \sim n$ 区域沿 A_2 层晶面滑移形成肖克莱不全位错；c—在 $m \sim n$ 区域抽去 A_2 层晶面形成弗兰克不全位错；d—在 C_1、A_2 层晶面间 $m \sim n$ 区域加进一层 B_2 层晶面形成弗兰克不全位错

了两个柏氏矢量为 $\boldsymbol{b} = (1/6)[\bar{2}11]$ 的位错。由于它们的柏氏矢量小于面心立方单位位错 $(1/2)[110]$，所以是它们是不全位错。在 m、n 处，位错线垂直于柏氏矢量，所以这两个不全位错是刃型位错。m 处为负号（$\top$），n 处为正号（$\perp$）。位错线除成直线外，也可以是其他任何形状，这时，除 m、n 处外，其他各处也可为混合位错或螺型位错，但不论位错为何种形状、何种类型，位错线和它的柏氏矢量均在层错面（滑移面）上，很容易进行滑移，所以肖克莱不全位错是可动位错。因为它的多余半原子面垂直于层错面，如果位错进行攀移，就势必离开层错面，但不全位错和层错是不可分离的，所以这种不全位错不可能进行攀移。

2.7.3.2 弗兰克不全位错

如图2-80a、b所示，在面心立方结构密排面堆垛过程中，在某个区域，抽去某一层或加进某一层（111）晶面，则所形成的层错区与正常区域的界线是一种柏氏矢量为(1/3)[111]的不全位错，此种方式形成的不全位错被称为弗兰克不全位错。与抽出型层错相联系的弗兰克不全位错通常称为负弗兰克不全位错，与插入型层错相联系的弗兰克不全位错通常称为正负弗兰克不全位错。

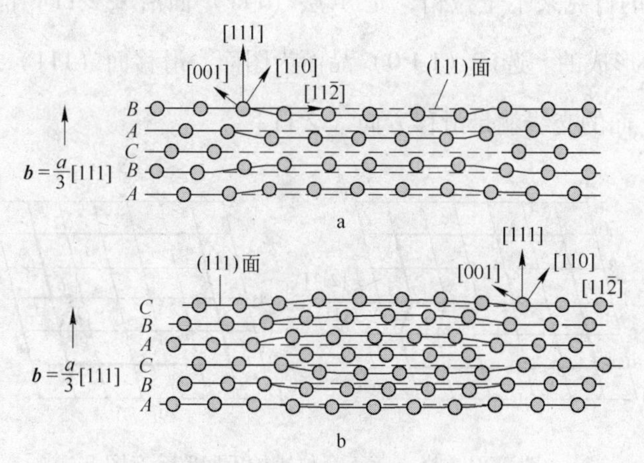

图2-80 面心立方结构弗兰克不全位错的产生
a—负弗兰克不全位错；b—正弗兰克不全位错

面心立方晶体中弗兰克不全位错的形成方式和组态特征可用图2-79c和d表示。若在图2-79a中的$m \sim n$区域抽去A_2层（111）面，则这个区域的B_2、C_2、A_3…各层（111）晶面则垂直地塌落下来，向下滑移一个面间距。实际上是A_2层晶面上、下两边的晶体，即各层（111）晶面，分别随B_2层和C_1层（111）晶面垂直地向一起靠拢，每个晶面相对滑移半个面间距，如2-79c所示。这样，在$m \sim n$区间，B_2层（111）晶面直接堆垛在C_1层的（111）晶面上，形成一个层错区。这个层错区与正常堆垛区的界线m、n处，即形成了两个弗兰克不全位错。因为A_2层（111）晶面上下两部分晶体间的相对滑移，相当于B_2层（111）晶面向C_1层（111）晶面滑移了一个面间距，因此，弗兰克不全位错的柏氏矢量为(1/3)[111]。

如果在这个区域的C_1层和A_2层（111）晶面之间，加进一个B_2层（111）晶面，则这个区域A_2层（111）晶面以上的晶体和C_1层（111）晶面以下的晶体，分别向上和向下垂直地移动半个面间距，如图2-79d所示。结果使$m \sim n$区域出现了$C_1B_2A_2$这样的堆垛顺序，形成两对晶面之间的层错。这个层错区与正常堆垛区之间的界线m和n处，也形成了两个弗兰克不全位错。因为所加的B_2层晶面的上、下两部分晶体间的相对移动，相当于A_2层晶面对C_1层晶面向上滑移了一个面间距，所以其柏氏矢量可表示为(1/3)[111]。

这两种方式形成的层错组态不同，但与其相联系的不同位错的组态特点是相同的。它们的柏氏矢量都是(1/3)[111]，垂直于层错面，也垂直于位错线，所以不论位错线成何形状，弗兰克不全位错总是刃型位错。它的多余半原子面与层错面在同一晶面上，所以可以进行攀移，使层错面扩大或缩小。但由于其可滑移面垂直于层错面，如果进行滑移就势必离开层错面，这是不可能的，所以弗兰克不全位错不能进行滑移，是不动位错。

2.7.3.3　不全位错柏氏矢量的测定

可用做柏氏回路的方法确定不全位错的柏氏矢量。不全位错周围一边是层错区，一边是无层错的未滑移区，所以回路的起点必须定在层错面上，即从层错区开始，最后还要回到层错区。图 2-81 给出了用柏氏回路法确定肖克莱不全位错柏氏矢量的方法。如图 2-81a 所示，N 为要测定的肖克莱不全位错，是 A_2层（111）面沿［$\bar{2}11$］晶向滑移到 B_2层位置，停止在 N 处而形成的。选定（$1\bar{1}0$）晶面为图面，滑移面（111）就是层错面，图面（$1\bar{1}0$）与（111）面的交线就是滑移方向［$\bar{2}11$］。

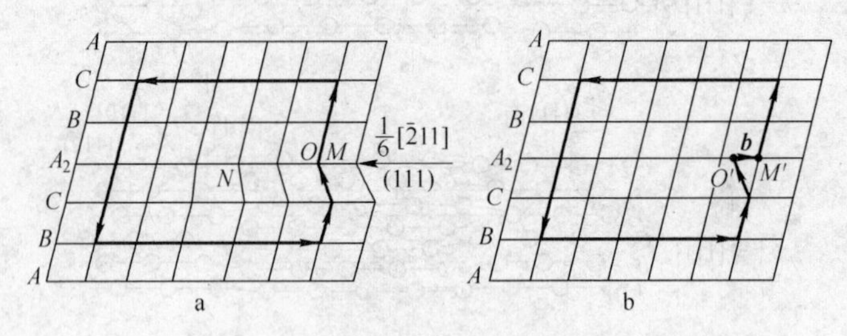

图 2-81　肖克莱不全位错柏氏回路示意图

（图面为（$1\bar{1}0$），滑移面为（111），滑移方向为［$\bar{2}11$］）

首先在图 2-81a 所示的有层错的（$1\bar{1}0$）晶面上做一个完整回路，使始点 M 和终点 O 重合为一点。其次在图 2-81b 所表示的不存在层错的（$1\bar{1}0$）晶面上，从 M'点出发，到 O'点终了，按照同样的步数做回路，回路不能闭合。$O'M'$就是肖克莱不全位错的柏氏矢量。

也可采用更为简单、直观的晶胞分析法求柏氏矢量。如图 2-82 所示，AA'的滑移矢量为（1/2）［$\bar{2}11$］，$AB = AA'/3 = (1/6)[\bar{2}11]$，$A$ 层原子滑移(1/6)［$\bar{2}11$］后，正好滑移到 B 层原子的投影位置上。因此，此肖克莱不全位错的柏氏矢量为(1/6)［$\bar{2}11$］。

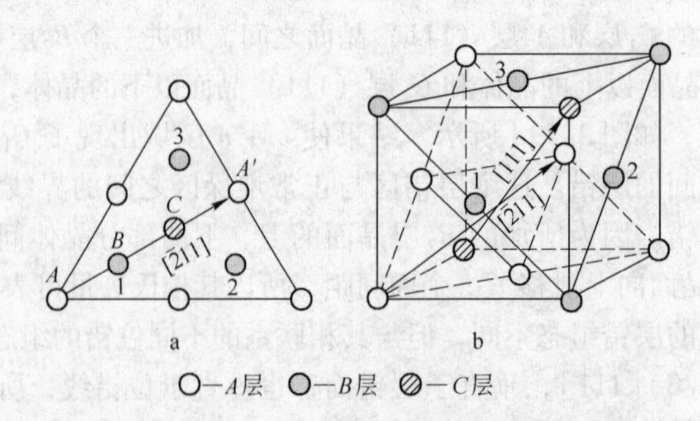

图 2-82　肖克莱不全位错柏氏矢量晶胞分析示意图

a—A、B、C 三层（111）面原子的投影；b—空间位向

2.7.4 位错反应与扩展位错

2.7.4.1 位错反应

实际晶体中，组态不稳定的位错可以转化为组态稳定的位错；具有不同柏氏矢量的位错线可以合并为一条位错线；反之，一条位错线也可以分解为两条或更多条具有不同柏氏矢量的位错线。位错之间的这种组合和分解，称为位错反应。

例如，一个面心立方全位错可以分解为两个肖克莱不全位错：

$$\frac{1}{2}[110]\rightarrow\frac{1}{6}[12\bar{1}]+\frac{1}{6}[211]$$

其实质是把一步滑移形成的位错，分为两步滑移来完成。此位错反应可用晶胞分析表示，如图 2-83 所示。

又例如，一个肖克莱不全位错和一个弗兰克不全位错可以合并为一个全位错：

$$\frac{1}{6}[112]+\frac{1}{3}[11\bar{1}]\rightarrow\frac{1}{2}[110]$$

其实质是同一区域内的两个不稳定的位错组合为一个稳定的位错。

两个全位错也可以合并为同一类型的全位错，例如：

$$\frac{1}{2}[10\bar{1}]+\frac{1}{2}[011]\rightarrow\frac{1}{2}[110]$$

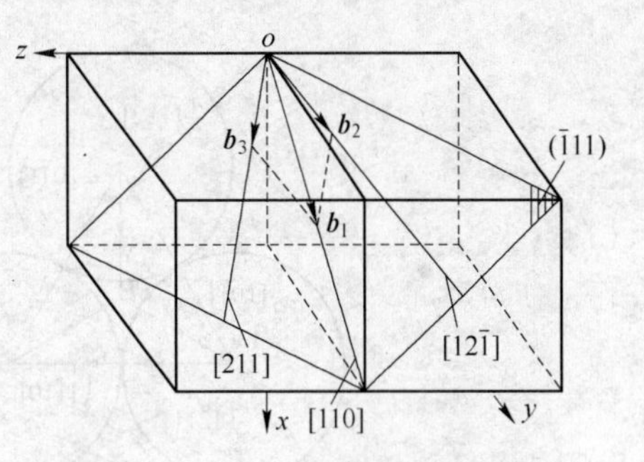

图 2-83 面心立方全位错分解为两个肖克莱不全位错晶胞分析示意图

两对位错可重新组合，例如体心立方结构中，有：

$$[100]+[010]\rightarrow\frac{1}{2}[111]+\frac{1}{2}[11\bar{1}]$$

随着条件的改变，如晶体在生产、加工过程中的温度、应力状态的变化，位错的能态也将发生变化，因此将不断通过位错反应来改变组态。

位错反应能否进行，取决于是否满足下面两个条件。

A 几何条件

根据柏氏矢量守恒性的要求，反应前诸位错的柏氏矢量之和应等于反应后诸位错的柏氏矢量之和，即：

$$\sum \mathrm{b}_s=\sum \mathrm{b}_h$$

这是位错反应的一般表达式，它反映了位错反应的必要条件。判断位错反应是否符合这一条件，只要看反应式左、右两端的矢量在 x、y、z 各轴的分量之和是否相等即可。

B 能量条件

从能量角度考虑，位错反应必须是一个能量降低的过程。因此，反应后各位错的总能量应小于反应前各位错的总能量。由于位错能量正比于 b^2，故可近似地把一组位错的总能量看做$\sum b_i^2$，于是位错反应的能量条件为：

$$\sum b_s^2 > \sum b_h^2$$

其实，位错反应的能量条件只考虑了影响系统自由能的主要因素，即各位错的弹性应变能，而系统自由能应包含所统计的各位错的晶体自由能总量，它与位错的取向、类型、几何组态、柏氏矢量以及晶体的弹性性质和各向异性等多方面因素有关，很难进行准确计算。弗兰克指出，在决定系统总能量的各种因素中，主要因素是各位错的弹性应变能。

2.7.4.2　扩展位错

通常将一个全位错分解成为两个不全位错，中间夹着一个堆垛层错的整个位错组态称为扩展位错。扩展位错通常以形成它们的全位错命名，如图 2-84a 和 b 所示，$(a/2)[\bar{1}10]$为扩展位错。

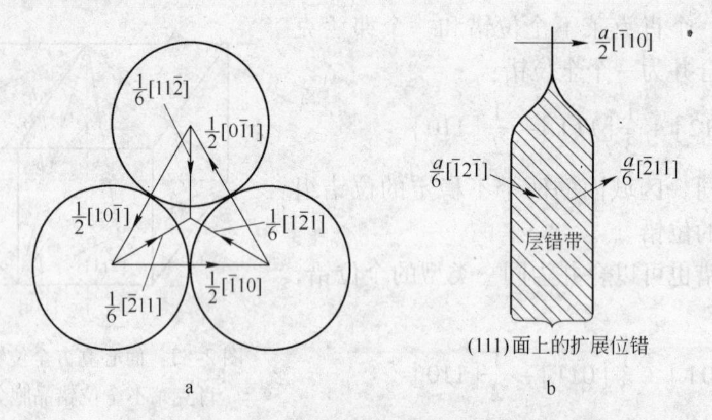

图 2-84　面心立方结构中的扩展位错示意图

a—柏氏矢量；b—扩展位错

柏氏矢量 $\boldsymbol{b}$ 为(1/2)⟨110⟩的位错发生分解反应，形成了两个柏氏矢量为（1/6）⟨112⟩ 的不全位错。由于这两个不全位错的柏氏矢量是同号的，且其夹角小于π，所以相互排斥，使两个不全位错相互平行地保持在一定距离 d。两个不全位错中间由层错将它们联系在一起。

扩展位错中两个不全位错的平衡距离 d 称为扩展位错的宽度，其值可用式 2-100 求得：

$$d = \frac{\mu b^2}{8\pi\gamma} \times \frac{2-\nu}{1-\nu} \times \left(1 - \frac{2\nu\cos 2\psi}{2-\nu}\right) \qquad (2\text{-}100)$$

式中，γ 为层错能密度；ψ 表示不全位错与全位错之间的夹角。可见，扩展位错的平衡宽度和层错能密度成反比。因此，Al 的扩展位错的宽度比 Cu 和不锈钢的都小。

2.7.4.3　扩展位错与溶质原子的化学交互作用

铃木秀次指出，由于扩展位错的层错具有与周围基体不同的晶体结构，为保持热力学平衡，因而溶质原子在层错区的浓度就与在基体中的浓度不同。当位错运动时，这种不均匀分布的溶质原子也将随位错移动，这种组态通常称为铃木气团。

设合金的层错能和成分有关。在 A、B 二元合金中层错能 γ 和 B 组元的摩尔分数 x 呈线性关系，即：

$$\gamma = \gamma_A + x(\gamma_B - \gamma_A) \tag{2-101}$$

式中，γ_A、γ_B为纯组元的层错能。在平衡时，层错区的溶质原子浓度为 x_1，而在基体中溶质原子的浓度则为 x_0。这种差异应该满足热力学平衡条件，例如 B 组元的化学势在层错区和基体中应该相等。

研究表明，对于理想固溶体，如果 $\gamma_B < \gamma_A$，组元 B 与 A 形成二元合金将使层错能降低，则 $x_0 < x_1$。这表明在层错区，B 组元的浓度将比基体中的浓度大一些。

2.7.4.4 扩展位错束集

扩展位错的宽度主要取决于晶体的层错能 γ 的高低，凡是影响层错能的因素也必然影响扩展位错的宽度。当层错面上存在着杂质质点或其他提高层错能、阻碍扩展位错运动的障碍物时，都会使该区域的扩展位错变窄，甚至重新收缩成原来的全位错，即缩成一个节点，称为束集。如图 2-85 所示，在 $(\bar{1}11)$ 晶面处存在这种障碍，当扩展位错通过此点时，它的层错区便在此处缩成一个节点。扩展位错束集是位错扩展的反过程。

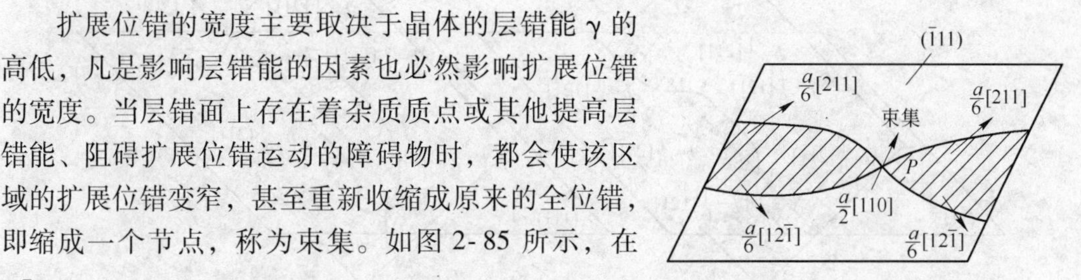

图 2-85 扩展位错在障碍处束集

2.7.4.5 扩展位错的交滑移

螺型位错易于进行交滑移，但是螺型位错扩展成扩展位错后，便不能进行交滑移。这是因为同一柏氏矢量的两个分矢量不可能是平行的，所以组成扩展位错的两个不全位错不可能全是螺型位错，它们不能同时转移到另一个滑移面上去进行滑移，必须先进行束集，重新形成全螺型单位位错之后，才能转移到另一个滑移面上去。螺型单位位错在新的滑移面上重新分解为扩展位错后，再继续进行滑移。束集是螺型扩展位错进行交滑移时必须进行的一个过程。图 2-86 是面心立方晶体中柏氏矢量为(1/2)[110]的螺型位错在$(\bar{1}11)$晶面和$(1\bar{1}1)$晶面之间进行交滑移的过程。

如图 2-86a 所示，假设在$(\bar{1}11)$晶面上有一矢量为(1/2)[110]的扩展位错，此扩展位错在分切应力的作用下在两晶面交线[110]晶轴上束集并扩大为束集线段，直至此线段达到一定长度（$2l_0$）。这时束集位错线便开始在$(1\bar{1}1)$面上扩展，形成由矢量分别为(1/6)[121]和(1/6)$[21\bar{1}]$的两个不全位错组成的扩展位错，如图 2-86b 所示。在外力作用下，$(1\bar{1}1)$面上的扩展位错不断扩大，直到位错完全转移到$(1\bar{1}1)$面上之后，再继续进行运动。显然，扩展位错的交滑移比全位错的交滑移要困难得多。层错能越低，扩展位错越宽，束集越困难，交滑移越不容易进行。

位错束集只是交滑移的一个过程。此过程所需要的激活能可解释变形温度和变形速度对它的影响，并可揭示典型金属加工硬化的一些规律。

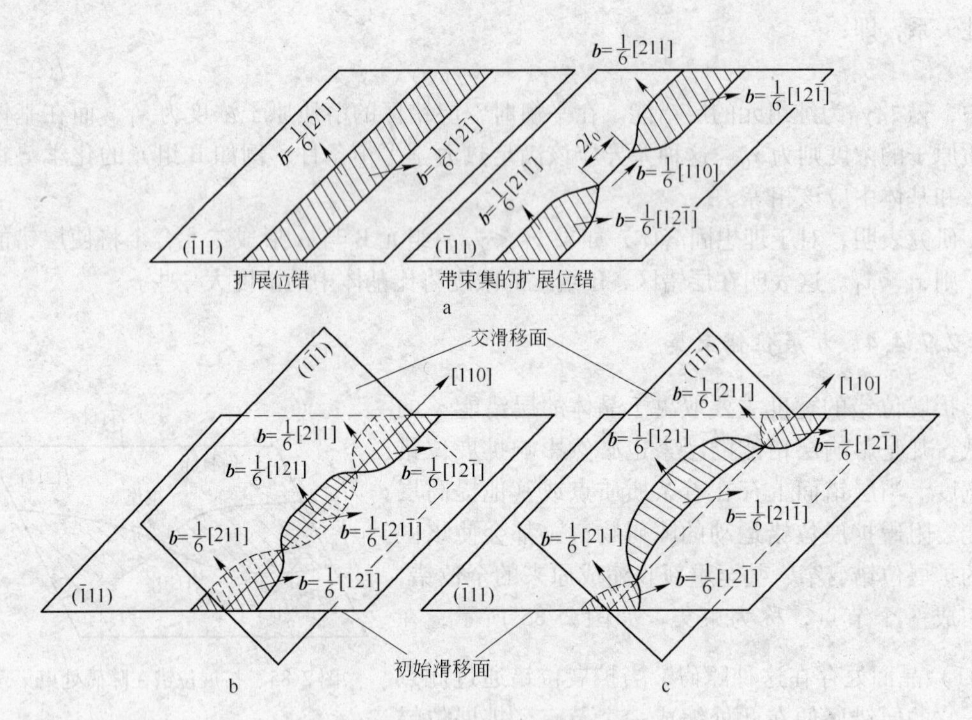

图 2-86 扩展位错的交滑移

a—矢量为$\frac{1}{2}$［110］的扩展位错；b—矢量分别为$\frac{1}{6}$［121］和$\frac{1}{6}$［21$\bar{1}$］组成的扩展位错

2.7.5 面角位错的形成

面角位错是面心立方结构中除弗兰克位错外的又一类固定位错。如图 2-87a 所示，在 (111) 和 ($\bar{1}$11) 面上分别有两个单位位错，它们的柏氏矢量分别为(1/2)［10$\bar{1}$］和 (1/2)［011］，它们分别都与滑移面的交线［0$\bar{1}$1］平行。在正常情况下，这两条位错都在它们各自的滑移面上分解为扩展位错，即：

$$\frac{1}{2}[10\bar{1}] \rightarrow \frac{1}{6}[2\bar{1}\bar{1}] + \frac{1}{6}[11\bar{2}]$$

$$\frac{1}{2}[011] \rightarrow \frac{1}{6}[112] + \frac{1}{6}[\bar{1}21]$$

如图 2-87b、c 所示，在适当的外力作用下，两个扩展位错分别在各自的滑移面上向滑移面的交线 BC 运动，并在 BC 处会合，生成新的先导位错，位错反应如下：

$$\frac{1}{6}[\bar{1}21] + \frac{1}{6}[2\bar{1}\bar{1}] \rightarrow \frac{1}{6}[110]$$

上述反应可降低能量。合成的位错$\frac{1}{6}$[110]与两个滑移面的交线［0$\bar{1}$1］平行，是纯刃型的位错，这个位错在（111）面及（$\bar{1}$11）面分别和一个不全位错相联系，构成一个劈形的层错带。这个位错既不能在原来的（111）及（$\bar{1}$11）面上运动，同时由于被两个

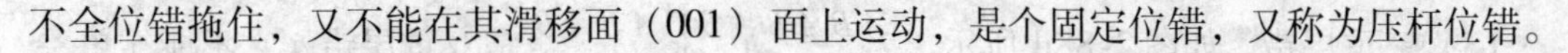

不全位错拖住，又不能在其滑移面（001）面上运动，是个固定位错，又称为压杆位错。

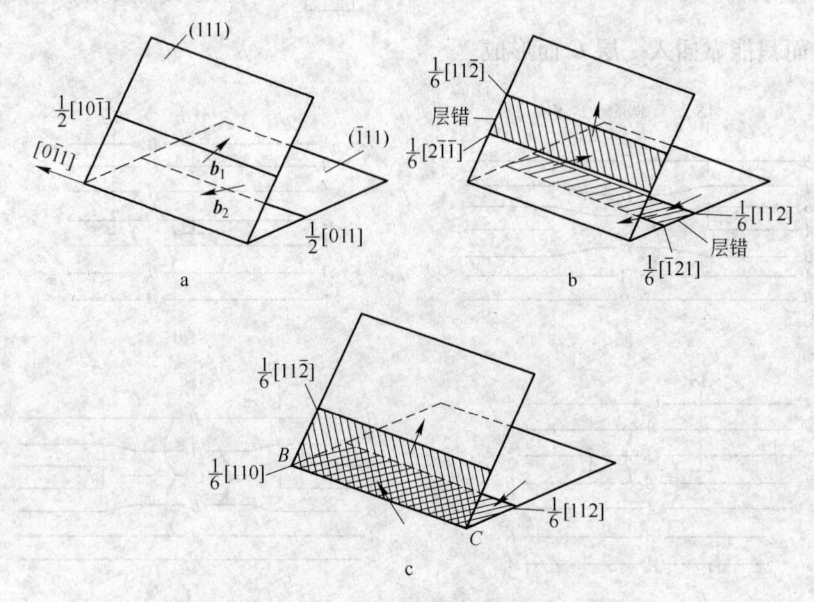

图 2-87 洛默-柯垂尔位错的形成

这种形成于两个{111}面之间的面角上，由三个不全位错和两片层错所构成的位错组态称为洛默－柯垂尔位错，简称为面角位错，如图 2-87c 所示。它不但自己不能滑移，还能阻止滑移面上其他位错的滑移，对面心立方晶体的加工硬化可起重大作用。塞积在它前面的位错，在适当的切应力作用下可发生交滑移而绕过它。在高温或高应力下，它面前的应力集中可把它摧毁。

2.7.6 密排六方结构中的位错

2.7.6.1 密排六方结构中的层错

具体如下：

（1）单一层错。如图 2-88a 所示，$ABABA\underline{BC}BCBC$ 是单一层错。此单一层错产生的过程需要两步操作，即先抽出一个 A 层，然后再切变，即：

$$
\begin{array}{c}
\uparrow \\
ABABBABAB \\
\downarrow\downarrow\downarrow\downarrow\downarrow \\
CBCBC
\end{array}
$$

（2）双重层错。如图 2-88b、c 所示，$ABABA\underline{BAC}BCBCB$ 是双重层错。

它是某一 A 层以上各层按位移矢量$(1/3)[01\bar{1}0]$通过 $A \to B \to C \to A$ 或 $A \to C \to B \to A$ 操作而成，即：

$$
\begin{array}{c}
ABABABABAB \\
\downarrow\downarrow\downarrow\downarrow\downarrow \\
CBCBC
\end{array}
$$

（3）三重层错。如图 2-88d 所示，$ABABABCABAB$ 是双重层错，它不能靠单一切变形成，而只能靠插入一层 C 而形成。

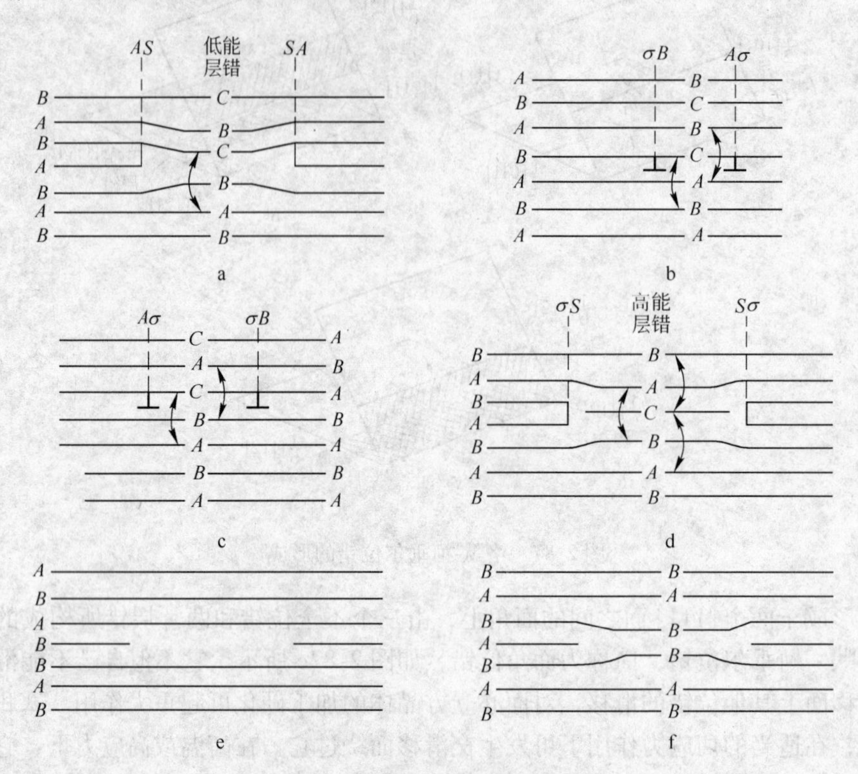

图 2-88　密排六方结构中的层错

2.7.6.2　密排六方结构层错的双锥形四面体结构

伯杰赞等采用双锥四面体来描述密排六方结构晶体中的位错，如图 2-89 所示。在密排六方结构晶体中主要有以下几种位错：

（1）在基面（0001）上沿着三角形 ABC 有 6 个全位错：AB、BC、CA 和 BA、CB、CA，它们都是单位位错，其柏氏矢量为$(1/3)[11\bar{2}0]$。

（2）在基面（0001）上有 6 个肖克莱不全位错：$A\sigma$、$B\sigma$、$C\sigma$ 和 σA、σB、σC，它们的柏氏矢量为$(1/3)[\bar{1}100]$。这种不全位错可以产生层错。

（3）垂直于基面上有 2 个全位错：ST 和 TS，它们是单位位错，其柏氏矢量为［0001］。

（4）垂直于基面上有 4 个弗兰克位错：σS、σT 和 $S\sigma$、$T\sigma$，它们是不全位错，其柏氏矢量为$(1/2)[0001]$。

（5）不全位错 AS、BS、CS 是弗兰克和肖克莱两种位错的混合。其柏氏矢量为$(1/6)[\bar{2}203]$。

（6）有 12 个全位错以 SA/TB 表示，它为 ST 和 AB 的矢量和，或者几何上表示 SA 和 TB 的中点连线，是其长度的 2 倍，柏氏矢量为$(1/3)[11\bar{2}3]$，这是比单位位错大的位错。

最重要的位错是在基面上以(1/3)[$11\bar{2}0$]为柏氏矢量的单位位错以及它在基面上分解出的肖克莱型不全位错，这就是密排六方结构中的扩展位错。图 2-89c 是 hcp 结构(0001) 面上的一个单位位错(1/3)[1120]分解为扩展位错的示意图，两个不全位错之间是层错。不全位错 σB 使 A 层变为 C，B 层变为 A，被 σB 位错扫过区域的堆垛顺序由 $ABAB\cdots$ 改为 $CACA\cdots$。位错 $A\sigma$ 扫过的区域恢复正常的堆垛顺序。

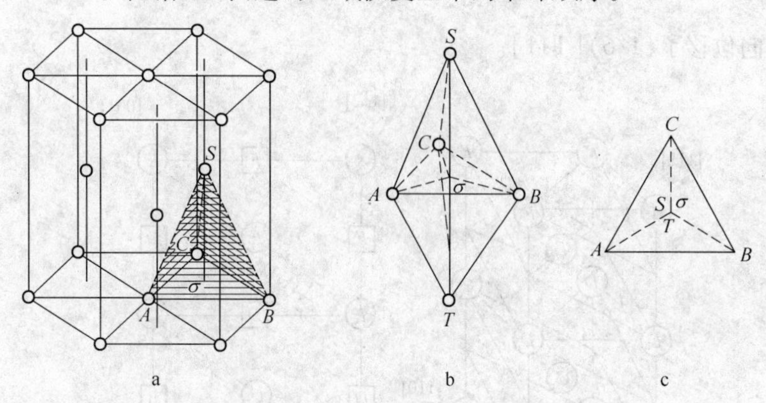

图 2-89 密排六方结构位错的双锥形四面体结构

2.7.6.3 密排六方结构中的位错反应

与面心立方结构的位错反应相似，密排六方结构中的位错 AB 可以分解为两个肖克莱不全位错。它可以通过如下两种方式进行分解：

(1) 如图 2-88c 所示，A 层滑过 B 层，$AB \rightarrow A\sigma + \sigma B$，$\sigma$ 符号在里面。

(2) 如图 2-88b 所示，B 层滑过 A 层，$AB \rightarrow \sigma B + A\sigma$，$\sigma$ 符号在外面。

两种方式的反应式均为：

$$\frac{1}{3}[\bar{1}2\bar{1}0] \rightarrow \frac{1}{3}[01\bar{1}0] + \frac{1}{3}[\bar{1}100]$$

密排六方结构中弗兰克位错的形成和面心立方结构相似，形成图 2-88f 中的样式，两相邻 B 原子层接触使晶体能量很高。可以通过如下两种方式改变这种高能状态：

(1) 如图 2-88a 所示，形成单一层错，它依靠产生一个肖克莱位错 $A\sigma$ 滑过层错面改变了堆垛顺序 ($A \rightarrow B \rightarrow C \rightarrow A$)，并与弗兰克位错 σS 互相作用生成另一种弗兰克位错 AS，即 $A\sigma + \sigma S \rightarrow AS$，反应式为：

$$\frac{1}{3}[10\bar{1}0] + \frac{1}{2}[0001] \rightarrow \frac{1}{6}[20\bar{2}3]$$

(2) 如图 2-88d 所示，形成三重层错，它依靠产生一对弗兰克位错偶极子 σS 和 $S\sigma$，使 B 层转化为 C 层，产生了 ABC、BCA、CAB 三重层错结构。

2.7.7 体心立方结构中的位错

2.7.7.1 {112}面层错及共面扩展位错

体心立方晶体结构的滑移方向通常是 [111]，最短的点阵矢量是(1/2)[111]，这就是体心立方结构中单位位错的柏氏矢量。{112} 面是体心立方晶体的主要滑移面，当然在这个面上最容易产生层错。{112} 面的堆垛顺序是6层一个周期，若用字母 *A*、*B*、*C*、*D*、*E*、*F* 表示沿着 $[1\bar{1}2]$ 堆垛的各层 $(1\bar{1}2)$ 面，则 $(1\bar{1}2)$ 面的堆垛顺序为 *ABCDEFABCDEF*…，各层在空间的排列如图 2-90a 所示，其平面投影如图 2-90b 所示，在 $(1\bar{1}0)$ 面上能很好地反映出这种排列的规律。各面的面间距为 $(1/6)[1\bar{1}2]$，各层之间在 $[\bar{1}11]$ 方向位移了 $(1/6)[\bar{1}11]$。

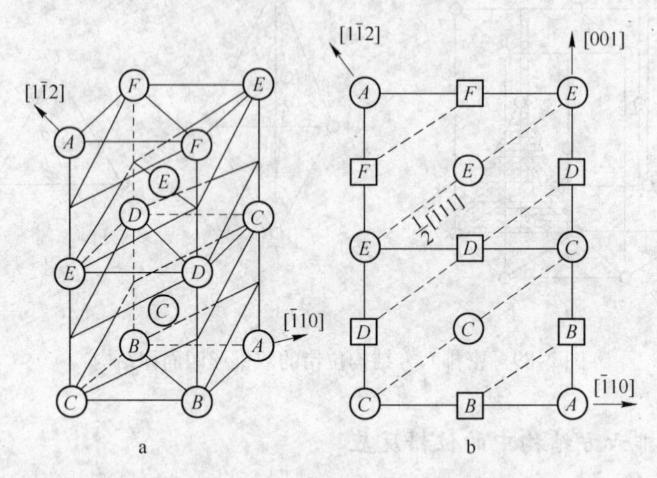

图 2-90　体心立方结构 {112} 的堆垛顺序

a—空间排列堆垛顺序；b—在 $(1\bar{1}0)$ 面的投影

如果自晶体某层 (112) 面以上各层相对于其以下各层均滑动 $(1/6)[11\bar{1}]$，则晶体中各层 (112) 面的顺序由 *a b c d e f a b c d e f*…改变为 *a b c d e f e f a b c d e*…，顺序位置的改变如图 2-91b 所示，画虚线的位置表示在此处产生错排，相当于多插入了 *e*、*f* 两层原子，此种层错称为Ⅰ型层错。

如果自晶体某层 (112) 面以上各层相对于其以下各层均滑动 $(1/6)[1\bar{1}\bar{1}]$，则晶体中各层 (112) 面的顺序由 *a b c d e f a b c d e f*…改变为 *a b c d e f d e f a b*…，顺序位置的改变如图 2-91c 所示，画虚线的位置表示在此处产生错排，相当于多插入了 *c*、*d*、*e*、*f* 四层原子，此种层错称为Ⅱ型层错。

bcc 晶体中比较容易发生交滑移，这表明扩展只是少量的，或者其堆垛层错能密度 γ 相当大，约为 $(2\sim10)\times10^{-5}\mathrm{J/cm^2}$。但是，Ⅰ型层错和Ⅱ型层错可通过 (112) 面上单位位错 $(1/2)[11\bar{1}]$ 分解为扩展位错而得到。如果

$$\frac{1}{2}[11\bar{1}]\rightarrow\frac{1}{6}[11\bar{1}]+\frac{1}{3}[11\bar{1}]$$

反应后两个不全位错的柏氏矢量分别对应于Ⅰ型和Ⅱ型层错的滑移矢量。

2.7.7.2　{112} 面上的非共面扩展位错

(112) 面上单位位错 $(1/2)[11\bar{1}]$ 的分解反应为 $(1/2)[11\bar{1}]\rightarrow(1/6)[11\bar{1}]+(1/3)$

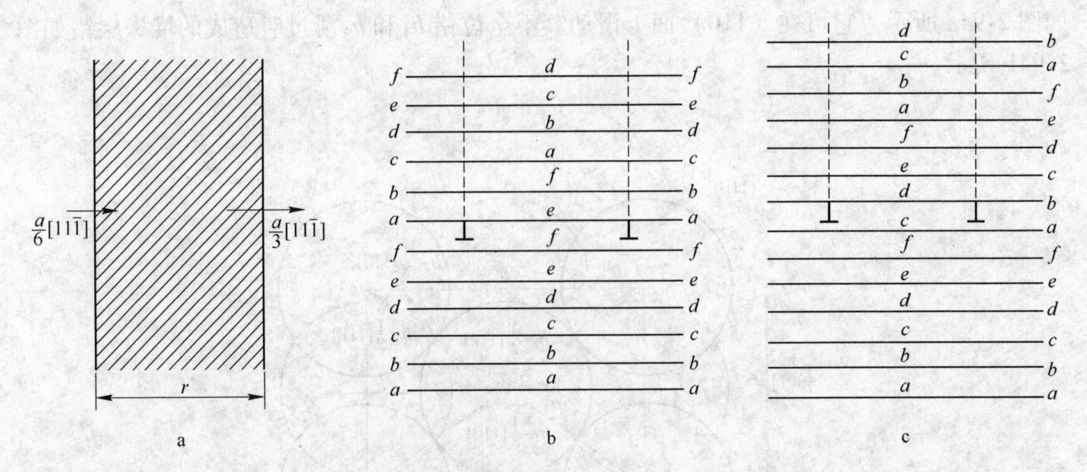

图 2-91　体心立方结构在（112）面上的扩展位错

a—（112）面上的Ⅰ型层错；b—Ⅰ型层错各原子层的切动顺序；c—Ⅱ型层错各原子层的切动顺序

$[11\bar{1}]$。生成的两个不全位错的柏氏矢量平行，在均匀的切应力下不能分开，可以在三个{112}面的任意一个面上滑动，滑动的阻力不大。

如果全位错(1/2)[111]在三个{112}面上对称扩展，分解为非共面三叶位错，如图 2-92 所示，其反应为：

$$\frac{1}{2}[1\bar{1}1]\rightarrow\frac{1}{6}[1\bar{1}1]+\frac{1}{6}[1\bar{1}1]+\frac{1}{6}[1\bar{1}1]$$

全位错分解为三叶位错的模型很容易说明立方结构变形的非对称性。例如，沿某一方向加力时，容易使三叶位错变为两叶位错，如反方向加力时，两叶位错的运动就很困难了，需要更大的力才能使扩展位错束集在一个（112）面上。

2.7.7.3　{110} 面层错及共面扩展位错

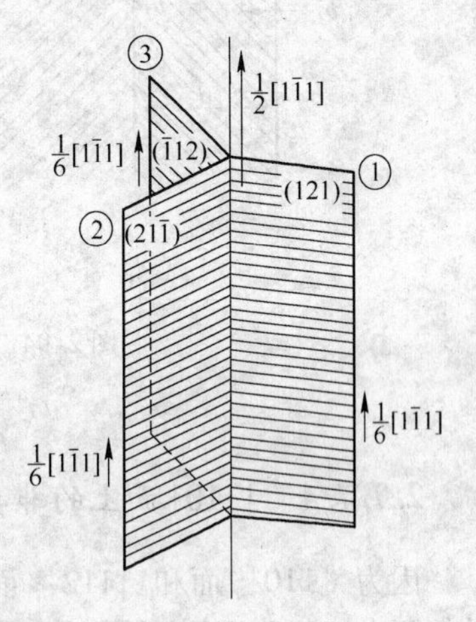

图 2-92　体心立方结构位错(1/2)$[1\bar{1}1]$在{112}面上的非共面分解

体心立方结构{110}面的堆垛顺序为 $ABAB\cdots$。如图 2-93 所示，实线圆为 a 原子层，虚线圆为下面一层 b 原子。如果将 a 原子层相对于下方滑移(1/8)[110]，则 a 原子滑入 a' 位置的凹坑处，b 原子滑入 b' 位置处，形成层错 $abab \mid a'b'a'b'$，“¦”表示错排中心位置。如果将 a 原子层相对于下方反向滑移(1/8)$[\bar{1}\bar{1}0]$，则 a 原子滑入 a'' 位置的凹坑处，b 原子滑入 b'' 位置处，形成层错 $abab \mid a''b''a''b''$。

由图 2-93 可以看出，当原子沿滑移方向移动(1/2)[111]时，这一位移可由三步完成，即 $\boldsymbol{b}=\boldsymbol{b}_1+\boldsymbol{b}_2+\boldsymbol{b}_3$，也就是一个全位错分解为三个不全位错，反应如下：

$$\frac{1}{2}[111]\rightarrow\frac{1}{8}[110]+\frac{1}{4}[112]+\frac{1}{8}[110]$$

$\boldsymbol{b}_1$和$\boldsymbol{b}_3$的层错类型相同，层错能和层错宽度均相等，因此该扩展位错带是对称的，如图2-94a所示，它可在（110）面上滑动。不全位错$\boldsymbol{b}_1$和$\boldsymbol{b}_3$滑过时造成的堆垛层错如图2-94b所示。

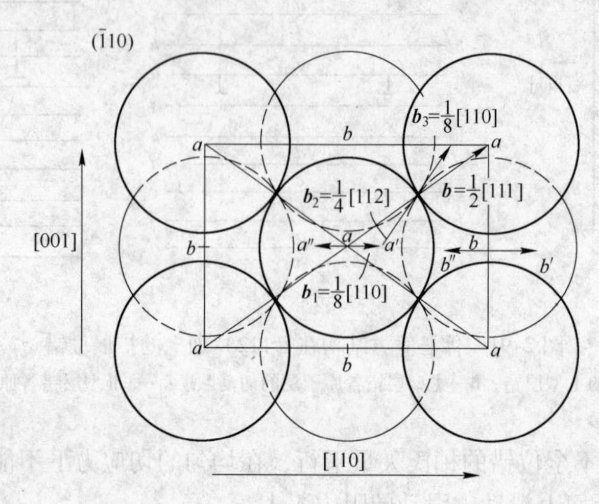

图2-93　体心立方结构（110）面的堆垛，a'和a''（或b'和b''）是准平衡位置

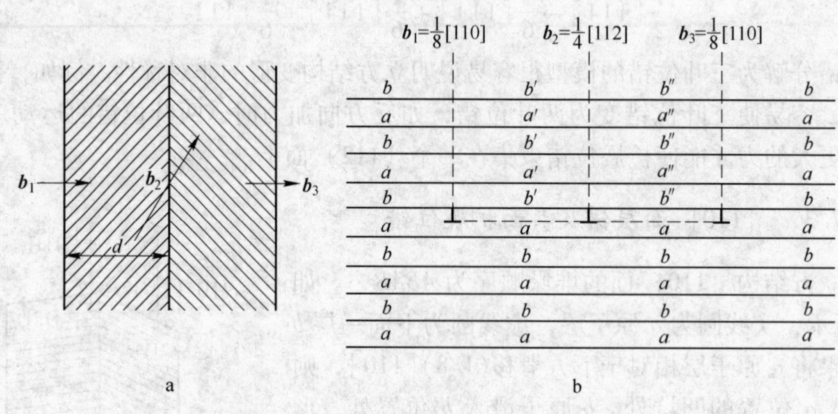

图2-94　体心立方结构（110）面共面扩展位错

a—扩展位错带；b—扩展位错中的层错

2.7.7.4　{110}面上的非共面扩展位错

因为{110}面和{112}面有共带轴[111]，所以螺型位错在{110}面族的分解类似于在{112}面上的非共面扩展，不同之处在于其在共带轴[111]上还有一个(1/4)[111]不全位错，位错反应如下：

$$\frac{1}{2}[111]\rightarrow\frac{1}{8}[110]+\frac{1}{8}[101]+\frac{1}{8}[011]+\frac{1}{4}[111]$$

螺型位错在（110）面上的非共面分解如图2-95所示。

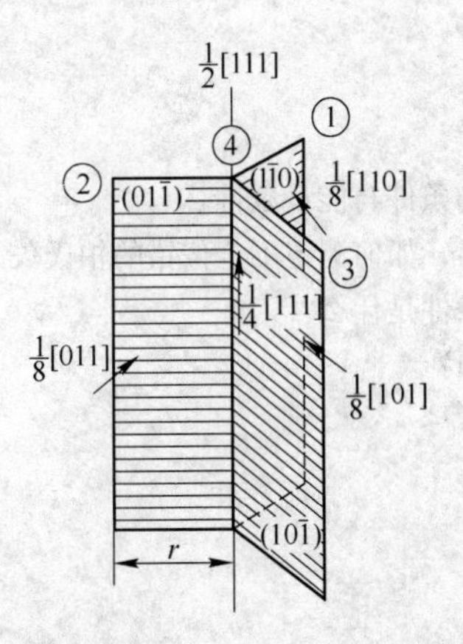

图 2-95　螺型位错在（110）面上的非共面分解

习　题

2-1　按几何形状和涉及范围晶体缺陷分哪几类？

2-2　常见的点缺陷有哪几类？

2-3　简述经典空位图像与实际空位图像的区别。

2-4　如何计算空位的形成能？给出弗兰克尔点缺陷、肖脱基点缺陷、晶体内只有间隙原子的热平衡态浓度的表达式，温度对点缺陷的浓度有何影响？

2-5　产生过饱和点缺陷的方法有哪些？

2-6　点缺陷对晶体材料性能有何影响？

2-7　简述三种典型金属晶体结构的滑移系。

2-8　阐述临界分切应力定律，影响临界切应力大小的因素有哪些？

2-9　简述完整晶体理论切变强度与晶体实际切变强度的差别。

2-10　刃型位错与螺型位错的特征是什么？

2-11　阐述刃型位错与螺型位错柏氏矢量的确定方法。

2-12　阐述柏氏矢量的表示方法、柏氏矢量的意义及柏氏矢量的守恒性。

2-13　阐述金属典型晶体结构中单位位错的柏氏矢量。

2-14　位错运动与晶体宏观塑性变形有何关系？

2-15　刃型位错如何实现攀移？螺型位错如何实现交滑移？

2-16　螺型位错应力场及刃型位错应力场的特点是什么？

2-17　何为位错应变能与线张力？

2-18　阐述两个同号平行刃型位错之间的相互作用。

2-19　阐述两个异号平行刃型位错之间的相互作用。

2-20　何为位错塞积？何为位错塞积群的长度？位错塞积的作用是什么？

2-21　简述位错与表面的相互作用。

2-22　简述位错与溶质原子的相互作用。什么是柯垂尔气团、斯诺克气团？柯垂尔气团、斯诺克气团对位错运动有何影响？

2-23　为何说 P-N 模型是半点阵模型？

2-24　位错宽度是如何定义的？

2-25　何为位错交割？割阶与扭折的区别有哪些？

2-26　两柏氏矢量互相垂直的刃型位错交割产生的割阶有何特点？

2-27　晶体中原始位错的来源有几种？

2-28　位错的形核有哪几种方式？

2-29　简述弗兰克和瑞德增殖机制。

2-30　阐述位错可以稳定存在的结构条件与能量条件。

2-31　何为堆垛层错，何为不全位错，如何测定不全位错的柏氏矢量？

2-32　何为位错反应？位错反应的条件是什么？

2-33　何为扩展位错？何为铃木气团？

3 材料的表面与界面

本章提要：材料表面和界面是材料中普遍存在的结构组成单元，对材料的物理性能、化学性能及力学性能有重要影响，已成为材料科学研究的重要组成内容。本章介绍了表面、晶界与相界的基本概念、基本类型，晶界的能量和晶界的运动形式，晶界性质对材料性能的影响。应重点掌握材料界面的定义与分类，小角晶界的结构，重合点阵大角晶界理论，晶界运动，晶界对材料性能的影响；掌握材料的表面结构，小角晶界能；了解大角晶界近现代模型，晶界设计的方法。

3.1 引　　言

任何材料都有与外界接触的表面或与其他材料区分的界面，材料的表界面在材料科学中占有重要的地位。表面是指固体材料与气体或液体的分界面，它与摩擦、磨损、氧化、腐蚀、偏析、催化、吸附现象，以及光学、微电子学等密切相关。材料的表面与其内部本体，无论在结构上还是在化学组成上都有明显的差别，这是因为材料内部原子受到周围原子的相互作用是相同的，而处在材料表面的原子所受到的力场却是不平衡的，因此产生了表面能。

界面是晶体中的面缺陷，可分为晶界和晶内的亚晶界、孪晶界、层错及相界等。界面对晶体材料的性质和发生的转变过程有重要影响。界面会阻碍位错运动，从而引起界面强化，提高材料的强度。界面会阻碍变形，使变形分布均匀，提高材料的塑性，强度、塑性的提高相应使材料的韧性也得到改善。因此，界面的增加得到了细晶组织，可大大改善材料的力学性能。界面具有较高的能量，在化学介质中不稳定，会产生晶界腐蚀，故界面会影响材料的化学性能，也会影响材料的物理性能。在高温下界面的强度降低，成为薄弱环节。界面会影响形变过程及形变金属加热时发生的再结晶过程。界面增大了变形阻力，增加了变形储能，影响到再结晶时的形核，细小晶粒组织可加快再结晶的形核率，再结晶时晶核的长大和再结晶后晶粒的长大都是界面迁移过程。结晶凝固和固态相变都是新相生核和核心长大的过程，形核时依附界面，长大后依靠界面迁移。因此，界面的结构和特性会影响凝固和相变过程。

3.2 材料的表面

材料的表面也是一种界面。材料表面层原子的排列情况与内部不同，每个原子只是部分地被其他原子包围，相邻原子数比晶内原子的要少。此外，成分偏聚和表面吸附等作用导致表面成分与晶内成分不一致。上述因素致使表面层原子间的键合与晶内的不等，故表面层原子会偏离其正常点阵的平衡位置，且影响到相邻近的几层原子，造成表面层的点阵畸变，使它们的能量高于晶内原子的能量。

固体材料与气体间的界面结构可以用刚性球模型来描述。若界面平行于低指数面，则界面原子排布与体内相同，唯点阵参数可能有微小的变化。如图 3-1 所示，观察面心立方结构中的｛111｝、｛200｝和｛220｝原子面，可看出随着面指数的提高，原子的面密度降低。

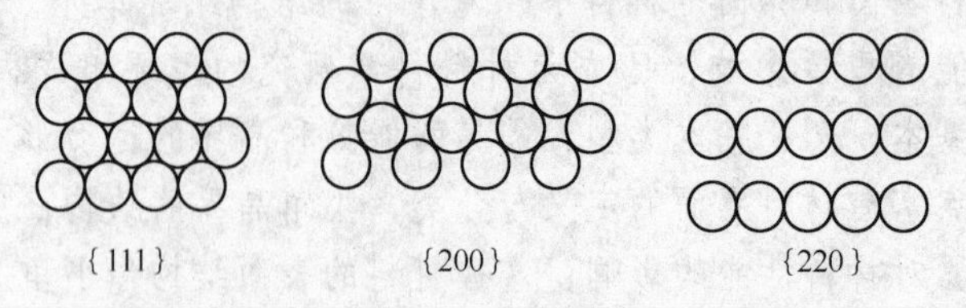

图 3-1 面心立方结构中三种晶面上的原子分布

晶体表面单位面积自由能的增加称为表面能，用 γ（J/m^2）表示。表面能可理解为产生单位面积新表面所做的功，即：

$$\gamma = \frac{dW}{dS} \tag{3-1}$$

式中，dW/dS 为产生 dS 表面所做的功。表面能也可用单位长度上的表面张力（N/m）表示。

表面能产生的原因是表面一层原子缺少某些原子与之相邻接，例如面心立方结构中与｛111｝相平行的表面上的各原子，就缺少了 12 个最近邻原子中的 4 个原子。如果金属的键合力是 ε，每个键可以使每个原子的内能降低 $\varepsilon/2$，因此，有 4 个破断键的每个表面原子的内能比晶内原子高出 2ε。这是近似的推导，因为在这种处理方法中忽略了表面次近邻原子的键合力的作用，同时也忽略了表面原子熵的变化。表面能可用形成单位新表面所割断的结合键的数目来近似表示，即：

$$\gamma = \frac{\text{被割断的结合键数目}}{\text{形成的单位新表面}} \times \frac{\text{能量}}{\text{每个键}} \tag{3-2}$$

由式 3-2 可知，原子排列越稀疏的表面，其表面能就越高。因此，在可能的情况下，晶体会自发地选择高密度原子面（最密排面或次密排面）作为表面。

图 3-2 是一个具有面心立方结构的晶体表面构造，其各晶面原子密度差别很大。完美晶体结构的表面一般可分为两种：一种是紧密堆积表面；另一种是不紧密堆积表面，即所谓的台阶式表面。平坦且没有波折的表面称为紧密堆积表面。在紧密堆积表面中，所有原子与平行于该表面的平面的距离都相等，如果不是这样，就称为台阶形表面。

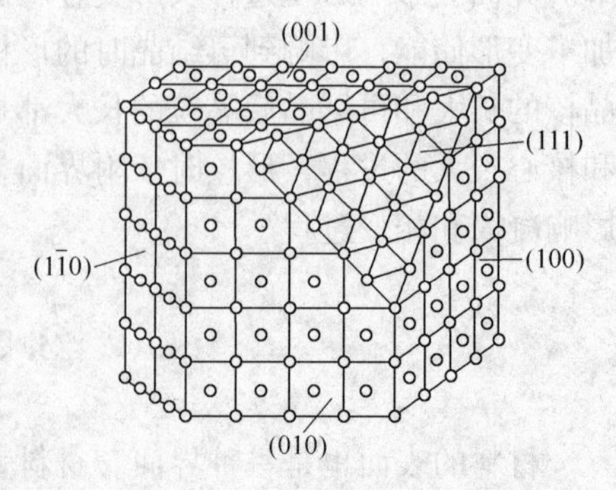

图 3-2 面心立方结构的低指数面

一般情况下，晶体外表面是低表面能的晶面。如果表面和低表面能晶面成一定角度，则为了尽量以表面能低的晶面为表面，表面成台阶状。实际情况中，晶体表面的台阶几乎是不可避免的，如图3-3所示。晶体表面上的台阶是一个或几个额外的半原子面，台阶的平面是低表面能晶面，台阶密度取决于表面和低能晶面的夹角。晶体表面上存在一种缺陷是难免的，它是由位错在表面的露头造成的，也会产生不同形式的台阶。晶体生长过程中，从气相等来的原子会沉积到台阶上，因为在这样一些位置上所形成的键要牢得多；另外，在台阶平面上吸收或放出原子也可构成表面的吸附原子（如 C 位和 D 位）或空位（如 E 位和 F 位）。

宏观上看晶体表面是光滑的，若以微观尺度衡量则是粗糙的，也即表面的几何结构是不均匀的。表面上台阶的扭折或曲折位置处最活泼，在这种位置上，一个吸附原子能同时与许多基体原子成键，如图3-3的 $A'B'$ 位置所示。位错在表面露头的地方，晶体结构极度混乱，可以产生一些很活泼的表面原子，因此，晶体最容易从这些位置上开始生长。在晶体表面不同区域上，原子的活性或吸附杂质等性能不同，可以造成晶体表面有关性能出现差异。例如吸附性、晶体生长、溶解度及反应活性等在表面不同区域上可以是不相同的。

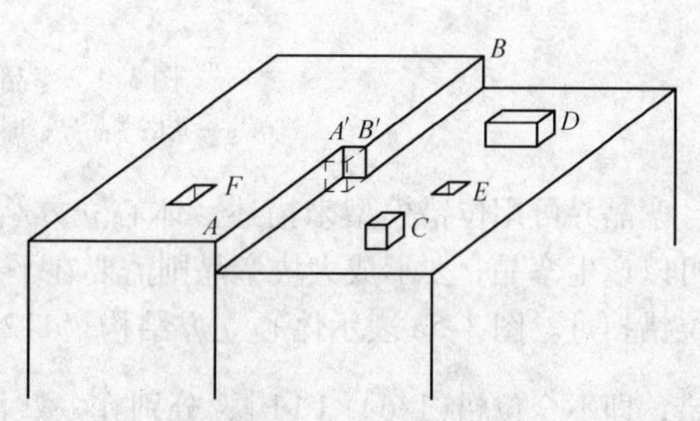

图3-3　一个低指数晶面表面具有扭折 $A'B'$ 的台阶 AB，单和双吸附原子 C 和 D，单和双空位 E 和 F

3.3　材料界面的定义与分类

3.3.1　晶界

绝大多数金属和合金都是由许多不同位向的晶粒所组成的多晶体。晶粒的平均直径通常为0.015～0.25 mm。每个晶粒内原子的排列只是大体上规整，还存在着许多位向差极小（通常小于1°）的亚结构，通常称为亚晶。在每个亚晶粒内部才是接近于理想状态的单晶体。

晶界是把结构相同但位向不同的两个晶粒分隔开来的一种面状晶体缺陷。亚晶粒之间的晶界称为亚晶界。按晶粒取向差的大小，晶界可分为小角晶界和大角晶界。当两个晶粒的取向差大于10°时，其晶界被称为大角晶界。目前，取向差小于5°的小角晶界的结构较为清晰。小角晶界又分为倾斜晶界和扭转晶界两种。

晶体的一部分以某一个面为对称面而与相邻的另一部分处于对称位置，此时相互对称的一对晶体合称为孪晶。它们的对称面就称为孪晶面，它们的交界面称为孪晶界。孪晶界分为共格和非共格两种，如图3-4所示。图3-4a为共格孪晶界，其孪晶界就是孪晶面；若将孪晶界转离孪晶面一定角度 θ，就可形成非共格孪晶界，如图3-4b所示。晶界失配度可表示为：

$$\delta = \left|\frac{a_1 - a_2}{a_1}\right| \tag{3-3}$$

式中，a_1 与 a_2 为孪晶界两侧相对应晶向的点阵常数。

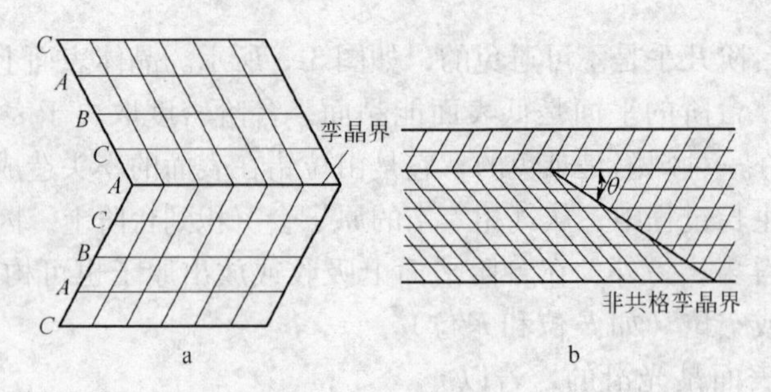

图3-4 孪晶界示意图
a—共格孪晶界；b—非共格孪晶界

孪晶界可用位错模型来描述。体心立方结构中不全位错$(a/6)\langle 111\rangle$在(112)面上扫过可以产生孪晶，要形成大块孪晶则需要在平行的一系列（112）面上各有一个这样的不全位错扫过。图3-5a表示体心立方结构（112）面的正常堆垛顺序，$x \sim y$是一系列孪生位错，即不全位错$(1/6)[\bar{1}\bar{1}1]$，分别在一些滑移面上。图3-5b表示孪生位错滑移到晶体内形成孪晶，孪晶与原来基体之间的晶面也是位错列，它们都是不全位错。当各个位错全部扫过之后，形成了以F面为孪晶面的整个孪晶，如图3-5c所示。

在图3-5c中，孪生面（112）和孪晶界相重合，界面上的原子同属于两边的晶体，为共格孪晶界。图3-5b中的孪晶界面和孪生面（112）并不重合，为非共格孪晶界，它是由一组孪生位错构成的界面。非共格孪晶界面的能量密度比共格的要高得多。

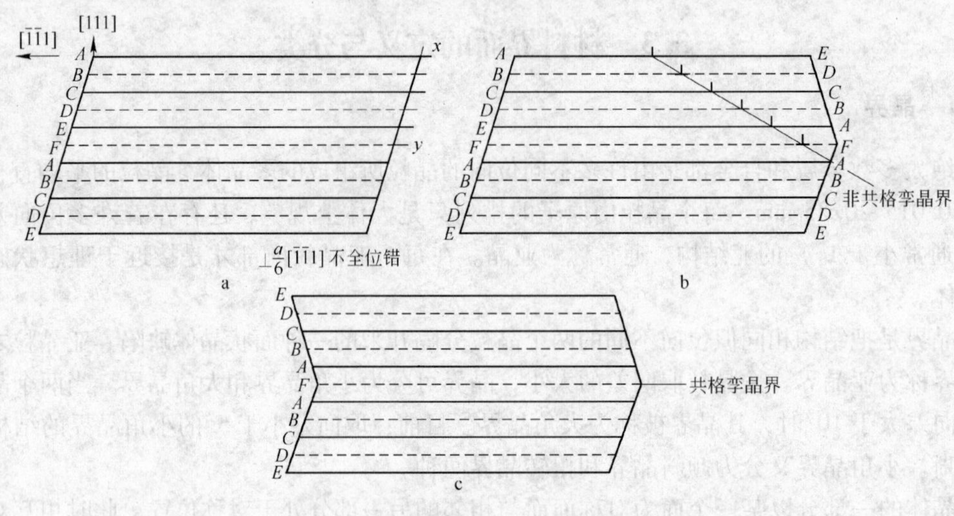

图3-5 孪晶界（bcc）的位错模型

3.3.2 相界

具有不同结构的两相之间的分界面称为相界。按结构特点，相界可分为共格相界、半共格相界和非共格相界三种。

3.3.2.1 共格相界

所谓共格相界是指相界面上的原子同时位于两相晶格的节点上，即界面两侧的晶格是彼此衔接的，界面上的原子为两相共有。只有两相具有相同或相近的原子排列（包括原子面间距和排列时的几何形态等），两相交界面上的原子才能有很好或较好的匹配关系。图3-6a所示是一种具有完善共格关系的相界，相界上几乎没有畸变，这种相界的能量特别低，一般很少见到。常见的是共格两侧晶体的原子面间距略有差别，这样就会在相界附近引起一定的弹性畸变，即相界一侧的晶体（原子面间距大的）受到压应力。另一侧原子面间距小的晶体则受到拉应力，如图3-6b所示，这种相界的能量就比前一种高一些。

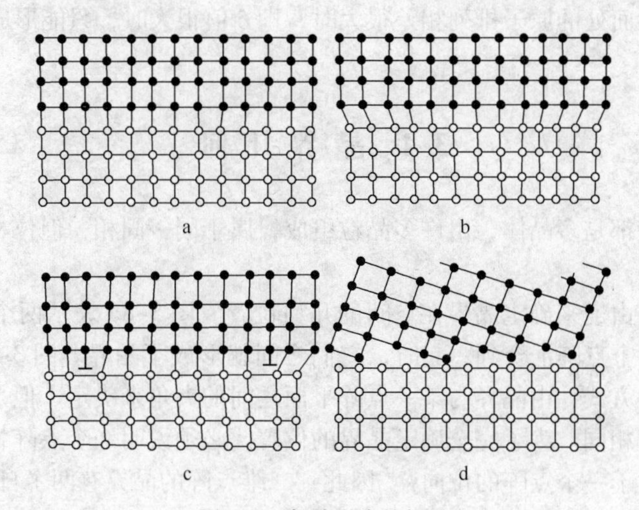

图3-6　各种形式的相界

a—具有完善共格关系的相界；b—具有弹性畸变的共格相界；c—半共格相界；d—非共格相界

3.3.2.2　半共格相界

若两相邻晶体在相界面处的晶面间距相差较大，则在相界面上不可能做到完全的一一对应，于是在界面上将产生一些位错，如图3-6c所示，以降低界面的弹性应变能，此时界面上两相原子部分地保持匹配，这样的界面称为半共格相界。半共格相界面难于保持共格，可引入一系列位错来补偿两边点阵参数的差异。如图3-7所示，假设上半部分的点阵参数小，下半部分的点阵参数大，两者在x方向上的平移矢量分别为$\boldsymbol{b}_1$和$\boldsymbol{b}_2$，$\boldsymbol{b}_1<\boldsymbol{b}_2$，在相界处的平均值为$\boldsymbol{b}$。令$\delta=(b_2-b_1)/b$，相界上位错间距为$D$，所以：

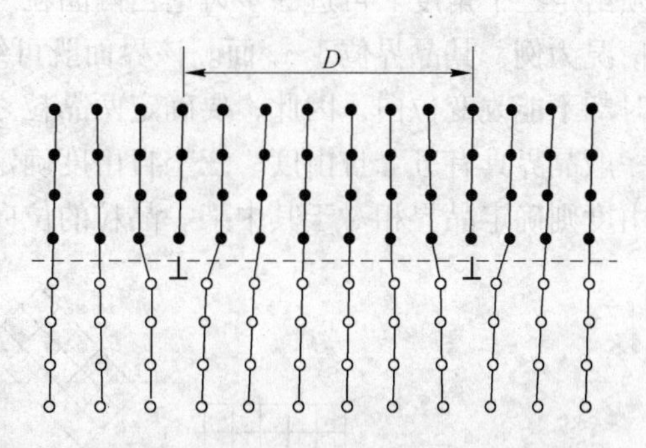

图3-7　半共格相界的刃型位错模型

$$\left(\frac{D}{b}\right)b_1=\left(\frac{D}{b}-1\right)b_2$$

令$b\approx b_2$，则有：

$$D=\frac{b}{\delta} \tag{3-4}$$

式3-4表明，相界两边点阵参数的差异可用相距为D的一行刃型位错来补偿，以保持半共格的协调关系。

由式3-4可见，随δ的增加，位错密度也越来越大。当它超过10%后，这时就不能分辨出明确的位错行列。如果D值变得很小达到位错宽度的值，半共格界面就变成了完全非共格界面，相反，如果D值变得很大，则半共格界面就是完全共格界面。

3.3.2.3 非共格相界

当两相在相界面处的原子排列相差很大时，即δ值很大时，只能形成非共格相界，如图3-6d所示。

3.4 晶界几何

金属材料一般都是多晶体，由许多晶粒组成，属于同一固相，但位相不相同的晶粒之间的界面称为晶界。

通常用晶界自由度来确定晶界在空间的几何位置。图3-8a表示两个点阵位相彼此相差θ角度，当这两个点阵汇合到一起时，它们之间就形成了晶界。图3-8b表示形成晶界可以有Ⅰ和Ⅱ两种方式，由晶界与某一点阵平面之间的夹角来决定。但是，位向角相同的晶界，方向不一定相同。为了完全确定晶界的位置，必须说明一个点阵相对于另一点阵的位向θ和晶界相对于一个点阵的位向ϕ。因此，二维点阵的晶界有两个自由度。

为了表示三维晶体之间的晶界，必须确定晶粒彼此之间的位向和晶界相对于其中某一晶粒的位向。图3-9表示三维点阵的晶界。假设三维晶体沿xz面切开，然后使右半晶体绕z轴转一角度，则在两晶粒之间产生了位向差，如图3-9a所示，这是最简单的情况。通常，右半晶体可以分别绕x、y、z各轴发生转动，因此，为了确定两晶粒之间的位向必须给定三个角度。再进一步讨论当两晶粒之间的位向固定后其晶界的位置。以图3-9b的情况为例，其晶界位于xz面。该界面既可绕x轴转也可绕z轴转以改变位向，但绕y轴转时却不能改变位向，因此，要确定两晶粒之间晶界的位向必须确定两个角度。由此可知，一般晶界具有五个自由度，三个自由度确定一个晶粒相对于另一晶粒的位向，还有两个自由度则确定晶界相对于其中某一晶粒的位向。

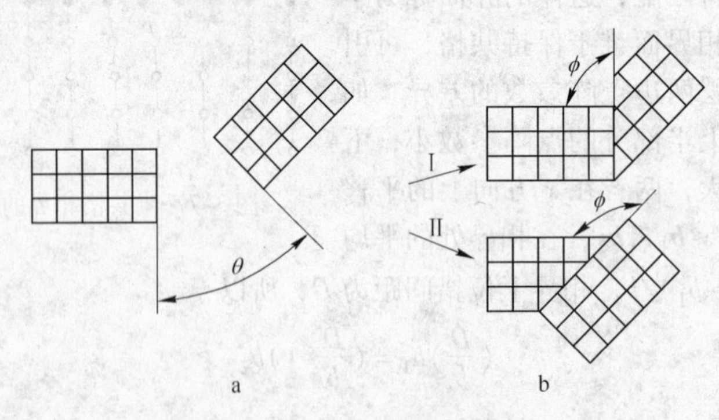

图3-8 二维点阵中的晶界

根据相邻晶粒之间位向差θ的不同，可将晶界分为两类：

(1) 小角度晶界。两相邻晶粒的位向差约小于10°。

(2) 大角度晶界。两晶粒间的位向差较大，一般大于10°以上。

在多晶体金属材料中，各晶粒之间的晶界通常属于大角度晶界，其位向差大都在30°~10°的范围内；在有些情况下，晶粒内会出现亚晶界，这是一种小角度晶界，其位向差很小，往往不超过2°。小角度晶界与大角度晶界的差异不单是位向差程度不同，它们的结构和性质也不相同。小角度晶界基本上由位错组成，大角度晶界的结构十分复杂，目前还不是十分清楚。

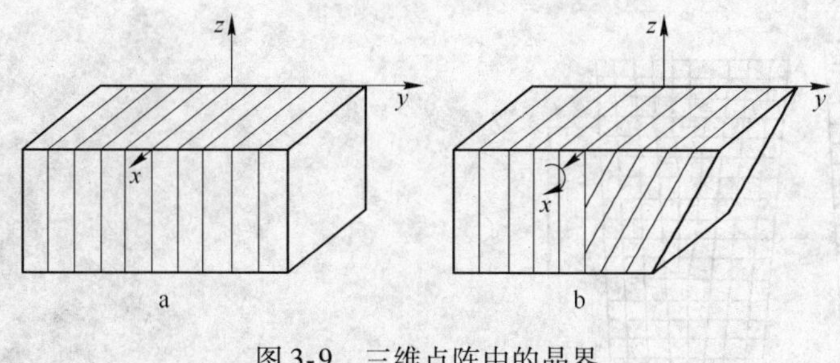

图 3-9　三维点阵中的晶界

3.5 小角晶界

小角晶界分为倾斜晶界和扭转晶界。倾斜晶界由一系列刃型位错组成，扭转晶界由螺型位错组成。

3.5.1 小角晶界的结构

3.5.1.1 对称倾斜晶界

对称倾斜晶界可看做把晶界两侧晶体互相倾斜很小角度（$\theta/2$）后形成的，如图 3-10 所示。对称倾斜晶界是最简单的小角晶界，由于相邻两个晶粒的位向差 θ 很小，故它可看成是由一系列平行的符号相同的刃型位错所构成的，如图 3-11 所示。图 3-11 给出了简单立方结构的对称倾斜晶界模型。晶界面是（100），柏氏矢量是［100］，位错间距 D 与位向角 θ 及柏氏矢量 $\boldsymbol{b}$ 之间的关系为：

$$D = \frac{b}{2\sin\frac{\theta}{2}} \tag{3-5}$$

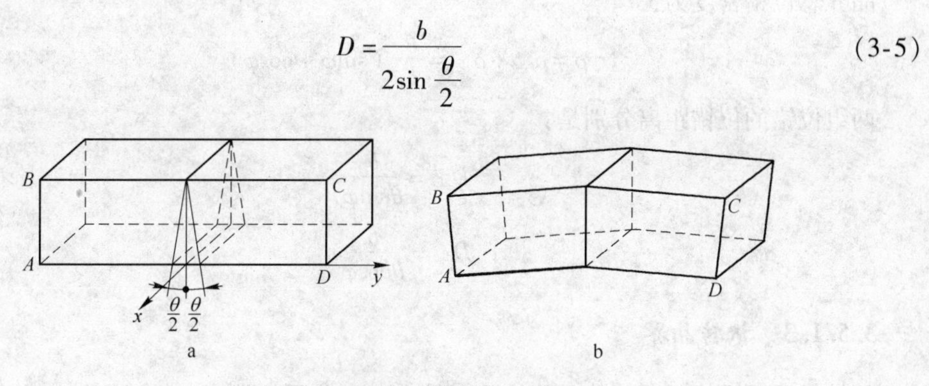

图 3-10　对称倾斜晶界的形成

a—倾斜前；b—倾斜后

当 θ 很小时，$b/D \approx \theta$，所以有：

$$D = \frac{b}{\theta} \tag{3-6}$$

对称倾斜晶界的结构以及位错间距与位向差之间的关系已经被电子显微技术或金相蚀坑技术所证实，图 3-12 给出了晶体中形成的小角晶界的位错蚀坑图。如果已经知道晶体的点阵常数，用金相法测出位错蚀坑的距离，就可以计算出晶界位向角 θ。

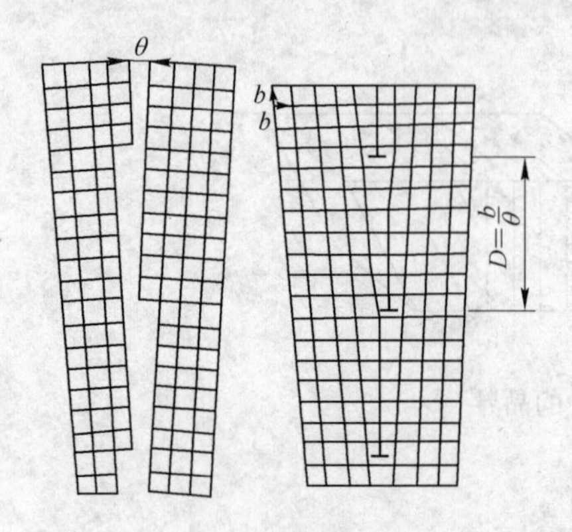

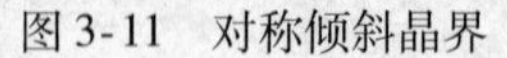

图 3-11　对称倾斜晶界

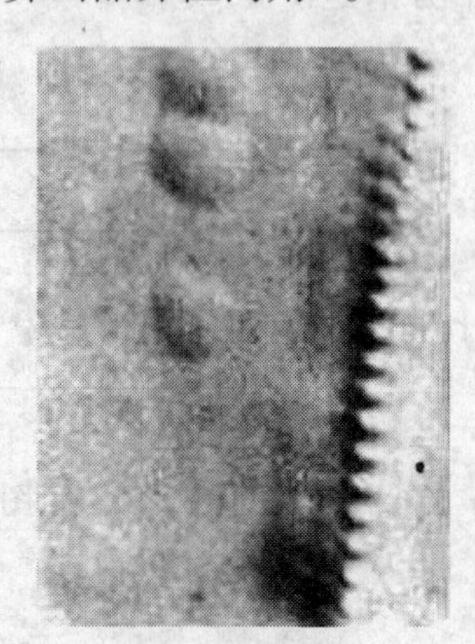

图 3-12　晶体中的小角晶界与位错蚀坑（1500×）

3.5.1.2　不对称倾斜晶界

如图 3-13 所示，如果倾斜晶界的界面绕 x 轴旋转了一角度 φ，则此时两晶粒之间的位向差仍为 θ，但此时晶界的界面对于两个晶粒是不对称的，这种晶界称为不对称倾斜晶界。该晶界结构可看成由两组柏氏矢量相互垂直的刃型位错交错排列而成，柏氏矢量分别是 $\boldsymbol{b}_{\perp}$ = [010] 和 $\boldsymbol{b}_{\vdash}$ = [100]。假设晶界 AC 与左侧晶粒Ⅰ间的夹角为 $\varphi - \theta/2$，与右侧晶粒Ⅱ的夹角应为 $\varphi + \theta/2$，根据几何关系，两组刃型位错的位错密度分别为：

$$\rho_{\perp} = \frac{1}{b} \times \frac{EC - AB}{AC} = \frac{1}{b}\left[\cos\left(\varphi - \frac{\theta}{2}\right) - \cos\left(\varphi + \frac{\theta}{2}\right)\right] = \frac{2}{b}\sin\frac{\theta}{2}\sin\varphi \approx \frac{\theta}{b}\sin\varphi \tag{3-7}$$

$$\rho_{\vdash} = \frac{1}{b} \times \frac{CB - EA}{AC} = \frac{1}{b}\left[\sin\left(\varphi + \frac{\theta}{2}\right) - \sin\left(\varphi - \frac{\theta}{2}\right)\right] = \frac{2}{b}\sin\frac{\theta}{2}\sin\varphi \approx \frac{\theta}{b}\cos\varphi \tag{3-8}$$

晶界总位错密度为：

$$\rho = \rho_{\perp} + \rho_{\vdash} = \frac{\theta}{b}(\sin\varphi + \cos\varphi) \tag{3-9}$$

两组位错的位错距离分别是：

$$D_{\perp} = \frac{b}{\theta\sin\varphi} \tag{3-10}$$

$$D_{\vdash} = \frac{b}{\theta\cos\varphi} \tag{3-11}$$

3.5.1.3　扭转晶界

扭转晶界可看成是两部分晶体绕某一轴在一个共同的晶面上相对扭转一定角度后所构成的，其特点是旋转轴与晶界面垂直，如图 3-14 所示。假设图中的晶界面为（001），旋

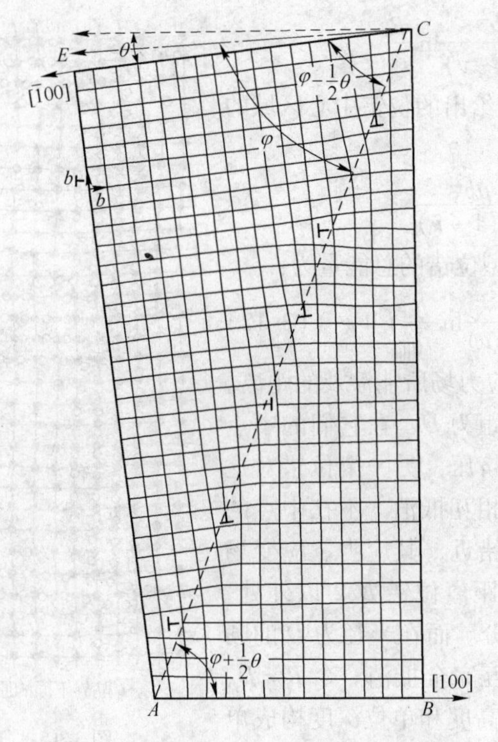

图 3-13 简单立方点阵的不对称倾斜晶界

转轴是［001］。晶界面是由两组互相交叉的螺型位错组成的网络，一组平行于［100］方向，另一组平行于［010］方向。图 3-15 是简单立方结构扭转晶界的原子排列模型，位错所包围的中间部分是接合良好区。位错间距离 D 仍可表示为 $D=b/\theta$。当 θ 值增加时，位错间距离变小，即中间良好区缩小。

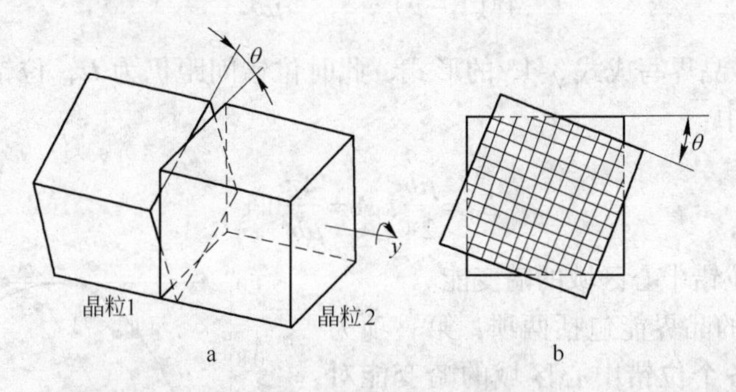

图 3-14 扭转晶界形成模型

a—晶粒 2 相对于晶粒 1 绕 y 轴旋转 θ 角；b—晶粒 1 和 2 之间的螺型位错交叉网络

3.5.2 小角晶界能

在晶界的各种性质中，晶界能是很重要的物理量。所谓晶界能是指晶界单位面积上的自由能，在平衡状态下等于界面张力。从物理意义上讲，界面能是界面上的原子偏离平衡状态所引起的。计算小角晶界能的方法很多。这里以一种简明近似的方法计算对称倾斜晶界的晶界能。由式 2-38 知，单位长度刃型位错的应变能为：

$$E_e^{刃} = \frac{\mu b^2}{4\pi(1-\nu)}\ln\frac{R}{r_0}$$

如果再加上式2-92给出的位错中心区域的畸变能的第一项，即：

$$W_E = \frac{\mu b^2}{4\pi(1-\nu)}$$

则可得单位长度刃型位错的总能量为：

$$W^{刃} = \frac{\mu b^2}{4\pi(1-\nu)}\ln\frac{R}{r_0} + W_E \qquad (3\text{-}12)$$

式中，R 为位错的弹性应力场所能涉及的距离。

因为两个位错的间距为 D，在它们的中点处，一个位错对这点是挤压，另一个位错对这点却是扩张，其应变场相互抵消。不在中点的其他位置，靠哪一个位错近，其应力、应变场就由哪个位错决定。在距离位错 $D/2$ 以外处，就得考虑应力场相消部分。而在半径为 D 的圆周以外，位错应力场相互完全抵消。令 $R = D$，$r_0 = b$，考虑晶界的单位高度和单位深度构成单位面积，在这个面积上有 $1/D$ 个位错，而 $1/D = \rho = \theta/b$。根据式3-12可得单位面积的晶界能：

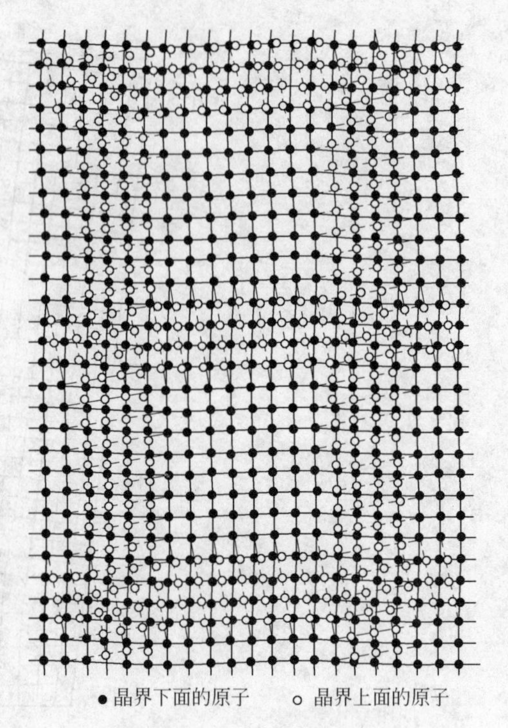

图3-15 扭转晶界位错模型

$$E = \frac{W^{刃}}{D} = \frac{\theta W^{刃}}{b} = \frac{\theta}{b}\frac{\mu b^2}{4\pi(1-\nu)}\ln\frac{D}{b} + \frac{\theta}{b}W_E = E_0\theta(A - \ln\theta) \qquad (3\text{-}13)$$

$$E_0 = \frac{\mu b}{4\pi(1-\nu)}, A = \frac{4\pi(1-\nu)}{\mu b^2}W_E \qquad (3\text{-}14)$$

同样可将扭转晶界写成式3-13的形式，此时位错间距仍为 D，位错密度为 $2\theta/b$，所以这时在式3-13中：

$$E_0 = \frac{\mu b}{2\pi},\ A = \frac{4\pi}{\mu b^2}W_S \qquad (3\text{-}15)$$

式中，W_S 为螺型位错中心区域的畸变能。

式3-13给出的晶界能包括两项：第一项为 $E_0\theta A$，这一项是各个位错中心区域的畸变能对总能量的贡献，与其他位错的存在无关。因为这一项与 θ 成比例，就是与位错排列的密集程度成正比。第二项，即 $-E_0\theta\ln\theta$，表示晶界上各位错的交互作用能。图3-16给出了锗的晶界能与倾斜角 θ 的关系图。由图3-16可知，在 θ 角比较小时，晶界能随 θ 角的增加而增加，这是由于位错数目增多，畸变能增加。但是位错数目越多，D 越小，远程应力场消失得越多，畸

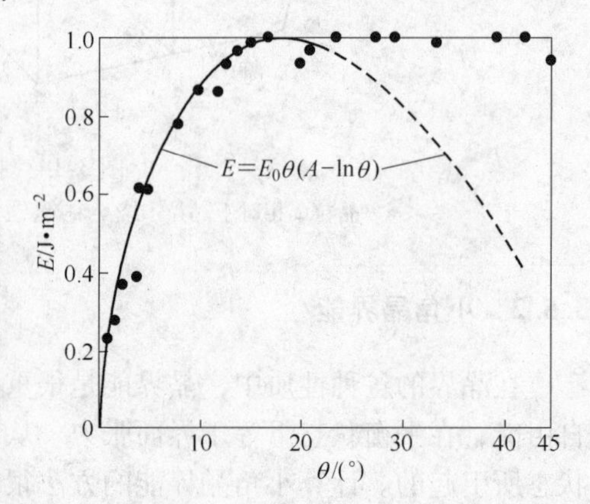

图3-16 锗的晶界能与倾斜角 θ 之间的关系

变区变窄，晶界能就又下降。所以 θ 达到一定值后，曲线将出现一个极大值。若 θ 再增大，位错密度增加后，弹性应力场高次项的影响、位错中心的影响以及晶界两边晶内形变的影响等都逐渐变得不能忽略不计。因此式 3-13 只适用于小角范围。另外，前面已经假定 θ 较小，而用 θ 代替 $\sin\theta$；还有，如果 θ 大时，D 值就要减小，而 R 就接近于 r_0，这样式 3-13 就失去了意义。由式 3-13 还可看到，由于 θ 趋近于零时，单位面积晶界能也趋近于零，所以 E 与 θ 的关系曲线通过原点。

3.6 大角晶界

多晶体材料中各晶粒之间的晶界通常为大角晶界。大角晶界就是在光学显微镜下能够观察到的多晶体晶界，如图 3-17 所示。大角晶界的结构较为复杂，其中原子的排列较不规则，不能用位错模型加以描述。一般认为，大角晶界的结构接近于图 3-18 所示的模型，即相邻晶粒在邻接处的形状是由不规则台阶组成的。晶界上既含有不属于任一晶粒的 A 原子，又含有同时属于两晶粒的 D 原子；既包含受压缩区 B，也包含受拉伸区 C。总之，晶界原子受相邻两晶粒位向的影响而以混乱排列与规则排列交替相间的方式存在，并且随位向差增大混乱区相应增加。晶界宽度约为几个原子间距。关于大角晶界，人们曾经提出了各种模型，但大多数是为了说明有关晶界的某个特定现象而提出的对应模型。

图 3-17　多晶体晶界

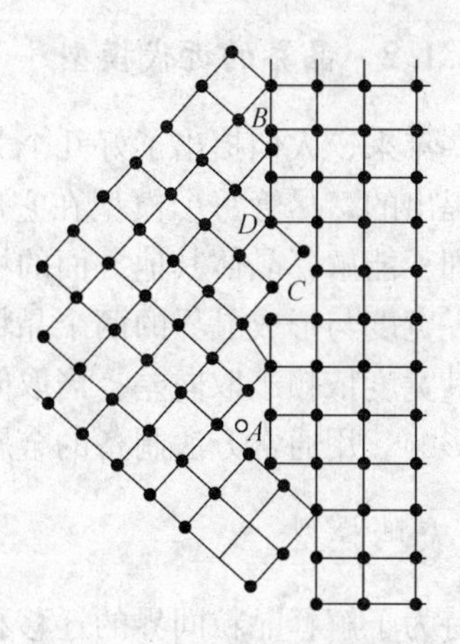

图 3-18　大角晶界模型

3.6.1 大角晶界近代模型

3.6.1.1 非晶态黏合物学说和过渡点阵学说

20 世纪初，关于晶界结构有两种观点，一种为非晶态黏合物学说，一种为过渡点阵学说。

非晶态黏合物学说认为：纯金属的晶粒是由同样金属的非晶态物质的极薄的薄层所围绕并黏合起来的，就其性质而言，这些物质与在极度过冷情况下的液态金属相似。该学说认为，在低温下，晶界上的非晶态黏合层应该较硬，而晶粒本身应该很软，比较容易发生形变。当温度提高时，非晶态黏合层比晶粒本身更加迅速地发生软化，这是非晶态黏合层的特征性质，因而最后非晶态黏合层就会变成较软的组元。所以在高温下进行力学实验时，形变将主要沿着晶粒间界发生。关于形变速度对拉伸实验结果的影响，也很容易用非晶态黏合学说加以解释。

过渡点阵学说认为：晶粒间界应该具有一个确定的结构，也就是说，对于两个相邻晶粒间给定的取向差而言，晶界原子按照一个确定的图案排布，这是图案相当于该条件下可能的势能最低的界面原子组态。

过渡点阵学说与非晶态黏合物学说的第一个分歧点是晶界是否有确定的结构。过渡点阵学派认为晶界具有确定的结构，这个结构由晶界所分隔的两个晶粒取向差所决定。

过渡点阵学说与非晶态黏合物学说的第二个分歧点是晶界厚度。过渡点阵学说假定的晶界厚度比非晶态黏合学说的薄。研究证实，晶粒间界对任一晶粒中沿滑移面所进行的滑移有障碍作用，作用的大小依赖于两个晶粒的取向差，而非晶态黏合物学说认为的这些性质并不依赖于取向差。

非晶态黏合物学说能够较为容易地解释力学性质，但是在说明一个相当厚的非晶态晶界如何能够存在这个问题面前则显得无能为力。过渡点阵学说能够很好地说明晶界的物质结构，但在解释力学性能时又不得不给出一个纯粹属于想象的论辩。如何使一个物理上合理的晶界结构模型与实际观察到的晶界性质调和一致，这个问题无论过去和现在都是晶界理论研究中的中心困难问题。

3.6.1.2 晶界的近代模型

近些年来，人们提出了好几个关于晶界的模型，每一种模型都是为了解释晶界的某些性能而提出的，尽管每个模型在它所提出来要解释的那些性质方面获得了若干定量的成功，但却不能解释晶体其他方面的性质。

晶界宽度与形成晶界的两个晶粒之间的取向差有关，当晶粒间取向差较小时，晶界较宽，且其宽度依赖于取向差；当取向差较大时，晶界较窄，此时晶界宽度几乎不受取向差变动的影响。用通常方法制备的金属试样，其晶界宽度约相当于三个原子间距。

A 岛屿模型

莫特为了解释晶粒间界的迁移和滑移提出了大角晶界的岛屿模型。该模型认为：晶界是由许多岛屿所组成的，岛屿中原子的相互配置是严整的，它们被原子配置较为混乱的地区分隔开来，如图 3-19 所示。在图 3-19 中，无阴影区域原子配置严整，阴影区域原子配置混乱，两个晶粒一个在纸面上方，一个在纸面下方。这些岛屿的直径约为几个原子间距，它们和晶界两边晶粒中的原子排列都十分吻合。晶界滑移的元作用是某一个原子配置整齐的岛屿中发生的滑移。当无应力时，由于热起伏的作用，晶界中原子的运动是无方向的，但当有应力作用时，这种运动就变成有方向的了，并表现出黏滞性。

B 无序原子群模型

葛庭燧提出了晶界的无序原子群模型，他认为晶界中有排列比较整齐的区域，也有比较疏松而杂乱的区域，后者被称为无序原子群，每个无序原子群中所含的原子数目少于同体积的正常晶体，如图 3-20 所示。

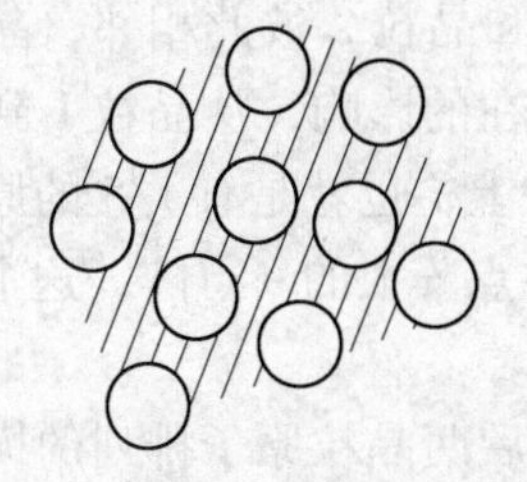

图 3-19 大角晶界的岛屿模型

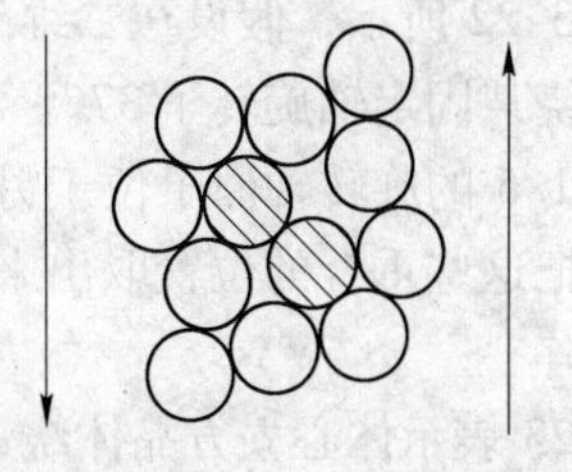

图 3-20 大角晶界的无序原子群模型

C 斯莫留乔符斯基模型

斯莫留乔符斯基为了解释晶界扩散现象提出了一个关于晶界的模型。该模型认为，倾斜晶界的结构随位向差的增大而变化，其变化的各个阶段如图 3-21 所示。在每种情况下晶界平面均与纸面垂直，与之交于直线 *AB*，而倾斜轴也和纸面垂直。斯莫留乔符斯基设想小位向差晶界由一组位错所构成，其间间隔为或多或少未曾畸变的区域。当位向角约超过 15°时，一组组位错剑集起来，形成错配区域或是大位错，即具有大柏氏矢量的位错，这些区域之间仍然由相对的未经形变的区域隔开。在位向角继续加大时，剑集位错群在 *AB* 方向上的长度增加，而晶界上更大部分区域为错配区域所占据。直到位向角约略大于 35°时，连续的错配区域覆盖了整个晶界晶面。如果再引入绕 *AB* 轴的转动，可以得到一个更不规则的晶界。

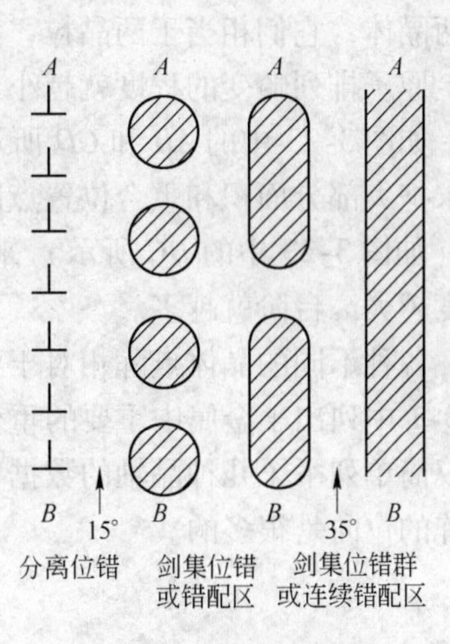

图 3-21 大角晶界的斯莫留乔符斯基模型

3.6.2 大角晶界现代模型

现代普遍使用的大角晶界模型主要有重合点阵、O 点阵模型。大角晶界研究取得重大进展的是重合点阵晶界理论。

3.6.2.1 重合点阵晶界模型

在提出晶界结构的位错模型之前就已经提出了晶界重合点阵的概念。1926 年，弗里代尔提出相邻两晶体在绕旋转轴旋转时，旋转到某一角度，两晶体中某些原子的位置对称。由这些原子组成的点阵被称为重合点阵（CSL）。1949 年，克隆堡和威尔森提出了重合点阵晶界的概念。他们发现，相邻两晶粒绕某一旋转轴转到一定位置时，两晶粒中一些原子的位置是对称的，此时晶界上的某些原子为两晶粒共有，这就是重合点阵晶界。如果将晶界的厚度看成原子排列紊乱区域的厚度时，则重合点阵晶界的厚度几乎等于零，因此它的晶界能最低。近年来，有人应用场离子显微镜研究晶界，证实了大角晶界重合位置点阵的存在。研究表明，大角晶界结构是由原子排列紊乱部分与规则部分组成的。相邻晶粒转到不同角度时出现的点阵重合数不同。

如图 3-22 所示，假设在二维的正方点阵中，晶粒 1 和晶粒 2 彼此相邻，晶粒 2 相对于晶粒 1 绕某固定轴旋转了 37°。可以看到，不受晶界存在的影响，从晶粒 1 到晶粒 2 两个晶粒有 1/5 的旋转轴原子位于另一晶粒点阵的延伸位置上，也就是有 1/5 的原子处于重合位置，把这些重合的位置取出来能构成一个比原来晶体点阵大的新点阵，这个点阵就称为重合点阵。

图 3-23 表示体心立方晶体绕［110］轴旋转了 50.5°后两晶粒原子排列的模型。图中［110］轴垂直于纸面，黑圆表示相邻晶粒的点阵延伸后的重合原子位置，它构成一个新的点阵，就是重合位置点阵。在图 3-23 中，重合位置的原子数为晶体原子数的 1/11，即每 11 个原子中有 1 个重合位置，这一比例称为重合位置密度。经旋转而产生较大位向差的两晶体，它们相当于两晶粒，其交接处就是晶界。如果晶界上包含的重合位置越多，晶界上原子排列畸变的程度就越小，晶界能越低，所以晶界力求和重合位置点阵的密排面重合，如图 3-23 中的 *AB* 和 *CD* 所示。若界面和重合位置点阵的密排面有所偏离时，晶界也力求把大部分面积和重合位置点阵的密排面重合，而在重合位置点阵的密排面之间出现台阶（如图 3-23 中的 *BC* 所示）来满足晶界和重合位置点阵密排面间偏离的角度。显然，角度越大，台阶就越多。

各种不同的晶体点阵相对于各自的特殊晶轴旋转一定角度都能出现重合位置点阵。在表 3-1 中列出了金属中重要的重合位置点阵的晶轴、要求转动的角度和重合位置密度。表中仅简单列举了几种晶轴的数据，实际上很多晶轴旋转都有相应的数据，能出现重合位置点阵的位向是很多的。

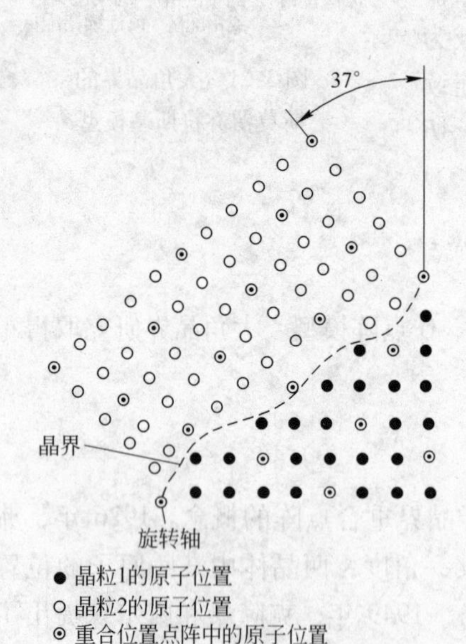

图 3-22　当两相邻晶粒位向差为 37°时，存在的 1/5 重合位置点阵

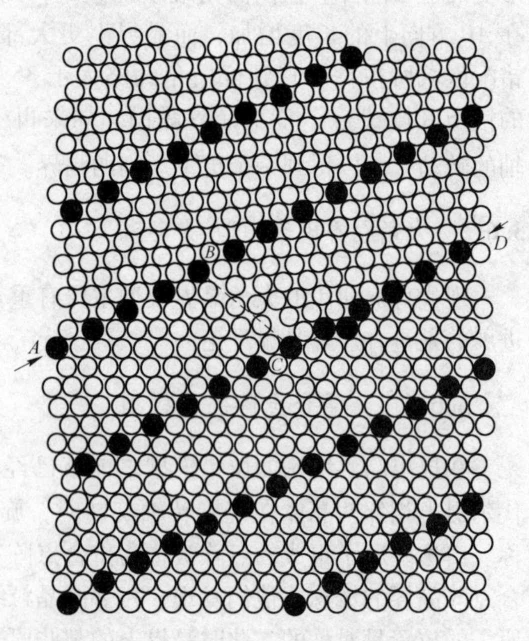

图 3-23　体心立方点阵相对［110］轴旋转 50.5°时，存在的 1/11 重合位置点阵

图 3-24 是面心立方结构绕［100］轴旋转 36.9°时的重合点阵扭转晶界模型。图中的

表 3-1 金属中的重要重合位置点阵

晶体结构	体心立方						面心立方				六方点阵				
旋转轴	[100]	[110]	[110]	[110]	[111]	[111]	[100]	[110]	[111]	[111]	[001]	[210]	[210]	[001]	[001]
转动角度/(°)	36.9	70.5	38.9	50.5	60	38.2	36.9	38.9	60	38.2	21.8	78.5	63	86.6	27.8
重合位置	1/5	1/3	1/9	1/11	1/3	1/7	1/5	1/9	1/7	1/7	1/7	1/10	1/11	1/17	1/13

大黑点便是同时属于两个晶粒的重合原子，由这些原子构成的晶界就是重合点阵晶界。沿着晶界面观察重合点阵晶界原子排列情况，如图 3-25 所示。图中 *AC* 表示一个台阶，*AB* 是台阶长，*BC* 是台阶高。台阶短时，重合原子多，晶界能低。即使具有相同的重合数，并且两侧对称性也相同，整条晶界结构也可能不相同。

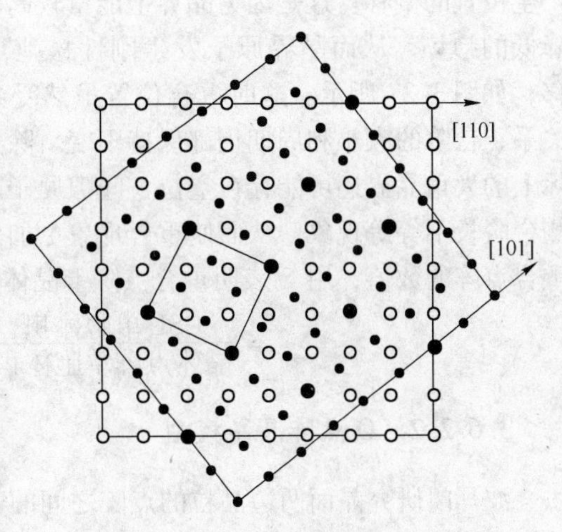

图 3-24 面心立方点阵相对［100］轴旋转 36.9°时，存在的 1/5 重合位置点阵

尽管两晶粒间有很多位向能出现重合位置点阵，但这些位向毕竟是特殊位向，不能包括两晶粒的任意位向，为了进一步探讨通常两晶粒具有的任意位向差的晶界，需要对这个模型作些补充。如果两晶粒的位向稍偏离能出现重合位置点阵的位向，可以认为在界面上加入了一组重合位置点阵的位错，即该晶界也同时是重合位置点阵的小角度晶界，这时两晶粒的位向可以从原来出现重合位置点阵的特殊位向扩展一定范围。根据小角度晶界的概念，这个范围可以从原来的特殊位向扩展 10°。于是，重合位置点阵模型可以解释大部分任意位向的晶体结构。图 3-26 为两晶粒位向稍偏离重合密度为 1/11 的特殊位向的晶界。由图可以看出，在界面上加入了一些重合位置点阵的位错，即在原来重合位置密排面为晶界的基础上又叠加了重合位置点阵的小角度晶界，从而构成两晶粒的大角度晶界。

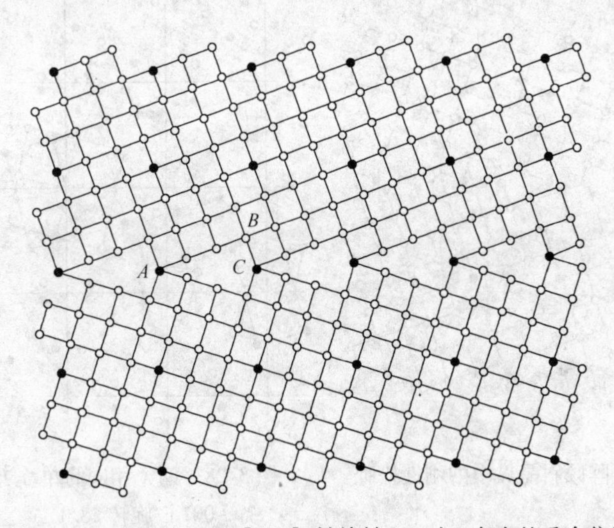

图 3-25 面心立方点阵相对［100］轴旋转 38°时，存在的重合位置点阵

晶界的重合位置点阵的存在已经得到若干实验直接和间接的证实。但是，作为一个大角度晶界结构的模型，它还是不够充分的。因为尽管重合位置点阵模型把晶界上存在的位错也考虑了进去，它仍然不能说明全部大角度晶界。

重合点阵晶界上的原子可能不严格占据规定的几何位置，而产生位置的偏移。这是因为晶界上能量较高时，会出现能量自发降低的趋势，从而晶界原子发生刚性松弛，使重合点阵原子偏移，如图 3-27 所示。这时重合位置虽然受到一定破坏，但取向关系、台阶的大小和周期仍都保持不变。除这种刚性松弛外，实际上的大角晶界还可能存在空位、间隙原子、溶质原子、晶界两侧台阶长不等等现象，从而使重合现象更加复杂。为了定量表示重合点阵的数值，用 Σ 表明重合点阵上晶体点阵的多少，即：

$$\sum = \frac{\text{CSL 单胞体积}}{\text{晶体点阵单胞体积}} \tag{3-16}$$

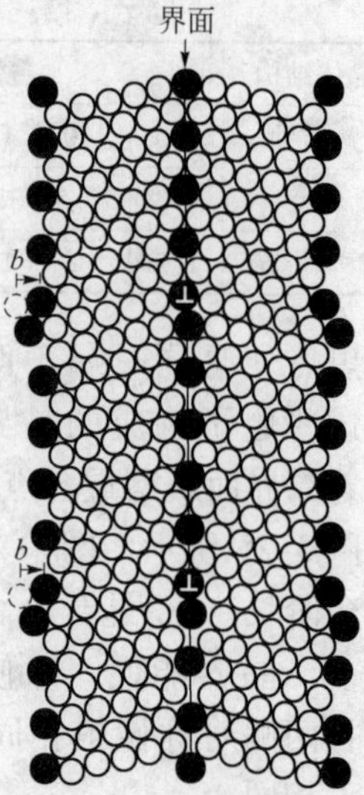

图 3-26 以重合位置密排面为晶界并叠加重合位置点阵的小角晶界

3.6.2.2 O 点阵晶界模型

波耳门研究晶面两边晶粒的点阵之间的密合时，提出 O 点阵的概念。O 点阵的结合是这样的点：在点上看各自晶格近邻关系是相同的，只差一个转角。图 3-28 就是两个相同简单立方结构的（001）面绕［001］旋转 28.1°，Σ = 17 的扭转晶界。O 点阵就是图中方形网络的节点，它不一定是原子占据的点，图中显示出三个 O 点阵节点周围的近邻关系，可以很清楚地看出各自点阵的阵点近邻关系是相同的，只差一个转角。之所以称为 O 点阵是因为这些节点都可以作为转换的原点，使一个点阵转到另一个点阵。这个例子也说明 CSL 的节点也包括在 O 点阵中。O 点阵的节点就是两边晶格密合最好的点，两个 O 点阵节点中间的部分就是两个点阵配合最不好的区域。

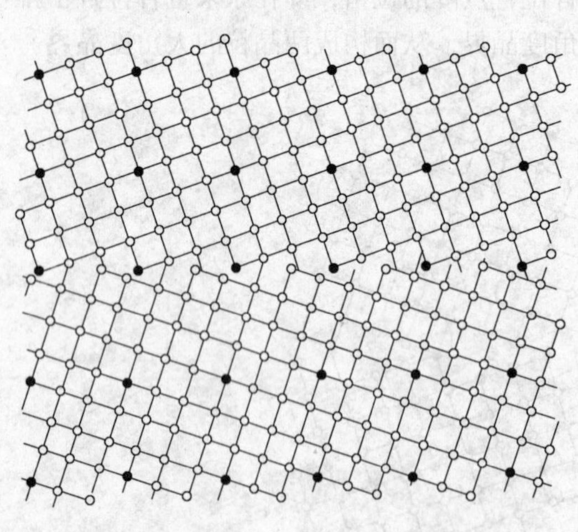

图 3-27 重合位置点阵倾斜晶界中的刚性松弛

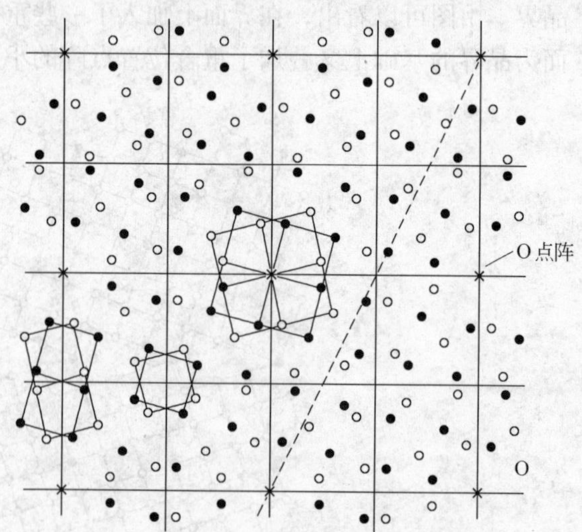

图 3-28 两个相同简单立方晶格的（001）面绕［001］旋转 28.1°，Σ = 17 的扭转晶界（打“×”的为重合位置点阵的阵点，方格为 O 点阵）

3.6.3 大角晶界能

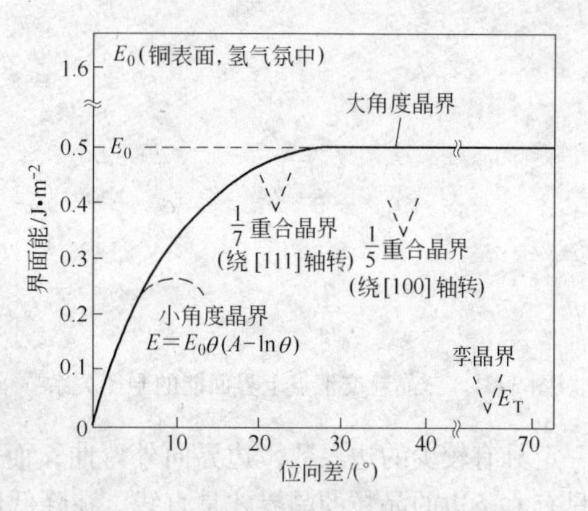

图 3-29 铜的不同类型界面的界面能

小角度晶界能与相邻两晶粒之间的位向差有关，随着位向差的增大而提高，式 3-13 可用于计算小角度晶界的能量，而不适用于大角度晶界。实际上，金属多晶体的晶界一般为大角度晶界，各晶粒间的位向差大都在 30°~40°，实验测出各种金属的大角度晶界能约在 0.25~1.0 J/m^2 的范围内，与晶粒之间的位向差无关，大体上为定值，如图 3-29 所示。

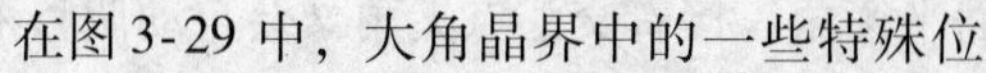

在图 3-29 中，大角晶界中的一些特殊位向具有 1/7 重合晶界和 1/5 重合晶界，其界面能明显低于普通大角晶界的界面能。这是因为，重合点阵晶界上原子排列比较规则，偏离平衡位置少，所以界面能低。半共格晶界（或相界）的界面能在非共格与共格之间，一般是 0.2~0.5J/m^2。其他例如层错、反向畴界、共格孪晶等界面能都很低。

在平衡状态下晶界能等于界面张力。对于合金而言，晶界上常常存在平衡偏聚，因此导致晶界上化学成分与晶内不同，从而引起原子间作用力发生变化，晶界能也增加。只有在纯金属的情况下，界面张力才能和晶界能相等。

3.6.4 界面能与显微组织的变化

晶体材料的界面能会促使显微组织发生变化，变化的结果是降低了界面能。最明显的是晶粒形状及晶粒大小的变化。铸态金属晶体的晶粒形状常常很不规则，其晶界是相邻两晶体各自生长相遇形成的，由于晶体各处的生长条件不同，因此晶界线常是不规则的，如图 3-30a 所示。经过适当退火后，其晶粒形状发生明显的变化，如图 3-30b 所示，晶界相对地拉直了，使晶界面积减小了；且在大多数情况下三晶粒交汇点处三条切线的夹角基本相等，$\theta_1 = \theta_2 = \theta_3 \approx 120°$，如图 3-31 所示。这一特征是由晶界能的性质决定的，当晶粒处于平衡时，某一交汇点处的各晶界的界面能与界面夹角之间应存在下述平衡关系，即：

$$\frac{E_A}{\sin\theta_1} = \frac{E_B}{\sin\theta_2} = \frac{E_C}{\sin\theta_3} \tag{3-17}$$

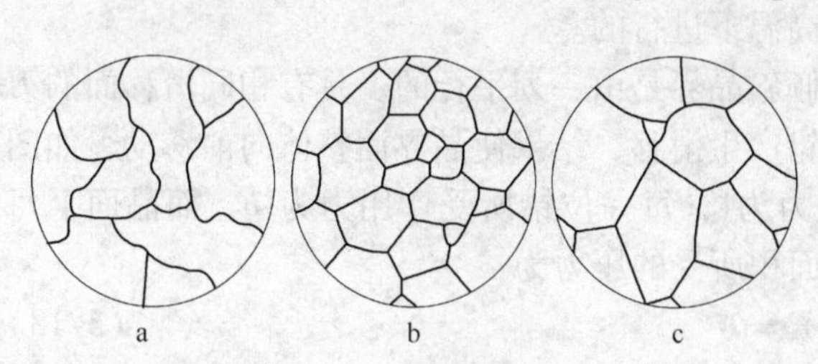

图 3-30 晶粒的形状
a—铸态金属晶粒；b，c—退火态晶粒

多晶体的晶界均属于大角晶界，它们的晶界能不随位向而变，近似为常数，因此 θ_1、θ_2、θ_3 也应相近。然而，这样的晶粒并不一定是最终的平衡状态，因为虽然维持了节点处的 120°，边界仍可能呈弯曲状。图 3-32 给出了不同边界数的晶粒其顶角均满足 120°时的晶粒形状，由图可见：尺寸较小的晶粒

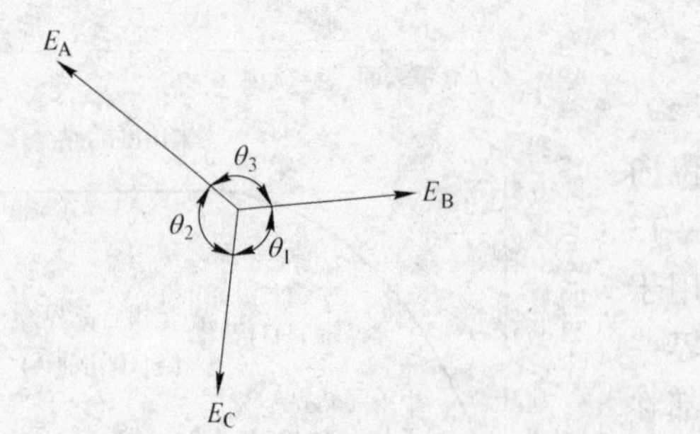

图 3-31　三晶粒交汇点上界面能的平衡关系

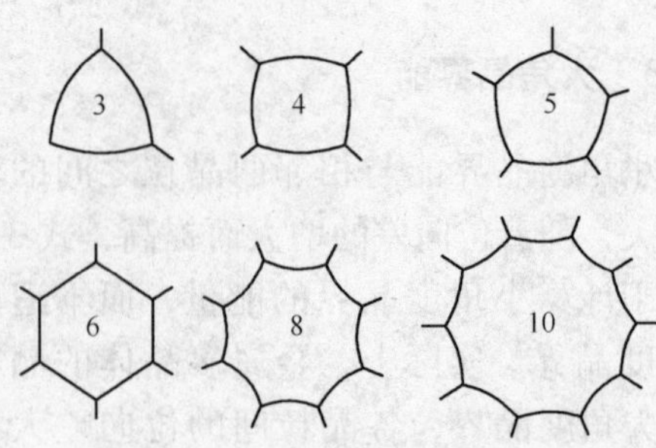

图 3-32　晶界边数与晶粒形状

一定具有较少的边界数，边界向外弯曲；而尺寸较大的晶粒边数大于6，晶界向内弯曲，只有六条边的晶粒的晶界才是直线。在降低体系界面能的驱动下，弯曲的晶界有拉直的趋势，然而晶界平直后常常改变了交汇点的界面平衡角，接着交汇点夹角又会自动调整来重新建立平衡，这又引起晶界弯曲。在此变化过程中，边数小于6 的晶粒要逐渐收缩甚至消失，而边数大于6 的晶粒则趋于长大，这就是晶粒长大过程，如图 3-30b、c 所示。

工程中为提高材料的强度，常通过热处理等措施将第二相处理成细片状或弥散的点状，这就增加了相界面。在界面能的驱动下第二相的形状及尺寸会发生变化，片状的第二相会逐渐球化，如图 3-33a 所示；而点状的第二相会聚集粗化，如图 3-33b 所示。这些变化的速度取决于体系所处的温度，即动力学条件，温度越高变化速度越快，然而即使在较低温度下，这些过程也不会完全停止。往往以难以察觉的速度缓慢地进行，这将同时带来强度的下降。

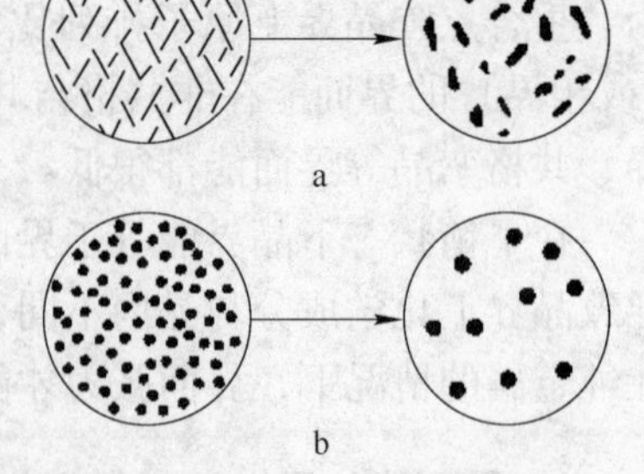

图 3-33　界面能驱动下的组织变化
a—片状第二相球化；b—点状第二相聚集粗化

3.7　晶界运动

晶界是可以运动的，晶界运动是组织变化的一种重要形式。

3.7.1　小角晶界的移动

小角晶界的移动分滑移和攀移两种。再结晶温度以下，晶体受力作用时产生的晶界移动属于滑移，攀移是在再结晶温度以上的高温下进行的。

由小角晶界位错模型可知，小角对称倾斜晶界是由一列平行的、具有相同滑移面的刃型位错所组成的，在切应力作用下，各位错产生滑移，结果使晶界面整体向前移动，如图 3-34 所示。如果沿柏氏矢量方向所加切应力为τ，每一位错所受作用力为τb，而晶面上每单位长度有 θ/b 根位错线，则界面上单位面积所受的压力为：

$$P = \theta\tau \tag{3-18}$$

当所加载荷大于晶界移动所需的临界力后，晶界便开始移动。

并不是所有的小角晶界都可以通过纯粹的滑移来产生晶界移动。例如由两组相互垂直的刃型位错所构成的倾斜晶界。当整个晶界向前移动时，一组位错作滑移，另一组位错就要作攀移，这种运动受到扩散的控制，通常在较高的温度下才能实现。

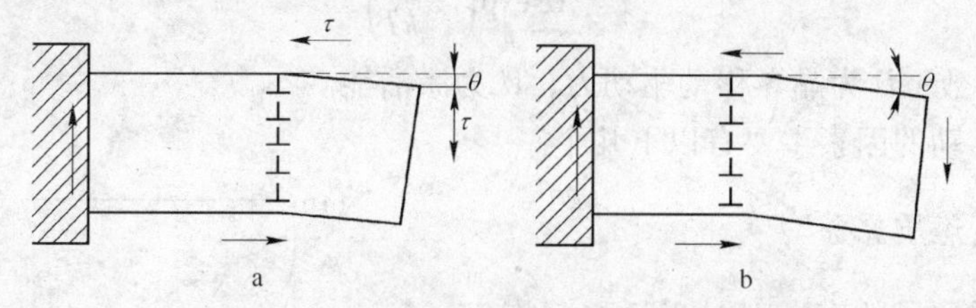

图 3-34　切应力作用下小角晶界的滑移示意图

3.7.2　大角晶界的运动

大角晶界的运动有两种方式，一种是在沿着晶界的切应力的作用力下，产生的沿晶界面的滑动；另一种是晶界沿垂直于界面方向的移动。

3.7.2.1　晶界的滑动

在高温蠕变中，晶粒会沿着晶界产生滑动。晶界滑动可以是晶界自身的滑动，也可以是晶界附近晶粒表层同时滑动。同一颗粒晶界上不同部位的滑动程度也不相同，二维晶界三重点处：由于束缚作用，滑移量最小，中间部分滑移量大。

由实验定出的晶界滑动速率为：

$$v = \tau A \exp\left(-\frac{Q}{KT}\right) \tag{3-19}$$

式中，τ为沿晶界的切应力；A，Q 均为常数。

研究表明，晶界滑移能力与晶界位向及结构有关。在小角晶界范围内，位向角越大，晶界滑移越容易进行。在大角晶界范围内，晶界位向角与晶界滑移能力的关系变得复杂。晶界滑移能力还受温度的影响，温度升高滑移量增大。

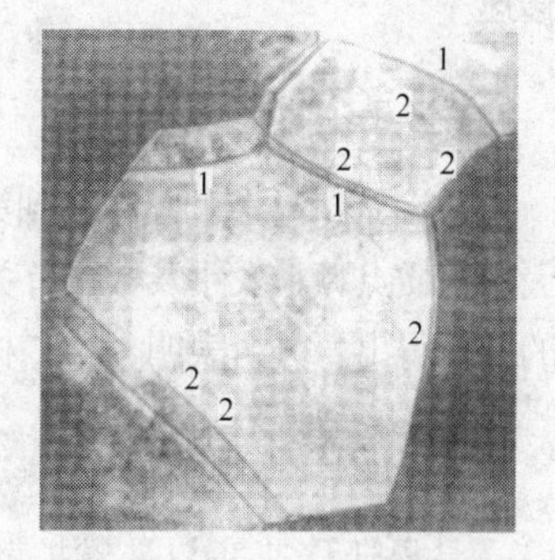

图 3-35　铝中晶粒长大时，晶界由位置 1 移至位置 2

3.7.2.2　晶界的移动

在金属的再结晶过程中，涉及大角度晶界的移动。晶界移动是原子的扩散过程。产生晶界移动的驱动力是通过晶界的迁移可以使自由能降低。图 3-35 是铝中晶粒长大时晶界位置的移动，图 3-36 是晶界移动示意图。

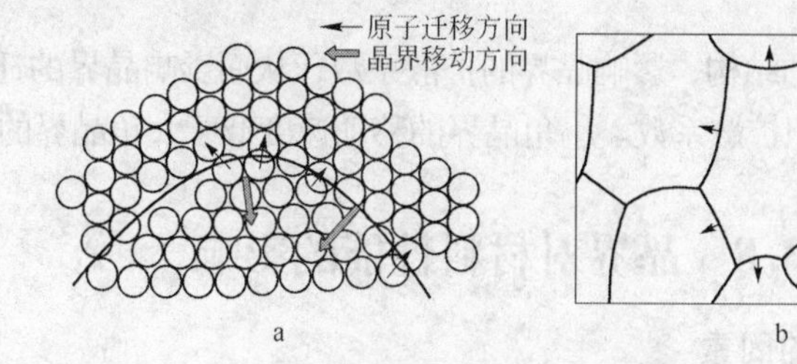

图 3-36　晶界移动示意图
a—原子通过晶界扩散；b—晶界移动方向

由实验定出的晶界移动速率为：

$$v = AP\exp\left(-\frac{U}{kT}\right) \tag{3-20}$$

式中，A 为一常数；P 为晶界移动驱动力；U 为激活能。

影响晶界移动的因素主要有以下几个。

A　杂质或溶质原子

杂质或溶质原子的存在对晶界迁移起拖曳作用，减缓了晶界的迁移速度。图3-37 给出了微量锡对铅的晶界移动速度的影响。锡在铅中的含量由小于 1×10^{-6} 增加到 60×10^{-6} 使晶界移动速度降低了四个数量级。杂质含量增加 60 倍，移动速度降低了 10000 倍。

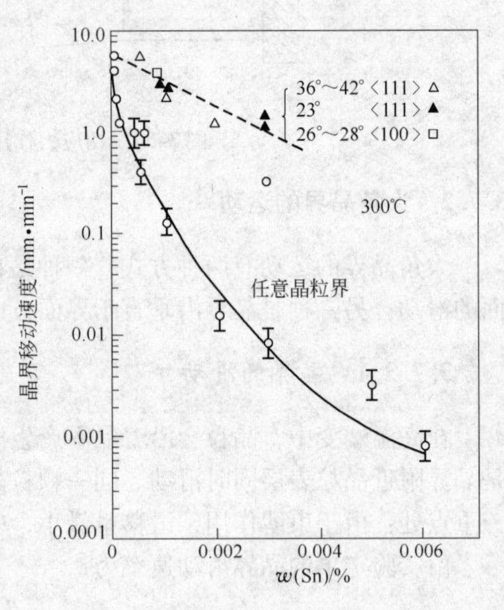

图3-37　锡含量对铅晶界移动速度的影响

金属中杂质与溶质的平均含量虽然很微量，但晶界处的浓度却相当可观。一旦晶界要移动，它将对杂质和溶质原子施加一力，此力将拖曳着杂质和溶质原子一起运动，但杂质和溶质原子的运动速度是由它们在晶体中的扩散速度所决定的，反过来，杂质和溶质原子对晶界运动产生一阻力，此阻力大大降低晶界的迁移速率。

B　第二相质点

当一个运动着的晶界遇到第二相质点时，质点将阻碍晶界运动。质点对晶界的钉扎作用的大小与质点颗粒大小及数量有关，而与粒子性质无关。质点对晶界移动的阻力可通过界面张力的分析得出。分析表明，第二相质点颗粒越细小，数量越多，其对晶界移动的阻碍作用越大。

C　温度

晶界迁移速率与晶界扩散系数有关。晶界扩散系数随温度升高呈指数增加，温度升高，晶界扩散系数急剧增大，这加速了晶界迁移。

D　相邻晶粒的位向差

晶粒位向差会影响晶界的结构，影响晶界的扩散系数，从而影响晶界的迁移率。位向差越小，晶界扩散系数越接近体积扩散系数。小角晶界的移动速度低于大角晶界的移动速度。

3.8　晶界对材料性能的影响

3.8.1　晶界影响材料性能的因素

晶界主要从如下三方面影响材料的性能：

（1）晶界的结构。晶界的结构复杂，多种多样，所以晶界的性能也各不相同。小角晶界与大角晶界的性质不同，大角晶界中的孪晶界与紊乱晶界的性质也不相同。晶界上的空位、间隙原子、位错、偏聚或偏析等缺陷都会导致晶界性质发生变化。

（2）晶界的几何形状。晶界是面缺陷，是三维空间面，几何形状复杂，存在弯折和台阶，走向也不相同。晶界的几何形状对材料性能有直接影响，例如晶界位向相同但走向不同时，晶界能以及晶界受腐蚀的情况将发生很大变化。

（3）晶界的位向。晶界的位向取决于相邻晶粒的位向差，相邻晶粒的位向差不同，晶界滑移、腐蚀、沿晶断裂、偏聚、偏析等的程度显著不同。

3.8.2 晶界上的原子偏聚

3.8.2.1 产生晶界偏聚的原因

在热力学平衡状态下，溶质原子有时会较多地聚集在晶界上，晶界上的溶质浓度可能比晶内高 10~1000 倍，但此时原子仍然保持固溶状态。这种现象经常被用来解释合金中发生的一些物理化学现象。例如钢中含有硼时，硼原子可能较多地聚集在晶界上，从而提高了钢的淬透性。

由热力学定律可知，使界面表面张力降低的溶质原子将偏聚在晶界处，例如钢中的碳、磷等元素在晶界上的偏聚；使晶界表面张力增加的溶质原子将远离晶界，例如钢中的铝元素。

和晶内相比，晶界上空位较多，并且尺寸大小不一，大尺寸的空位将被大的原子占据，小尺寸的空位将被小的原子占据，因此晶界上容易出现溶质原子偏聚。

3.8.2.2 晶界偏聚对材料性能的影响

晶界偏聚显著影响材料性能。例如，铁中氧的存在改变了冲击试验脆韧转变温度。氧含量为 0.001% 时，脆韧转变温度在 0℃ 附近，而氧含量为 0.057% 时，脆韧转变温度在 300℃ 以上。

晶界偏聚之所以使脆韧转变温度升高与晶界结合力的变化有关。材料组织状态和自身性能一定时，发生沿晶断裂，表明晶界结合力降低了。一是因为溶质原子与金属结合力变弱，断裂沿晶界上金属原子与溶质原子之间进行；二是溶质原子与周围金属结合力增强，断裂沿晶界上金属原子之间进行。

晶界偏聚减慢了晶界扩散速度，使晶界不容易迁移。晶界偏聚使晶界容易发生腐蚀，氢原子容易渗入，增加了应力腐蚀的敏感性。

3.8.3 晶界在低温形变与断裂中的作用

金属及合金的变形、断裂与它们的晶体结构、组织状态及晶界（或相界）密切相关。如果形变过程中不发生回复，则晶界在形变过程中的基本作用是提高形变硬化的程度。

3.8.3.1 晶界对滑移的势垒作用

晶界与杂质、位错缠结、第二相粒子等对位错的阻碍一样，位错运动到晶界处就被阻止，从而产生位错塞积群，使金属出现形变硬化。随着应力的不断作用，位错塞积数目不断增加，在塞积处产生很大的应力集中。当应力大到足以使相邻晶粒中的位错开动时，则相邻晶粒中的位错运动，而且同样被阻止在其他晶界处，又造成位错塞积。此时所产生的内应力抵消了第一个晶粒内位错塞积群周围应力的一部分。这种现象被看做滑移跨越了晶界，这使形变硬化的程度有所下降。

细晶粒的势垒硬化比粗晶粒显著。因为晶粒越细，位错滑移距离越小，达到硬化时位错塞积的数目越少，如要使滑移跨越晶界，就必须加大外加应力，所以细晶硬化作用显著。

3.8.3.2 晶界附近的滑移现象和形变不均匀性

晶界对滑移的阻碍作用还与晶界的几何位向有关。当晶界与外力轴平行，并且相邻晶粒位向相同时，所得到的应力－应变曲线与单晶体的一样。如果外力与晶界有一定的交角，并且相邻晶粒位向不同时，则应力－应变曲线将变陡。

晶界对金属及合金的形变不均匀性有着极重要作用。有的晶界区附近伸长率较小，而有的则较大。这与晶界及应力轴的位向有关。垂直于外力轴的晶界区形变程度最小，其他区域则较大。

晶界两侧的晶粒区内形变是连续的，这是由多晶体形变时各晶粒相互适应性的制约所造成的。

晶界对形变的阻碍作用使得晶界区附近硬度必然高于晶内，所以粗晶材料的强度、硬度低于细晶材料。

晶粒大小不同，晶界密度也就不一样，所以材料的组织粗细对性能有重要的影响。

3.8.3.3 晶界与沿晶断裂

脆性断裂是最危险的失效方式，而沿晶断裂是典型的脆断方式。如果晶界结合强度低，则发生沿晶断裂；如果晶界结合强度高，则发生解理断裂。

沿晶断裂的原因大致可归结如下两方面：

(1) 化学因素引起的沿晶断裂。化学因素引起的沿晶断裂包括：偏析或偏聚导致晶界上原子结合力下降，晶界腐蚀，晶界和液体金属发生反应，晶界上产生沉淀物等。

(2) 力学因素引起的沿晶断裂。晶内滑移和晶界交互作用引起晶界上应力集中以及晶界在外力作用下发生滑移等都可能导致沿晶断裂。

沿晶断裂产生时首先在晶界（或相界）上形成微裂纹，随后裂纹扩展，最后断裂。晶界裂纹形成后，如果继续沿晶界扩展，则将出现沿晶断裂。如果裂纹遇到二维晶界三重点，那么扩展将受阻，甚至停止扩展，此时在裂纹附近堆积很多位错，不易产生沿晶断裂。因此，晶粒细小时不容易产生沿晶断裂。

3.8.4 晶界在高温变形中的作用

材料高温力学性能主要是指蠕变和高温疲劳。当载荷大于材料的弹性极限，工作温度高于材料的 $0.5T_m$（T_m为材料的熔点）时，将发生蠕变。多晶体高温蠕变由晶内滑移和晶界滑移组成，两部分所占比例与温度及蠕变速度有关。高温低速蠕变时晶界蠕变占30%～40%。高温蠕变发生沿晶断裂时，首先在晶界区萌生微孔，随后微孔成长、联结，最后断裂。

如果晶界上有氦、二氧化碳、甲烷及水气等气泡存在时，不需要萌生微孔这一过程，这些气泡就是微孔核心，它们将继续长大。如果晶界上不存在上述核心，在外力作用下晶界将发生微孔萌生过程。微孔萌生要经过空位出现和空位凝聚形成大小不同的微孔两个阶段。因为晶界上原子致密程度较低，以及由于偏析或偏聚，或第二相沉淀，原子间结合力降低，因而在外力作用下容易出现空位，并且温度越高，空位数目越多。

微孔长大是原子的扩散过程，原子从微孔表面向晶界扩散，随后沿晶界继续扩散。温度越高，材料强度越低，越容易产生沿晶断裂。在固定温度下，形变速度越低，越容易产生沿晶断裂。

3.8.5 晶界对金属腐蚀的影响

在同样的腐蚀环境中，晶界比晶内更容易发生腐蚀。各种不同结构的晶界抗腐蚀能力也不相同，大角混乱晶界最容易被腐蚀，重合点阵晶界、共格晶界不易受腐蚀。晶界之所以易受腐蚀，是因为晶界上能量高，并且存在化学成分偏析或偏聚及沉淀相等。

晶界对应力腐蚀也有重要影响，晶界是应力腐蚀的活性通道，晶界上存在的杂质将加速晶界腐蚀。

腐蚀过程中产生的氢脆与晶界关系更密切，进入金属中的氢大多聚集在晶界缺陷处，从而促进了沿晶断裂。

3.9 晶界设计

晶界对材料性能的重要影响早就被注意到了，Hall-Petch 公式指出了晶粒度与材料屈服强度的关系，实质上就是晶界数量对材料性能的影响。

晶界设计就是利用现有的试验数据，在开发新材料或改进材料时，有意识地控制晶界的数量和类型，以期达到所要求的性能指标。目前，对晶界数量的控制已经积累了丰富的经验，但对晶界结构的定量控制还很难做到。定性的规律是，形变和再结晶形成的亚晶粒的界面多为小角度晶界，而凝固和烧结所形成的晶粒边界通常都是大角度晶界。按照对晶界结构的已有认识，目前总结出来的晶界设计指标有：（1）晶界类型（小角度、重合点阵、孪晶和任意大角度）的分布；（2）晶界取向分布；（3）晶界倾斜分布；（4）晶界两面角分布；（5）晶界析出物分布；（6）晶界移动稳定性；（7）晶界参数稳定性。表 3-2 仅列出了几种晶界控制的方法和控制参数及其可能达到的性能改善的内容。

晶界设计的另一基本依据是晶界参数与性能的定量关系。目前由于对晶界本身力学性能知道得很少，还不能使用力学计算对晶界进行定量设计从而满足对材料性能的具体要求。但是，可以建立晶界参数与材料性能之间的实验对应关系，进行数值设计，这当然要求具有系统的实验数据资料。虽然把检索数据简化应用于某个具体设计会造成误差，但是对于许多实践问题而言这样的数值设计也是可以的。就实验数据资料而言，最重要的两方面应该是：（1）各种元素晶界偏析程度与材料性能的关系；（2）晶界类型分布与材料性能的关系。表 3-3 给出了几个例子，指导如何从材料性能的要求出发，去正确设计材料中晶界的数量和类型。

表3-2 晶界控制的基本内容

控制内容	控制参数	可能用途
晶界密度	晶粒尺寸 晶界体积	增加强度和韧性等
晶界几何	晶界倾斜角 晶间两面角	增加蠕变强度 提高超导性
晶间形貌	析出物的形状、尺寸和数量	提高蠕变性能 提高韧性
晶界化学	偏析程度 无析出带	防止脆化 高腐蚀性
晶界类型	晶界类型分布	增加强度和韧性等

表3-3 按照多晶体性能要求对晶界进行设计的几条参考规则

性能要求	晶界设计	
	数量	类型
高强韧	高密度	低界面能大角晶界
高腐蚀	低密度	低能界面
降低晶间偏析	低密度	低能界面
烧结高密度	高密度	高能界面
高储氢能力	高密度	高能界面
高磁性能硅钢	高密度	小角晶界

习　题

3-1 何为表面能？完美晶体表面结构分为哪两种？

3-2 何为晶界，分为哪两种，如何区分？小角晶界分为哪两种？

3-3 何为相界？按结构特点，相界分为哪三种？共格相界与非共格相界各有什么特点？

3-4 简述小角晶界能与倾斜角 θ 的关系。

3-5 简述大角晶界非晶态黏合物学说和过渡点阵学说及其分歧点。

3-6 大角晶界的近代模型有哪些，各自的理论观点是什么？

3-7 阐述现代普遍使用的大角晶界重合点阵模型。

3-8 界面能对材料显微组织的变化有何影响？

3-9 小角晶界的移动有哪两种方式？大角晶界的运动有哪两种方式？

3-10 影响晶界移动的因素有哪些？

3-11 晶界主要从哪三方面影响材料的性能？

3-12 产生晶界偏聚的原因是什么，晶界偏聚对材料性能有何影响？

3-13 晶界在低温形变、断裂和高温变形中有何作用？

3-14 晶界对金属腐蚀有何影响？

3-15 晶界设计的指标有哪些？

4 材料的变形、回复与再结晶

本章提要：塑性变形、回复与再结晶是相互影响、相互联系的，探讨这些过程的实质与规律对控制和改善金属材料的组织与性能具有十分重要的意义。本章介绍了金属材料的弹性、塑性变形规律及其微观机制，材料在回复、再结晶过程中的变化规律及机制，影响变形的各种因素和材料变形与性能的关系。

4.1 引　　言

材料在外力作用下发生形状和尺寸的变化称为变形。在外力作用下，材料抵抗变形的能力及其破坏规律称为材料的力学性能或机械性能。材料的力学性能可通过有关标准试验测量，不同材料的力学性能差异较大，如图4-1所示。掌握金属材料的变形规律，使其按照预定的目标进行形变是进行塑性加工成型的要求；设法阻止或延缓变形的发生，则是强化材料的途径。

按变形基本特征，材料变形可分为三类：

(1) 弹性变形。材料在外力作用下产生变形，当外力取消后，材料变形即可消失并能完全恢复原来形状的性质称为弹性。这种可恢复的变形称为弹性变形。弹性变形的重要特征是其可逆性，与时间无关。这反映了弹性变形取决于原子间结合力这一本质现象。

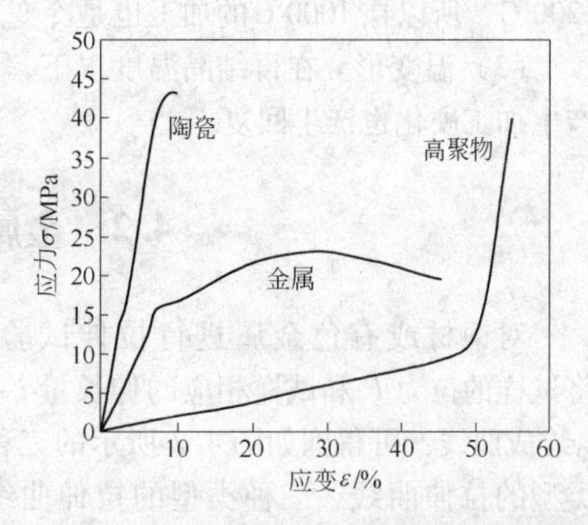

图4-1　典型金属、陶瓷和高聚物的应力-应变曲线示意图

(2) 塑性变形。在外力作用下产生而在外力去除后不能恢复的那部分变形称为塑性变形。塑性变形是不可逆的，与时间无关。在锻压、轧制、拔制等加工过程中，产生的弹性变形比塑性变形要小得多，通常忽略不计。利用塑性变形而使材料成型的加工方法统称为塑性加工。

(3) 黏性变形。非晶态固体和液体等在外力作用下产生没有确定形状的流变，去除外力后，流变不能恢复。这种与时间有关的不可逆变形称为黏性变形。

实际材料的变形根据所受外力的大小、温度的高低，可只发生一种形式的变形，也可是两种变形形式的组合。几种常见的变形及其特征如表4-1所示。

金属材料是弹-塑性材料，在外力作用下，一般是先产生弹性变形，然后发生塑性变形。高分子材料随温度的升高可呈现出从弹性变形到黏性变形的各种特征。陶瓷材料的晶体结构复杂，滑移系很少，位错运动困难，弹性模量是金属材料的两倍以上；在室温下，绝大多数陶瓷材料的塑性变形极小；而在1000℃以上时，大多数陶瓷材料可发生塑性变形。

表4-1　几种常见变形及其特征

变形种类	与时间的关系	可逆性	变形中的强化	有无屈服极限	示　例
弹　性	-	+	-	-	所有材料
塑　性	-	-	+	+	金属：$0<T<T_m$（熔点，K）
黏　性	+	-	-	-	玻璃，热塑料 $T>T_g$（玻璃化温度）
黏弹性	+	+	-	-	橡胶、高分子材料、Fe-C合金、磁性合金
蠕　变	+	-	+	+	金属：　$T>0.3T_m$ 热塑料：$T>0.5T_m$ 陶瓷：　$T>0.5T_m$

按变形温度不同，材料变形可分为三类：

（1）冷变形。在没有回复和再结晶的条件下进行的塑性变形，即塑性变形温度低于回复温度。变形后的金属具有全部的加工硬化特征，如板料冲压、冷挤压等。

（2）热变形。在再结晶过程得到充分进行的条件下进行的塑性变形，即塑性变形温度高于或等于再结晶温度。变形后的金属具有细小的等轴晶组织，无任何加工硬化痕迹。如铅和锌的再结晶温度为室温，因此室温下的加工就是热变形加工。钨的再结晶温度接近1200℃，所以在1000℃的加工也是冷变形加工。

（3）温变形。在再结晶温度以下，回复温度以上进行的塑性变形。变形后的金属既产生加工硬化也产生回复。

4.2　金属材料的拉伸曲线

对钢材或有色金属进行拉伸试验，将试样的拉力 P 和试样相应的伸长量 $l-l_0$ 绘成曲线，可得到如图4-2所示的三种类型的拉伸曲线。三种类型的拉伸曲线开始时都呈线性变化，到后来就发生了显著差异。曲线 A 出现锯齿状平台，而后再过渡到弯曲部分，直到断裂；曲线 B 只出现平台，但为一直线；而曲线 C 不存在平台。低碳钢的应力-应变曲线属 A 型，中碳钢多呈 B 型，奥氏体钢、高强钢和有色金属多呈 C 型。

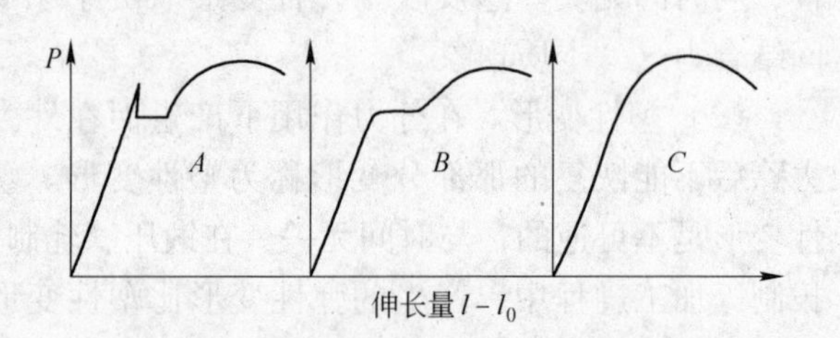

图4-2　三种类型的拉伸曲线

金属材料发生形变时，其内部原子间的相对位置和距离会发生变化，同时产生原子间的附加内力而抵抗外力，并试图恢复到形变前的状态，达到平衡时，附加内力与外力大小相等、方向相反。材料单位面积上所受的附加内力称为应力，其值等于单位面积上所受的外力，即：

$$\sigma = \frac{P}{A} \tag{4-1}$$

式中，σ 为应力；P 为外力；A 为面积。应力的单位为 N/m^2，又写为 Pa。若材料受力前的面积为 A_0，则 $\sigma_0 = F/A_0$，σ_0称为工程应力（或名义应力）。

应变用来表征材料受力时内部各质点之间的相对位移。对于各向同性材料，有拉伸应变 ε、剪切应变 γ 和压缩应变 Δ 三种基本类型。

拉伸应变是指材料受到垂直于截面积的大小相等、方向相反并作用在同一直线上的两个拉伸应力 σ 时发生的形变，如图 4-3 所示。一根长度为 l_0的材料，在拉应力 σ 作用下被拉长到 l_1，则其拉伸应变 ε_0为：

$$\varepsilon_0 = \frac{l_1 - l_0}{l_0} = \frac{\Delta l}{l_0} \tag{4-2}$$

ε_0称为工程应变（或名义应变）。

剪切应变是指材料受到平行于截面积的大小相等、方向相反的两个剪切应力τ时发生的形变，如图 4-4 所示。在剪切应力τ作用下，材料发生偏斜，该偏斜角 θ 的正切值定义为剪切应变，即：

$$\gamma = \tan\theta \tag{4-3}$$

在小剪切应变时，$\gamma \approx \theta$。

压缩应变是指材料周围受到均匀外力 P 时，其体积从起始时的 V_0变化为 $V_1 = V_0 - \Delta V$ 的形变，如图 4-5 所示，压缩应变 Δ 定义为：

$$\Delta = \frac{V_0 - V_1}{V_0} = \frac{\Delta V}{V_0} \tag{4-4}$$

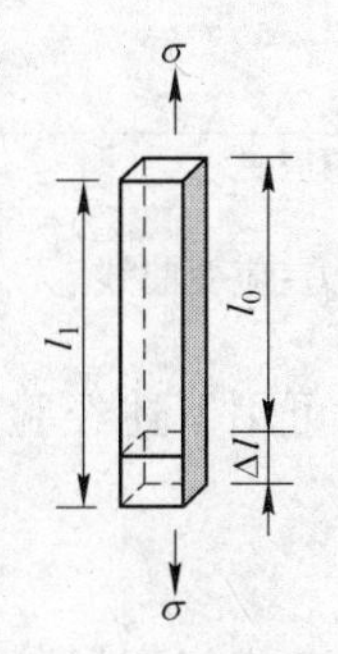

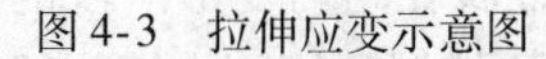
图 4-3　拉伸应变示意图

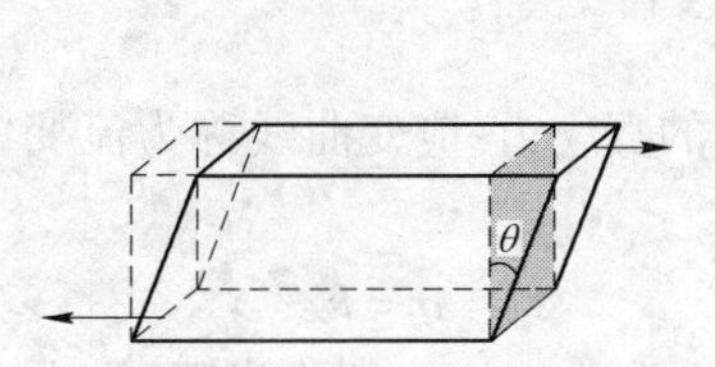

图 4-4　剪切应变示意图

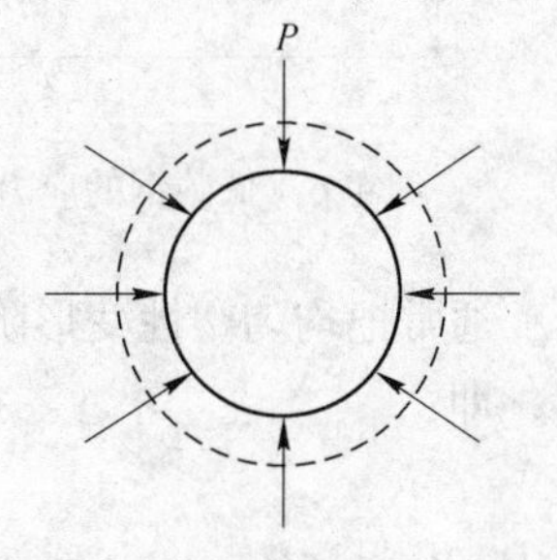

图 4-5　压缩应变示意图

由应变的定义可知，无论是拉伸应变 ε，还是剪切应变 γ 和压缩应变 Δ 都是无量纲的量。

拉伸曲线也可用工程应力作为纵坐标，工程应变作为横坐标得到，即应力-应变曲线，低碳钢的应力-应变曲线如图 4-6 所示。

拉伸曲线平台所对应的应力称为屈服点（或屈服应力）。图 4-2 中 B 曲线只有一个屈服点（σ_s），而 A 曲线有两个屈服点，分别称为上、下屈服点。对于无明显屈服点的 C 曲线而言，通常规定永久塑性变形为 0.2% 时的应力为屈服点，为了和真正屈服点相区别，称之为屈服强度 $\sigma_{0.2}$。

将塑性变形开始到断裂之前的整个过程称为材料的流变过程。能发生塑性变形的任一应力都称为流变应力。塑性变形量越大，与其对应的流变应力也越大。

上述应力-应变曲线中的应力和应变是以试样的初始尺寸进行计算的，事实上，在拉伸过程中试样的尺寸是在不断变化的，此时的真实应力 σ 应该是瞬时载荷 P 除以试样的瞬时截面积 A。真应变 ε 应该是瞬间伸长量除以瞬时长度，即 $\mathrm{d}\varepsilon=\mathrm{d}l/l$。总应变应为：

$$\varepsilon = \int \mathrm{d}\varepsilon = \int_{l_0}^{l} \frac{\mathrm{d}l}{l} = \ln \frac{l}{l_0} = \ln \frac{d_0^2}{d^2} \tag{4-5}$$

式中，l_0是原标距长；l 为受力的标距长。因塑性变形时，体积不变，即 $l/l_0=d_0^2/d^2$，d_0为变形之前的试样的直径，d 为受拉力 P 作用时试样最细处的直径。真应力-应变曲线如图 4-7 所示，它不像图 4-6 所示工程应力-应变曲线那样，在载荷达到最大值后转而下降，而是继续上升，直至断裂。这说明金属在塑性变形过程中不断地发生加工硬化，从而外加应力必须不断增加才能使其变形，即使在出现缩颈处的应力仍在升高，这就排除了工程应力-应变曲线中应力下降的假象。图 4-7 中的 σ_K 是材料的断裂强度。

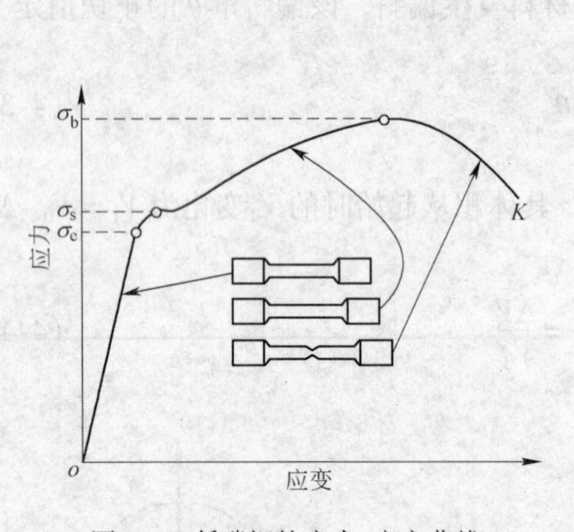

图 4-6 低碳钢的应力-应变曲线

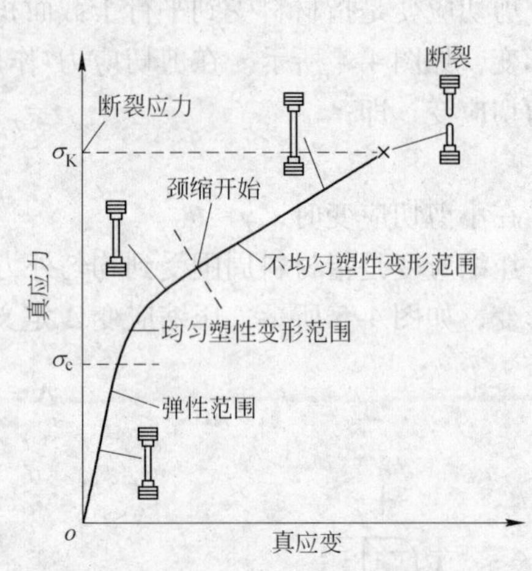

图 4-7 真应力-应变曲线

通常把均匀塑性变形阶段的真应力-应变曲线称为流变曲线，它可用下述经验公式表达，即：

$$\sigma = K\varepsilon^n \tag{4-6}$$

式中，K 为常数；n 为形变硬化指数（加工硬化指数），它表征金属在均匀变形阶段的形变强化能力，n 值越大，则变形时的形变强化越显著。大多数金属材料的 n 值在 0. 10 ~ 0. 50 范围内，取决于材料的晶体结构和加工状态。

4.3 金属材料的弹性变形

金属材料在外力作用下首先发生弹性变形。理想弹性体是指去除外力后能完全恢复原状的物体。理想弹性体的变形有两个特征，一是应力 σ 和应变 ε 是单值线性函数关系；二是加上或去除应力时，应变都是瞬时达到其平衡值。实际上，任何一种材料都具有惯性效应，都不服从虎克定律。但是在一定范围内，应力和应变的关系可以达到虎克定律的要求，可以作为理想弹性体处理。理想弹性体的形变和恢复形变都是瞬时的，不依赖于外力作用时间的长短。不同材料的弹性变形量也不相同。当金属材料所受力在弹性范围内时，呈弹性变形特征，但其弹性变形量很小，一般小于0.5% ~1.0%。

4.3.1 虎克定律

虎克定律是力学基本定律之一，是适用于一切固体材料的弹性定律。它可表述为：在弹性限度内，物体的形变跟引起形变的外力成正比。在单向应力状态下应力和应变的关系为：

$$\left.\begin{aligned}\sigma = E\varepsilon \\ \tau = G\gamma\end{aligned}\right\} \tag{4-7}$$

式中，E 为杨氏弹性模量；G 为剪切弹性模量。弹性模量是描述物质弹性的一个物理量，是一个总称，包括杨氏弹性模量 E、剪切弹性模量 G、体积模量 K 和泊松比。E 和 G 有如下关系：

$$G = \frac{E}{2(1+\nu)} \tag{4-8}$$

式中，ν 为泊松比。材料的横向应变与纵向应变之比就是泊松比。

在虎克定律中把材料的弹性常数视为各向同性。金属多晶体表现出伪各向同性，通常给出的是弹性常数平均值。但在金属单晶体中由于各向异性，材料的弹性常数在各个方向上可相差几倍。对完全各向同性材料，可取泊松比 $\nu=0.25$，多数金属的 ν 值接近0.33。因此，当 $\nu=0.25$ 时，$G=0.4E$；当 $\nu=0.33$ 时，$G=0.375E$。

定义体弹性模量 K 为：

$$K = \frac{E}{3(1-2\nu)} \tag{4-9}$$

体弹性模量又称为压缩模量。如 $\nu=0.33$，则 $K\approx E$。在4个弹性常数中，只要知道 E 和 ν，就可以求出 G 与 K。由于杨氏弹性模量易于测定，因此用得最多。

4.3.2 弹性模量的技术意义

弹性模量是工程材料重要的性能参数，从宏观角度来说，弹性模量是衡量物体抵抗弹性变形能力大小的尺度，从微观角度来说，则是原子、离子或分子之间键合强度的反映。金属材料的弹性模量是一个对组织不敏感的力学性能指标，合金化、热处理、冷塑性变形等对弹性模量的影响较小，温度、加载速率等外在因素对其影响也不大，所以一般工程应用中都把弹性模量视作常数。

从形式上看，杨氏模量 E 是正弹性模量，表征材料抵抗正应变的能力；切变模量 G 表征材料抵抗剪切变形的能力；泊松比 ν 表征材料横向变形和纵向变形之间的关系；体弹性模量 K 表征材料在流体静压力下抵抗体应变的能力。因此，材料的弹性模量表征了材料对弹性变形的抗力，其值的大小反映了材料弹性变形的难易程度，其值越大，意味着使材料发生一定弹性变形的应力也越大，即材料刚度越大，亦即在一定应力作用下，发生弹性变形越小。

在工程上，往往将物体产生弹性变形的难易程度称为构件的刚度。这是由弹性模量派生出来的一个概念。刚度被定义为：

$$EA = \frac{P}{\varepsilon} \tag{4-10}$$

式中，EA 即为刚度；A 为构件承载截面积；P 为外加载荷；ε 为受载后构件的应变。刚度的物理意义是构件产生单位应变所需的外力。

在机械设计中，有时刚度是第一位的。精密机床的主轴如果不具有足够的刚度，就不能保证零件的加工精度。若汽车拖拉机中的曲轴弯曲刚度不足，就会影响活塞、连杆及轴承等重要零件的正常工作；若扭转刚度不足，则可能会产生强烈的扭转振动。曲轴的结构和尺寸常常由刚度决定，然后作强度校核。通常由刚度决定的尺寸远大于按强度计算的尺寸。所以，曲轴只有在个别情况下，才会从轴颈到曲柄的过渡圆角处发生断裂，这一般是制造工艺不当所致。在工程设计中，一旦外载和承载截面被确定之后，若要减小构件的弹性变形，就要选择高弹性模量的材料。

从微观角度看，弹性变形是原子自平衡位置产生可逆位移的反映，而弹性模量则反映了原子之间的结合力。在平衡时，晶体内部的原子处于能量最低的位置，原子相互之间具有抵抗分离、压缩或剪切移动的本能，如果施一外力使原子偏离其平衡位置，则该原子同时受到一个使其回到原来位置的内力，这个力就是弹性力。弹性力的大小随原子偏离平衡位置的距离的变化而变化，这种变化的量度就是弹性模量。图 4-8 为原子间结合力和结合能的双原子模型。当 B 原子位于距 A 原子 d_0 远时，处于平衡。当 B 原子与 A 原子间的距离在 $d_0 \sim d_c$ 之间时，B 原子受到一个引力，且 B 原子在 d_c 位置时达到最大，在这个范围内为弹性变形。当 B 原子与 A 原子的距离超过 d_c 时，引力下降，原子不能完全恢复到平衡位置 d_0，将产生非弹性变形。

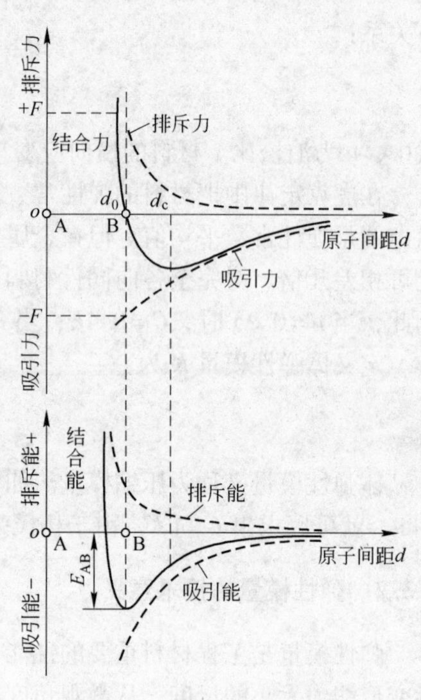

图 4-8　双原子作用模型

因为弹性模量反映了原子间结合力（或结合能）的大小，它必然与原子间距及晶体结构类型有关。典型金属的弹性模量与原子间距 b 之间有如下关系：

$$E = \frac{\mu}{b^m} \tag{4-11}$$

式中，μ 和 m（均大于 1）是材料常数。

金刚石一类共价晶体的原子间结合力很大，因而也表现出很高的弹性模量，金属晶体和离子晶体次之，而分子链的晶体如橡胶、塑料等的弹性模量更低。表 4-2 给出了部分材料的弹性模量。四种弹性模量间的换算关系如表 4-3 所示。

4.3.3　影响材料弹性模量的因素

单晶体的弹性模量是各向异性的，因为在晶体的不同方向原子间结合力不同。一般来说，沿原子线密度最大的方向，弹性模量也最大。

表 4-2 部分材料的弹性模量及泊松比

材 料	E/GPa	G/GPa	ν	材 料	E/GPa	G/GPa	ν
铝	70.3	26.1	0.345	陶瓷	58.0	24.0	0.23
铜	129.8	48.3	0.343	碳化硅	≈470.0	—	—
α-Fe、钢	207 ~ 215	82	0.26 ~ 0.33	金刚石	≈965.0	—	—
铸铁	110.0	51	0.17	橡胶	0.1	0.03	0.42
镁	44.7	17.3	0.291	尼龙 66	1.2 ~ 2.9	—	—
镍	199.5	76.0	0.312	聚乙烯	0.4 ~ 1.3	—	—
钛	115.7	43.8	0.321	石英玻璃	76.0	23.0	0.17
钨	411.0	160.6	0.280	有机玻璃	4	1.5	0.35
钒	127.6	46.7	0.365				

表 4-3 四种弹性模量间的换算关系

项 目	(G,ν)	(G,K)	(E,G)	(E,ν)
E	$2G(1+\nu)$	$\dfrac{9KG}{(3K+G)}$	E	E
G	G	G	G	$\dfrac{E}{2(1+\nu)}$
ν	ν	$\dfrac{(3K-2G)}{2(3K+G)}$	$\dfrac{(E-2G)}{2G}$	ν
K	$\dfrac{2G(1+\nu)}{3(1-2\nu)}$	K	$\dfrac{EG}{3(3G-E)}$	$\dfrac{E}{3(1-2\nu)}$

实际使用的金属材料大多是多晶体，由于各个晶粒的晶体学取向各不相同，相互间有强弱互补的作用，所以弹性模量的各向异性表现不出来。由于弹性模量是取决于原子间结合力的性质，或者说它是组织不敏感的性质，所以晶粒间界的存在对弹性模量没有显著的影响，因此，多晶体的弹性模量介于单晶体弹性模量的最大值与最小值之间。虽然金属材料的成分与热处理对它的弹性模量影响不大，但改变材料的成分与热处理能显著提高材料的弹性极限。

影响金属材料弹性模量的因素可归纳为如下五个方面。

4.3.3.1 原子结构的影响

原子间结合力与原子结构有密切关系。在元素周期表中，原子的外层电子数呈周期性变化，原子间的结合力也随元素在周期表中的位置而呈周期性变化，因而金属元素的弹性模量也随原子序数呈周期性的变化，如图 4-9 所示。在同一周期中，元素原子序数增加时，价电子数增加，原子直径减小，弹性模量也就越高。对于同一族元素来说，元素所处的周期越大，原子直径越大，弹性模量就越低。但是过渡族元素不符合上述规律。在同一周期中，过渡族元素的弹性模量最高，这可能与它们的 d 层电子未被填满而引起原子间结合力增大有关。

此外，金属的晶体结构类型不同，弹性模量也不同。

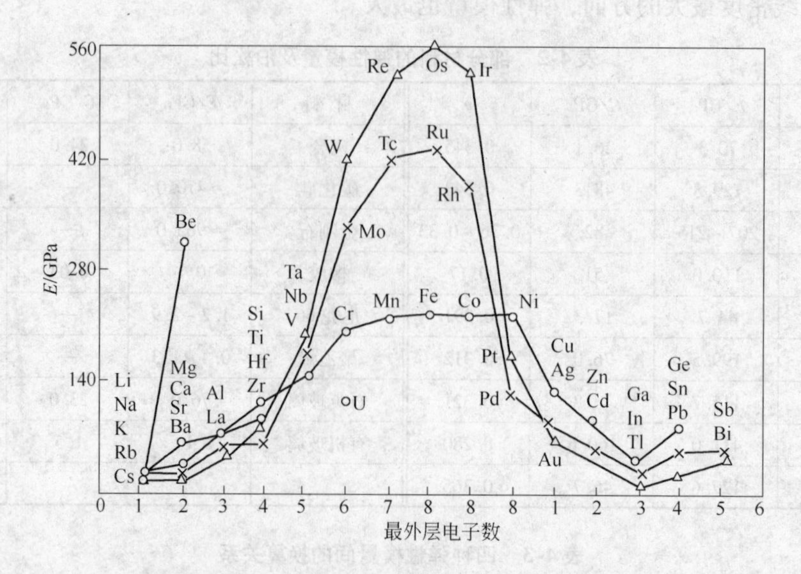

图4-9　不同元素弹性模量 E 的周期性变化

4.3.3.2　温度的影响

温度对金属材料的弹性模量有重大影响。一般金属材料的弹性模量随温度升高而降低，如图4-10所示。当温度升高时，原子热振动加剧，原子间距增大，原子间结合力降低，从而导致弹性模量降低。铁每升高100℃，弹性模量降低约3%～4%。钢从25℃加热至450℃时，其弹性模量降低约20%。一般钢铁材料在其工作温度范围内（-50～+50℃），弹性模量随温度的变化虽很大，但对构件刚度的影响不大，可不加考虑。

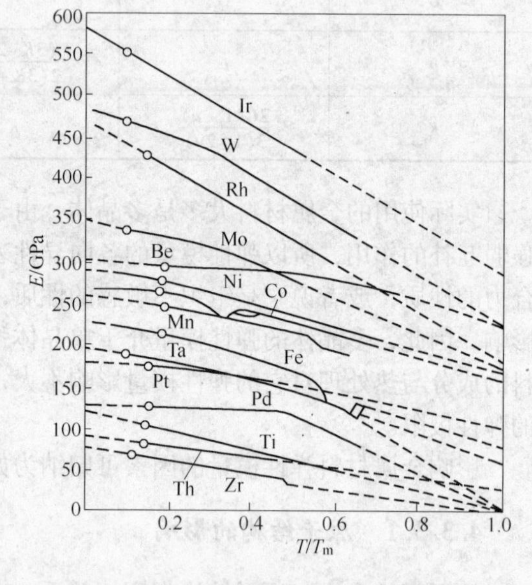

图4-10　弹性模量与 T/T_{m} 之间的关系

4.3.3.3　合金成分与组织的影响

合金元素的加入会改变原子间的结合力，因而使弹性模量发生变化。然而一般钢中合金元素的含量只有百分之几，所以对一般工业用钢来讲，尽管其成分发生变化，或通过热处理改变了组织状态，但弹性模量均与纯铁相似，相差不超过5%。在一些合金中，合金元素含量比较大时，弹性模量将有较大的改变。

对于固溶体合金而言，在弹性模量高的金属中加入弹性模量低的合金元素，一般会使合金的弹性模量降低，如图4-11所示；相反，在弹性模量低的金属中加入弹性模量高的合金元素，一般会使合金的弹性模量升高，如图4-12所示。

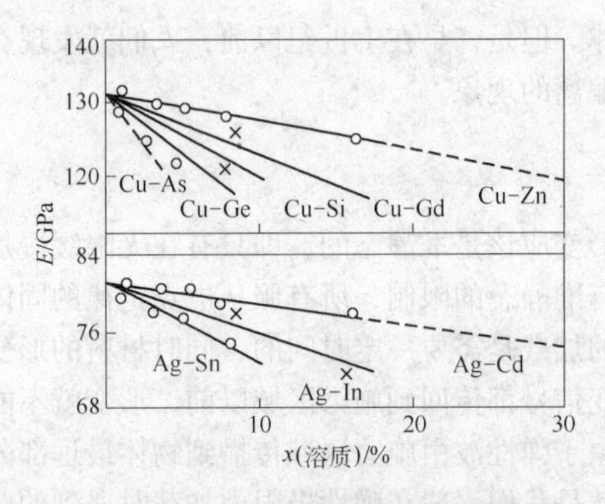

图4-11 溶质原子对铜和银弹性模量的影响

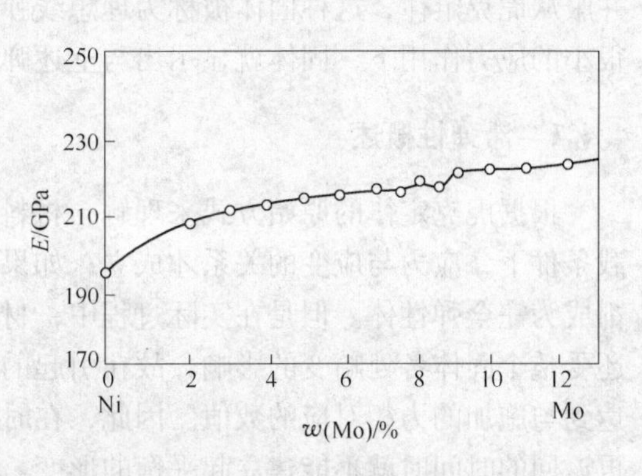

图4-12 溶质原子对镍弹性模量的影响

在两相合金中弹性模量的变化比较复杂。它与合金成分、第二相性质、尺寸和分布有关，因而与热处理工艺的关系比较密切。如Mn-Cu合金的弹性模量随成分和热处理工艺的变化如图4-13所示。在0~80%范围内，Mn-Cu合金为$\alpha+\gamma$两相结构。在退火状态下，在0~60%范围内，随着Cu量的增加，弹性模量降低（曲线a）。变形量为90%的（曲线b）和经同样变形量后在400℃加热的Mn-Cu合金（曲线c），它们的弹性模量随含Cu量呈线性增加。而经96%冷变形后和随后600℃加热的Mn-Cu合金（曲线d），其弹性模量介于两者之间。

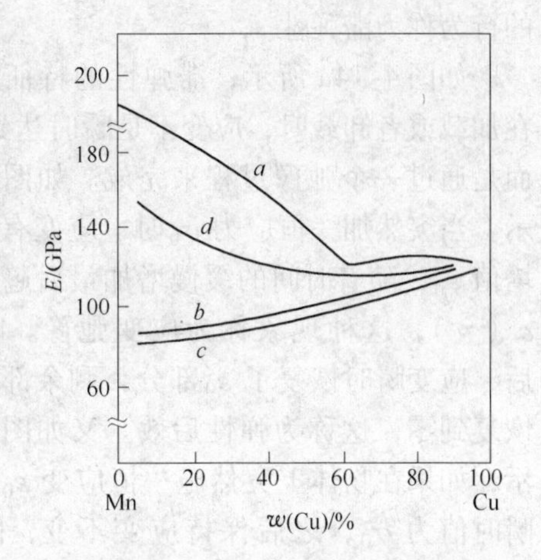

图4-13 Mn-Cu合金的弹性模量

4.3.3.4 冷加工的影响

具有体心立方结构的α-Fe在加工硬化的影响下弹性模量减小。对于具有面心立方结构的Al、Cu，加工硬化也使其弹性模量降低，但在深加工后又转为增大，这可能与织构的产生有关。钢及工业纯铁，在加工硬化的影响下，泊松比将减小。一般来讲，加工硬化会降低合金的弹性模量，但为了合金的成材和强化的需要，应控制合适的冷变形程度并和热处理工艺相配合来获得满意的弹性性质。例如，高弹性合金Ni36CrTiAl的弹性模量随冷变形程度的增加是下降的，而冷变形后再进行回火，弹性模量又上升了，见表4-4。

表4-4 不同状态下Ni36CrTiAl合金的弹性模量

合金状态	E/GPa	合金状态	E/GPa
900℃淬火	172	冷变形率50%	130
冷变形率25%	169	冷变形+600℃回火	190

4.4 固体的滞弹性与内耗

在弹性极限内，应力与应变存在着线性关系，应力与应变在瞬时就达到平衡的关系，并服从虎克定律，这种固体被称为理想线弹性体。但是，早在1世纪以前，人们就发现在很小的应力作用下，固体就显示出与上述弹性偏离的现象。

4.4.1　滞弹性概述

根据虎克定律的原始方式来理解，材料的形变应该是准静态的，即只有在无限缓慢加载条件下，应力与应变的关系才成立；如果没有准静态的限制，所有服从虎克定律的固体都成为完全弹性体。但是在实际过程中，材料的加载是需要一定时间的，同时材料的形变还受整个固体各处畸变的影响，故在引起的畸变信号都传回到施力区域以前，形变就不能达到与施加的力相对应的数值。因此，在时间短于弹性波由施力区域传播到物体最远部分再返回的时间时就不能建立起平衡的形变，这就是我们一般在弹性极限内加载时遇到的应变落后于应力现象的物理本质。这种应变和应力彼此之间不是单值函数关系而无永久变形的行为称为滞弹性。

如图4-14a所示，滞弹性的特征是当固体在加载或者卸载时，应变不是瞬时达到平衡值，而是通过一个弛豫过程来完成。如图4-14b所示，当突然加一恒应力σ_0时，应变有一个瞬时增值ε_0，随着时间的缓慢增加最后趋于平衡值$\varepsilon(\infty)$，这种现象称为应变弛豫。除去应力后，应变瞬时恢复了ε_0部分，剩余部分则缓慢恢复到零，这称为弹性后效。又如图4-14c所示，如果在物体上突然施一恒应变ε_0，则应力瞬时值为σ_0，之后保持应变不变，随时间延长，应力就要逐渐松弛到一个平衡值$\sigma(\infty)$，这一过程称为应力弛豫（或应力松弛）。由于应变落后于应力，所以在适当频率的振动应力作用下，就会出现内耗与模量亏损现象。

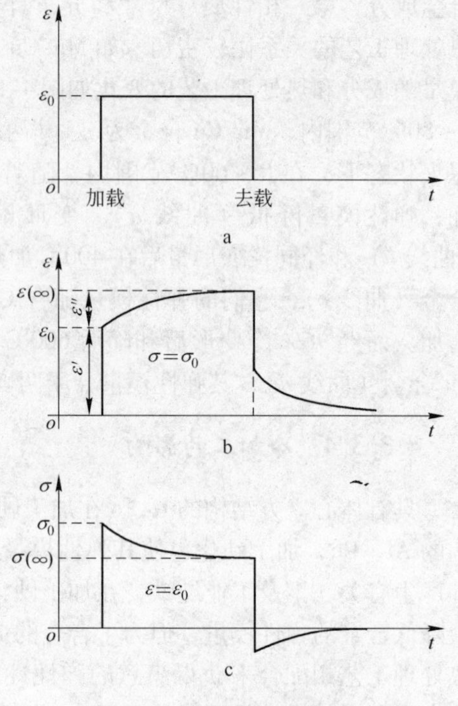

图4-14　不同材料的滞弹性

a—完全弹性体；b—恒应力的应变弛豫；c—恒应变的应力弛豫

4.4.2　内耗及其唯象处理

振动固体在与外界完全隔离时，它的机械振动能也会转化为热能，从而使振动逐渐停止；如果是强迫振动，则必须从外界不断供给能量，才能维持振动。这种由于内部原因而使振动能消耗的现象称为内耗（或力学阻尼）。这一特殊性质在实际中已经受到人们的重视，根据实际需要人们希望得到高或者低阻尼的材料。

4.4.2.1　内耗与模量亏损

一般来说，内耗都是一种在应力作用下的内部重新排列的结果，而重新排列包括热的（热弹性效应）、磁的（磁弹性效应）、电的（费米面的畸变）和原子的重新排列等。其中原子重新排列可以分为原子扩散、位错运动和界面等引起的内耗。

理想弹性体作周期性振动时，没有弛豫现象，应力和应变始终同位相，并有一一对应的单值正比关系。在图4-15a中，应力-应变的加载和卸载曲线是重合的，它表明弹性能在固体中的贮存和释放是可逆的，不产生内耗。在实际材料中存在弛豫现象，应变总落后于应力，从而产生内耗，在应力-应变图上表现为出现滞后回线，如图4-15b所示。因此，内耗是与非弹性行为相联系的现象。

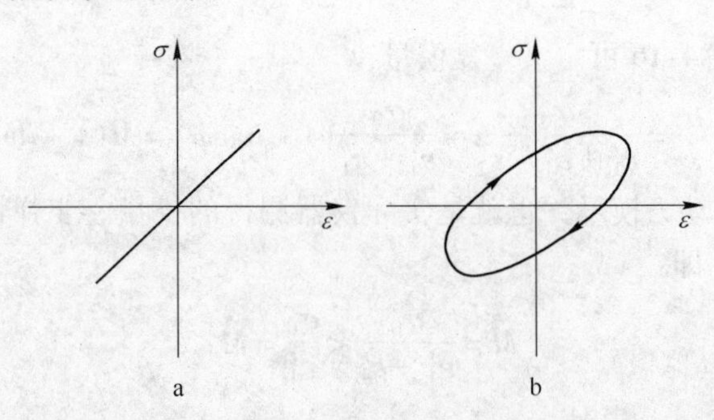

图4-15 理想弹性体（a）及存在非弹性行为时（b）的应力-应变关系

设作用在物体上的应力随时间的变化关系为：

$$\sigma = \sigma_0 \exp(i\omega t) \tag{4-12}$$

式中，ω 为振动角频率。所产生的应变也为一周期函数，它可分解为两部分，即：

$$\varepsilon = \varepsilon' + \varepsilon'' \tag{4-13}$$

ε'为瞬时应变，服从虎克定律，与 σ 同位相，可写成：

$$\varepsilon' = \varepsilon'_1 \exp(i\omega t) \tag{4-14}$$

ε''是随时间而发展的应变（非弹性应变），与应力 σ 不同步。把它再分解为与 σ 同位向的 $\varepsilon''_1\exp(i\omega t)$ 和落后90°的应变 $i\varepsilon''_2\exp(i\omega t)$，则：

$$\varepsilon'' = (\varepsilon''_1 - i\varepsilon''_2)\exp(i\omega t) \tag{4-15}$$

图4-16表示了应力和各应变分量之间的关系。

总应变可写成：

$$\begin{aligned}\varepsilon &= (\varepsilon'_1 + \varepsilon''_1 - i\varepsilon''_2)\exp(i\omega t) \\ &= \varepsilon_0 \exp[i(\omega t - \varphi)]\end{aligned} \tag{4-16}$$

式4-16中应变总振幅 ε_0 为：

$$\varepsilon_0 = [(\varepsilon'_1 + \varepsilon''_1)^2 + (\varepsilon''_2)^2]^{\frac{1}{2}} \tag{4-17}$$

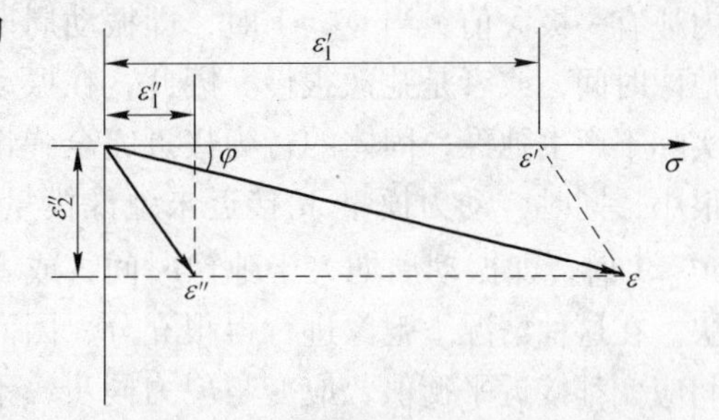

图4-16 应力与弹性应变及非弹性应变间的位相关系

式中，φ 为应变落后于应力的位向角，且

$$\tan\varphi = \frac{\varepsilon''_2}{\varepsilon'_1 + \varepsilon''_1} \approx \frac{\varepsilon''_2}{\varepsilon''_1} \tag{4-18}$$

因为通常情况下 $|\varepsilon''_1| \ll |\varepsilon'_1|$，所以式4-18近似成立。振动一周的能量损耗也就是滞后回路的面积：

$$\Delta W = \int_0^{\frac{2\pi}{\omega}} (R_e\sigma) \times (R_e\varepsilon)^t \mathrm{d}t = \pi\sigma_0\varepsilon_0 \sin\varphi \tag{4-19}$$

R_e表示积分时 σ 和 ε 都必须取实数部分代入。

设 W 为总的振动能，则有：

$$W=\frac{1}{2}\sigma_0\varepsilon_0 \tag{4-20}$$

一般把$\frac{1}{2\pi}\frac{\Delta W}{W}$定义为内耗，用$Q^{-1}$来表示。

$$Q^{-1}=\frac{1}{2\pi}\frac{\Delta W}{W}=\sin\varphi\approx\tan\varphi\approx\frac{\varepsilon_2''}{\varepsilon_1'}\ (\text{因}\ \varphi\ \text{很小}) \tag{4-21}$$

根据式4-12和式4-16可定义一复模量：

$$\tilde{M}=\frac{\sigma}{\varepsilon}=\frac{\sigma_0}{\varepsilon_1'+\varepsilon_1''-\varepsilon_2''}\approx\frac{\sigma_0}{\varepsilon_1'+\varepsilon_1''}(1+i\tan\varphi)=M(1+i\tan\varphi) \tag{4-22}$$

式中，实数部分M为动力模量，也就是实际仪器测得的模量。非弹性行为的存在使它小于完全弹性模量M_u，即：

$$M=\frac{\sigma_0}{\varepsilon_1'+\varepsilon_1''}<\frac{\sigma_0}{\varepsilon_1'}=M_u \tag{4-23}$$

叫做模量亏损效应，一般用$\frac{\Delta M}{M}$来量度，即有：

$$\frac{\Delta M}{M}=\frac{M_u-M}{M}=\frac{\varepsilon_1''}{\varepsilon_1'} \tag{4-24}$$

由式4-21和式4-24可见，内耗和模量亏损都是非弹性行为引起的。非弹性应变中，与应力不同位向的ε_2''导致内耗，与应力同位向的分量ε_1'导致模量亏损。并且前者是与应力不同向的分量有关，后者是与应力同向的分量有关。

4.4.2.2　弛豫（滞弹性）型内耗

弛豫（滞弹性）型内耗和模量亏损与应变振幅无关，只和$\omega\tau$有关，如图4-17所示。当$\omega\tau=1$时，内耗有一极大值；当$\omega\tau\gg1$时，即振动周期远小于弛豫时间，或者是弛豫很慢。因此，在振动一周内实际不产生弛豫，固体的行为接近完全弹性，内耗很小，同时，动力模量M接近未弛豫模量M_u。当$\omega\tau\ll1$时，即振动周期大于弛豫时间，或者弛豫很快。在这种情况下弛豫进行得很充分，因而每一瞬间应变都接近平衡值，应变与应力同步，不产生内耗。同时，动力模量接近弛豫模量，$\Delta M/M=\Delta_M$，即此时的模量亏损最大。只有$\omega\tau$为中间值时，因为应变弛豫跟不上应力的变化，此时应力-应变曲线为一椭圆，其面积正比于内耗。当$\omega\tau=1$时，内耗达极大值，对应内耗峰值。

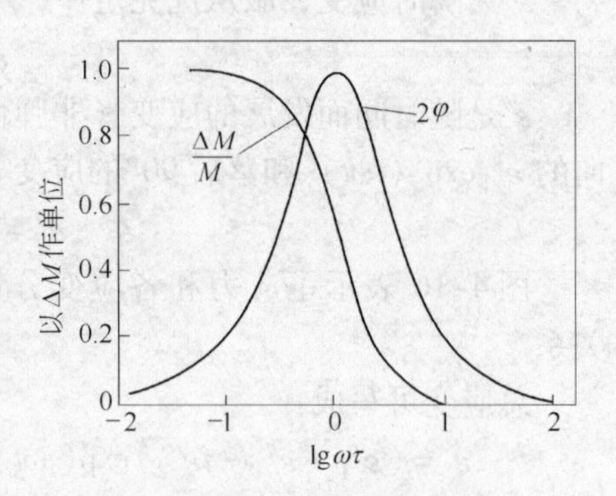

图4-17　滞弹性型内耗和弹性模量与$\omega\tau$的关系

我们再来看下弛豫时间的物理含义。可以设想，当产生内耗时，材料内部发生重新排列，弛豫时间应与温度有关，并遵守阿伦尼乌斯（Arrhenius）方程，即：

$$\tau=\tau_0\exp\left(\frac{\Delta H}{kT}\right) \tag{4-25}$$

式中，ΔH为过程激活能；k为玻耳兹曼（Boltzmann）常数；τ_0为零激活能时的弛豫时间；T为绝对温度。对于任意过程，ΔH为一定值时，温度升高则弛豫时间变短。

由于弛豫型内耗仅与 $\omega\tau$ 有关，故 ω 和 τ 的变化是等效的。又因存在下面关系式：$\ln\omega\tau = \ln\omega\tau_0 + \Delta H/kT$，$T$ 的变化实质上就是 τ 发生了改变。用 Q^{-1} 对 $1/T$ 作图也能得到图4-17那样的曲线，出现一温度内耗峰。通常所谓的内耗峰实际上就是指温度内耗峰。

对于同一试样来说，如果用两种不同的频率 ω_1 和 ω_2 作 $Q^{-1}-1/T$ 曲线，将得到两个不同温度的内耗峰。由于在峰处 $\omega_1\tau_1=\omega_2\tau_2=1$，所以由式4-25有：

$$\ln\frac{\omega_2}{\omega_1}=\frac{\Delta H}{k}\left(\frac{1}{T_1}-\frac{1}{T_2}\right) \tag{4-26}$$

这样就可求出弛豫过程的激活能。从激活能的数值又可确定或推测弛豫的微观机制。例如，若 ΔH 与扩散激活能相当，则表明弛豫过程为原子扩散所控制。

以上所讨论的滞弹性型内耗是针对单一弛豫时间而言的，但在实际的材料中，常有好几种机制可以引起这种弛豫内耗峰，而各种机制的弛豫时间又不同，因此在一定频率或者温度范围内，常出现许多内耗峰，这些内耗峰的总体称为弛豫谱。

弛豫（滞弹性）型内耗的特点如下：

(1) 由于应力-应变方程是线性的，所以内耗与模量亏损、振幅无关，但与频率有关。这体现了动力学特性，也可以叫做动滞后。

(2) 因为在每一个应力值下有一个应变平衡值，故当外加应力撤除后，不会留下永久形变。

(3) 内耗和模量亏损与温度有关，并存在激活能。

4.4.2.3 静滞后型内耗

静态滞后的产生是由于应力和应变之间存在多值函数关系，即在加载和卸载时，同一载荷下具有不同的应变值；当完全卸载后有永久变形产生，仅当存在反向加载时才能使应变回复到零，如图4-18所示。由于当应力变化时，应变总是瞬间调整到相应的值，故所得静滞后回线不论频率大小，形状总是不变的。其次，通常来说，只要存在静滞后现象，无论振幅大小，都要产生残余变形。显然，此时滞后回线随着振幅的变化而发生改变，不存在所谓的激活能。上述这些都是静滞后型内耗有别于滞弹性型内耗的主要特点。

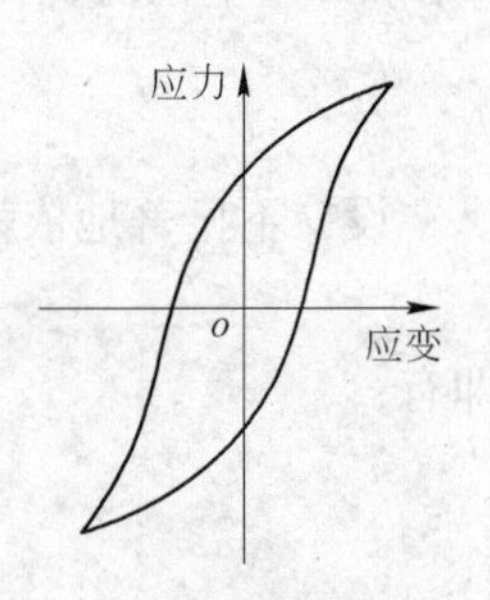

图4-18 静滞后回线

4.4.2.4 阻尼共振型内耗

当固体作阻尼共振时也会导致能量损耗。例如，晶体中两端被钉扎住的自由位错线段在振动应力作用下的强迫振动。由于位错线的运动可引起非弹性应变，从而产生阻尼。阻尼强迫振动常用下面的微分方程进行描述，即：

$$A\frac{\partial^2\xi}{\partial t^2}+B\frac{\partial\xi}{\partial t}-C(\xi)=F_0\exp(i\omega t) \tag{4-27}$$

式中，ξ 为偏离平衡位置的位移；$A\partial^2\xi/\partial t^2$ 为惯性力，A 是振动子的有效质量；$B\partial\xi/\partial t$ 为通常假定的阻尼力（黏滞阻尼），B 为阻尼系数；$C(\xi)$ 为回复力，常与位移成正比；$F_0\exp(i\omega t)$ 为作用在振子上的外加振动力。

ξ 联系着非弹性应变，F_0 联系着外加应力，因此式4-27也就是阻尼共振型的应力-应变（非弹性）方程。当其固有频率与外加频率相近时产生共振，也就是位移 ξ 具有最大值，此时振动子对阻尼力所做的功（即内耗）也是最大。又因式 4-27 是线性关系，所以内耗与振幅无关。

这样，阻尼共振型内耗和滞弹性型内耗都与频率的关系极大，与振幅无关，但它们在温度上却反映出很大差异。因为大多数弛豫过程的弛豫时间对温度很敏感，温度略有改变，内耗所对应的频率就改变很大，而共振型内耗中的固有频率一般对温度不敏感，因此内耗峰位置随温度的改变其变化相对要小很多。

4.4.3 内耗研究的某些应用实例

关于内耗的研究有两大用处：第一，研究物理冶金过程对材料阻尼本领的影响，以获得满足所需要内耗条件的材料。例如，制造飞机和桥梁的材料要求具有高阻尼本领，而钟表、乐器则需要低阻尼的材料。第二，内耗既然起因于材料内部，反过来可以通过内耗来揭示材料内部结构或内部原子的运动情况。有些内耗现象与固体中的微观缺陷有关，所以内耗成为研究固体中原子分布、运动以及缺陷交互作用的重要工具。

4.4.3.1 应力感生有序内耗

这里要讲述的应力感生有序内耗主要是指溶解在固溶体中的各种点缺陷，包括间隙原子、置换原子、空位以及由它们组成的集体，在外应力作用下，由原来的无序分布状态变成某种有序分布所致。令 U 为系统中单位体积的总能量，p 为量度有序状态的参数，则当 p 增加一个单位时，在恒应变下，单位体积中能量的减少量（或者称为有序化能量）为：

$$u = \left(\frac{\partial U}{\partial p}\right)_{\varepsilon} \tag{4-28}$$

设 u 不显著地依赖于温度，则在绝对零度时应有：

$$\mathrm{d}U = \sigma \mathrm{d}\varepsilon - u\mathrm{d}p \tag{4-29}$$

即有：

$$\left(\frac{\partial u}{\partial \sigma}\right)_{p} = \left(\frac{\partial \varepsilon}{\partial p}\right)_{\sigma} \tag{4-30}$$

此式为热力学中的互易关系。

如在恒应力下，有序度的变化会产生应变，则外应力就会增加有序化能量，使平衡状态向有序度增加的状态变动，也即所谓的应力感生有序。因为有序度的变化是通过原子扩散进行的，而原子扩散需要一定的弛豫时间，故有序度变化所引起的非弹性应变总是要落后于应力，并由此产生内耗。

对固溶有少量碳或氮原子的 α-Fe 进行内耗实验，当工作频率为 1Hz 时，在 40℃附近呈现一个内耗峰。这个峰首先是由斯诺克研究并解释的，所以称作斯诺克峰。图 4-19 是固溶少量碳的 α-Fe 的弛豫谱线，其中Ⅰ是固溶处理后的内耗谱线，Ⅱ为经过固溶处理和过变形处理的内耗曲线。虚线为纯铁的内耗曲线。从结果中可以看出，斯诺克峰的相对高度保持基本不变。斯诺克本人根据当铁中无碳或氮时此峰消失的事实确定此峰与铁中间隙原子固溶及运动有关。

在固定频率下，斯诺克峰在低温情况下出现。这是由于温度降低，原子再分布来不及

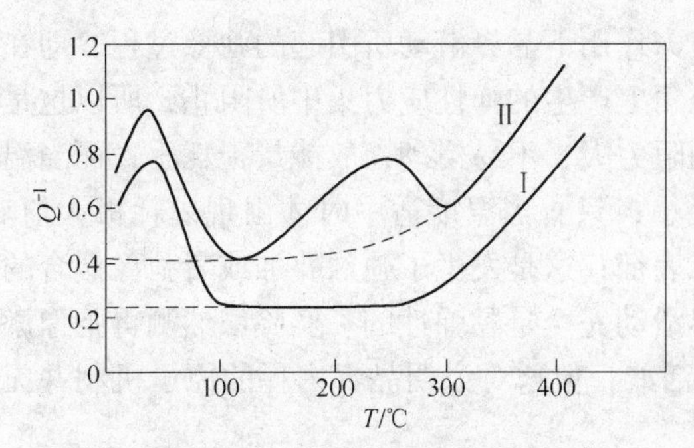

图4-19　铁碳固溶体中的斯诺克峰

进行，难以发生依赖于时间的附加畸变，导致内耗很小；当温度较高时，原子再分布进行速度快，应变可以跟上应力的变化，内耗也很小。同样，频率也要选择适当，过快则间隙原子来不及跳动；过慢则跳动相对较快，附加应变几乎和应力同步，这两种条件下内耗也均较小。

在许多体心立方金属中都存在斯诺克效应。由于其机制已十分清楚，因此它的用途也很广泛，下面举个例子。

这方面的工作大多数都涉及 α-Fe 中的碳、氮间隙原子的行为。Snoek 根据当钢中所有碳、氮都去掉后，此现象即消失这一事实，认为碳、氮间隙原子是此内耗峰的根源。

由于间隙原子跳动引起附加应变而产生斯诺克峰，所以峰的高度随着间隙原子在固溶体中的含量增加而增加。因此，利用应力感生有序内耗来测量间隙原子的固溶浓度是一种十分有效的方法。具体应用如下：

（1）过饱和固溶体中的沉淀。因为斯诺克峰的高度正比于固溶体中溶质原子的量，当其脱溶而形成了第二相粒子后对内耗便无贡献，因此测量内耗峰高度的变化即可定量地得到沉淀量与时效时间和时效温度之间的函数关系。

（2）应变时效。溶质原子聚集在位错线上，也就离开了固溶体中正常点阵位置，从而对斯诺克内耗峰也无贡献。利用对内耗峰的测量，研究冷加工 α-Fe 中碳、氮的沉淀，第一次用实验证明了应变时效的 $t^{2/3}$ 定律，并可求得冷加工样品中的位错密度。

（3）间隙固溶体的溶解度曲线。与一般用化学方法测出的溶解度相比，内耗方法可以测定更小的溶解度。

内耗方法不但可以对溶质原子的应力感生有序作出比较精确的描述，而且在 Nb-H 系中还观察到室温下有关氢原子在应力场中长程扩散引起的低频内耗，以及氢与其他间隙原子形成偶极子，从而产生内耗的可能性。

4.4.3.2　晶界内耗

金属中的界面往往是一种很重要的内耗源，例如非共格界面的内耗源有两种，分别为晶界和一般相界，共格界面的内耗源有共格的孪晶晶界和相界等。

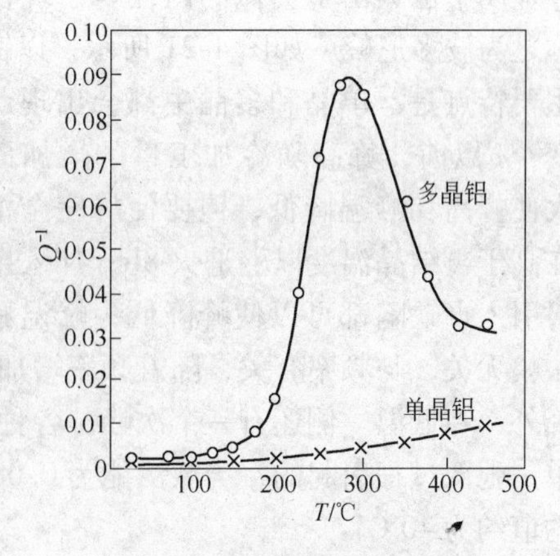

图4-20　纯铝的界面内耗峰

金属力学性质在低温和高温时不同，早些年研究者就提出由于晶界处的原子排列不规则，高温时晶界表现出黏滞性，这些已被内耗研究所证实。葛庭燧在纯铝中曾对晶界内耗做过系统的研究，并开拓了这方面的实验工作。图4-20为一个典型的例子，从结果中可以看出，对于同种材料，在其多晶情况下出现了明显的内耗峰，而单晶试样则没有内耗峰。葛庭燧认为这种内耗峰可归结于在外应力作用下晶界滑动所引起的弛豫过程，即在外力作用下，晶界发生相对滑动，直至被晶粒角上产生的弹性应力集中所阻止，所以这是一个典型的弛豫过程。当温度低时，晶界滑动阻力大，不易滑动，故能量损耗小；而当温度高时，晶界易于滑动，阻力小，故能量损耗小；只有当温度适中时才出现内耗极大值。晶界峰常常很宽，即不能用单一的弛豫时间来表征；这是发生了弛豫叠加或者弛豫偶合的缘故。但峰高与晶粒大小无关，说明这种晶界滑动完全是黏弹性的。实验虽然测得弛豫激活能约为1.48eV，十分接近纯Al的自扩散激活能，但这对说明晶界内耗的原子机制并无帮助。

杂质一般能使晶界内耗峰的高度降低，有时还可能在晶界内耗峰附近出现另一合金晶界峰，两者有相互消长的关系。

至于共格界面的内耗现象，目前在很多纯金属和合金的马氏体相变过程中已观察到，并证明这都是一种由应力感生共格面运动所引起的静滞后型内耗。共格界面的内耗也可能是滞弹性的。

4.4.3.3　位错内耗

位错运动能引起内耗的现象自1940年为Read所注意后，至今发现频率从小于每秒一周到几百兆周，温度范围从液态氦的温度到2000℃都存在位错运动产生的阻尼。不过从位错诱发内耗的机制来看，位错内耗包括两类，一类现象提供关于位错本身的运动形式及动力学知识；另一类现象提供关于位错与晶体中存在的各种缺陷间相互作用的知识。这里，第一类的典型代表为低温位错弛豫型内耗和位错钉扎内耗；代表第二类的是位错内耗的气团模型。下面介绍几种位错内耗现象。

A　低温位错弛豫型内耗

波多尼（Bordoni）第一次系统地测量了由4K至室温范围冷加工面心立方金属的内耗，每次都发现大约在该金属德拜温度的三分之一处有一个很高的内耗峰，后来在体心立方金属和密排六方金属中也测出了类似的内耗峰，现在研究者们称之为波多尼峰，如图4-21所示。以铜为例，其主要特点是：单晶和多晶中都会出现此峰；在形变4%以前，峰高随冷加工量的增加而增高；退火使峰高和峰温降低，但要使峰完全消失，需要在高于再结晶温度以上退火8h；加入杂质或经辐射引入点缺陷都可以使峰降低；峰温和峰高都与振幅无关，与频率有关，随着频率增加，峰温也增高，并具有一般弛豫内耗的特征；除主峰外，在低温一侧还有一个次峰，各种因素对它的影响与对主峰的影响相似。如果此峰是单一弛豫过程引起的，当激活能为0.08eV时，可求得峰的半宽度约为20℃，但实验得出的值约为40℃。

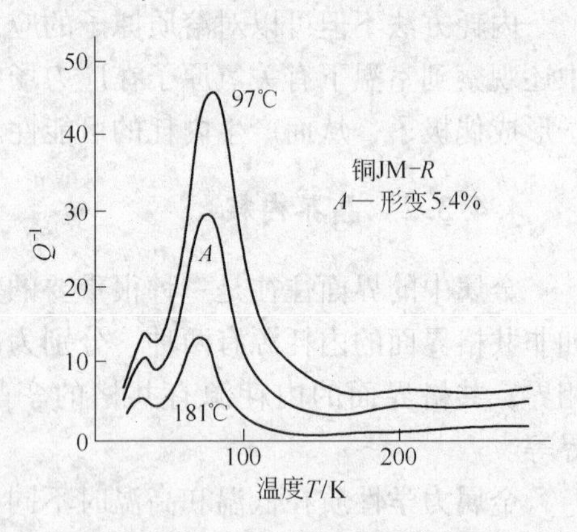

图4-21　铜的波多尼内耗峰

对波多尼峰的解释比较准确的理论是Seeger理论，他认为波多尼峰是由与沿着平行于晶体中密排方向的位错运动有关的弛豫过程所引起的。在图4-22中，实线代表晶格密排方向能量最低位置，即Peierls能谷。处于其中的位错在热激活的帮助下，可以形成由一对弯结组成的小凸起。在没有外应力时，这一对弯结由于相互吸引而消失，但在给定的外应力作用下，弯结对就有一定的临界距离，即低于此值时，弯结对仍要相互吸引而消失；高于此值时，弯结对就相互分开，从而产生了位错沿垂直于自身方向的运动，扩大了滑移面，并给出位错应变。内耗的产生就归结于这些凸起部分的形成，故这个理论又被称为弯结对理论。由于这种凸起的形成需要热激活供给能量，因此，在给定温度下，它的产生对应一定的频率，当外加振动频率与此频率相等时内耗便达到极大值，故形成上述临界凸起的能量 H 即为内耗激活能。

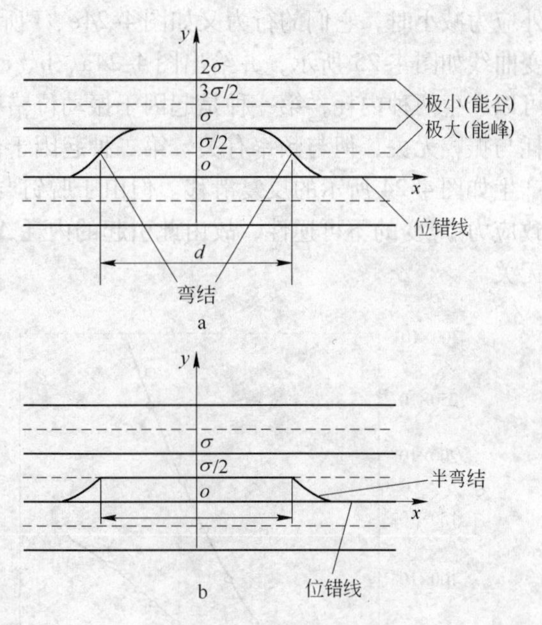

图4-22 弯结机制的示意图

a—位错线上的“弯结对”；b—“弯结对”形成过程中的最高能量状态

激活形成一对位错弯折，应力使弯折运动以后，位错才给出相应的额外应变。因此，在周期应力作用下，应变总是落后于应力，从而产生内耗，并具有弛豫型特征。

B 位错钉扎内耗

位错钉扎内耗的主要特点可归纳为：

（1）许多金属的内耗-应变振幅曲线如图4-23所示，其中 $\delta=\pi Q^{-1}$，称为对数减缩量，很明显此减缩量可以分成两部分，即：

$$\delta=\delta_{\mathrm{I}}+\delta_{\mathrm{H}} \tag{4-31}$$

式中，δ_{I} 与振幅无关；δ_{H} 与振幅有关。

（2）内耗随变形量的增加而增加。

（3）温度升高，内耗增大，δ_{H} 的起始振幅随着减小，也即 δ_{H} 的部分提前出现，如图4-23b中箭头1所示。

（4）杂质、淬火和辐照引入的点缺陷都会降低内耗峰，δ_{H} 的部分推迟出现，如图4-23b中箭头2所示。

对上述这些实验现象，寇勒（Koehle）-格拉那陀（Granato）-吕克（Lücke）（简称K-G-L）理论能给出较满意的说明。他们认为，金属中的位错网在起始状态时是被杂质钉扎着的，如图4-24所示，起初是杂质原子间的一段位错（平均长度为 l_c）开始振动（4-24a），随后当外应力增加到足够大时，则位错将从杂质原子处脱钉而出，直至整个位错网络中两节点中的一段位错（平均长度为 l_{N}）开始滑动（4-24b、c、d）。值得注意的是，此脱钉过程是一种雪崩式的过程，因为杂质原子间最长的一段位错最容易脱钉，但当应力足以使最长的一段位错脱钉时，这样便产生了更长的自由位错段，因而脱钉就更容易了。

外应力减小时，它们的行为又如图4-24e、f所示重新被钉扎住。由此模型所得的应力-应变曲线如图4-25所示，并给出图4-24a、b、c、d、e、f各阶段位错应变的贡献。此模型可以产生两种内耗，第一种是起因于振动位错线段的阻尼耗损，所以是阻尼共振型，此内耗与振幅无关，但与频率有关。第二种起因于位错从杂质原子处脱钉出来又重新被钉扎，产生如图4-24所示的反复滑移。但由于脱钉与重新钉扎过程中位错的运动状态不同，导致应力-应变的不可逆性，故由此引起的内耗Δ_H是静滞后型的。它与振幅有关，但与频率无关。

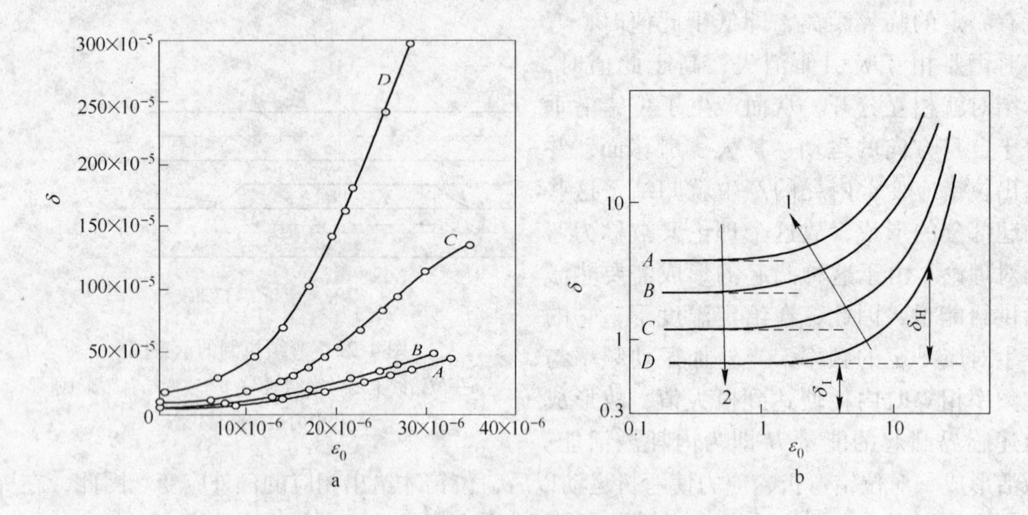

图4-23 内耗-应变振幅曲线

a—纯铜（$f=30\text{kHz}$）；b—各种因素的影响

A—形变前；B，C，D—外加应力分别为60、120、150psi（1psi = 6.895kPa）；

1—温度升高的变化趋势；2—增加杂质、辐照、淬火和时效等处理引起的变化趋势

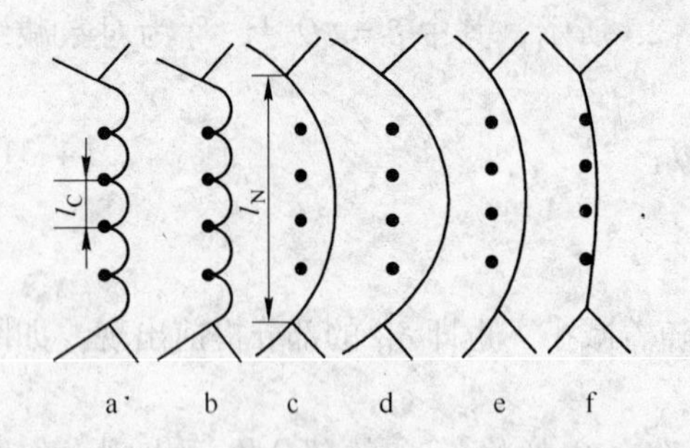

图4-24 外应力增加或者减少时，位错线段弯出（a）与脱钉（b~d）及重新被钉扎（e、f）的示意图

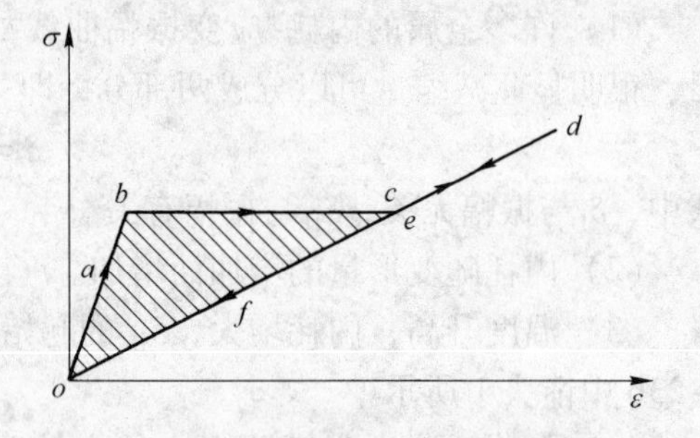

图4-25 由4-24所示模型得出的应力-应变规律（弹性应变已经减去）

C 点缺陷与位错交互作用引起的内耗

上面讲述的两种位错内耗都是由位错的自身运动而诱发的。尽管在这个过程中都涉及杂质原子，但本身对内耗不存在贡献。这里讲述的是位错拖着溶质原子同时运动，两者的交互作用导致内耗。在一般温度下，溶质原子的扩散速度较慢，溶质原子受位错拖拽；反之，溶质原子妨碍位错的易动性。当外加应力施加在晶体上时，位错的应变不会立即增

加，而是要等到位错拖着溶质原子过来以后，才会产生额外的应变，表现出弛豫现象。在前面提及的柯斯特峰就是在材料经过少量变形后，碳原子和位错交互作用而产生的内耗峰。

4.4.4 用葛氏扭摆法测定金属的内耗

首先将要测的金属材料做成丝状，并作为低频（约1Hz）扭摆的悬丝。上端固定，下端与一横杆连接。当横杆摆动时，悬丝跟着做周期性的扭转，扭转的振幅可以通过横杆中央的小镜的反射光反映出来。即使空气阻力不计，金属丝中的内耗将使横杆的摆动逐渐衰减。若用 A_0、A_1、A_2…代表开始时的振幅以及经过一周、二周……后的振幅，开始的振动能 $W_0 \propto A_0^2$，第一周后的振动能 $W_1 \propto A_1^2$，第二周后的振动能 $W_2 \propto A_2^2$，则有：

$$-\ln \frac{W_1}{W_0} = -\ln \frac{W_0 - \Delta W}{W_0} = -\ln\left(1 - \frac{\Delta W}{W_0}\right) \approx \frac{\Delta W}{W_0} \tag{4-32}$$

又因为

$$-\ln \frac{W_1}{W_0} = -\ln \frac{A_1^2}{A_0^2} = -2\ln \frac{A_1}{A_0} \tag{4-33}$$

所以

$$-2\ln \frac{A_1}{A_0} = \frac{\Delta W}{W_0} \tag{4-34}$$

$$Q^{-1} = \frac{1}{2\pi}\left(\frac{\Delta W}{W_0}\right) = -\frac{1}{\pi}\ln \frac{A_1}{A_0} \tag{4-35}$$

如果试验的条件表明在小振幅时，$\frac{A_1}{A_0} = \frac{A_2}{A_1} = \cdots \frac{A_\mu}{A_{\mu-i}}$，则 $\left(\frac{A_1}{A_0}\right)^n = \frac{A_n}{A_0}$，$\ln \frac{A_n}{A_0} = n\ln \frac{A_1}{A_0}$。这样可以将内耗表示为：

$$Q^{-1} = -\frac{1}{n\pi}\ln \frac{A_n}{A_0} = \frac{1}{n\pi}\ln \frac{A_0}{A_n} \tag{4-36}$$

这样，只要测出原始的振幅和经过 n 周后的振幅，就可以测出内耗值 Q^{-1}。许多有意义的结果都是通过这种原理得到的。

内耗的测量方法有很多，除了使用的仪器装置和测量方法各有不同之外，主要是使用的频率范围各不相同，例如前述扭摆法适用于低频范围（0.1～15Hz），此外还有共振棒法，频率范围通常在100～100000Hz。超声脉冲法适用于兆周频率范围。

4.5 晶体的塑性变形

一般来说，在外力作用下晶体先发生弹性变形。当外力超过晶体的弹性极限后，发生塑性变形（或称范性变形），即去除引起变形的外力之后，物体仍能保持的那一部分永久变形。金属的塑性变形与它晶体结构的特征有着密切关系。因此，本节主要介绍晶体在常温下的塑性变形及其基本规律。塑性变形具有各向异性的特点，这种不均匀变形有三种彼此独立的基本方式，分别为滑移、孪生和扭折。

4.5.1　单晶体低温塑性变形的基本方式

4.5.1.1　滑移

滑移即晶体的一部分相对于另一部分沿着晶面做相对平动，是晶体室温塑性变形的最主要方式。图 4-26 是滑移模型示意图。

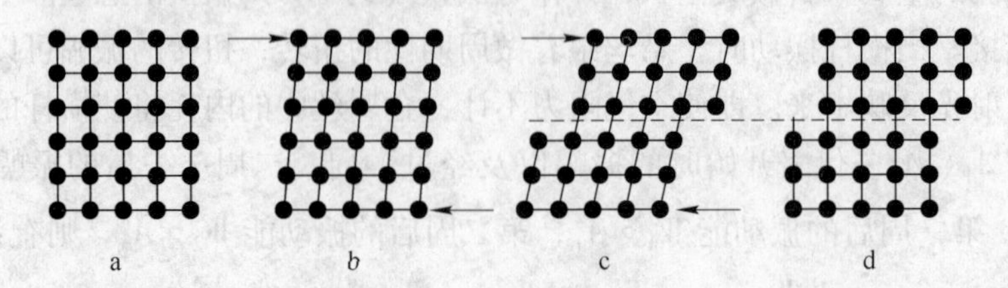

图 4-26　晶体滑移示意图

a—未变形；b—弹性变形；c—弹塑性变形；d—塑性变形

A　滑移的晶体学特征

单晶体在拉伸情况下发生塑性变形后，表面总是出现许多带纹（实际为台阶）。图 4-27 为用光学显微镜观察到的锌金属单晶体在拉伸后的表面情况，在抛光后的金属表面上观察到线状痕迹，可以推断出晶体的塑性变形方式是滑移。线状痕迹是晶体相对平行滑动后在表面上造成的台阶，称为“滑移线”（见图 4-27）。过去研究滑移现象时一般都采用光学显微镜，但由于其分辨本领低，很多内部的细节无法看清楚，经过电子显微镜进一步表征发现，每个滑移带实际上都是由一群靠得很近的细线所构成的，如图 4-28 所示。在滑移带中，线间距约为 20nm，滑移线间的相对位移叫做滑移量，大约为 200nm。在不同条件下，对于不同晶体来说，线间距和滑移量都有所区别。从滑移带的分布可以看出形变是不均匀的，滑移集中在某些晶面上，滑移带之间的晶面就没有发生滑移。

图 4-27　锌单晶体的滑移线的迹象

滑移线的形状与晶体结构有关，面心立方和密排六方结构晶体的滑移线是直线，而体心立方结构晶体的滑移线则是波浪状。

B　单滑移和晶体的转动

单滑移是指晶体在变形过程中只有一个滑移系开动。但是，在实际晶体变形过程中，不仅晶体长度发生改变，同时晶体取向也发生变化，如图 4-29 所示。在拉伸时，如果拉伸机的夹头可以自由移动，使滑移面和滑移方向保持不变，拉伸轴的取向就要不断发生改变，如图 4-29b 所示。如果拉伸机的夹头固定不动，保持拉伸轴的方向不变，晶体的滑移

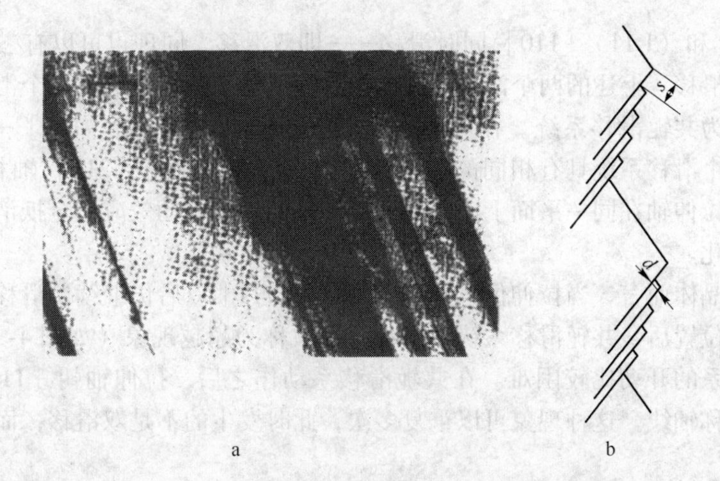

图 4-28 铝中滑移带的 TEM 图像和有关参量示意图

a—铝中滑移带的电子显微照片，显示出带中的精细结构；b—滑移带结构中有关参量的示意图

面和滑移方向就要不断变化，即晶体在滑移过程中发生转动，如图 4-29c 所示。转动的结果是使滑移方向和拉伸轴趋于一致。在转动过程中取向因子自然也要相应地不断变化。因此，如要保持滑移方向上的分切应力为一常数τ_0；所需的应力也要改变，可能增大，也可能减小。这种由晶体转动而引起的硬化或软化称为几何硬化或几何软化。它们和由位错的阻力变化而引起的更本质的硬化或软化是不同的。

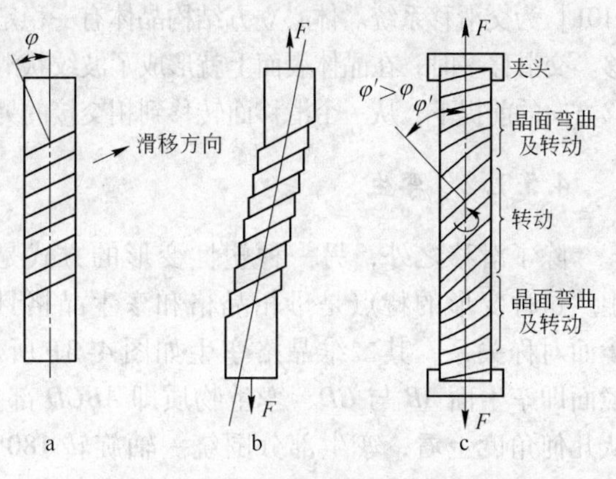

图 4-29 拉伸过程中晶体取向转动的示意图

a—原始状态；b—拉伸轴的取向发生变化；c—晶体在滑移过程中发生转动

C 多滑移和交滑移

六角金属一般不发生多滑移，多滑移通常发生在具有多组滑移系的晶体中。具有面心立方结构的晶体中有 12 个滑移系，但是一般在滑移开始阶段也是单滑移，通常在分切应力最大的一个滑移系统进行滑移。图 4-30 是立方晶系的极射赤面投影图（部分）。图 4-30a 中的 P 点是拉伸轴的开始取向位置，P 与滑移面（$11\bar{1}$）的法线方向的夹角为 φ，P 与滑移方向［101］间的夹角为 λ，当变形进行时，P 点沿着虚线大圆向［101］方向转动，λ 减小，φ 增加，直到晶体取向达到［100］—［$1\bar{1}1$］的对称线上时，第二个滑移系（$1\bar{1}1$）［110］与第一个滑移系具有相同的取向因子值，这时就会发生

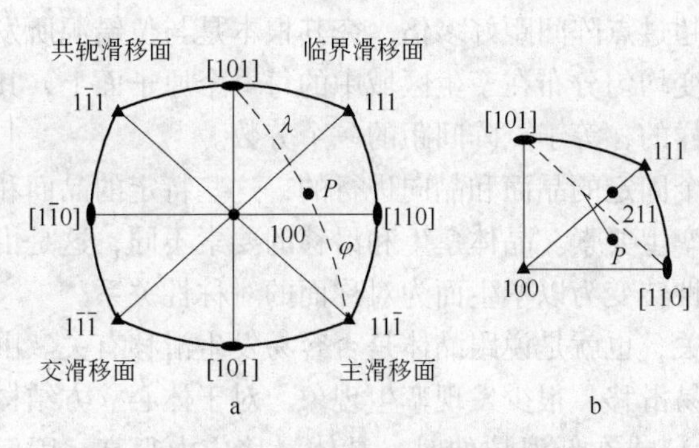

图 4-30 用极射投影图表示

a—面心立方金属的滑移系统；b—主滑移系统的超越现象

$(11\bar{1})$［101］和$(1\bar{1}1)$［110］同时滑移——即双滑移。同理也可以有三滑移、四滑移……统称为多滑移。上述的两个滑移系又称为共轭滑移系统，也称第一个滑移系为主滑移系统，第二个为共轭滑移系统。在双滑移过程中，拉伸轴将沿着［100］—［111］连线运动，以保证两个滑移系统具有相同的取向因子，直到拉伸轴与［211］轴相重合。此时，两滑移方向和拉伸轴在同一平面上而分处在拉伸轴两边，转动效应完全抵消。继续拉伸不再发生取向变化。

对于有些晶体而言，当拉伸位置到达［100］—［111］以后仍继续单滑移，直到越过对称线到达一定位置后，共轭滑移系统才开动，这被称为超越现象（如图4-30b所示），它说明共轭滑移系的开动比较困难。在共轭滑移系动作之后，拉伸轴朝［110］方向运动，又反向超越对称轴线。这种现象可以重复多次，此时发生的不是双滑移，而是两个滑移系交替动作。

交滑移是指两个或多个滑移面同时沿着一个滑移方向的滑移，如图4-30a所示。若$(11\bar{1})$［101］为主滑移系统，则$(1\bar{1}\bar{1})$面也可沿［101］方向滑移，这便是交滑移，因此称$(1\bar{1}\bar{1})$［101］为交滑移系统。体心立方结构晶体有一稳定的滑移方向，而滑移面较多，更易发生交滑移。交滑移多时，在晶体表面上就形成了波纹状滑移线。交滑移的实质是螺型位错在不改变滑移方向的前提下，从一个滑移面转移到相交接的另一个滑移面的过程。

4.5.1.2　孪生

除了滑移之外，另一种塑性变形的方式是孪生。这种变形的特点是母相晶格和孪生晶格具有镜面对称关系，其二维晶格孪生如图4-31所示。镜面即孪生面AB与CD，孪生物质即$ABCD$部分。从几何角度上看，孪生部分围绕一轴旋转180°就可以同母体重合，故此轴称为孪生轴（或者孪生方向）。但事实上，孪生并不是通过上述晶格旋转而产生的，而是通过一种特殊方式的形变，即靠孪生部分的每一层原子位移一段与孪生面的距离成正比的路程而达到的。孪生面和孪生方向合称为孪生系统。

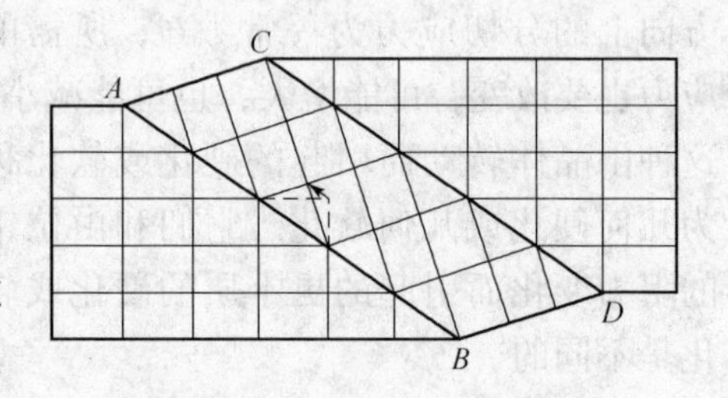

图4-31　二维晶格孪生示意图

孪生和滑移一样，也产生晶体的切变，但两者之间还有所不同：在滑移过程中，相对位移仅集中在少数原子面上，而数量可以超过点阵间距好多倍，究其根本是与位错源所发出的位错数有关。但发生孪生形变时，切变均匀分布在孪生区域中的每一个原子面上，其中每一对相邻原子面的相对位移量都是一样的，等于点阵间距的一个分数。

与滑移相似，孪生的切变也是沿着某个固定的晶面和晶向进行的，这些特定的晶面和晶向称为孪生面和孪生方向，两者合称为孪生要素。晶体孪生和滑移的要素不同，这是由于孪生效应是把晶体中原子组态的不对称性转变为以孪生面为对称面的对称性关系。

孪生能否出现和晶体的对称性密切相关，也就是说跟晶体是否容易发生滑移有关。由于面心立方结构晶体的对称性高，因而容易滑移，很少发现孪生现象。对于体心立方结构晶体来说，在经受高速变形（如受到冲击）或在低温拉伸时，晶体滑移应力很高，因而通常可观察到孪生。密排六方结构晶体的对称性较低，滑移系较少，在晶体取向不利于滑移时，孪生就成为晶体塑性变形的主要方式。而六方结构的金属如铋、锑等几乎完全靠孪生变形。

当孪生和表面相交后，孪生的均匀切变将会引起表面倾动效应。由于孪生部分与其周围基体晶体的取向不同，晶体表面除了会形成由孪生变形而引起的浮凸外，在晶体抛光和腐蚀后还可以观察到孪生的痕迹，这和滑移带有明显的区别，滑移带在抛光后就消失了。

孪生带的形状通常是透镜片式，随形变量的增加而伸长变粗。孪生带的生长一般是突变式的，可以听到咯吱的声音，萌生过程一般需要较大的应力，而随后的长大过程所需应力较小。因此，在孪生带的生长过程中，应力-应变曲线呈现锯齿状。孪生的这些特征和马氏体相变中马氏体晶片生长的情况非常相似。究其根源是在于形变孪生和马氏体相变具有相同的基本过程，即在母相的某一个区域内原子重新组排形成新的组态。在孪生中重新排列后的晶体结构和原来的相同，仅取向发生改变；但是，在马氏体中不仅取向发生改变，晶体结构也发生了变化。当然促进上述这两个过程进行的驱动力也是不同的，孪生是由于切应力的作用，马氏体相变是自由能的差值导致的。

通常来说，孪生所产生的晶体塑性变形并不明显，计算结果表明，即使晶体中大部分发生孪生，其整体变形量也不会超过10%。值得注意的是，孪生对力学性质的影响并不仅限于其对形变的影响。它可以触发滑移，例如晶体发生孪生后，位向发生了变化，可能处于有利于滑移的位向，于是晶体开始滑移。也可能先发生滑移，当晶体转动到不利于滑移位向而难于进行滑移时，再发生孪生，还可以如此反复交替进行。

4.5.1.3 扭折

扭折作为一种基本的塑性形变，是由 Orowan 首次提出的。如果晶体不能通过滑移，也不能通过孪生而屈服于外力，就会发生扭折。图4-32为六方结构的金属基面沿棒轴方向压缩时产生扭折的示意图。很明显，扭折不是一种均匀形变，而是局域晶格围绕某个轴旋转而产生的，并且它的出现也是突然性的。在扭折面两边的滑移线是镜面对称的，但晶格并不对称。图4-33为压缩 Zn 单晶棒的扭折外貌。扭折不一定在压缩变形时才可以产生，在拉伸形变过程中也可以出现。如面心立方晶体中的扭折带，即为扭折的产物。

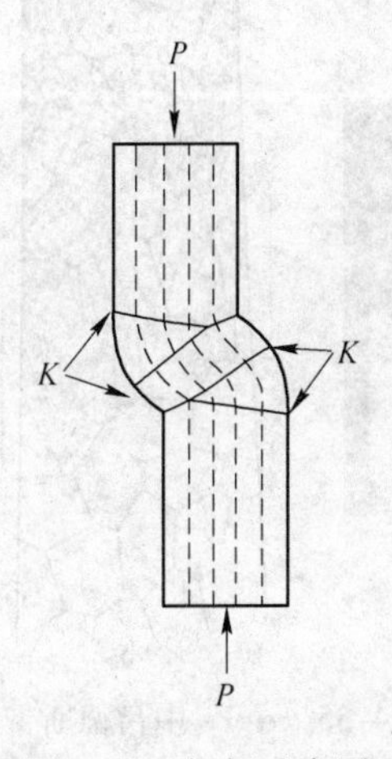

图4-32 扭折示意图

图4-33 压缩 Zn 单晶棒的扭折外貌

4.5.2　晶体的屈服

4.5.2.1　明显屈服点现象

所谓屈服是指达到一定的变形应力之后，材料开始从弹性状态非均匀地向弹-塑性状态过渡，它标志着宏观塑性变形的开始。事实上，金属从弹性变形过渡到塑性变形时，中间经历了十分复杂的过程。图4-34为三种常见拉伸曲线中的典型屈服现象，其中图4-34a为连续过渡，不出现突然屈服的现象；图4-34b、c是出现突然屈服的现象，而前者为非均匀屈服，后者则为均匀屈服。通常所说的屈服应力是对连续过渡而言的，一般是指σ_y或其他人为的标准，对有突然屈服的现象而言，σ_V为上屈服应力，σ_L为下屈服应力。在非均匀屈服情况下，拉伸曲线中的平直部分，我们称为吕德斯应变或者屈服平台。在不连续的屈服现象中出现的屈服现象区称为吕德斯带，如图4-35所示。它可以穿越不同的晶粒，在试样表面上产生印痕。上屈服点相当于吕德斯带成核的应力，而下屈服点的平台区域则对应使吕德斯带传播的应力。

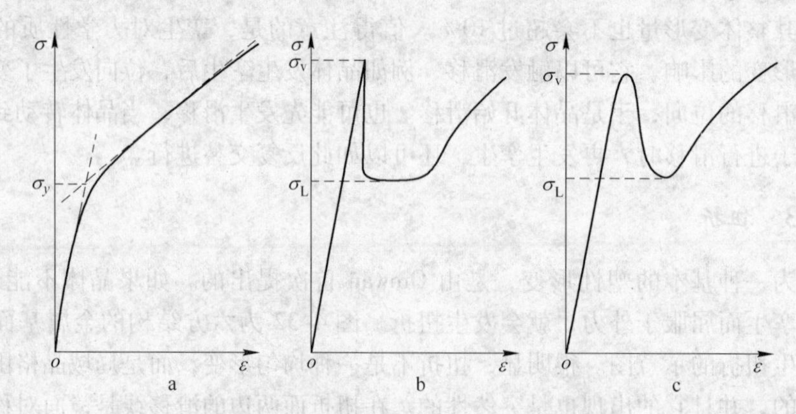

图4-34　拉伸曲线中三种典型的屈服现象

a—连续过渡；b—非均匀屈服；c—均匀屈服

吕德斯带本身代表试样上已经局部塑性形变的区域。随着吕德斯带向整个试样扩张，试样的形变增加，但这时的应力保持下屈服点（有些小的波动）。在这个过程中，形变是不均匀的，吕德斯带没有到达的地方还没有屈服。不但已经形成的吕德斯带在进行扩大，同时还可能产生新的带并参与扩大，这个过程对应着拉伸曲线上的整个屈服平台的长度，如图4-36所示。当试样上布满吕德斯带以后，拉伸曲线再重新上升，直至试样断裂。更常见的是载荷跳动变化，每发生一个新的吕德斯带，就会有一次跳动。有人观察到每形成一个新的吕德斯带，载荷即下降；每当一对带相遇时，

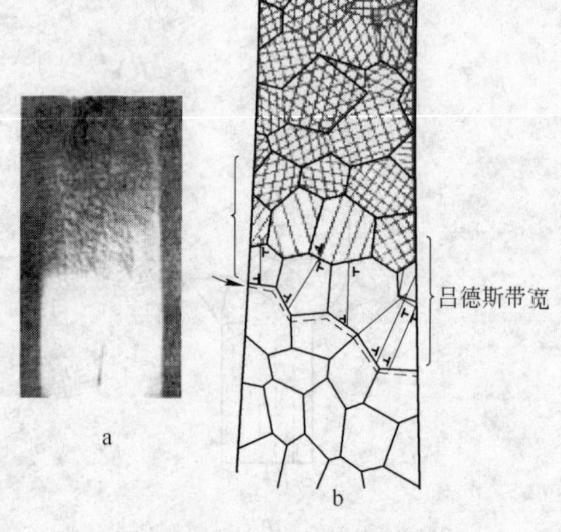

图4-35　α-Fe中吕德斯带的金相形貌（a）和示意图（b）

载荷上升；另外，即使只有两个带在传播，如当其中的一个遇到障碍时，载荷也要先上升然后下降。

吕德斯带一般在细晶试样慢速形变时容易被观察到，但变形速度较快时，由于带宽过宽以至于比试样还长，故吕德斯带就看不见了。研究者们发现，吕德斯带的传播是由“坎”沿吕德斯带向前移动所致，“坎”的密度约为 $50cm^{-1}$。

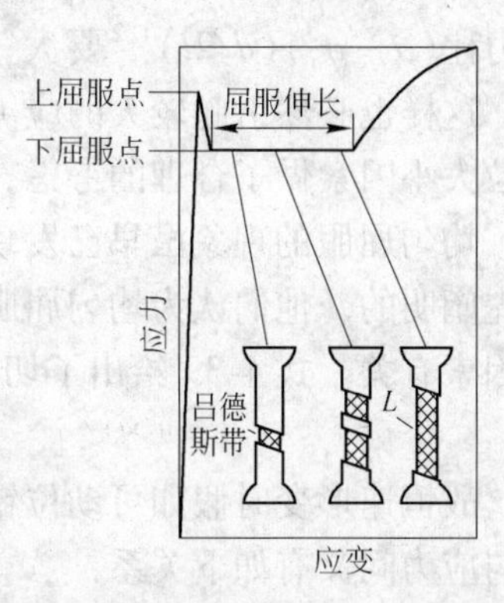

图4-36 退火低碳钢的明显屈服现象及吕德斯带的形成及扩展

形变的速度对屈服应力有很大影响。形变速度增加，下屈服点的增加要比极限强度 σ_b 快些。如果将形变速度由 $2\times10^{-4}s^{-1}$ 增加到 $2\times10^{-3}s^{-1}$，屈服应力能够增加20~30MPa 左右，而 σ_b 仅增加不到10MPa。将试样加长而保持拉伸速度不变，就能减小形变速度。在屈服过程中，吕德斯带的数目也会影响形变速度。如果保持恒定的形变速度，则吕德斯带的数目就直接影响到屈服应力。如果保持试样的形变速度不变，吕德斯带数由 2 增加到 20，则屈服应力会降低 20 ~ 30MPa。但吕德斯带的数目对屈服后的流变应力和极限强度没有影响。吕德斯带的数目也会影响屈服平台的强度。

4.5.2.2 明显屈服点现象的理论

最早关于非均匀屈服的理论是 Dalby 等人提出的晶界理论，他们认为上屈服极限对应晶界上渗碳体“骨架”的极限抗形变阻力。在屈服以前，该“骨架”承受所有外力，一旦“骨架”崩溃，金属就开始软化，故出现非均匀屈服现象，但目前还未在实验上表征到这种“骨架”。后来，Cottrell 将对小半径原子与位错弹性作用的研究用于解释屈服问题。由于小半径溶质原子在位错附近形成气团后提高了位错起始运动的阻力，但一旦位错在外力与热激活的共同作用下，从气团中解放出来后就不再受气团的作用，此时位错运动所需的力比从气团中解放出来前要小，也就是宏观上表现出的金属突然变软。但如果屈服现象仅作此解释，显然忽略了晶粒大小与屈服的关系，以及单晶体的屈服应力总低于多晶体等现象。后来，Cottrell 在气团作用的基础上同时考虑了晶界的作用，对多晶的非均匀屈服现象的解释如下：当外力未达到屈服应力之前，已有一些被钉扎的 F-R 源由于局部应力集中的关系而被激活，从而产生一定数量的位错。但晶界的阻碍作用使这些位错不能跑出晶粒以外，故都沿着它们自己的滑移面塞积在晶界前。这样，在相邻下一晶粒中距上述位错塞积群的头部 l 远处逐渐产生一较大的应力，可以近似地写成 $(\sigma-\sigma_i)(d/2l)^{1/2}$，此处 σ 为外加应力，σ_i 为位错在晶内运动时所受的阻力，d 为晶粒直径。设位于 l 处的 F-R 源为相邻晶粒中距离上述位错塞积群头部最近的位置之一，其激活所需要应力为 σ_1，相邻晶粒的屈服条件可以写为：

$$\sigma=\sigma_i+k_L d^{-1/2} \tag{4-37}$$

此为著名的 Hall-Petch 公式，其中

$$k_L=(2l)^{1/2}\sigma_1 \tag{4-38}$$

由式4-37、式4-38 可以看出，σ_1 显然与位错的钉扎有关。根据这一理论，屈服前变

形对应的外加应力小于 σ_{eH}，即对应产生吕德斯带所需应力。吕德斯带一旦产生并传播时，其带前一般约为几个晶粒宽，故应力集中较大，在将要被激活的 F-R 源处，其有效应力比 $(\sigma-\sigma_i)(d/2l)^{1/2}$ 要大；此外，吕德斯带扫过的地方，试样横截面出现明显的收缩，这样也必然引起较大的应力集中以促进有效应力的提高。因此，新的屈服理论不但将晶粒大小因素做了合理的考虑，而且还对吕德斯带的产生与传播做了满意的解释。

均匀屈服的现象虽早已发现，但其物理实质还是 Gilman 和 Johnston 在对 LiF 的研究中首先阐明的，他们认为均匀屈服与位错形变的快速增殖和位错滑移速度-应力的关系这两个因素有关。式 4-39 给出了切变速度 γ 与可动位错的密度 ρ 及其滑移速度 v 之间的关系：

$$\gamma=\rho vb \tag{4-39}$$

故恒速形变时假如可动位错的密度增加，位错滑移的速度必然减小。而位错滑移的速度与应力间又有如下关系：

$$v=(\tau/\tau_0)^m \tag{4-40}$$

故维持恒速形变所需的应力也必然减小，并且其减小的程度随位错速度-应力指数 m 值的减小而锐增。由此可见，试样中起始的可动位错密度越小，m 值越小，则屈服应力下降越明显，并且这种屈服机制不涉及需要某种外来原因造成的位错钉扎或者塞积，而仅与材料本身的位错动力学特点有关。所以非均匀屈服又可以称为静态屈服，而均匀屈服就称为动态屈服。

4.5.2.3 明显屈服点现象的控制和消除

明显屈服点现象和一些生产工艺问题直接有关。深冲薄钢板常因吕德斯带的出现而在表面产生折皱，使冲击件由于表面不光洁或不平整而报废。为了消除这种弊病，可以在冲击前使钢板经受一定量的预变形，并使其形变略大于屈服应变量，在预变形后尽快进行冲击生产，就可以避免上述的问题发生。这种预变形的作用是使位错通过形变脱离了溶质原子的钉扎，使其成为自由位错，从而消除了吕德斯带产生的根源。但如果预变形后放置时间太久，则会产生应变时效现象，即溶质原子通过扩散又重新使位错被钉扎住，这便失去了预变形的意义。另一个从材料上消除明显屈服点现象的方法是在钢中加入少量的强碳化物（氮化物）形成元素，如少量铝、钒、钛等，形成碳、氮原子稳定的化合物。这样就降低了固溶态的间隙溶质原子含量，消除或减轻了溶质原子对位错的钉扎作用，从而不产生明显屈服现象，消除或者减轻了应变时效现象。

4.5.3 应变时效

应变时效是一种与屈服现象联系在一起的行为，在应变时效处理后材料的强度升高，延性下降。

4.5.3.1 应变时效现象

如图 4-37 所示，图中曲线 1 代表退火状态低碳钢的应力-应变曲线，由于钢中碳、氮原子与位错之间发生强烈的交互作用，出现了明显的屈服现象。曲线 2 代表试样被拉伸到 *D* 点后卸载，随后立即加载所对应的应力-应变曲线。由于位错已挣脱了“气团”的钉扎，所以就不出现明显的屈服点。曲线 3 代表试样被拉伸到 *E* 点后就卸载，并让它在室温停留几天或者150℃时效几小时后再进行拉伸所测得的应力-应变曲线。屈服点现象又重新出现，而且上屈服点升高，其增量相当于曲线3中的*EF*，这种现象称为“应变时效”。

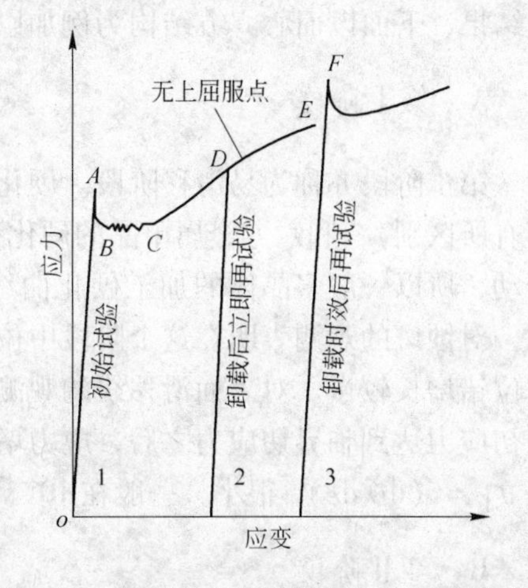

图4-37 低碳钢应变时效的应力-应变曲线

4.5.3.2 应变时效的理论

冷变形后的时效与塑性变形时所产生的大量位错有关。经过变形，位错密度显著增大，固溶于晶格中的C、N原子可以沿着最短的路径到达位错并富集在其周围，溶质原子强烈地钉扎住位错。时效进行的速度与固溶体中溶解的C和N原子的浓度有关。

应变时效能显著提高屈服点，这是因为冷加工后在试样中产生了一个或多个吕德斯带，时效使C或N原子扩散到带中的位错附近并将其钉扎。时效后要拉伸到屈服，必须重新产生新的吕德斯带，它的传播还必须通过已被封锁的吕德斯带，因此，阻力要大一些，即表现为屈服点较时效前要高。时效时间增加，使C、N原子更充分地扩散到位错的周围，加强了它的钉扎作用。一旦间隙原子在位错周围形成的气团达到饱和，就不再增高屈服点，甚至产生过度时效，强度下降，这是由于碳化物和氮化物的沉淀，减轻了对位错的钉扎作用。虽然理论上认为C、N原子对钢的应变时效都起作用，但实际上N更为重要。因为在室温下留在固溶体中的C是很少的，而N的溶解度比C大。工业上消除应变时效主要就是考虑如何减少氮的含量。

4.5.4 加工硬化

金属材料屈服以后，为了维持继续变形需要增加应力。将这种随形变过程进行，材料的塑性变形抗力（流变应力）不断增加的现象称为加工硬化或应变硬化。

金属材料的加工硬化性能是其可以用作结构材料的重要依据。例如，金属制成的构件在承受负荷时，局部区域可以承受超过屈服强度的应力而不致引起整个构件的破坏，从而保证构件的安全。金属加工硬化在生产工艺上也有很现实的意义，如拉丝时已通过拉丝模的金属截面积变小，因而应力增大，但由于加工硬化，这一段金属可以不继续变形，反而引导拉丝模后面的金属变形，从而才能进行拉拔；又如在冲压成型时也是由于加工硬化才能实现均匀变形。但是加工硬化也有不利的一面，如冷加工时由于加工硬化而使进一步加工更为困难，因而需要通过中间退火等措施来消除它。

近年来，人们对于金属单晶体加工硬化问题进行了系统而深入的研究，在宏观晶体塑性的测试和位错组态的表征方面取得了大量的结果，总结了不少规律，提出过多种理论，但由于加工硬化过程极其复杂，目前对于整个过程的定性的轮廓虽然已经有所认识，但完整的定量理论尚未确立。

4.5.4.1 单晶体的加工硬化

面心立方结构单晶体的加工硬化曲线具有典型性，故人们通过研究，得到了大量的实验结果，下面以面心立方结构为例加以介绍。如图4-38所示，曲线可分为三个阶段：

A 第Ⅰ阶段

第Ⅰ阶段亦称为易滑移阶段。硬化系数很小，在铜单晶中约为 $2\times10^{-4}\mu$（随晶体取向有所区别），和六方金属单晶的硬化系数相近。在这个阶段，晶体中只有一个滑移系统开动，所以一般多晶体的加工硬化曲线中没有这个阶段。温度的下降使得易滑移阶段变长，对蚀斑的观测表明在这个阶段中位错分布不均匀，主滑移面的位错密度增长较快，而林位错增长较慢。对表面滑移线的观测表明在这个阶段内滑移线长而细且分布得很均匀。当初应力达到临界切应力之后，应力增加不多便能发生相当大的变形。这一阶段加工硬化率 $\theta_{\text{I}}=(\mathrm{d}\tau/\mathrm{d}\varepsilon)_{\text{I}}$ 很小，一般在 $10^{-11}\mu$ 数量级。

B 第Ⅱ阶段

在次滑移系统开动后，林位错的密度很快加大。随着应变量增大，应力呈线性增长，这阶段加工硬化率较大，$\theta_{\text{II}}=(\mathrm{d}\tau/\mathrm{d}\varepsilon)_{\text{II}}\approx\mu/300$，近乎常数，基本和取向、温度、杂质含量的关系不大，而且各种面心立方金属的 θ_1/μ 近似相等，所以也称为线性硬化阶段。

直接观察表明位错一般是以纠结的形式出现，并可看到它和主、次滑移系统中的位错交互作用的迹象。在这个阶段的后期出现不规则胞状结构（直径为数微米）。这个阶段内滑移线比较明显，但很短，而且其平均长度随着应变的增加而变短。无论哪种位错运动障碍机制，都与多系交叉滑移中位错密度增大，位错运动范围缩小有关。

C 第Ⅲ阶段

在这一阶段，随形变增加，应力上升缓慢，呈抛物线形，加工硬化率 θ_{III} 逐步下降，称为抛物线型硬化阶段。而起始应力及硬化系数都随着温度的升高而减小，故又叫做动态回复阶段。回复的意义在于温度使硬化系数减小。此时晶体的位错组态不再完全取决于应力或应变，而且显著地依赖于温度。但和静态回复不同，它产生于形变过程，卸载后就中止了。如果晶体先在较低温度进行形变，卸载后在较高的温度重新加载，可以观察到明显的屈服点，如图4-39所示，称为加工软化现象。

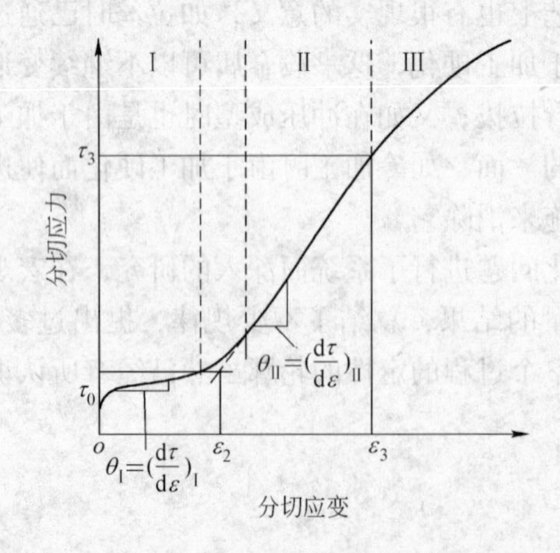

图4-38 面心立方金属单晶体的加工硬化曲线的三个阶段

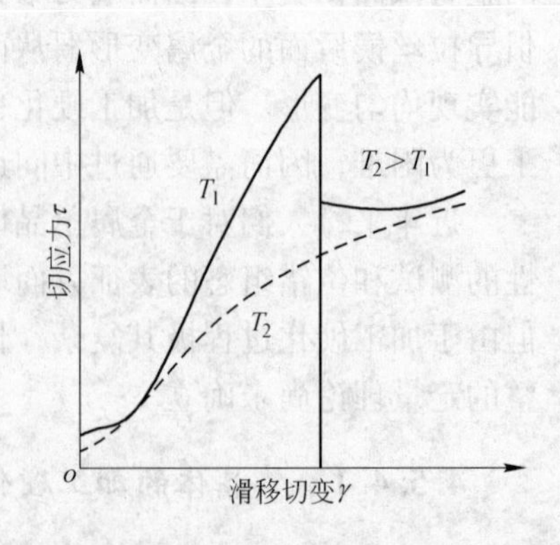

图4-39 加工软化示意图

这一阶段的特征是硬化渐弱，有交滑移发生，并且滑移线变宽、变深，段落之间由滑移痕迹连起来。关于这一阶段的微观机制，可认为是在第二阶段强烈受阻的螺型位错发生了交滑移。通过交滑移，位错就能绕过原滑移面上的障碍（L-C 锁或林位错）的强作用，其结果是增长了滑移距离，减弱了硬化。在交滑移过程中，螺型位错有可能和异号位错吸引相消，这就为位错运动提供了便利的条件，表现为 θ_{III} 不断下降。

对于层错能低的面心立方金属（Cu、Ag、Au），其第二阶段较长，硬化率也大。对于层错能较高的面心立方结构晶体（如 Al），在室温下因交滑移容易进行，第二阶段较短，硬化率也较低。体心立方晶体因不生成 L-C 锁，并易于交滑移，故第二阶段比低层错能的面心立方晶体短，而且硬化率也低。密排六方晶体因滑移系少，不能多系交叉滑移，所以具有较长的易滑移阶段。

4.5.4.2 多晶体的加工硬化

过去的研究结果表明，对于多晶体材料来说，在室温塑性变形的主要方式仍然是滑移，但是由于多晶粒之间存在晶界和取向差异，塑性变形过程远复杂于单晶体塑性变形过程。在多晶体材料的应力-应变曲线中，不存在加工硬化的易滑移阶段，而加工硬化的第三阶段起主导作用，同时其加工硬化率要高于单晶体，如图 4-40 所示。

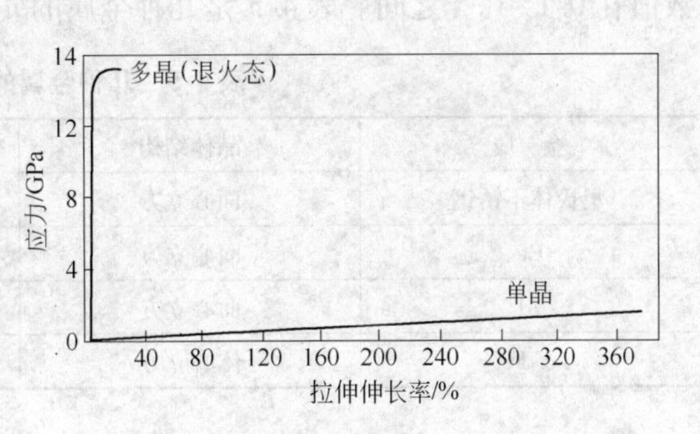

图 4-40 锌的单晶体与多晶体的应力-应变曲线

A 多晶体塑性变形的特征与加工硬化

位错滑移受阻于晶界，难于直接传到相邻晶粒中，因而表现出较强的塑性变形抗力。这种阻碍主要取决于两个方面，一个方面是由于多晶体中原子排列紊乱的晶界本身，第二个方面是由晶界另一侧晶粒晶体学取向的差异而引起的。实验结果表明，当多晶体材料晶界上不存在原子偏聚和第二相析出时，晶界本身强化作用不是主要的，而可能主要是来自相邻晶粒取向的不同。

多晶体材料中任意晶粒的变形必须和相邻各晶粒的变形相互协调，从而可以保持多晶体材料的连续性。物体进行任意形变的过程中，存在六个独立的应变分量，分别用 ε_{11}、ε_{22}、ε_{33}、ε_{12}、ε_{13}、ε_{23} 来表示。因在塑性变形时体积不变，即 $\Delta V=\varepsilon_{11}+\varepsilon_{22}+\varepsilon_{33}=0$，所以独立的应变分量为五个。每个滑移系可以产生一个应变分量，而独立的滑移系所产生的变形不能借其他滑移系的组合而同样得到，所以为了保持材料变形的连续性，在晶界附近至少要同时开动五个独立的滑移系。在这五个滑移系中，必有某些滑移系处在较不利的位向，使其开动需要较高的外力。又由于多个滑移系开动后交叉滑移面上的交叉作用，故多晶体的加工硬化率比单晶体大得多。

面心立方和体心立方多晶体的滑移系较多，均可提供五个独立的滑移系，因而塑性较好。而密排六方晶体则只有两个独立的滑移系，常常为了进一步变形需要其他变形方式如孪生和扭折辅助，导致塑性较差。同时多晶体的塑性好坏还取决于滑移系能否很容易地传播和扩展出去，即滑移（位错运动）的灵活性。这与晶体本身的τ_{P-N}大小以及是否容易实现交滑移和滑移是否易于交叉穿插等有关。如面心立方晶体的τ_{P-N}低，故其塑性较体心立方晶体好，而共价晶体如陶瓷等的室温塑性较差，这与键合力的方向性大及τ_{P-N}高有关。

B　多晶体加工硬化的经验规律

Ludwik-Hollomon 提出，宏观上，多晶体的真应力与真应变之间存在以下经验规律：

$$\sigma = K\varepsilon^n \tag{4-41}$$

式中，K为硬化系数；n为强化指数。这个关系式适用于均匀变形阶段（即从屈服结束到缩颈开始）。

n值反映了多晶体材料加工硬化的趋势，是反映多晶体材料硬化能力的实用指标，其数值在0.1～0.5之间。表4-5是几种金属的n值，它们与晶体结构及层错能有关。

表4-5　几种金属的层错能和n值

金　属	晶体结构	层错能/$J \cdot m^{-2}$	形变强化指数n
奥氏体不锈钢	面心立方	$<10\times10^{-3}$	≈0.45
Cu	面心立方	$\approx90\times10^{-3}$	≈0.30
Al	面心立方	$\approx250\times10^{-3}$	≈0.15
α-Fe	体心立方	$\approx250\times10^{-3}$	≈0.20

当多晶体材料的真应变已达到n值时，加工硬化作用已不再能补偿材料截面积减少而增加的应力，于是颈缩便开始。因此，n值越大，均匀应变量ε_u也越大，即n值不仅反映加工硬化的性能，还反映材料均匀变形的能力。

多晶体材料在整个变形过程中n值都保持不变。例如，低碳合金钢在$\alpha+\gamma$两相区淬火然后回火得到双相钢，其组织是铁素体和回火马氏体。铁素体软，马氏体硬。这种双相钢在加工变形时从屈服到颈缩的过程中表现出“双n”现象，即先得到硬化指数n_1，后得到硬化指数n_2，$n_1>n_2$，这表明材料在加工变形过程中硬化能力有趋于耗竭的现象。

4.5.5　晶体低温塑性变形过程中组织和性能的变化

晶体材料在低温变形（冷变形）过程中将完全发生加工硬化现象，导致其组织和性能发生显著改变。

4.5.5.1　组织变化

A　纤维组织

多晶体在低温塑性变形过程中，晶粒形状沿着变形方向（最大主应变方向）被拉长、拉细或压扁。与此同时，其中的非金属夹杂物和第二相也在变形方向上被拉长或拉碎，从而呈现链状排列。当变形量很大时，各晶粒已不能辨别，而呈现出一片如纤维状的条纹，称为冷加工纤维组织。由于纤维组织的存在，材料的纵横向性能呈现差异。

B 亚结构

多晶体经过低温塑性变形后的亚结构就是胞状结构，也称为亚晶或位错胞。由于变形发展的不均匀和复杂的交叉滑移以及孪生变形等的交互作用，多晶体材料中的晶粒逐渐被分割成许多不同方位的小晶体。相邻晶粒之间的位向差很小。晶界上分布着密集而相互缠结的位错，内部的位错密度却很低，晶格的畸变也较小。

C 变形织构（择优取向）

多晶体材料在加工变形过程中，各个晶粒不仅形状发生变化，而且还发生相应的转动，最终的结果是各晶粒的晶体取向逐渐趋于一致，使多晶体材料中原本取向紊乱的晶体有序化，并存在严格的位向关系，称为择优取向或变形织构。择优取向的程度与变形量、加工方法、变形温度以及材质等因素有关。织构的种类也可以分为丝织构和板织构，对织构的描述通常用极图表示。

4.5.5.2 性能的变化

A 力学性能的变化

塑性变形导致多晶体材料产生加工硬化，材料的变形抗力指标随塑性变形程度的增加而升高；同时在变形中产生晶内和晶间的破坏、不均匀变形等现象，使塑性指标随变形程度的增加而下降。

B 物理及化学性质的改变

金属材料经塑性变形后，不仅力学性能发生改变，同时其物理性能和化学性能也随之发生明显改变。如使金属及合金的电阻率增加，导电性能和电阻温度系数下降，热导率也略微下降等等。塑性变形还可以使磁导率、磁饱和度下降，但使磁滞和矫顽力增加。塑性变形可以提高多晶体金属的内能，导致化学活性提高，腐蚀速度加快。塑性变形后由于金属中的晶体缺陷（空位和位错）增加，因而扩散激活能减小，扩散速度加快。

4.6 回复、再结晶与晶粒长大

金属形变后必将引入大量不同的点、线、面以至体缺陷，而这些缺陷在各个温度下都有各自不同的运动规律，因而使得形变金属的退火问题变得非常复杂。金属在形变过程中所消耗的机械能，有一部分转变成热而散发掉，但还有一部分能量储存于金属中，从而使其自由能较形变前的状态高。由于自由能增大，系统处于热力学不稳定的状态，因而冷加工状态的金属有自发地恢复到形变前状态的倾向。

冷加工金属的组织和性能在加热时逐渐发生变化，这个过程统称为退火。典型的退火过程可分为回复、再结晶和晶粒长大三个阶段，如图 4-41 所示。

4.6.1 回复

当加热温度不高时，晶粒取向和大角度晶界不发生明显的变化，但内应力有大幅度的下降，物理性质和力学性质发生部分的或者全部的回复，亚结构发生改变。用光学金相显微镜看不出组织的变化，关于回复的研究通常从性能的变化着手。

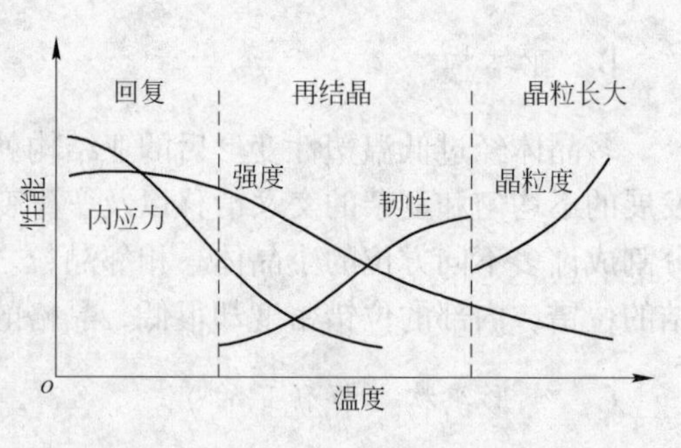

图 4-41 退火三阶段示意图

4.6.1.1 回复动力学

设晶体冷变形时，临界切应力的增量与某种晶体缺陷的体积浓度 C_d 成正比，即：

$$\tau = \tau_0 + \Delta\tau = \tau_0 + KC_d \tag{4-42}$$

而等温回复过程中，结构缺陷的变化伴随着性能的回复。对式 4-42 求导可得：

$$\frac{d(\tau - \tau_0)}{dt} = K\frac{dC_d}{dt} \tag{4-43}$$

$$\ln(\tau - \tau_0) = -At\exp(-Q/KT) + c \tag{4-44}$$

取τ为定值，测量几个不同温度下回复到相同τ值的时间，并取对数可得：

$$\ln t = 常数 + Q/KT \tag{4-45}$$

从式 4-45 可求出激活能 Q。如对于冷加工后的锌，$\ln t \sim 1/T$ 是直线，表明只有一个激活能数值，其 Q 值接近于自扩散激活能 Q_S。

从回复动力学可以看出：

(1) 回复是一个弛豫过程，越接近起始阶段其速率就越大，所以在研究回复问题时，应特别注意起始阶段的回复。我们知道，形变过程中的回复显然总是处于起始阶段，不但如此，在回复的同时还处于受胁状态。因此，形变过程中的回复特别严重。在恒温下是呈指数衰减；温度越高，过程进行得越快，这一过程需要激活能。

(2) 可以从 $\ln t \sim 1/T$ 曲线求出激活能，利用 Q 可推断回复的机制。若回复到不同阶段的 Q 值不同，则表明该回复过程不是受控于一种机制。

4.6.1.2 回复的机制

回复的机制与加热温度有关，加热温度较低时，电阻率明显下降，表明回复的机制主要是过剩空位的消失，趋向平衡空位浓度。但空位消失的细节还不清楚，加热温度稍高时，回复的机制主要与位错的滑移有关，可能的机制有：

(1) 空位迁移到金属的自由表面或晶界而消失；

(2) 空位与塑性变形所产生的间隙原子结合而消失；

(3) 空位与位错发生交互作用而消失；

(4) 空位聚集成空位片，然后崩塌成位错环而消失。

在较高温度的回复中，位错的运动成为可能，并且往往形成“多边化”。冷加工金属加热时，原来处在滑移面上的位错通过滑移和攀移，形成了与滑移面垂直的亚晶界，这一过程称为多边化。典型的多边化间界是由同号刃型位错组成的小角度倾侧晶界。多边形化的机制如图 4-42 所示，我们知道，塑性弯曲的实质就是过剩同号位错（如图 4-42a 所示）的无序分布，多边形化即将上述位错的无序分布改为如图 4-42b 所示的垂直于滑移面的纵向排列，这是因为后者能量较低。

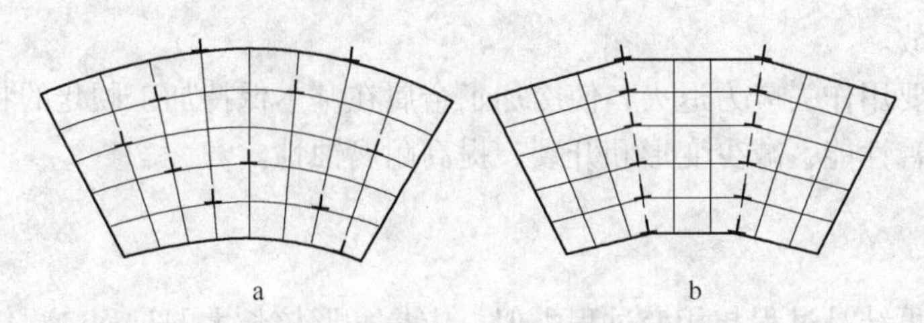

图 4-42 多边化示意图

a—预弯曲后的位错的无序分布；b—多边化后的位错分布

经过多滑移的单晶体和多晶体，其高温回复机制比上述单晶体单滑移后的多边形化过程更为复杂，但从本质上看也是包含位错的滑移和攀移。通过攀移使不同滑移面上的异号位错相消（如图 4-43b 所示）或同一滑移面上的异号位错攀移过障碍物后相消（如图 4-43c 所示），位错密度下降，位错重排成较稳定的组态。对冷加工中已形成胞状结构的晶体，则表现为胞壁变薄，胞内位错数目减少，形成界面清晰的亚晶，进而亚晶逐步聚合粗化，出现二维位错网络的亚晶界（如图 4-44 所示）。

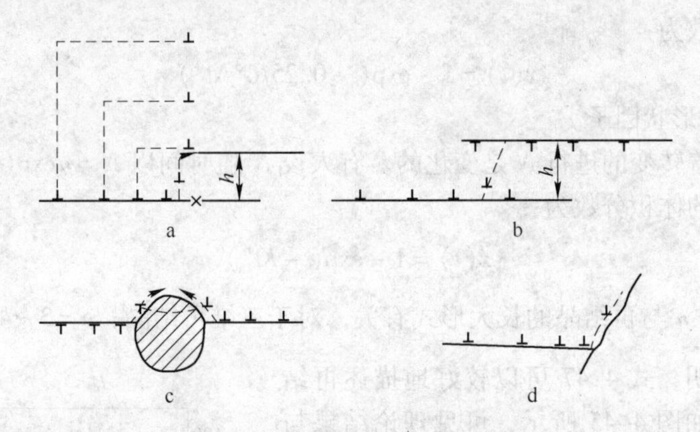

图 4-43 回复过程中刃位错的攀移

a—攀移形成小角晶界（多边化）；b—两平行滑移面上的异号位错通过攀移相消；
c—同一滑移面上的异号位错攀移过夹杂物后相消；d—沿晶界的攀移

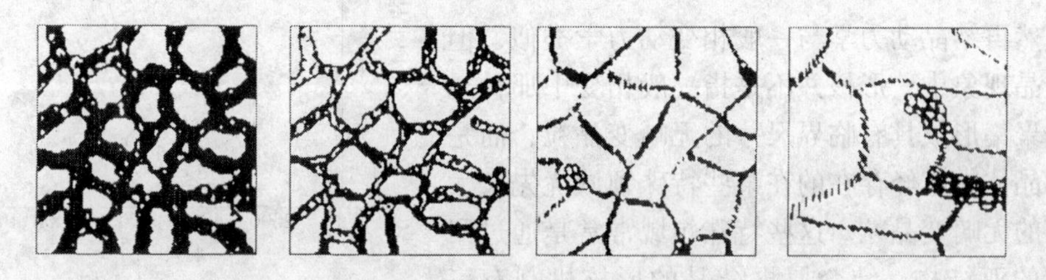

图 4-44 形变形成的胞状亚组织在回复时的变化

4.6.1.3 回复退火的应用

从回复的机制可以理解，回复过程中电阻率的明显下降主要是由于过量空位的减少和位错应变能的降低；内应力的降低主要是由于晶体中微区的弹性应变大部分被消除；而硬度和强度下降不多，则是由于位错密度下降不多，亚晶还较细小。回复过程中冷加工的储能也有初步的释放。

回复退火主要用作去应力退火，使冷加工金属在基本保持加工硬化的状态下降低内应力，以稳定和改善性能，减少变形和开裂，提高耐腐蚀性。

4.6.2 再结晶

形变金属的再结晶过程与相变过程类似，应是一形核长大的过程。再结晶是冷变形金属加热到一定温度后新的无畸变晶粒消耗冷加工的畸变晶粒的形核和长大过程。再结晶温度与预形变大小、温度和形变方式甚至加热速度等因素有关，所以金属的再结晶温度不是一个严格的物理量。为了叙述方便，再结晶可以分成如下三个阶段，即一为加工再结晶，二为聚合再结晶，三为二次再结晶，一、二两个阶段又称为初次再结晶。

4.6.2.1 再结晶动力学

由于再结晶也是形核和长大的过程，所以我们可以借助经典相变动力学来进行描述。

当形核率 N 和新晶粒长大的线速度 G 为常数时，根据相变动力学公式，经时间 t 后已再结晶的体积分数为：

$$x(t)=1-\exp(-0.25fG^3Nt^4) \tag{4-46}$$

式中，f 为晶核的形状因子。

实际上，随着转变的进行 N 是变化的。有人设 N 随时间以 $N=a\exp(pt)$ 的规律衰减，则可得出再结晶的体积分数为：

$$x(t)=1-\exp(-Kt^n) \tag{4-47}$$

式中，K 为常数；n 与再结晶的长大形式有关，对于三维再结晶，$n=3\sim4$。

实验结果表明，式 4-47 可以较好地描述再结晶动力学曲线，如图 4-45 所示，可见理论结果与实验结果还是相当吻合的。

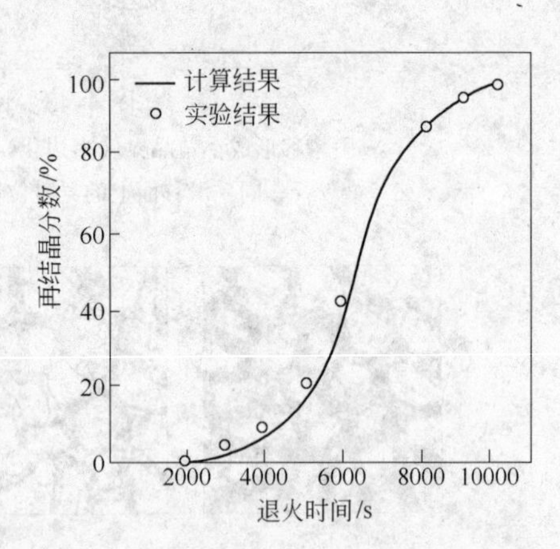

图 4-45 等温再结晶的实验值与理论值的比较（预变形 5.1%，350℃退火）

4.6.2.2 再结晶的形核

虽然再结晶动力学与一般相变动力学类似，但在再结晶现象中，形核并不是指一般相变中那种通过原子聚集形成具有临界尺寸的无畸变晶粒，而是冷变形晶体中已经存在的在某些特殊领域优先长大而产生的无畸变晶粒。这些特殊领域常常是通过回复形成的亚结构。纯金属再结晶的形核机制有三种：已经存在的大角晶界的迁动；亚晶聚合；亚晶界迁动。

A 大角晶界迁动形核

在冷变形晶体中，当某一大角晶界两侧的位错密度相差较大时，在一定温度下，晶界的一部分向高位错密度一侧突然移动，被晶界扫过的小区域中位错被晶界吸引，冷加工潜能被释放，这个新生成的无畸变小区域就是再结晶的核心，如图 4-46 所示。

B 亚晶聚合形核

对于高层错能金属，是通过相邻亚晶粒之间的合并实现形核的，即相邻亚晶粒某些边界上的位错通过攀移和滑移，转移到周围的晶界或角度较大的亚晶界上（此过程可使能量降低），导致中间亚晶界消失，然后通过原子扩散和位置的调整，终于使两个或多个亚晶粒的取向变得一致，合并成为一个大的亚晶粒。由于大的亚晶粒边界上吸收了更多的位错，数量激增，相邻亚晶粒位向差增大，并逐渐转化为大角晶界。它比小角晶界具有大得多的迁移率，故可以迅速迁移，清除其移动过程中存在的位错，使在它后面留下无畸变的晶体，从而构成再结晶核心。

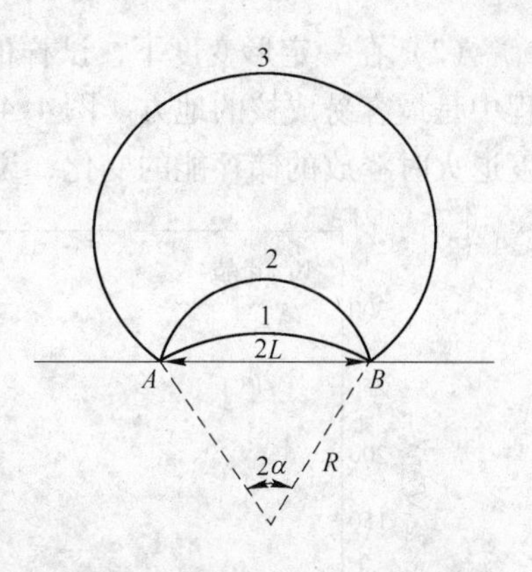

图 4-46 晶界迁动的培莱模型

C 亚晶界迁动形核

对于低层错能金属，由于其中的扩展位错难以交滑移和攀移，故亚晶粒的粗化是通过亚晶界的迁动来实现的，即应变产生了局部位错密度很高的亚晶界，这种亚晶界由于两侧晶粒的取向差特别大，在退火时易于迁动，随后发展为易动的大角晶界，于是就作为再结晶核心而长大。

B、C 两种机制都是通过亚晶粒的粗化来发展成为再结晶的核心。亚晶粒本身是一个无位错、能量最低的稳定区，它需要消耗周围的高能量区才能长大成为有效核心。因此，形变量的增大会产生更多的高能量区，而有利于再结晶形核，这就可解释再结晶的晶粒为什么会随着变形程度的增大而变细的问题。

4.6.2.3 再结晶的影响因素

再结晶的阶段包括从再结晶开始到新生晶粒充满整个试样为止。它的影响因素包括以下几个方面：

(1) 再结晶的难易显然与预变形度有关，一般是预变形度越大，再结晶温度越低，预变形度过大后作用就并不明显了，但不存在像多边化中所说的温度阈。

形变度还会影响退火时的储存能在回复和再结晶两个过程中的释放比例。表 4-6 给出了具体数据，说明形变度越大，再结晶过程中释放的储存能越大。形变度越大，再结晶的孕育期也越短。

表 4-6 不同伸长量下回复阶段和再结晶阶段的对比

伸长量	释放的储存能/cal · mol^{-1}		回复/再结晶
	回复阶段	再结晶阶段	
10.8	0.27	2.52	0.10
17.7	0.19	3.62	0.05
30.0	0.25	5.00	0.05
39.5	0.19	6.21	0.03

注：1cal = 4.1868J。

（2）在一定形变度下，试样的晶粒度越小越容易再结晶，这是因为晶界在再结晶过程中是最容易成核的地方。图4-47中给出了纯铜的两种不同晶粒大小的试样，在不同温度退火时释放的储存能的变化，说明晶粒小的释放的储存能多，并且再结晶温度也低。

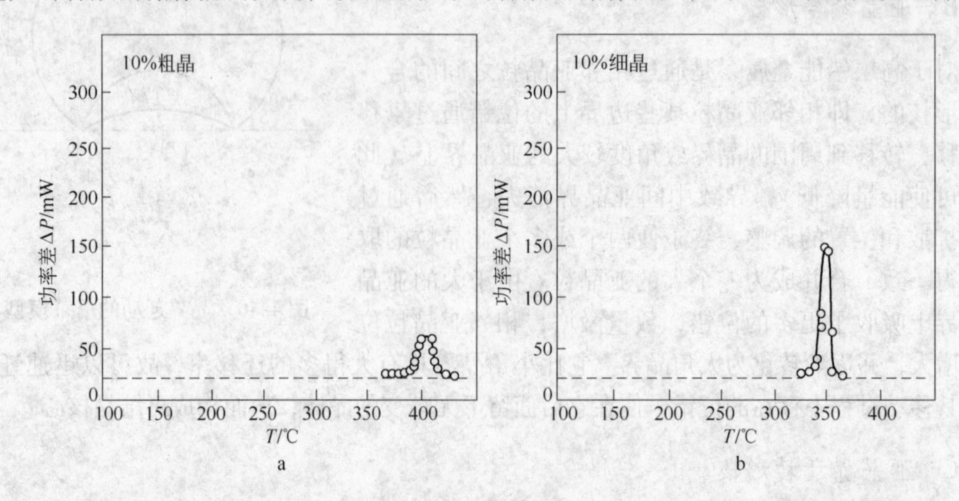

图4-47　99.98%纯铜经10%压形变后，粗晶（a）和细晶（b）的功率差与退火温度的关系

（3）少量杂质或者合金元素对再结晶的影响是十分敏锐的，实验结果表明纯度微小的差异竟会导致再结晶温度有一百多度之差。

（4）层错能对再结晶的难易是有一定影响的，因为层错能高时位错容易攀移，从而有利于多边形化，进而对再结晶过程有所抑制。层错能低时，正好相反。

（5）最后还应指出，形变温度、形变方式、加热速度等对再结晶温度也有显著影响。譬如多晶体铜、铁、镍在液氮、液氦温度下形变后在室温下就能再结晶。同样成分的多晶铜采用单向轧制、交叉轧制和多向复合轧制后，虽然加工量一样，测出的再结晶激活能也一样，但它们的再结晶温度却不一样。硅铁和钛在通电快速加热后，再结晶温度一般能提高100～200℃之多。

正因为影响加工再结晶的因素如此之多，所以在实际应用中，为了更好地控制再结晶后的晶粒大小，往往要事先做出各种各样的再结晶图以备参考，如图4-48所示。

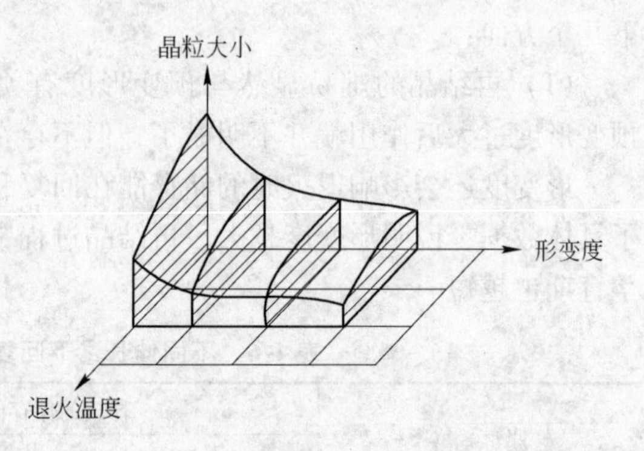

图4-48　再结晶晶粒大小、退火温度和形变度的关系

4.6.2.4　第二相粒子对再结晶的影响

上面分析的再结晶主要是纯金属和单相合金的情况。当合金中存在第二相粒子时，可以加速或者延缓再结晶，这与第二相粒子间距、粒子大小及体积分数等有关。通常来说，$r>0.1\mu m$ 的粒子，并且粒子间距也较大时，可以促进再结晶进行；反之，若粒子细小，在任何粒子间距下，都延缓再结晶的进行，如图4-49所示。

实验结果表明，形变时大颗粒周围有明显的点阵转动，形成了若干细小的亚晶。在再结晶过程中，形变区中的亚晶长大，消耗形变区而形成具有大角度晶界的细小再结晶核心。由于驱动力大，亚晶界迁动少，再结晶较易实现。

对于含有细小粒子的合金，形变后粒子周围几乎无点阵转动，位错密度增加不多，分布也较均匀，可以认为它的形核位置与单相合金相同。当形成一个曲率半径为 R 的晶核时，驱动力是 $E+\Delta E$，ΔE 为由于第二相粒子存在而增加的形变储能；阻力也有两项，一项是晶界表面能的增加 $2\gamma/R$（γ 是表面能密度），另一项是第二相粒子的阻力 $3f\gamma/2r$（r 为第二相粒子半径），因此，形核条件为：

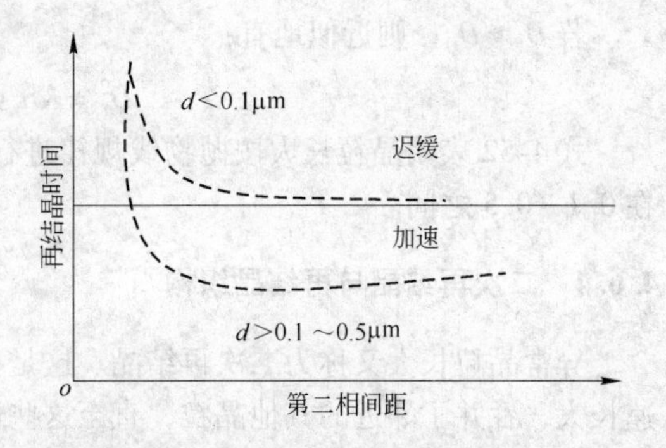

图 4-49 第二相颗粒大小和间距对再结晶的影响

$$R > \frac{2\gamma}{E+\Delta E-\dfrac{3f\gamma}{2r}} \tag{4-48}$$

显然，当 $\Delta E < 3f\gamma/2r$ 时，第二相粒子具有阻碍形核的作用，可见，r 越小，f 越大，则形核受阻也越大，延缓再结晶的作用越强烈。

4.6.3 晶粒长大

冷加工金属在再结晶结束之后，继续加热会导致晶粒长大。晶粒长大方式包括两种：一种是正常晶粒长大，一种是异常晶粒长大或者叫二次再结晶。

在晶粒长大过程中，如果许多晶粒均匀地长大，则晶粒尺寸保持均匀，这种晶粒长大称为正常晶粒长大或者普遍晶粒长大。

晶粒长大不是靠晶粒合并，而是靠晶界迁动。由于再结晶完成后，晶粒已经是无畸变的了，所以晶界迁动的驱动力应该是晶界能量的减少。设单位体积晶粒的晶界面积为 A，晶界能密度为 γ，则单位体积的自由能为 $G=A\gamma$，一个晶粒的晶界面积和它的平均直径 D 的平方成正比，而其体积和 D^3 成正比，所以 $A\propto D^2/D^3=1/D$，即 $G\propto\gamma/D$。这表明平均晶粒直径增大使自由能降低，也就是晶粒之间进行调整使总的晶界面积减少是从高能态向低能态转变的过程。

晶粒平均直径的长大速度 $\mathrm{d}D/\mathrm{d}t$ 就是晶界面的迁动速度，即：

$$\frac{\mathrm{d}D}{\mathrm{d}t}=v=BF=B\frac{2\gamma}{R} \tag{4-49}$$

式中，B 为平均晶界迁移率；F 为晶界的平均驱动力；R 为晶界的平均曲率半径。

如果把晶粒看做球形，则 $R\propto D$，而在一定温度下对于各种金属而言可把 $B\gamma$ 看做常数，因此式 4-49 可写成：

$$\frac{\mathrm{d}D}{\mathrm{d}t}=K\frac{1}{D} \tag{4-50}$$

积分得：

$$D_t^2-D_0^2=K't \tag{4-51}$$

式中，D_0 为恒温下起始平均晶粒直径；D_t 为经 t 时间后的平均晶粒直径；K' 为常数。

若 $D_t \gg D_0$，则近似地有：

$$D_t^2 = K't \text{ 或 } D_t = Ct^{\frac{1}{2}} \tag{4-52}$$

式 4-52 表明晶粒长大按抛物线规律进行。这已为一些实验所证明，实际上 t 的指数在 0.1 ~0.5 之间。

4.6.4 二次再结晶与再结晶织构

异常晶粒长大又称为二次再结晶。这是指整个基体完成了初次再结晶后，少数晶粒迅速长大，吞并了邻近的其他晶粒，直至这些迅速长大的晶粒完全互相连接为止。

由于驱动力较小，二次再结晶的速率比初次再结晶要慢得多。二次再结晶也会引起织构的改变。某些体心立方金属的初次再结晶织构不很明显，利用二次再结晶可以获得所希望的织构，使之具有优良的磁性。

在大多数变形的多晶体中，晶粒通常出现择优取向，即大多数晶粒趋于某一种取向。在极端情况下，整个试样可以变成伪单晶。晶粒取向的这种分布称为织构。当具有形变织构的多晶体进行退火时，再结晶的晶粒也出现择优取向。这种现象叫做退火织构，或者称为再结晶织构。

4.6.5 退火孪晶

面心立方金属，尤其是低层错能的金属和合金，在退火后常有很多孪生带出现，这些孪生带被称为退火孪晶。退火孪晶是在再结晶或晶粒长大时，晶界迁动碰到偶然的机会，如碰到层错或另一个晶粒，当位向关系合适时形成的。它是（111）面发生堆垛层错引起的，如由 *ABCABC*…变为 $ABCAB\overline{C}BACBA$…，则共格晶面 $\overline{C}$ 便是孪晶面。

4.7 晶体的高温变形

热加工和蠕变是高温变形的两种常见形式。

4.7.1 热加工

除了铸件和烧结体外，大多数金属在制成产品的过程中都要经过热加工。所谓热加工是指晶体材料在完全再结晶条件下进行的塑性变形。热加工本身是个很复杂的问题，它涉及同时并存的加工硬化和软化，晶内流变和晶界流变以及流变过程中带来的热效应等一系列实际问题。因为各种金属的再结晶温度相差较大，所以金属材料热加工的概念也是相对的。例如，对 Fe 来说，在 600℃以上进行的加工叫热加工，而铅在室温下的加工也叫热加工。

4.7.1.1 热加工对组织和性能的影响

因为热加工是在再结晶温度以上进行的，在高温形变过程中就可以发生回复和再结晶，故称为动态回复和动态再结晶。因此热加工变形就是加工硬化和再结晶这两者动态平衡的过程。在此过程中由于再结晶能充分进行和在变形时靠三向压力状态等因素的作用，可使：

(1) 铸态金属组织中的缩孔、疏松、空隙、气泡等缺陷得到压缩或焊合。金属在变形中由加工硬化所造成的不致密现象也随着再结晶的进行而恢复。

(2) 热加工变形可使晶粒细化和夹杂物破碎。铸态金属中柱状晶和粗大的等轴晶粒经锻造或轧制等热加工变形后，再由于再结晶的同时作用，可变成较细小的等轴晶粒。

(3) 热加工时由于材料沿加工方向有大量的塑性流动，故会形成热加工纤维组织(亦称流线)。铸态金属在热加工时形成的纤维组织与金属在冷加工时由于晶粒被拉长所形成的纤维组织不同，前者是由铸态组织中晶界上的非溶物质的拉长所造成的。热加工纤维组织的出现会使变形金属在纵向和横向有不同的力学性能。

(4) 金属在热变形时产生带状组织。这种带状组织可表现为晶粒带状和夹杂物带状两种，这种带状组织是有害的，影响材料的性能。

4.7.1.2 高温形变的应力-应变曲线

图4-50为纯铜在不同温度下热压缩实验的应力-应变曲线。从结果中可以看出：

(1) 在热压缩实验的初期表现出明显的加工硬化，随温度的升高和应变速率减小加工硬化率逐渐减小。随应变量的增加，扭转曲线上升较为平缓，这种现象表明动态回复或动态再结晶软化逐渐与加工硬化相平衡。

(2) 当温度超过400℃时，应变达到一定值后，流变应力趋于稳定，表明硬化和软化处于动态平衡状态。

上述这些特点是热加工过程中的宏观反应，与材料组织结构变化有关。研究者们比较关注的是稳定流变阶段的速度控制因素。

事实上，合金热变形的流动应力与温度和应变速率都有关。

实验结果表明，σ、ε 和 T 三者之间的关系可用如下经验公式来描述：

$$\bar{\varepsilon}=A(\sinh\alpha\sigma)^n\exp\left(-\frac{Q}{kT}\right) \quad (4\text{-}53)$$

式中，A、α、n 为与温度无关的常数；Q 为热加工激活能。令

$$z=\bar{\varepsilon}\exp\left(\frac{Q}{kT}\right) \quad (4\text{-}54)$$

z 称为形变温度修正了的应变速率。其意义可理解为在稳态条件下，温度与应变速率共同决定着流变应力水平。

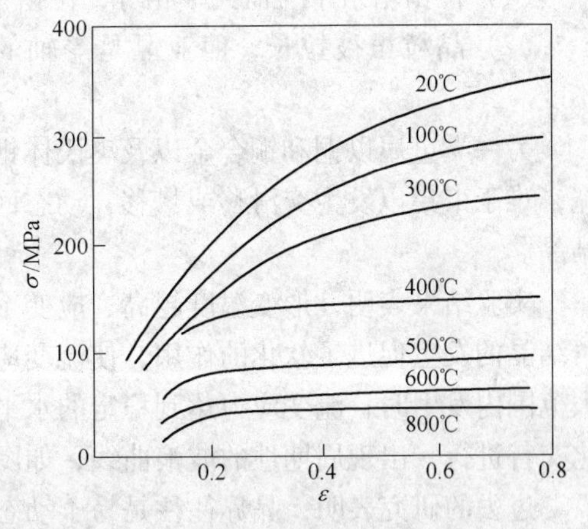

图4-50 纯铜在不同温度下静载压缩时的真实应力-应变曲线

如设法保持一定的流变应力水平，测出在两个温度下的 $\bar{\varepsilon}$ 值，便可利用式4-54求出热加工激活能。由此，可以对比各种材料在热加工过程中内部结构变化的差别，从而判断其控制速率的物理本质。

表4-7列出了几种材料在不同过程中的激活能数值。从结果中可以看出，有些金属(例如铝)的热加工激活能与蠕变的激活能相近，可以推测其热加工过程的速率控制因素可能是自扩散控制的动态回复过程，其他金属(如铜)的热加工激活能明显大于自扩散

激活能，因此，在热加工中除动态回复外，还可能发生动态再结晶。

表 4-7 几种不同材料不同过程的激活能

金 属	激活能/cal·mol^{-1}		金 属	激活能/cal·mol^{-1}	
	热加工	蠕变		热加工	蠕变
软钢（0.05%C）	67×10^3	61.2×10^3	铜	72×10^3	48×10^3
钢（0.25%C）	72.5×10^3	73.6×10^3	镍	71×10^3	58×10^3
钢（1.2%C）	93×10^3	61.4×10^3	铝	$(30\sim43)\times10^3$	37×10^3
18-8 不锈钢	99×10^3	75×10^3			

注：1cal = 4.1868J。

4.7.1.3 动态回复和动态再结晶

金属材料的热加工均是在较高温度下进行的，其回复机制主要是刃型位错的攀移。如果在回复基础上发生再结晶，则由于位错的大量消失，软化更为明显。可以发现再结晶是否发生与回复是否充分进行有关；而回复是否充分进行又取决于层错能高低。

以铝及铝合金为代表的一类金属，层错能较高，螺型位错的交滑移与刃型位错的攀移都容易发生，热加工过程中软化的主要机制为动态回复。由于动态回复进行得充分，动态再结晶往往不易发生。这种材料的应力-应变曲线一般具有图 4-50 上部三条曲线的特点，即应力由初期的迅速上升变为后期的趋于水平，出现硬化与软化呈动态平衡的稳态流变应力。组织结构的特征是：

（1）位错增殖率与消失率相等，位错密度大致恒定。

（2）晶粒虽被拉长，但亚晶是等轴的，处于动态的稳定大小，亚晶的平均取向差不变。

另一类金属以铜和铜合金以及奥氏体钢为代表，它们具有较低的层错能，扩展位错较宽，难于束集以发生交滑移或攀移，动态回复受到一定限制，在一定条件下便发生动态再结晶。

实验结果表明，形变温度越高、应变率越低、应变量越大，越利于动态再结晶。动态再结晶的发生促进了软化的作用，使流变应力下降，而当应变量达到一定值，再结晶在较大范围内发生时，流变应力达到稳定的水平线。当温度较高，而应变率较低时，硬化与软化交替进行，出现周期性的波浪曲线，如图 4-50 下部曲线所示。

过去的研究表明，晶界往往是易于动态再结晶的形核地。若达到临界变形量，驱动力可以与表面能相平衡，此时最大的凸出形核可以自发地长大，就发生动态再结晶。但由于再结晶的核心在长大的同时，变形在持续进行，因而形成的新晶粒中有一定程度的应变，会出现位错缠结的亚结构。此外，当晶粒刚发生有限的长大，而持续的变形所积聚的储能又足以触发另一轮再结晶时，动态再结晶将重复发生。上述组织特征使得合金的流变应力高于静态再结晶的流变应力。

掌握动态回复和动态再结晶的规律及其影响因素，便可控制热加工的显微组织变化，改善材料的性能。

4.7.2 蠕变

蠕变即金属在恒定应力下发生的缓慢而又连续的一种形变。

蠕变时所加应力一般远小于拉伸屈服强度。应变速率很小，约在 $10^{-10} \sim 10^{-3} s^{-1}$ 范围内。不同材料发生蠕变现象的温度也不同，有的很低，如室温，有的很高，如1000℃以上，金属材料通常在 $T>(0.3 \sim 0.4) T_m$ 时蠕变现象才比较明显。蠕变的研究对在高温下使用的金属材料具有重要的意义。

4.7.2.1 蠕变的基本现象和规律

目前绝大多数工作中采用的恒定应力都在宏观屈服应力之上，所得蠕变曲线，即应变-时间曲线，虽然对于不同金属而有所差异，但其主要特点可见图4-51。当温度低时，ε_0 是加载瞬间产生的瞬间应变，包括起始的弹性和塑性变形，随着时间的延长，最后趋于稳定值。温度较高时，除去瞬间应变以外共分为三个阶段。

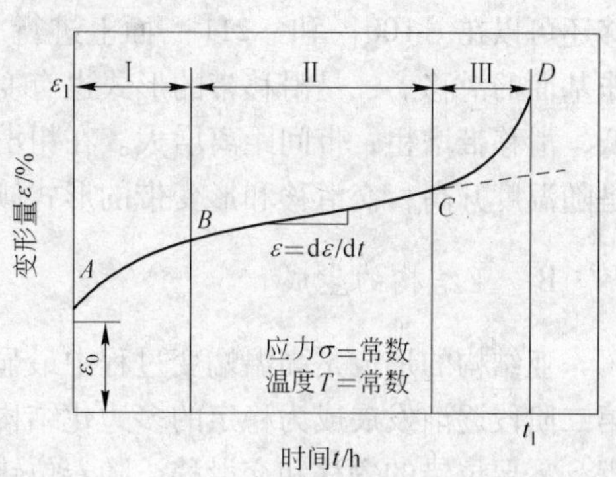

图4-51 典型的蠕变曲线

第Ⅰ阶段，称为瞬态蠕变或减速蠕变阶段。此阶段是一个加工硬化的过程，在这个过程中蠕变速率随时间延长而减小，蠕变抗力在增加。

第Ⅱ阶段，称为恒速蠕变或线性蠕变阶段，在这个阶段蠕变速率 $\bar{\varepsilon}$ = 常数，应变与时间的关系为：

$$\varepsilon = K_0 + Kt \tag{4-55}$$

式中，K 和 K_0 均为常数。

第Ⅲ阶段，称为加速蠕变阶段。在这个阶段蠕变速率随时间延长迅速增大，最后以断裂而告终。

温度更高时，第Ⅱ阶段变得很短，第Ⅲ阶段却较早地到来。此外，在试样起始位错密度十分小的情况下，蠕变曲线上还会出现一段孕育期。

仅仅了解蠕变的时间规律是不够的，因为即使同属某一阶段的蠕变，不同的材料在不同的温度和应力条件下，支配其变形的机制也会是不同的。因此，一般把蠕变分成三种类型：

(1) 低温低应力下的瞬态蠕变（或称对数蠕变），蠕变期间完全不发生回复，这种蠕变只有减速阶段。

(2) 高温蠕变（或称回复蠕变），蠕变期间同时进行着回复过程。一般工程构件使用时的蠕变现象均属于此类。

(3) 扩散蠕变，发生在更高的温度和较低的应力水平，变形可以通过大量原子定向扩散进行。

4.7.2.2 蠕变过程中的结构变化及变形机制

在蠕变过程中，金属的组织结构变化比较复杂，不但各个阶段有一定的特点，而且在同一阶段往往也有多种变化叠加在一起。蠕变过程中的结构变化是指微观结构的组态变化，不涉及相变。低温蠕变的机制主要是位错的滑移，在蠕变过程中或蠕变后可以观察到位错滑移的痕迹和滑移带等。而高温蠕变过程中结构变化的内容比较丰富，包括滑移、亚晶的形成、晶界滑移以及晶界迁移。各种机制的表现形式及其对变形的贡献随着应力和温度的变化而有所不同。

A 滑移

蠕变时的滑移变形与常温滑移变形有所区别。一是金属在高温下将有新的滑移面被激活。例如，铝在常温下的滑移面仅限于 {111} 面，而在高温下，则除了 {111} 面，滑移还可以在 {100} 和 {211} 面上进行。锌和镁在高温下除了基面滑移外，还可以发生非基面的滑移。二是滑移带的形式也有变化，一般比较粗大，随着温度的升高或应力的降低，滑移带增粗，带间距离增大。在粗滑移带之间有光学显微镜观察不到的细滑移线。三是随温度升高，交滑移和形变带的形式倾向增加。

B 亚结构的生成

亚结构的形成是高温蠕变过程中最显著的特征。它在蠕变的第一阶段末开始形成，在第二阶段逐渐发展成为稳定的多边化结构。亚晶的生成相当于在应力作用下的多边形化过程，需要位错的攀移和交滑移，随着位错不断进入亚晶界，亚晶两边的取向差不断增加。实验表明，取向差与蠕变量成正比。多边化形成的亚晶界是二维的位错墙，亚晶粒内运动的位错圈碰到位错墙即被吸收，因此，亚晶界两侧的取向差应随着蠕变的进行而增大。

亚晶的生成在高层错能金属中具有普遍性，因为这些金属中位错易于攀移，使蠕变过程的多边形化易于发生。但在低层错能金属中，因位错攀移困难，多边形化进行得很慢，以至于有时先发生了再结晶。

C 晶界滑动和晶界迁动

晶界滑动是蠕变时的一种普遍现象，是指两个相邻晶粒沿晶界面的相对运动。晶界的迁移是指晶界沿着与晶界面接近垂直方向的移动。晶界迁移是由于蠕变过程中晶粒内积蓄了畸变能，晶界向着畸变能较高的一方移动。显然，晶界的滑动将引起试样的形变，对蠕变的应变有贡献。而晶界的迁移对蠕变的贡献很小，但是由于它消除了晶界附近的畸变，晶内形变和晶界滑动得以进一步进行。

与拉伸轴成45°角的晶界滑动量最大，而与拉伸轴垂直的晶界则很少滑动。晶界滑动对材料的延伸也有贡献，一般是温度越高，应变速率越低，晶界滑动量越大。在高温时，晶界滑动量可占总蠕变量的10%左右。

4.7.2.3 蠕变理论

迄今为止人们已经提出了各种各样的蠕变理论，在此无法一一列举。我们将大家熟悉的理论作简要介绍。为了方便，我们将蠕变温度划分成三段。以金属熔点 T_M 为准，当 $T < 0.25T_M$ 时称为低温，此时基本上不产生回复；当 $0.25T_M < T < 0.5T_M$ 时称为中温，此时动态回复能显著进行，但扩散并不明显；$T > 0.5T_M$ 时就称为高温，此时扩散过程能以显著速度进行，回复便可通过位错的攀移来实现。

A 低温蠕变理论

最早的低温蠕变理论是 Mott 和 Nabarro 提出的所谓位错耗竭理论，他们认为在恒应力作用下，位错靠热激活的帮助按难易顺序依次参加形变，给出第一阶段的蠕变。但由于它不能解释蠕变过程中相应的结构变化，以及实验测得的激活能与蠕变量无关的事实，所以很多人对它表示疑义。目前，大家比较容易接受的是 Seeger 所提出的林位错理论。因为低温时没有回复，热激活只能帮助位错在滑移过程中克服与林位错交截造成的阻碍。如忽略交截过程中形成割阶时熵的变化，则：

$$\dot{\varepsilon} = bANv_0\exp[-(\Delta H_0 - v\tau^*)/kT] \tag{4-56}$$

Thornton 和 Hirsch 也曾用此低温蠕变的位错交截机制求得各种金属的平均位错宽度，其结果与其他方法所得结果比较接近。

B 中温蠕变理论

中温蠕变时，其蠕变曲线可以用低温蠕变的混合形式表示，但其机制是螺型位错的交滑移。这一结论不但适用于高层错能的铝，而且对低层错能的铜也适用。由于后者的位错较宽，而交滑移只有在较高的温度和较大的应力下才能产生，故蠕变速率可以写成：

$$\dot{\varepsilon} = bANv_0\exp\left[-\left(\Delta H_0 - c\ln\frac{n\tau}{\tau_0}\right)/kT\right] \tag{4-57}$$

所以不论金属的层错能高低，只要应力和温度达到要求，交滑移就可以通过一次激活而完成。这与位错要攀移一定距离需要通过多次激活是不一样的。因此，如果蠕变过程的控制因素是交滑移时，其频率因子一定比控制因素是攀移的要大。

我们知道交滑移的产生最多导致位错螺型部分的销毁，故随着蠕变的进行，位错密度还是在不断增加。因此，只要不出现位错的攀移，蠕变速率总有下降的趋势而达不到稳态。所以说，位错交滑移的蠕变机制是一种不能完全消除硬化的回复过程，它主要反映蠕变从第一阶段过渡到蠕变第二阶段时的一种低温回复，或者称为动态回复。

C 高温蠕变理论

关于高温蠕变理论，我们在这里介绍从某种原子过程的机制出发来考虑的威尔特曼（Weertman）理论。Weertman 理论是一种稳态蠕变的位错机制，其核心是用位错的攀移作为软化的机制。Schoeck 总结位错攀移中的障碍可能有五种，如图 4-52 所示。h 为位错需要攀移的高度，具体机制为：图 4-52a 表示领先位错攀移越过 Lomer-Cottrell 位错；图 4-52b表示邻近滑移面上异号刃型位错通过攀移互相抵消；图 4-52c 表示攀移位错形成了小角晶界（亚晶界）或者加入已存在的小角晶界；图 4-52d 为塞积在晶界前的位错沿着晶界产生的攀移；图 4-52e 为越过弥散质点的攀移。以上这些过程都能产生软化作用。这样可保持有效位错密度不变，如此发生稳态蠕变。其速度取决于位错攀移的速度。

设塞积群中有 n 个位错，则塞积群顶端的应力集中为 $n\sigma$（σ 为外加应力）。在塞积群顶端沿垂直滑移面方向有张应力 σ_i，也等于 $n\sigma$。位错向上攀移需要空位，在张应力 $\sigma_i = n\sigma$ 的区域，形成一个空位所做的功为 $n\sigma b^3$（b^3 为空位体积）。在该区域内的空位浓度为：

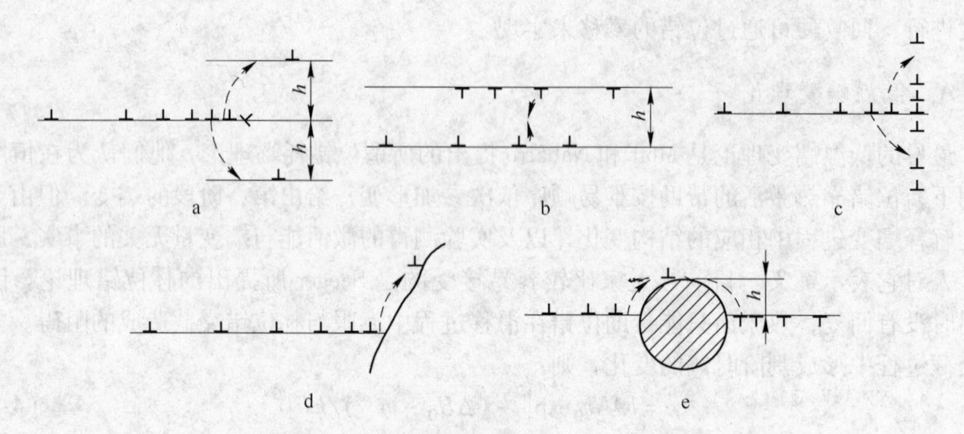

图 4-52　位错攀移越过障碍的几种可能机制

$$C' = C_0 \exp\left(\frac{n\sigma b^3}{kT}\right) \tag{4-58}$$

式中，C_0是远离位错处的空位浓度。根据沿攀移面空位浓度的变化可求出空位扩散速度，也就是位错攀移的速度。

经过计算，在高温低应力$\left(\frac{n\sigma b^3}{kT}<1\right)$时，空位在单位时间内的流量为：

$$J = D_V C_0 n\sigma b^3/kT \tag{4-59}$$

因此，领先位错的攀移速度可写成：

$$v = \alpha D_V C_0 n\sigma b^3/kT \tag{4-60}$$

式中，α 是常数；D_V是空位扩散系数。

稳定蠕变速率 $\bar{\varepsilon}$ 取决于位错攀移速度 v 及需要攀移的高度 h，即：

$$\bar{\varepsilon} = \alpha' \frac{v}{h} \tag{4-61}$$

由于位错应力场的应力大小与离位错的距离成反比，故领先位错攀移高度 $h \propto 1/\sigma_i$，又因为塞积群顶端 $\sigma_i = n\sigma$，而 n 又和外加切应力 σ 成正比，即 $n \propto \sigma$，因此 $\sigma_i \propto \sigma^2$，$h \propto \sigma^{-2}$。代入式 4-61 可得：

$$\bar{\varepsilon} = \alpha'' \frac{D_V C_0 \sigma^4 b^3}{kT} \tag{4-62}$$

式中，α''为比例系数。若 C_0 表示单位体积中的空位数，每个空位的体积大约为 b^3，则 $C_0 b^3$为空位的体积浓度。$D_V\ C_0 b^3$ 等于自扩散系数 D，且 $D \propto \exp\ (-Q/kT)$，Q 为自扩散激活能。综合上述结果，蠕变速率最后表达为：

$$\bar{\varepsilon} = \alpha''\left(\frac{\sigma^4}{kT}\right)\exp\left(-\frac{Q}{kT}\right) \tag{4-63}$$

式中，α''为常数，Q 在 3 ~ 5 之间，$n\sigma b^3/kT < 1$。

式 4-63 表示在恒温和恒应力下的稳态蠕变应变率，它和 σ 的关系是 3 ~ 5 次方的关系。这已被许多实验所证实，如铝、铝-镁合金、铅、锡等金属的 Q 值在 3 ~ 4.5 之间。

4.7.3　超塑性

虽然说超塑性就是一种蠕变现象，但它和高温蠕变还有一定的关系。实际上，所谓超塑性可以认为是一种金属在高温低速形变时，能给出特大形变量而不出现颈缩的现象。一般超塑性可以分成两大类：一类为通过热处理在相变过程中产生的超塑性，称为相变超塑性；另一类为由于金属结构上具有某种特点而产生的超塑性，称为结构超塑性。

许多材料在特定的条件下拉伸时可获得特别大的均匀塑性伸长率（如大于200%，甚至高达5000%），这种现象称为超塑性。发生超塑性的条件一般是：高温变形，$T \geqslant 0.5T_m$；应变速率在$10^{-4} \sim 10^{-2}s^{-1}$范围；具有细小而稳定的（≤10μm）单相或等轴的晶粒。

超塑性变形后的材料具有如下的组织特征：

（1）形变不随着晶粒的大小和形状的变化而明显改变；

（2）它主要靠一种协调性的晶粒间彼此大范围的转动来实现；

（3）由于晶粒间的彼此转动是协调的，所以在晶界上看不见空洞的产生；

（4）在特别制备的试样中能见到显著的晶界滑动和晶粒转动的痕迹。

根据上述结果，人们提出了一些相应的变形机制。一种机制认为超塑性变形是晶界滑动加扩散式协调变形，如图4-53a～c所示。图4-53d、e是借体扩散和晶界扩散来完成协调变形的示意图。

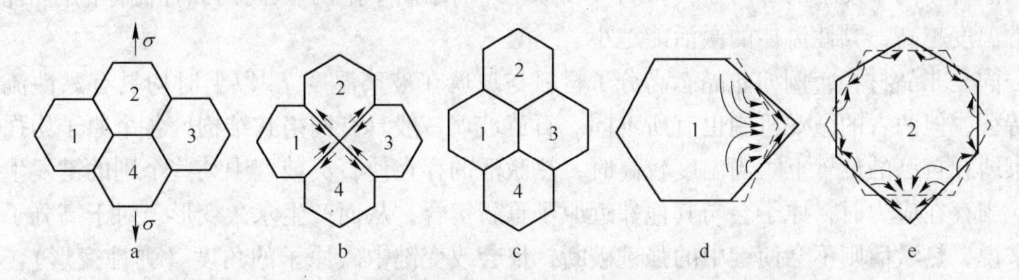

图4-53　超塑性变形时的晶粒变化及协调变形时的物质转移示意图

a，b，c—晶界滑动加扩散式协调变形；d，e—体扩散及晶界扩散式协调变形

超塑性不仅具有理论价值，同时也具有相当的实用价值。利用超塑性可以改善材料的成型塑性，节约材料，节省工时，使复杂构件一次成型。其不足之处是成型温度较高，应变率低，会引起材料的氧化及需要耐热磨具等。

4.8　材料的黏性和黏弹性变形

4.8.1　黏性变形

黏性变形是指在外力作用下非晶态固体和液体等出现无规则形状的流变。卸载外力后，非晶态固体和液体等形状不能恢复。这种材料流动的特征可以通过黏度来进行表征。黏度可以反映流体的内摩擦力，是流体流动时的阻力，定义如下：

$$\eta = \frac{\sigma}{\varepsilon} \quad 或 \quad \varepsilon = \eta \frac{d\varepsilon}{dt} \tag{4-64}$$

式中，σ 为应力；ε 为应变；$\bar{\varepsilon}=\frac{\mathrm{d}\varepsilon}{\mathrm{d}t}$为应变速率；$\eta$ 即为黏度系数，Pa·s。

符合上述规律的流体叫做牛顿黏性流体，其中 η 仅是温度的函数。在固定温度下，η 为常数，与应力和时间无关。对于牛顿黏性流体，$\sigma-\bar{\varepsilon}$ 曲线的斜率为黏度系数，反映流体变形的特征。

不同材料及不同温度下，η 可在很宽的范围内变化，例如室温下水的 η 是 10^{-3} Pa·s，各种树脂为 $10^{2}\sim10^{8}$ Pa·s，各种玻璃为 $10^{11}\sim10^{19}$ Pa·s。通常把 $\eta=10^{13}$ Pa·s 作为液体和固体的分界线。

玻璃在室温很脆，但在高温却可吹制成各种复杂的外形，这正表明了 η 与温度的紧密关系。例如钠钙玻璃在900℃时 $\eta=10^{-4}$ Pa·s，若所加外力为 10^{-4} Pa，则其应变率为 $100\%\,\mathrm{s}^{-1}$，即一秒钟内玻璃杆可以伸长一倍。由于黏性来自流体的内摩擦力，显然与分子的扩散运动有关，因此黏性流变可看做是一个为扩散所控制的速率过程，温度的影响可用式4-65来描述：

$$\frac{1}{\eta}=A\exp\left(-\frac{Q}{kT}\right)\quad 或 \quad \eta=A'\exp\left(\frac{Q}{kT}\right) \tag{4-65}$$

式中，Q 为黏性流体的激活能，与其蒸发热有关。

测得不同温度下的 η，可从 $\ln\eta\sim1/T$ 关系中求出不同温度区间内黏性流体的激活能。通常温度越高，黏性流体的激活能越小。

同是非晶材料，例如非晶态高分子材料与玻璃在玻璃温度 T_{g} 以上时均具有黏性流动的特征，但两者的微观机制也有所不同。石英玻璃一般具有网络状结构，各个原子均强烈地束缚在自己的位置上。当温度较高时，热激活的存在使石英玻璃中某些个别的键发生破断。当存在应力时，原子会与其他邻近原子重新键合，从而产生永久变形。对于高分子材料来说，热激活则不会使键中的强键破断，仅会改变键中碳原子的角度（弹性变形），同时使一个键节相对于其近邻发生滑移（永久变形）。因此，在应力作用下，高分子材料的应变速率中包含弹性和黏性两种组分。对于金属晶体来说，只有在接近熔点的高温和较低的应力作用下，强烈的扩散蠕变才表现出黏性流动的特性（即 $\bar{\varepsilon}\propto\sigma$）。

4.8.2 黏弹性变形

对于完全弹性体来说，其弹性变形是瞬间发生的，不随时间变化而发生改变，并且是可逆的；牛顿黏性流体的黏性变形与时间呈线性关系，并且是不可逆的。黏弹性变形既与时间有关，又具有可逆性。可见黏弹性变形包含弹性和黏性两方面的特征，是两者组合的一种力学行为，常见的黏弹性材料为一般高聚物。

为了研究黏弹性变形的变化规律，可以用弹簧表示弹性变形部分，黏壶表示黏性变形部分，以两者的不同组合构成不同类型，其中为人们所熟知的是串联组成的麦克斯韦尔（Maxwell）模型与并联组成的开尔文（Kelrin）模型。

4.8.2.1 麦克斯韦尔模型

图4-54a是该模型的示意图，其特点是：

$$\sigma=\sigma_{\mathrm{e}}=\sigma_{\mathrm{v}},\ \varepsilon=\varepsilon_{\mathrm{e}}+\varepsilon_{\mathrm{v}} \tag{4-66}$$

由于 $\varepsilon_{\mathrm{e}}=(1/E)\sigma$，$\mathrm{d}\varepsilon_{\mathrm{v}}/\mathrm{d}t=(1/\eta)\sigma$，则总应变速率为：

$$\frac{\mathrm{d}\varepsilon}{\mathrm{d}t}=\frac{1}{E}\frac{\mathrm{d}\sigma}{\mathrm{d}t}+\frac{1}{\eta}\sigma \tag{4-67}$$

这就是麦克斯韦尔模型的运动方程。

麦克斯韦尔模型对解释应力松弛特别有用，此时的总应变为恒定值，即 $\mathrm{d}\varepsilon/\mathrm{d}t=0$，则：

$$\frac{1}{E}\frac{\mathrm{d}\sigma}{\mathrm{d}t}+\frac{1}{\eta}\sigma=0 \tag{4-68}$$

令 $\tau=\eta/E$，解此微分方程得到：

$$\sigma(t)=\sigma_0\exp\left(-\frac{t}{\tau}\right) \tag{4-69}$$

τ的量纲为时间，即应力松弛时间。松弛时间是模型的黏度系数与弹性模量的比值，说明黏弹性现象必然是黏性和弹性同时存在的结果。

4.8.2.2 开尔文模型

图4-54b 是开尔文模型示意图，此时，应力分配于弹簧和黏壳两者之间，而应变却是相同的，即：

$$\varepsilon=\varepsilon_{\mathrm{e}}=\varepsilon_{\mathrm{v}},\ \sigma=\sigma_{\mathrm{e}}+\sigma_{\mathrm{v}} \tag{4-70}$$

因为 $\sigma_{\mathrm{e}}=E\varepsilon$，$\sigma_{\mathrm{v}}=\eta\mathrm{d}\varepsilon/\mathrm{d}t$，

所以总应力为：

$$\sigma(t)=E\varepsilon+\eta\frac{\mathrm{d}\varepsilon}{\mathrm{d}t} \tag{4-71}$$

此即为开尔文模型的运动方程。它可用来表示蠕变、弹性后效和弹性记忆等过程。

例如，对于蠕变行为，$\sigma(t)=\sigma_0$，式 4-71 的解为：

$$\varepsilon(t)=\frac{\sigma_0}{E}(1-\mathrm{e}^{-\frac{t}{\tau}}) \tag{4-72}$$

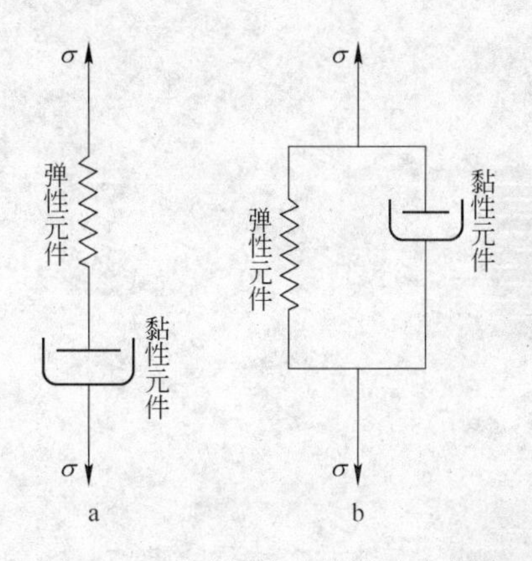

图4-54 黏弹性体力学模型示意图
a—麦克斯韦尔模型；b—开尔文模型

式中，$\tau=\eta/E$，称为弹性推迟时间。当外力去除后，即 $\sigma(t)=0$ 时，式 4-72 的解为：

$$\varepsilon(t)=\frac{\sigma_0}{E}\mathrm{e}^{-\frac{t}{\tau}} \tag{4-73}$$

式 4-73 表明黏弹性随时间而慢慢恢复，这种现象称为弹性后效。

在 4.4.1 节中讨论的金属晶体由于滞弹性而产生的应力弛豫和应变弛豫现象也可分别用式 4-71 和式 4-73 描述。但是，金属晶体滞弹性的内部弛豫过程与高分子材料等的黏弹性变形的微观过程是不相同的。与金属的滞弹性类似，黏弹性变形也可用标准线性固体方程式来描述，那样便可用一个方程同时描述应力松弛和应变弛豫两个过程。

由上述可知，黏弹性变形的特点是应变落后于应力。因此，黏弹性体在周期性应力作用下将产生内耗，从表象上看与滞弹性型内耗相同。

习 题

4-1 材料的弹性模量与材料的弹性性能密切相关，影响材料弹性模量的因素有哪些？

4-2 滞弹性内耗是常见的一种内耗方式，滞弹性内耗的特点都有哪些？

4-3 滑移是晶体塑性变形的基本方式，滑移的晶体学特征都有哪些？

4-4 材料的屈服和吕德斯带的定义都是什么？

4-5 什么叫应变时效以及应变时效有哪些用途？

4-6 单晶体的加工硬化分哪几个阶段？请分别说明。

4-7 回复与再结晶有哪些异同点？并指出再结晶的影响因素。

4-8 请叙述蠕变的基本现象、结构变化和变形机制。

5　材料的强化

本章提要： 本章着重介绍了金属材料的加工硬化、细晶强化、固溶强化、第二相强化、相变强化等五种类型的材料强化的现象、应用以及相关理论，此外还介绍了复合材料的强化。学习本章应重点掌握各种强化方法的微观机制和应用。

5.1　引　　言

应用的发展需要不断地提高金属材料的性能，尤其是强度和韧性。强度是指材料在外力作用下抵抗变形和破坏的能力。强度越高，变形抗力越大，塑性变形越困难，材料断裂前所能承受的应力越大。

工程材料，尤其是金属材料的强度与其内部的组织、结构有着密切的关系。通过改变金属及合金的化学成分、进行塑性变形以及热处理等，均可提高金属材料的强度。使金属材料强度提高的过程称为金属材料的强化。由于大多数金属材料都是晶体，其塑性变形是通过位错运动实现的，因此，位错密度及位错运动的难易程度对塑性变形能力有着重要的影响。位错密度与变形抗力之间的关系如图5-1所示。

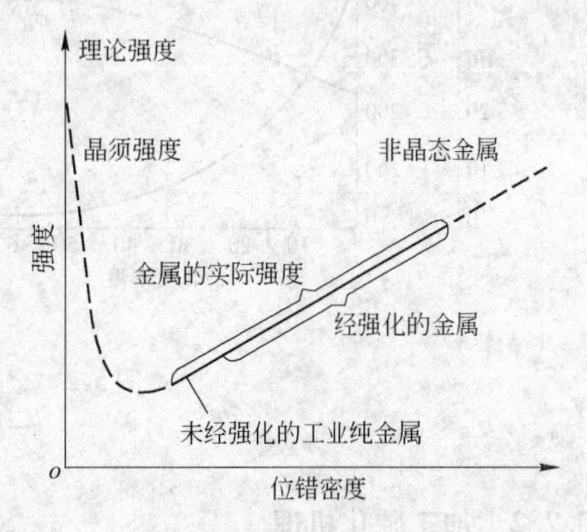

图5-1　金属的屈服强度与位错密度的关系

从理论上讲，金属材料的强化途径主要有两种：

（1）尽可能地减少晶体材料中的位错，制备无缺陷的完整晶体，只有这样，完整晶体材料的实际强度才能接近于其理论强度。晶须是一种细长的单晶体材料，直径很小（约为0.05～2μm）、长约2～10mm，其强度极高，接近于理论强度。例如，铁晶须的强度可达13400MPa，而普通铁多晶体的强度只有200MPa。但是，随着晶须直径的增大，位错数量迅速增加，强度下降很快，直径达几十微米后，强度就和一般晶体相差不大了。目前还难以实现可供工业上实际应用的完整晶体材料的制备。

（2）在晶体材料中制造大量的位错并限制其运动。金属中存在着大量的晶体缺陷，极大地增强了位错之间、位错和其他晶体缺陷之间的交互作用，从而阻碍了位错的运动，提高了金属晶体的强度。这一强化途径已经在金属材料的生产上得到了广泛的应用。加工硬化、细晶强化、固溶强化、第二相强化以及它们的相互配合而产生的综合强化效果已经使金属材料的强度飞跃地上升。例如，单晶纯铁的临界分切应力只有30MPa，而高碳冷拔钢丝的屈服强度可高达3000MPa，抗拉强度可达4000MPa以上。

5.2 加工硬化

5.2.1 加工硬化的定义

加工硬化又称应变硬化、冷变形强化或位错强化，是指金属材料在再结晶温度以下发生塑性变形时强度和硬度提高，而塑性和韧性下降的现象。加工硬化是提高金属材料强度的主要途径之一。对于那些不能通过各种热处理方法来强化且使用温度远低于再结晶温度的材料，经常利用加工硬化这种冷变形手段来提高其强度。如冷拔弹簧钢丝经冷拔后强度可高达2800MPa以上，它是工业上强度最高的钢铁制品之一。滚压、喷丸是表面冷变形强化工艺，不仅能强化金属表层，而且能使表面层产生很高的残余压应力，可有效地提高零件的疲劳强度。图5-2为纯铜和低碳钢的冷轧变形度与它们的抗拉强度之间的关系。由图5-2可看出，随着变形度的增加，纯铜和低碳钢的抗拉强度不断增大，而伸长率则不断下降。

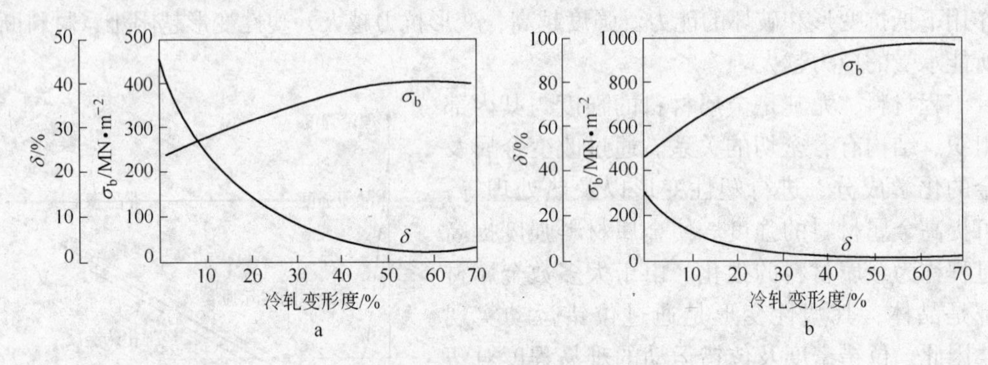

图5-2 金属材料的加工硬化现象

a—纯铜；b—低碳钢

5.2.2 加工硬化机理

图5-3a是最常见的塑性材料的应力-应变曲线。如果所加的应力σ_1大于金属材料的屈服强度σ_s，则材料将产生永久应变ε_1。即使移去σ_1，这个应变ε_1仍不会消失。如果将已产生ε_1应变的材料再次进行拉伸实验，就会发现该金属材料的应力-应变曲线发生了变化，如图5-3b所示。此时，材料的屈服强度不再是σ_s而是σ_1。如果将应力增加到σ_2（$\sigma_2 > \sigma_1$）后，再次移去应力，则材料的屈服强度将会增加到σ_2。也就是说，如果每次在实验中增加一点应力，就可以使金属材料的屈服强度逐渐增加，这就是通常所说的加工硬化。

产生加工硬化的原因主要有两方面：一是随着塑性变形量的不断增大，位错密度不断增加，位错间的交互作用也不断增强，使变形抗力增加；二是随着塑性变形量的不断增大，晶粒变形、破碎形成亚晶粒和亚晶界，亚晶界阻止位错运动，使金属材料的强度和硬度提高。

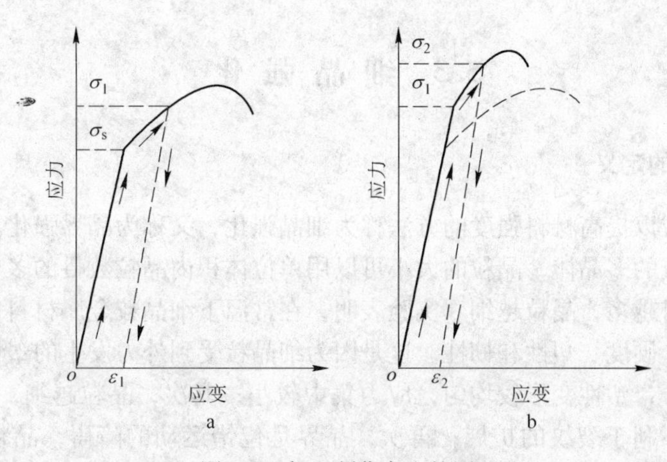

图 5-3　加工硬化产生的原理

金属材料加工硬化的实质是位错的增殖，能够产生加工硬化的金属材料必须是位错能够滑移的塑性材料。材料在塑性变形的过程中导致位错的密度大大增加，从而使金属材料出现加工硬化现象。

5.2.3　加工硬化的意义

加工硬化的原理在实际生产中得到了广泛的应用，如轧制、锻造、冲压、拉拔、挤压等加工技术都是利用加工硬化以达到提高金属材料强度的目的。

加工硬化在实际生产中具有重要意义，主要有以下几个方面：

首先，它是提高金属材料强度、硬度和耐磨性的重要手段之一，特别是对那些不能进行热处理强化的金属材料，此法尤为重要。如冷卷弹簧、高锰钢制作的坦克或拖拉机履带、破碎机颚板、低碳钢、奥氏体不锈钢和有色金属等。

其次，加工硬化是某些工件或半成品能够成型的重要因素。如金属薄板在冲压的过程中，弯角处变形最严重，因而首先产生加工硬化，当该处变形到一定程度后，随后的变形就转移到其他部分，这样就可以得到厚薄均匀的冲压件。

再次，加工硬化还可以保证零件或构件在使用过程中的安全性等。零件在使用过程中，某些薄弱部位因偶然过载会产生局部的塑性变形，如果此时材料没有形变强化能力去限制塑性变形继续发展，则变形会一直继续下去。因变形使截面积减小，过载应力越来越大，最后导致颈缩而产生韧性断裂。但是，由于材料有加工硬化能力，它会尽量阻止塑性变形继续发展，使过载部位的塑性变形发展到一定程度便会停止，从而保证了零件的安全使用。

但有时加工硬化现象的出现却是我们所不希望看到的，因为它会直接导致金属材料难以继续深加工，因为金属材料冷加工到一定程度，积累了一定程度的塑性变形后，变形抗力就会增加，若进一步变形就必须提高应力，增加动力消耗。另外，金属经加工硬化后，塑性大大降低，若继续变形则易开裂，这时可以对材料进行退火，以消除加工硬化现象，恢复材料的塑性。

应当指出，加工硬化有一定的局限性：一是对某些形状较大的工件无法进行冷变形；二是它的强化作用是有限度的，它对强度的提高是以损失一部分塑性和韧性储备来获得的。

5.3 细晶强化

5.3.1 细晶强化的定义

通过细化晶粒以提高材料强度的方法称为细晶强化，又称为晶界强化。通常金属材料是由许多晶粒组成的多晶体，晶粒的大小可以用单位体积内晶粒数目的多少来表示，单位体积内晶粒的数目越多，晶粒越细。实验表明，在常温下细晶粒金属材料比粗晶粒金属材料有更高的强度、硬度、塑性和韧性。这是因为细晶粒受到外力发生的塑性变形可分散在更多的晶粒内进行，塑性变形较均匀，应力集中较小；其次，晶粒越细，晶界面积越大，晶界越曲折，越不利于裂纹的扩展；再次，晶界是位错运动的障碍，晶粒越细，晶界越多，则位错运动的阻力越大，屈服应力越高，强度越高。

在镁的生产中常加入锆，它的主要作用就是细化晶粒。熔融镁合金在凝固过程中首先结晶出 α-Zr，它与镁具有相同的晶体结构，能起到非自发形核的作用，使合金组织明显细化。钢和有色金属中也常添加一些稀土元素，如镧、铈等，它们都有细化晶粒、提高室温强度的作用。

5.3.2 细晶强化理论

由于晶粒尺寸是晶界的定量描述，所以细晶强化作用必然与晶粒大小有关。早在20世纪50年代，人们已经从实验上发现多晶体材料的屈服强度 σ_y 和晶粒直径 d 有如下关系：

$$\sigma_y = \sigma_i + K_y d^{-\frac{1}{2}} \tag{5-1}$$

式中，σ_i 为位错在晶粒内运动的摩擦阻力；K_y 为与材料有关的常数。式5-1称为霍尔-佩奇（Hall-Patch）公式。式5-1表明，晶粒的直径越小，金属材料的屈服强度越大。

人们曾提出一些理论模型，以便用位错的观点来解释霍尔-佩奇公式。其中主要包括位错塞积、晶界位错源和硬化观点三种理论模型。

5.3.2.1 位错塞积理论

在外力作用下，沿滑移面上运动的位错在晶界受阻时会形成位错塞积群，如图2-44所示。当塞积群顶端的应力集中达到晶界强度时就发生屈服。

根据位错理论，位错塞积数目 n 与塞积群长度 l 及外加切应力 τ 之间有如下关系：

$$n = \frac{l\tau}{2D} \tag{5-2}$$

对于刃型位错，$D = \frac{\mu b}{2\pi(1-\nu)}$，对于螺型位错 $D = \frac{\mu b}{2\pi}$。塞积群顶端的应力集中为：

$$\tau_{顶} = n\tau \tag{5-3}$$

当应力集中达到晶界的临界强度 τ_c，即 $\tau_{顶} = \tau_c$ 时，便开始塑性变形的扩展，即发生屈服。假设塞积群的长度就是晶粒直径，并以 $n = \tau_c/\tau$ 代入式5-2，得：

$$\tau = \sqrt{2\tau_c D}\, d^{-\frac{1}{2}} \tag{5-4}$$

若把摩擦阻力项包括进去，并写成正应力的形式，即可得到霍尔-佩奇公式 $\sigma_y = \sigma_i + K_y d^{-\frac{1}{2}}$，这里 $K_y = \sqrt{2\tau_c D}$。

5.3.2.2 晶界位错源理论

晶界位错源理论从位错密度与流变应力的关系出发，对霍尔-佩奇关系做出了较好的解释。晶界可以产生位错已被实验证明，产生位错的能力随着晶界的结构和化学成分的变化而变化，但与晶粒的尺寸大小无关。

假设屈服时晶界单位面积产生位错线的总长度为 m，并设晶粒为球形，直径为 d，则位错密度为：

$$\rho = \frac{1}{2} \times \frac{m \times 4\pi\left(\frac{d}{2}\right)^2}{\frac{4}{3}\pi\left(\frac{d}{2}\right)^3} = \frac{3m}{d} \tag{5-5}$$

式中，1/2 表示每一晶界为相邻晶粒所共有。

金属的流变应力 τ 与位错密度之间存在如下关系：

$$\tau = \tau_0 + \alpha\mu b\rho^{\frac{1}{2}} \tag{5-6}$$

将式 5-5 代入式 5-6 中，则有：

$$\sigma_y = \sigma_i + \alpha\mu b\sqrt{3m}d^{-\frac{1}{2}}$$

这也是霍尔-佩奇公式，这里 $K_y = \alpha\mu b\sqrt{3m}$。

5.3.2.3 用硬化观点来分析屈服强度

假设位错平均滑动距离为 $\bar{x}$，与晶粒直径 d 成正比，即 $\bar{x} = \beta d$，根据 $\gamma = b\rho\bar{x}$（γ 为塑性切应变，ρ 为位错密度），如果所有位错都保留在体系中，则有：

$$\rho = \frac{\gamma}{b\bar{x}} = \frac{\gamma}{b\beta d} \tag{5-7}$$

将此式代入式 5-6 中，则可得到如下关系式：

$$\sigma = \sigma_i + \alpha\mu b\sqrt{\frac{\gamma}{b\beta}}d^{-\frac{1}{2}}$$

令 $K_y = \alpha\mu b\sqrt{\frac{\gamma}{b\beta}}$，便可得霍尔-佩奇公式。

在霍尔-佩奇公式中，摩擦阻力项 σ_i 包括点阵阻力和位错在一个晶粒内运动的其他阻力（如位错间交互作用，位错与溶质原子或沉淀相的交互作用等）。而斜率参数 K_y 在位错塞积理论中反映了滑移扩展越过晶界使相邻晶粒中位错开始滑移的难易程度，它主要取决于相邻晶粒中位错源开动所需应力的大小，同时它与晶体的滑移系数目有关。在晶界位错源中，K_y 反映了晶界产生位错的难易，与晶界结构及化学成分有关。在用硬化观点分析屈服强度理论中，K_y 反映了位错在位错群中运动的硬化作用。

5.3.3 细晶强化特点及细化晶粒方法

细晶强化不同于金属材料的其他强化方法，其最大特点在于细化晶粒在提高强度的同时，不会使材料的塑性降低，相反，会使材料的塑性和韧性同时提高。这是因为在相同外力的作用下，细小晶粒的晶粒内部和晶界附近的形变度相差较小，变形较均匀，相对来说，因应力集中引起开裂的机会也较少，这就是说在断裂之前可承接较大的变形量，所以可以得到较大的伸长率和断面收缩率。由于细晶粒晶体中的裂纹不易产生也不易传播，因而在断裂过程中吸收了更多的能量，即表现出较高的韧性。因此，细化晶粒是最有效的室温强韧化措施。如孕育铸铁、铝硅基铸造合金都是通过增加非自发形核数目或促使液体过冷来细化晶粒的。在合金渗碳钢（如 20CrMnTi）和合金工具钢（如 Cr12MoV、W18Cr4V）中，则是通过加入强碳化物形成元素（V、Ti 等）以阻止加热时奥氏体晶粒长大来达到细化晶粒的目的。

实际生产中常用的细化晶粒的方法主要有增加过冷度、变质处理和振动搅拌等，对于冷变形的金属，可以通过控制变形度、退火温度来细化晶粒。

晶粒细化所产生的强化效果是在比较低的温度环境下实现的。但在高温和低应力的条件下，晶界实际上是材料中较弱的地区，晶粒的细化使晶界滑动或剪切变得更加容易。同时由于晶界促进了扩散过程，增加了扩散机制在变形中的分量，位错、裂纹也容易在晶界区域集结而导致沿晶界断裂，因此细化晶粒并不是改善材料高温蠕变强度和持久强度的有效措施。

5.4 固溶强化

5.4.1 固溶强化的定义

异类原子溶入纯金属形成固溶体从而使其强度（或起始流变应力）增高的现象称为固溶强化。

所谓固溶体是指两种组元相互溶解，形成一种成分及性能均匀，而且晶体结构与其中一种金属相同的固相。铜和镍所形成的固溶体比较特殊，属于无限固溶体，而对于大部分金属而言，两种物质在固态都只能有限互溶，如铜和锌。在液态铜中添加少量液态锌，可得到单相的液态铜锌合金。冷却后，就可以得到固态的铜锌合金，即黄铜。黄铜中锌原子是随机分布在铜的晶格中的，即黄铜是以铜为基体，具有和铜一样的晶体结构。当液态铜中添加的液态锌的质量分数超过 30% 时，凝固时就会有一部分锌无法溶解在铜里，而是与铜生成化合物 CuZn。也就是说，此时固态下铜锌合金中有两个相，一个相是含锌量为 30% 的面心立方结构的固溶体，另一个相是化合物 CuZn。锌溶入铜形成固溶体就可以提高铜的强度，达到固溶强化的目的。

5.4.2 固溶强化理论

固溶强化的实质是溶质原子的长程应力场和位错的交互作用，阻碍了位错的运动，增加了塑性变形抗力，其原因可归为以下两个方面：

（1）溶质原子引起晶格畸变。溶质原子引起晶格畸变的程度随溶质原子与溶剂原子的大小差异、溶解度及溶解方式的变化而变化。形成间隙固溶体的溶质元素，其强化作用大于形成置换固溶体的元素。对于有限固溶体，溶质元素在溶剂中的饱和溶解度越小，其固溶强化作用越大。

(2) 溶质原子与位错的交互作用，使位错处于相对稳定状态。溶质原子溶入后使溶剂产生晶格畸变，溶质原子的点阵畸变应力场与位错的弹性应力场交互作用，使溶质原子移向位错线附近，降低了位错的能量，使之处于相对稳定的状态，即溶质原子对位错起到束缚作用。位错要摆脱束缚运动，必须施加更大的外力，即材料的变形抗力（强度）增加。图5-4为不同合金元素对铜的屈服强度的影响。

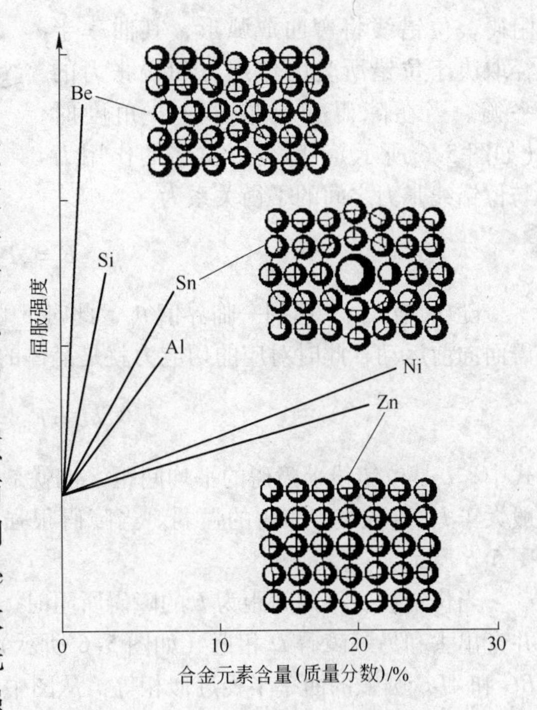

图5-4　不同合金元素对铜的屈服强度的影响

由图5-4可看出，尺寸差别大的溶质原子进入溶剂后，造成的晶格畸变也大，从而阻碍位错的运动。Sn和Be与Cu的尺寸差别都比Zn与Cu的尺寸差别大，所以Sn和Be对Cu的固溶强化效果要好于Zn的强化效果。同时，从图5-4也可看出，随着合金元素含量（即溶解度）的增加，合金的屈服强度也在不断增加，但不同合金元素使屈服强度增加的程度不同，如Cu-20%Zn合金的屈服强度大于Cu-10%Zn合金的屈服强度。

另外，如果溶质原子的加入量超过了溶解极限即固溶度时，一般来说就会生成其他相，这种新相也会使合金强化，但其强化机理不再是固溶强化。

固溶强化理论主要有均匀固溶强化和非均匀固溶强化两种。

5.4.2.1　均匀固溶强化

因为溶质原子与位错有交互作用，所以，在固溶体中的溶质原子构成了位错滑移的障碍。所谓均匀固溶强化是指溶质原子混乱地分布于基体中时所产生的强化。

如图5-5所示，设滑移面上溶质原子的原子浓度为 c，平均间距为 l，大小为 b，三者之间的关系如下：

$$\frac{1}{l}=\frac{\sqrt{c}}{b} \tag{5-8}$$

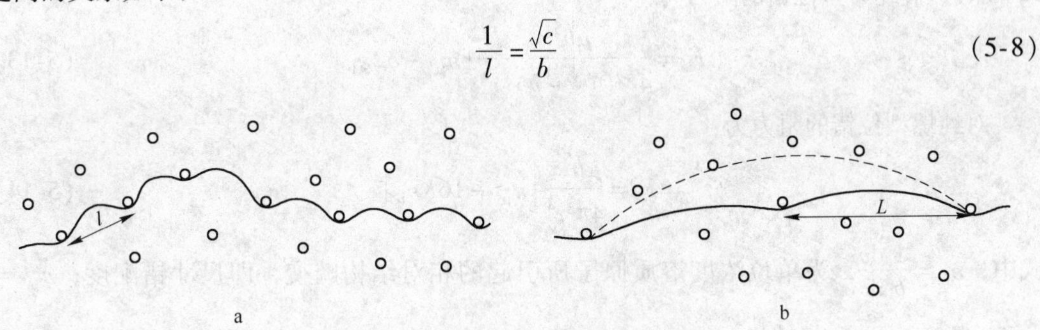

图5-5　溶质原子对位错的障碍
a—强相互作用；b—弱相互作用

在切应力τ作用下，由于溶质原子的阻碍，位错线将弯曲成弧形，其曲率半径取决于位错所受的作用力和线张力的平衡。当在障碍处位错弯过 θ 角度时（如图 5-6 所示），障碍对位错的作用力与位错线张力之间的平衡关系为：

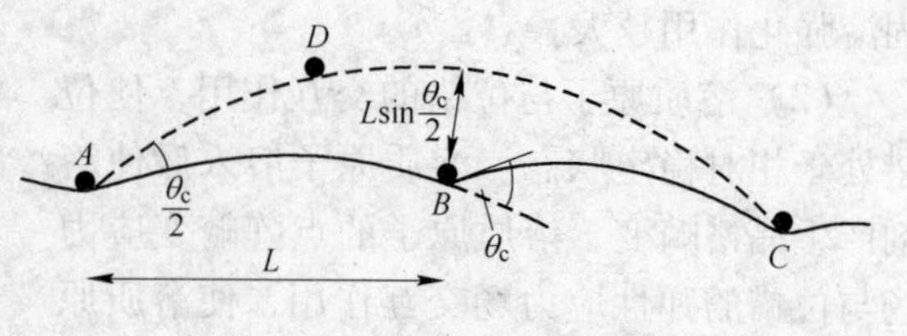

图 5-6　L 与 l 关系示意图

$$F = 2T\sin\frac{\theta}{2} \tag{5-9}$$

随τ的增大，θ 达到一临界值 θ_c，此时 F 也达到其峰值 F_m，位错将冲破溶质原子的障碍而向前运动，此时对应的切应力就是晶体的屈服应力，即：

$$\tau_c bL = F_m = 2T\sin\frac{\theta_c}{2} \tag{5-10}$$

式中，L 是位错线上障碍的平均间距，也就是可以独立滑移的位错线段的平均长度。L 一般大于 l，这取决于障碍的强弱。当障碍很强时，L 接近于 l，障碍弱时，L 将大于 l，如图 5-5 所示。

当位错被一系列间距为 L 的障碍所阻时，如果切应力达到τ_c，位错将冲破 B 处的障碍并弯出去和另一障碍 D 相遇（如图 5-6 所示），假设在面积 $ABCD$ 中没有其他障碍，AB、BC 和 ADC 圆弧的曲率半径近似相等，从图中的几何关系可以求出 $ABCD$ 的面积约为 $L^2\sin\left(\frac{\theta_c}{2}\right)$，它相当于位错突破一个溶质原子障碍所扫过的面积，因此有：

$$L^2\sin\left(\frac{\theta_c}{2}\right) = l^2 \tag{5-11}$$

取 $T\approx\frac{1}{2}\mu b^2$，由式 5-8～式 5-11 可得：

$$\tau_c = \frac{F_m^{3/2}}{b^3}\sqrt{\frac{c}{\mu}} \tag{5-12}$$

由式 5-12 可知，屈服应力与溶质浓度的平方根成正比，这已为一些实验结果所证实。

计算结果表明，由于上述两种交互作用，距位错中心 r 远处的溶质原子沿滑移方向（x 方向）对纯刃型位错的阻力为：

$$F_e = \frac{\mu b^5 x}{4\pi^2(1-\nu)r^4}\left|\varepsilon_{\mu'} - 32\varepsilon_b\right| \tag{5-13}$$

对纯螺型位错的阻力为：

$$F_s = \frac{\mu b^5 x}{4\pi^2 r^4}\left|\varepsilon_{\mu'} - 16K\varepsilon_b\right| \tag{5-14}$$

式中，$\varepsilon_b = \frac{1}{b}\frac{db}{dc}$，为单位浓度溶质原子所引起的相对结构畸变，即尺寸错配度；$\varepsilon_{\mu'} = \frac{\varepsilon_\mu}{1+\frac{|\varepsilon_\mu|}{2}}$（$\varepsilon_\mu = \frac{1}{\mu}\frac{d\mu}{dc}$）为弹性模量错配度。$K\leqslant1$，为一常数。

由式5-13和式5-14可知，无论对刃型位错还是螺型位错，溶质原子的最大阻力均正比于$|\varepsilon_{\mu'}-\alpha\varepsilon_b|$。对于铜合金，实验结果给出$\alpha=3$，因此可以认为铜合金中位错滑移的阻力主要来源于置换式溶质原子与螺型位错的相互作用，其值为：

$$F_m=\frac{\mu b^5 x}{4\pi^2 r^4}|\varepsilon_{\mu'}-3\varepsilon_b| \tag{5-15}$$

将式5-15代入式5-12，令$\varepsilon_S=|\varepsilon_{\mu'}-3\varepsilon_b|$，则有：

$$\tau_c\propto\mu\varepsilon_S^{\frac{3}{2}}c^{1/2} \tag{5-16}$$

5.4.2.2 非均匀固溶强化

非均匀固溶强化是指溶质原子优先分布于晶体缺陷附近或作有序排列时的强化。产生非均匀固溶强化的因素有许多，大体可分为浓度梯度强化、柯垂尔气团强化、斯诺克气团强化、静电相互作用强化、化学相互作用强化和有序强化。

A 柯垂尔气团强化

在2.4.8节中式2-69给出的刃型位错与溶质原子的尺寸交互作用能为：

$$\Delta U=\frac{1}{3\pi}\left(\frac{1+\nu}{1-\nu}\right)\mu b\Delta V\frac{\sin\theta}{r} \tag{5-17}$$

式中，ΔV为溶质原子溶入基体后引起的体积变化。可见，对于正刃型位错，为了降低相互作用能，比基体原子小的替代式原子将趋于滑移面上边，而间隙原子或比基体原子大的替代式原子将趋于滑移面下面。一旦溶质原子在位错周围聚集，形成比较稳定的分布，即形成柯垂尔气团，形成了低能组态。这时如要想使位错运动，不论是拖着气团运动，还是突破气团的钉扎而运动，都必须克服溶质气团所造成的阻力$F=\frac{\partial\Delta U}{\partial r}$。这种由于形成柯垂尔气团，阻碍位错运动而使基体强度提高的现象称为柯垂尔气团强化。柯垂尔气团强化对温度十分敏感，因为高温时，溶质原子的扩散容易进行，因而气团可以随位错一起运动，从而减弱了对位错的钉扎作用，强化也就不明显了。

B 静电相互作用强化

实验表明，固溶强化与原子价数有关，这是由静电相互作用引起的。刃型位错的存在使其周围的基体产生非对称畸变，由于电子从受压区流向伸张区将产生电子浓度的不均匀分布，最后横跨刃型位错的滑移面将出现电偶极现象，使刃型位错如同形成一串电偶极子。这些电偶极子将和价数与基体不同的溶质原子产生静电相互作用，从而使金属强化，但这种强化作用很小。

C 化学相互作用强化

在面心立方金属中，位错可能分解为不全位错，在两个不全位错之间隔有一层相当于密排六方结构的堆垛层错，形成扩展位错。在平衡状态下，溶质原子在呈密排六方结构的堆垛层错区的分布和在面心立方结构内是不相同的。当扩展位错运动时，其间的层错也必须跟着运动。由于层错内外溶质原子浓度不同，因而增加了扩展错位运动的困难。此外，当位错相互交割时，首先要使扩展位错束集成全位错，这个束集过程也由于层错内外浓度不同，因而增加了位错运动的阻力。上述强化作用被称作溶质原子与位错的化学交互作用或铃木气团。

这种化学交互作用与柯垂尔气团强化作用类似，都是由于位错与在固溶体中分布不均匀的溶质原子发生交互作用从而增大了位错运动的阻力。但由于扩展位错的层错区域可达10nm，借热激活来克服这一障碍是比较困难的。因此，化学交互作用造成的强化虽然没有柯垂尔气团的作用大，但受温度的影响却很小，即在较高温度下，强化效果还是比较稳定的。

D　有序强化

溶质原子在合金固溶体中的分布往往不是完全混乱的，只有当同类原子和异类原子的交互作用能完全相同时，溶质原子才会完全混乱地分布，但一般总是或多或少地表现出同类原子聚集在一起或异类原子聚集在一起的趋势，即存在着局部的有序。可用近邻局部有序参数 α 来表征固溶体内部溶质原子排列的混乱程度，即：

$$\alpha = 1 - \frac{P_{AB}}{x_A} \tag{5-18}$$

式中，P_{AB}为从 A 原子和 B 原子组成的固溶体中发现一个 A 原子处于一个 B 原子近邻的几率；x_A为 A 原子在固溶体中的摩尔分数。显然当 A 原子在固溶体中的排列完全混乱时，$\alpha=0$。当 $\alpha<0$ 时，异类原子倾向于聚在一起，即固溶体存在近程有序；$\alpha>0$ 时，表明同类原子倾向于聚在一起，即固溶体中存在偏聚。

当固溶体内存在这种溶质原子的非均匀分布时，屈服强度将要升高。如图 5-7 所示，在滑移面上原来有 11 个异类原子键，当滑移一个柏氏矢量后，异类键减为 9 个（图 5-7b），即由于塑性变形改变了近程有序的键合数目，这就需要做附加的功。但当近程有序一旦被破坏后就不再起作用了，如图 5-7c 中滑移了两个柏氏矢量后，异类键的数目不再发生变化。

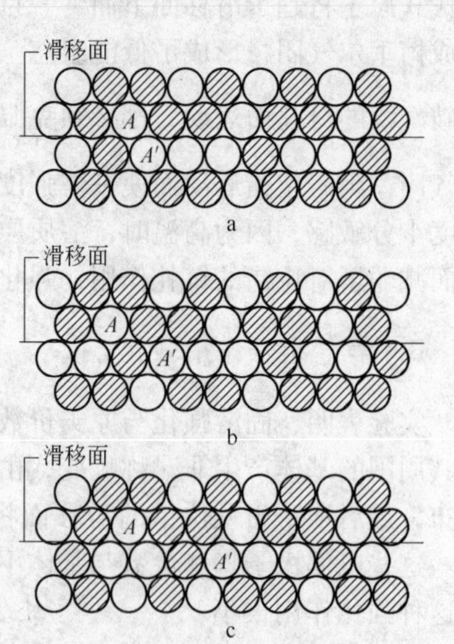

图 5-7　滑移破坏短程有序模型（a ~ c）

在长程有序的有序合金中，位错是成对存在的，如图 5-8 所示。在图 5-9 中，在位错的左边可以看到有一层错排原子。同理可以想象，在图 5-8 中的两个位错中间也一定有一层错排原子，这层错排原子称为反向畴界。当两个位错一起运动时，第一个位错产生的反向畴界立即被第二个位错所消除，因此仍然保持着原来的组态，所以不需要更多的外力，这就是有序固溶体的强度比无序固溶体还要低的缘故（如 $AuCu_3$），因为无序固溶体中还存在由短程有序而造成的强化。但对加工硬化率恰好相反，有序固溶体的加工硬化率比无序固溶体的高。在有序固溶体中随着变形的进行，不仅位错不成对运动时要增加反向畴界的面积，而且成对位错通过其他反向畴界时也要增加反向畴界面积（如图 5-10 所示），因而使系统能量升高，从而造成强化。

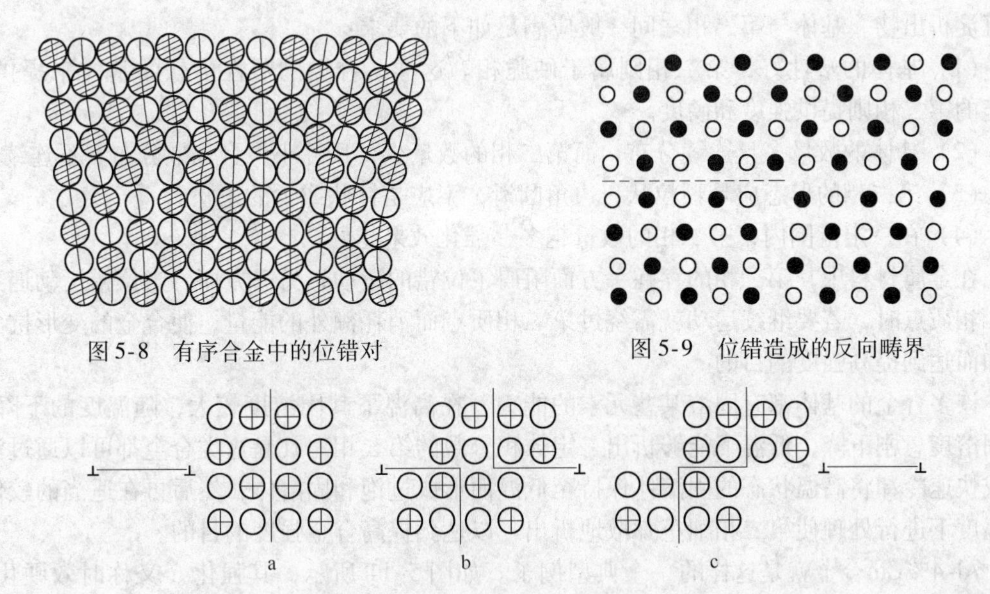

图 5-8　有序合金中的位错对

图 5-9　位错造成的反向畴界

图 5-10　超位错通过畴界时的情形

a—通过畴界以前；b—与畴界相交时；c—完全通过畴界之后

除上述几种外，还有一些产生非均匀强化的因素。例如，对于多晶体或多相组织，当异类原子在晶界或相界上偏聚时，使晶界或相界阻力增加，与其他部分的协调变形更加困难而引起的强化；有些合金元素对空位的优先吸附作用，使位错攀移更加困难而产生的强化作用等。

合金元素的固溶强化效果除与溶质和溶剂本身的性质有关外，还与溶质元素的固溶度有密切的关系。一般来说，固溶度越大，固溶强化的效果越好。如二元铝合金 Al-Mg、Al-Cu、Al-Mn 和 Al-Si 中，Mg、Cu、Mn 和 Si 都具有较好的固溶强化效果。但对于无限互溶或广泛互溶的合金系，也并非固溶度越大越好，如二元 Al-Zn 和 Al-Ag 合金的固溶强化作用较差，生产中也不大可能大量加入这类合金元素。

实际生产中几乎所有金属材料都不同程度地利用了固溶强化，而一般工程构件用钢、单相黄铜合金、TA 类钛合金等主要是依靠固溶强化来实现其强化的。需要说明的是，单纯的固溶强化所达到的效果十分有限，常常不能满足实际金属材料的强度需求，因而需利用其他的强化方式加以补充。

5.5　第二相强化

金属材料绝大多数由两种以上元素组成，各元素之间可能发生相互作用而形成不同于基体的第二相。如果合金组织中含有一定数量的分散的第二相粒子，其强度往往会有很大的增加。例如钢中碳化物对钢性能的影响，随着含碳量的增加，热轧钢材的抗拉强度从 10 号钢的 300MPa 急剧上升到共析钢的 800MPa。金属材料通过基体中分布的细小弥散的第二相颗粒而产生强化的方法称为第二相强化或弥散强化。

第二相的强化作用同它的形态、数量、大小以及它在基体中的分布方式有密切的关系。在弥散强化合金中，体积分数大且连续分布的相被称为基体，第二相通常是数量很少的沉淀析出物。基体与第二相之间一般应满足如下的要求：

（1）基体的塑性好，第二相则属于硬脆相。这样，合金的塑性由软的基体来提供，硬脆的第二相则提供强度和硬度。

（2）基体的数量多且连续分布，而第二相的数量少，尺寸小，且弥散分布、不连续。

（3）第二相的形态应是颗粒状，边角圆滑，不应是针状或尖的条状。

（4）在一定范围内，第二相的数量越多，强化效果越好。

在金属材料中，第二相的存在一方面阻碍了位错的运动；另一方面，当位错运动遇到第二相质点时，若要继续运动就需绕过第二相质点而消耗额外的能量，使合金的变形抗力增加而达到提高强度的目的。

许多合金的基体都有固溶某些元素的能力，在高温下其固溶度较大，随温度的下降，其固溶度急剧下降，低温下能够析出一定体积分数的第二相。凡是这类合金都可以通过淬火或快速冷却将高温状态的固溶体保持至低温而形成过饱和固溶体，然后再在适当的较低的温度下进行处理使第二相细小弥散地析出，以达到提高合金强度的目的。

Al-4% Cu 合金就是这样的一个典型例子。如图 5-11 所示，其强化（又称时效硬化、沉淀强化）的过程主要包括如下三个步骤：

第一步，固溶处理。将 Al-4% Cu 合金加热至固相线以上某一温度（通常为刚好超过固相线温度，500 ~ 548℃）后保温，使之产生均匀的固溶体。

第二步，淬火。形成含过量 Cu 的过饱和固溶体 α。

第三步，时效。时效后，在合金基体中出现了 G. P. 区，θ″、θ′和 θ 相等第二相，而使得 Al-4% Cu 合金的强度得到明显的提高。

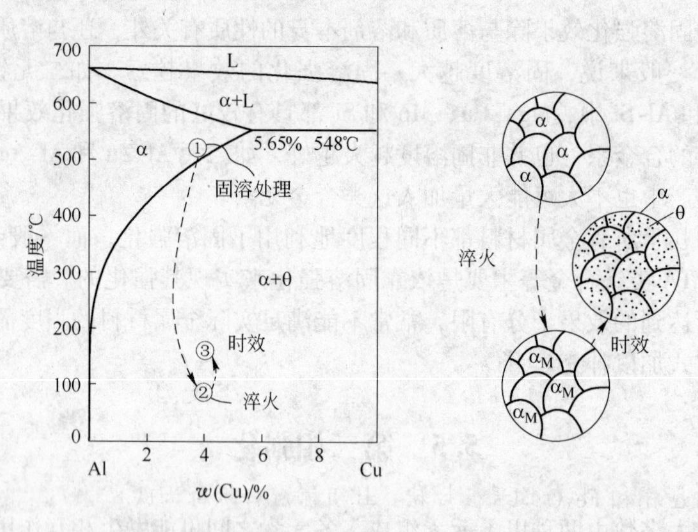

图 5-11　时效硬化过程在铝铜合金相图富铝端的展示及相应的组织示意图

第二相的强化效果与其形状、数量、大小和分布等有关，且这几个因素是相互关联的，不能只改变一个因素而不改变其他的因素。在 Al-Cu 合金中，随着含铜量的增加，第二相的数量也随之增加，则强化效果增强。从合金的综合力学性能考虑，强化效果增强，则合金的塑性下降，所以说其他条件（淬火及时效工艺）一定的情况下，w(Cu)在一定范围内，综合力学性能最佳。

第二相粒子的大小对合金的强化效果也有较大的影响。当合金成分一定时，如 Al-4% Cu，室温下析出第二相的数量是一定的。时效刚开始时，析出的第二相比较细小且高度弥散分布，粒子的间距也小，强化效果也比较差；随着时效时间的延长，第二相粒子不断聚集长大，粒子的间距也变大，强化效果增强，当第二相粒子的尺寸或其间距达到某一临界值时，强化效果最好；继续时效，第二相粒子进一步长大，则细小弥散的程度下降，强化效果降低。

合金的强化效果还与第二相粒子的形态有关。若第二相粒子呈针状或尖形的条状析出，当有外力作用时，在尖角处形成应力集中，产生裂纹的倾向较大，或者其本身就容易成为缺口，从而造成合金的强度和塑性的下降。

综上所述，当温度高于 500℃时，Al-4% Cu 合金中的第二相将固溶于基体相中而不再具有弥散强化作用，也就是说，时效强化的铝合金是不能在高温状态使用的，而只能在低温乃至室温下使用。

许多重要的金属材料，如不锈钢、镁合金、钛合金、镍合金和铜合金等都能进行类似于铝合金的时效弥散强化。钢中珠光体内渗碳体颗粒的强化也属于弥散强化，渗碳体的颗粒越细，间距越小，强化作用就越好。

5.6 相 变 强 化

相变强化是指通过控制固态相变来强化金属材料的方法。可以用来强化金属材料的固态相变主要有马氏体相变强化（以及下贝氏体相变强化等）、时效强化和共析反应等，所有这些固态相变都需要进行热处理。相变强化不是一种孤立的强化方式，而是固溶强化、沉淀硬化、形变强化和细晶强化等多种强化效果的综合。在此只介绍共析反应和马氏体相变强化。

5.6.1 共析反应强化

共析反应是指由一个固相生成与之完全不同的另外两个固相的反应，可用式 5-19 表示：

$$S_1 \rightarrow S_2 + S_3 \tag{5-19}$$

在 Fe-C 相图中，当含碳量为 0.77% 的共析钢加热至 727℃以上时，转变为单一的 γ 相。γ 相冷却到 727℃时，将发生如下的共析反应：

$$\gamma_{0.77} \rightarrow \alpha_{0.0218} + Fe_3C_{6.69} \tag{5-20}$$

反应生成的 α 相和 Fe_3C 均为薄片状，其机械混合物称为珠光体。珠光体形成示意图如图 5-12 所示。

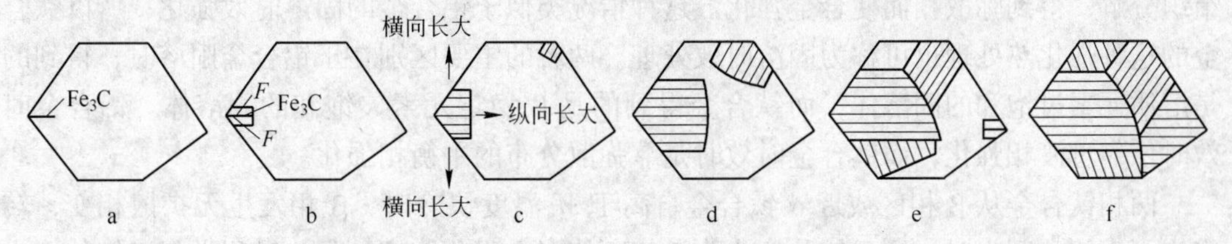

图 5-12 珠光体形成示意图

亚共析钢的含碳量小于0.77%。由铁碳合金的平衡结晶过程可知，亚共析钢在得到单一的γ相后，若继续冷却，则在γ相的晶界处开始析出初生的α相。随着温度的不断降低，初生的α相逐渐长大。当温度降低到共析温度727℃时，剩余的γ相被初生的α相所包围，此时γ相的含碳量达到0.77%。在共析温度727℃以下，剩余的γ相发生共析反应，生成珠光体。亚共析钢的室温平衡组织为α相和珠光体，初生的α相包围着珠光体，珠光体则像小岛一样弥散分布。亚共析钢的强度和硬度由珠光体提供，而α相则提供塑性。过共析钢的含碳量大于0.77%。在过共析钢中，其室温平衡组织为珠光体和Fe_3C，由于脆性的Fe_3C连续分布，故过共析钢的脆性较大。

通过控制合金的成分，可以改变硬脆第二相的数量，从而来控制合金的强度。对于亚共析钢，随着含碳量的增加，珠光体的数量也随之增加，相应的α相的数量不断减少，合金的强度不断增加。而对于过共析钢，随着含碳量的增加，珠光体的数量则随之减少，相应的Fe_3C的数量不断增加，合金的强度下降而硬度上升。这就是说，当钢中的含碳量接近共析成分0.77%时，这种共析反应的强化效应才会达到一个最大值。

5.6.2 马氏体相变强化

钢中的马氏体相变是钢强化的重要手段之一，马氏体是钢中fcc结构的奥氏体淬火至M_s点以下时生成的C固溶在α-Fe中的过饱和间隙固溶体，具有很高的强度和硬度。马氏体具有高强度和高硬度的原因可归结为以下三点：

（1）碳原子的固溶强化。碳原子作为间隙原子固溶在α-Fe晶格的扁八面体间隙中，不但造成点阵膨胀，还使点阵发生不对称的畸变，形成一个强烈的应力场。该应力场与位错发生强烈的交互作用，阻碍位错运动，从而提高了马氏体的强度和硬度。

（2）相变强化。发生马氏体相变时在合金内形成大量的亚结构，无论是低含碳量的板条状马氏体的高密度位错，还是高含碳量的片状马氏体的微细孪晶，它们都会阻碍位错的运动，从而使马氏体强化。

（3）时效强化。马氏体形成以后，碳以及合金元素的原子都向位错或其他晶体缺陷处扩散并偏聚或析出，钉扎位错，使位错运动困难，即产生时效强化。

淬火钢的强度和硬度与钢中马氏体的含量有密切的关系。淬火后钢中马氏体的含量越多，钢的强度和硬度也越高，马氏体的相变强化效果就越好。对于成分一定的钢，可通过选择合适的奥氏体化条件和淬火工艺，以减少淬火后残余奥氏体的数量，从而提高合金中马氏体的数量以增加马氏体的相变强化效果。

在钛合金中，近β和亚稳β钛合金加热后快冷，或两相钛合金加热到两相区快冷，则冷却过程中不发生相变，仅得到亚稳β组织。若对亚稳β组织时效，就可以使亚稳β组织分解，得到弥散相而使合金强化。这种情况类似于铝合金的固溶时效强化，所以钛合金的这种强化热处理也可称为固溶时效处理。两者的主要区别在于铝合金固溶时，得到的是溶质元素过饱和的固溶体，而钛合金得到的是β稳定元素欠饱和的固溶体。铝合金时效时依靠过渡相强化，而钛合金时效时是靠弥散分布的平衡相强化。

两相钛合金从β相区或近α钛合金自高于M_s温度快冷时，β相发生无扩散相变，转变为马氏体。回火时，马氏体分解为弥散相而使合金强化。这种强化过程类似于钢的淬火回火，因此钛合金的这种强化热处理也称为淬火回火处理。它与钢的淬火回火的主要区别在于，钢淬火所生成的马氏体可造成强化和硬化，而回火是为了降低马氏体的硬度，提高塑性；钛合金则相反，β 相转变生成的马氏体不引起显著强化，强化主要是靠回火时马氏体分解所得到的弥散相，这与亚稳 β 的时效强化机制相同。

5.7 复 合 强 化

复合材料是由两种或两种以上物理和化学性质不同的物质组合而成的一种多相固体材料。在复合材料中，通常有一相为连续相，称为基体；另一相为分散相，称为增强材料或增强体。

复合材料，名虽为复合，但从结构和性能方面来看，却并不是两者的简单机械混合或合二为一，实质是分散相以独立的形态分布在整个连续的基体相中，两相之间存在着界面。各组分材料虽仍然保持各自的相对独立性，但复合材料的性能却不是组分材料性能的简单叠加，而是选取各组分材料性能的优点，取长补短并相互协调互助，极大地弥补了单一组分材料性能的不足，产生单一材料所不具备的新性能。

5.7.1 复合材料的分类

按照复合材料的用途，可将其分为结构复合材料和功能复合材料。

结构复合材料指用于结构零件的复合材料，一般由高强度、高模量的增强体与强度低、韧性好、低模量的基体组成。增强体承担构件使用中的各种载荷，基体则起到黏结增强体予以赋形并传递应力的作用。复合材料常用的基体材料有树脂、橡胶、金属、陶瓷等，增强体材料常用碳纤维、硼纤维以及粒子和片状物等。结构复合材料通常按基体材料来分类，如图 5-13 所示。

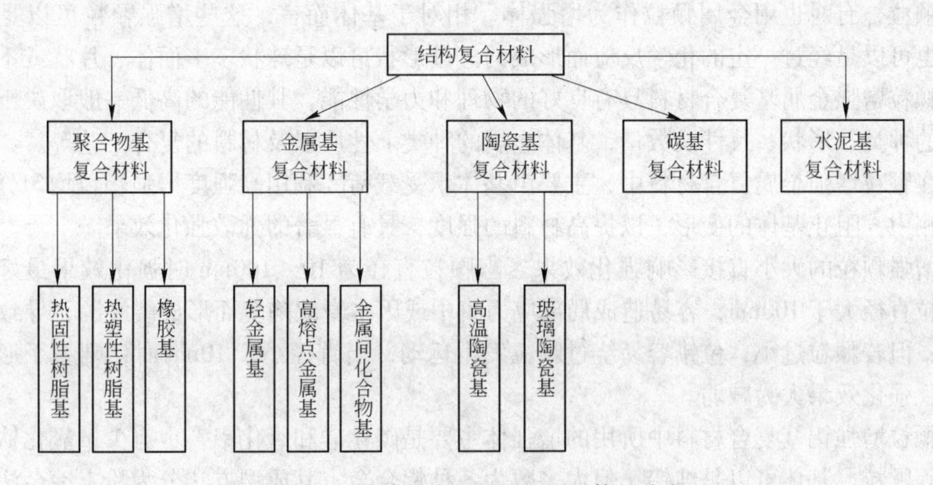

图 5-13 结构复合材料按不同基体的分类

如图 5-14 所示，结构复合材料按增强体的种类和形状可分为层叠、纤维、颗粒增强等复合材料。其中发展最快、应用最广的是各种纤维（如玻璃纤维、碳纤维等）增强的复合材料。

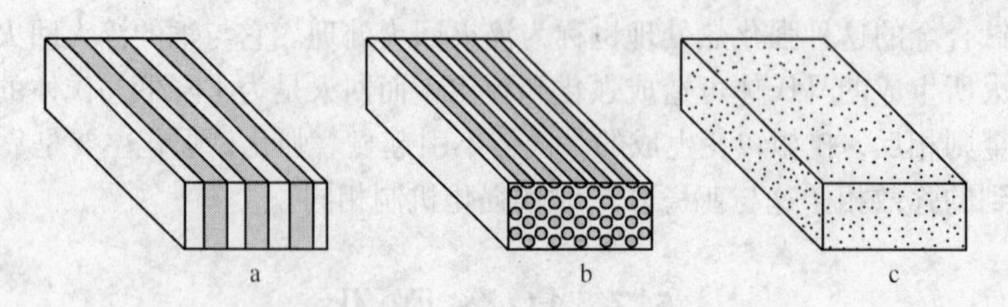

图5-14　复合材料结构示意图
a—层状结构；b—纤维状结构；c—颗粒状结构

5.7.2　复合强化机理

复合强化是指将两种不同的材料复合在一起以获得比原始组分材料更高的强度。当然，材料在复合时，除了要考虑常温强度以外，还要顾及其他方面的性能，如密度、弹性模量、抗疲劳性、减震性等。

金属基复合材料是20世纪60年代末才发展起来的，它的出现弥补了其他复合材料耐热性差（使用温度小于300℃）及导电导热性等方面的不足，使复合材料具有了金属材料性能的某些优点。所谓金属基复合材料就是以金属及其合金为基体，由一种或几种金属或非金属增强的复合材料。金属基复合材料所选用的基体主要有铝、镁、钛及其合金，镍基高温合金及金属间化合物等，增强体则主要是颗粒和纤维。

5.7.2.1　颗粒增强复合

颗粒增强金属基复合材料是由一种或多种陶瓷颗粒或金属颗粒增强体与金属基体组成的先进复合材料。该材料一般选择具有高模量、高强度、耐磨及良好高温性能，并在物理、化学上与基体相匹配的颗粒作为增强体，通常为碳化硅、氧化铝、碳化钛、硼化钛等陶瓷颗粒，有时也用金属颗粒作为增强体。相对于基体而言，这些增强颗粒可以是外加的，也可以是经过一定的化学反应而形成的。其形状可以是球状、多面体、片状或不规则状。颗粒增强金属基复合材料具有良好的物理和力学性能，其性能的高低一般取决于增强颗粒的种类、形状、尺寸及数量，基体金属的种类、性质以及材料的复合工艺等。

在颗粒增强金属复合材料中，主要由基体承受载荷，利用高强度增强颗粒均匀分散在基体相中，阻止基体的变形，以提高材料的强度，具有显著的弥散强化效果。

增强颗粒的大小直接影响强化效果。当颗粒直径为10~100nm时强化效果最好；如果颗粒直径大于100nm，容易造成局部应力集中或因本身缺陷多而形成裂纹源，导致强度降低；但若颗粒过小，位错容易绕过颗粒发生运动，当直径小于10nm时，则易于形成固溶体，强化效果大为减弱。

颗粒增强铝基复合材料中所用的增强体主要是碳化硅和氧化铝，也有少量氧化钛和硼化钛等颗粒。基体可以是纯铝，但大多数为各种铝合金。其成型方法分为粉末冶金法和液相复合法两种。这类复合材料的性能比基体材料有明显提高，例如，以20%的碳化硅颗粒增强6061铝合金，其强度由原来的310MPa提高到496MPa，模量从68GPa提高到103GPa，断裂伸长率从原来的12%降低到5.5%。此外，其耐磨性、尺寸稳定性、耐热性也比原合金有很大改善。这种复合材料已经在超大规模集成电路基板、各种结构型材和耐磨部件方面获得满意的使用效果。表 5-1 给出了几种典型的碳化硅颗粒增强铝基复合材料的力学性能。

表 5-1 几种典型的碳化硅颗粒（SiC_P）增强铝基复合材料的力学性能

基体	SiC_P的体积分数/%	弹性模量/GPa	抗拉强度/MPa	屈服强度/MPa	断裂伸长率/%
6016Al	0/20	68/103	310/496	276/414	12/5.5
2124Al	0/20	71/103	455/552	420/400	9/7
7090Al	0/20	72/104	634/724	586/655	8/2

颗粒增强高温金属基复合材料是以高强度、高模量陶瓷颗粒增强的钛基或金属间化合物基复合材料，是近来研究比较多的一类复合材料。典型材料是 TiC 颗粒增强的 Ti-6A1-4V 钛合金。这种材料一般采用粉末冶金法成型，由 10% ~25% 的 TiC 颗粒与钛合金粉末复合而成。

与基体合金相比，Ti-6A1-4V 复合材料的强度、弹性模量及抗蠕变性能均明显提高，使用温度最高可达 500℃，可用于制造导弹壳体、尾翼和发动机零部件。另一种典型材料是采用自蔓延高温合成工艺（SHS）制备的颗粒增强金属间化合物基复合材料，如 TiB_2/NiAl 和 TiB_2/TiAl 等，其使用温度高达 800℃以上。

5.7.2.2 纤维增强复合

纤维增强复合材料主要由纤维承受载荷。其强化作用能否充分发挥出来，既与基体性质有关，也取决于纤维的排列形式以及与基体间的结合强度等因素。并不是任何纤维和任何基体都能进行复合，它们必须满足下列条件：

（1）增强纤维的强度和弹性模量应远远高于基体，这样可以使纤维承担更多的外加载荷。

（2）增强纤维与基体应做到相互湿润，具有一定的界面结合强度，以保证基体所承受的载荷能通过界面传递给纤维。如果结合强度过低，纤维极易从基体中滑脱，不仅毫无强化作用，反而使材料的整体强度大大降低；但是若结合强度过高，纤维不能从基体中拔出，会发生脆性断裂。适当的结合强度会使复合材料受力破坏时，纤维能够从基体中拔出以消耗更多能量，从而避免发生脆性破坏。为了提高纤维与基体的结合强度，常用空气氧化或硝酸处理纤维等方法使其表面粗糙，以增加两者之间的结合力。

（3）增强纤维的排列方向应与构件受力方向一致，这样才能充分发挥强化作用。

（4）增强纤维和基体的线膨胀系数要匹配。相差过大会在热胀冷缩过程中引起纤维和基体结合强度的降低。

（5）增强纤维和基体之间不能发生使结合强度降低的化学反应。

（6）增强纤维所占体积分数越高，纤维越长、越细，则强化效果越好。

短纤维及晶须增强金属基复合材料是以各种短纤维或晶须为增强体，以金属为基体形成的复合材料。其中，可用做增强体的短纤维主要有氧化铝纤维、氧化铝-氧化硅纤维、氮化硼纤维，增强晶须主要是碳化硅晶须、氧化铝晶须和氮化硅晶须。这类复合材料具有比强度高、比模量高、耐高温、耐磨、线膨胀系数小等优点，而且可用常规设备进行制备和二次加工。目前发展的短纤维或晶须增强金属基复合材料主要有铝基、镁基和钛基等金属基复合材料。其中，除了氧化铝短纤维增强铝基复合材料外，晶须增强铝基复合材料的发展也很快。

晶须不仅本身的力学性能优越，而且有一定的长径比，因此比颗粒对金属基体的强化效果更显著。所用晶须主要是碳化硅晶须，其性能较好，但价格昂贵。最近发展的硼酸铝晶须，性能与碳化硅晶须相当，而价格仅为其十分之一，但存在与铝基体发生反应的问题。碳化硅晶须增强6061铝合金的强度为608MPa，模量为122GPa，可见其强化效果明显高于颗粒。但目前碳化硅晶须增强铝基复合材料仍存在成本高、塑性与韧性低的缺点。

连续纤维增强金属基复合材料是由高性能长纤维和金属基体组成的一类复合材料。其中高强度、高模量增强纤维是主要的承载组元，而基体金属则起到固结高性能纤维和传递载荷的作用。连续纤维增强金属基复合材料具有各向异性的特点，而且各向异性的程度取决于纤维在基体中的分布和排列方向。常用的增强纤维有硼纤维、碳纤维、氧化铝纤维、碳化硅纤维等，基体金属主要有铝及其合金、镁及镁合金、钛及其合金、铜合金、铅合金、高温合金以及新近发展的金属间化合物（如Ti_3Al和Ni_3Al等）。

虽然金属基复合材料集合了金属和其他材料的优点，但由于其生产加工工艺不完善，成本较高，故还没有形成大规模大批量的生产，但其仍拥有巨大的应用潜力和发展前景。

5.8 强化机理的应用举例

实际使用的金属材料中，总是有若干种强化机理同时在起作用，而只有一种强化机理在起作用的则很少。以下就几种常用金属材料的强化来举例说明。

5.8.1 低合金高强度结构钢

低合金高强度结构钢是在碳素结构钢的基础上，加入少量的合金元素而发展起来的，如Q345、Q390与Q460等。它们的含碳量低于0.25%，所含的合金元素也低。提高这类钢材强度的主要途径有：

（1）加入可溶入铁素体内的元素以达到固溶强化的目的；

（2）细晶强化；

（3）弥散强化或析出强化；

（4）利用热处理及形变热处理等方法使位错密度提高。

Mn、Si等元素一般有较好的固溶强化效果，但其加入量不宜大于2%，否则对韧性有害。如Q345（16Mn）主要就是利用了Mn的固溶强化效果提高了强度，其综合力学性能好，是目前应用最广、用量最大的低合金高强度结构钢，广泛用于石油化工设备、船舶、桥梁、车辆等大型钢结构，我国的南京长江大桥就是用Q345建造的。由于钢的含C量低，故在钢中加入微量的V、Ti、Nb等合金元素，与钢中的C形成微小的碳化物（如TiC、VC、NbC等），起到细晶强化和弥散硬化的作用。这些元素不但可以形成碳化物阻止奥氏体晶粒长大，另一方面（如Nb、V等）还可以溶入奥氏体中以阻止或延缓奥氏体的再结晶过程，使形变后的亚晶组织能够保持到室温而起强化作用。如Q390含有V、Ti、Nb，Q460含有Mo和B，正火后的组织为贝氏体，这两种合金的强度都很高。

5.8.2　铜及其合金的强化

铜及铜合金的强化途径主要有加工硬化、固溶强化、弥散强化和时效强化等。大多数的铜合金都可通过冷轧、冷拉、冷冲压等来实现冷变形强化即加工硬化。如三七黄铜（H70）经强烈冷变形后（变形度为50%），其抗拉强度可由退火态的314MPa提高到649MPa，提高幅度达107%。

铜常用的固溶强化合金元素主要有锌、锡、铝、镍等，它们有很好的固溶强化效果。当合金元素的加入量超过它们的固溶极限时，会生成硬脆的第二相，当其数量较少时，弥散分布在基体上而起到弥散强化作用，如锌对黄铜性能的影响。单相α黄铜的强度和塑性随着 $w(Zn)$ 的增加而增加，黄铜的伸长率在 $w(Zn)=30\%$ 时达到最高；继续增加锌含量，出现硬脆的β′相时，伸长率开始下降，强度则继续升高。随着β′相的增加，伸长率下降，强度继续升高。强度在 $w(Zn)=45\%$ 时达到最高，之后急剧下降。

铍青铜可以进行时效强化。铍的最大固溶度在886℃时为2.7%，室温下仅为0.2%，铍青铜在固溶时效后，其抗拉强度可达1200～1400MPa。

5.8.3　超硬铝的强化

变形铝合金中，超硬铝的室温强度最高，可达600～700MPa，超过硬铝，故称超硬铝。超硬铝属Al-Zn-Mg-Cu合金系，是在Al-Zn-Mg三元系的基础上发展起来的。其主要的强化机理包括固溶强化、弥散强化、时效强化等。

Zn和Mg在铝中有很高的固溶度，具有固溶强化作用。Zn和Mg共存时，会形成强化相η（$MgZn_2$）和T（$Al_2Mg_3Zn_3$），高温下这两个相在α固溶体中有较大的固溶度，低温下时效后具有强烈的沉淀强化效应，极大地提高了合金的强度和硬度。Al-Zn-Mg系合金的强度随（Zn＋Mg）总量的增加而提高，但总量超过9%后，由于在晶界析出呈连续网状分布的脆性相，故合金处于脆性状态。

超硬铝中可添加适量的Cu。一方面，Cu的固溶强化作用改变了合金沉淀相的状态，使时效后的组织更为弥散均匀，起到弥散强化作用，既提高了强度，又改善了塑性和应力腐蚀倾向；另一方面，Cu还能形成θ相（$CuAl_2$）和S相（$CuMgAl_2$），也起到了时效强化的作用。

超硬铝中还常常加入少量的Mn和Cr或微量Ti。Mn主要起固溶强化作用，同时改善合金的抗晶间腐蚀性能。Cr和Ti可形成弥散分布的金属间化合物，强烈提高合金的再结晶温度，阻止晶粒长大，具有一定的细晶强化作用。

常用超硬铝的主要相组成为：基体 $\alpha + MgZn_2 + Al_2Mg_3Zn_3 + CuMgAl_2$ 或 $CuAl_2$。

习　题

5-1　何为加工硬化、细晶强化、固溶强化、相变强化、复合强化，各自的强化机制是什么？

5-2　晶体强化的基本途径有哪些？

5-3　应变强化的适用对象是什么？

5-4　写出金属流变应力 τ 与位错密度 ρ 之间的关系。

5-5　多晶体的流变应力远高于单晶体的原因是什么？

5-6 影响柯垂尔气团强化的主要因素是什么？

5-7 在金属基体中掺入分散相的工艺有哪几种？

5-8 马氏体固溶碳的强化作用包括哪几方面，影响马氏体强度的因素有哪些？

5-9 复合材料分哪几类，决定纤维增强型复合材料强度的因素是什么？

5-10 位错在晶体中运动时受到哪些阻力的作用？

5-11 晶粒细化不仅提高强度，还可改善韧性的原因是什么，为什么细晶强化不能改善材料的高温蠕变强度？

5-12 获得细晶和超细晶的基本方法有哪些？

5-13 如何得到分散合金的高强化效果？

5-14 从位错塞积理论推导 Hall-Petch 关系式。

6 材料的断裂

本章提要： 断裂是材料最严重的破坏形式，了解断裂过程和机理，对合理选材和使用是至关重要的。本章介绍了金属材料断裂的各种类型、过程和微观机制、断裂的基本理论以及提高断裂强度的方法，着重介绍了断口分析方法，介绍了冲击载荷、疲劳载荷下的断裂及应力腐蚀断裂。

6.1 引 言

材料的断裂是材料在应力作用下（有时还同时伴有热及介质的共同作用），变形程度超过其塑性极限后而呈现出的完全分开的一种状态。材料受力时，原子相对位置发生了改变，当局部变形量超过一定限度时，原子间结合力遭受破坏，使材料出现裂纹，裂纹经过扩展而使材料断开。

断裂是材料的一种十分复杂的行为，在不同的力学、物理和化学环境下，会有不同的断裂形式。例如，在循环应力作用下材料会发生疲劳断裂，在高温持久应力作用下会发生蠕变断裂，在腐蚀环境下会发生应力腐蚀或腐蚀疲劳断裂等等。

断裂是机械和工程构件最严重的失效形式，它比其他失效形式，如弹塑性失稳、磨损、腐蚀等，更具有危险性。航空航天飞行器、机械或工程结构的主要承力部件若发生断裂，就可能发生灾难性的事故，造成人员伤亡和财富的巨大损失。此外，在材料的塑性加工生产中，尤其是塑性较差的材料，断裂常常是人们极为关注的问题。材料的表面和内部的裂纹，以及整体性的破坏皆会使成品率和生产率大大降低。因此，研究材料断裂的宏观和微观特征、断裂机理、断裂的力学条件及影响材料断裂的内外因素，有效地防止断裂，尽可能地发挥金属材料的潜在塑性，对于机件的安全设计与选材，保证构件在服役过程中的安全，分析机件断裂失效事故都是十分必要的。

目前对金属断裂的研究有两种不同的方法：一种是断裂力学的方法，它是根据弹性力学及弹-塑性理论，并考虑到材料内部存在有缺陷和裂纹而建立起来的，这是从宏观角度进行研究的方法；另一种是从金属学、金属物理的角度，即从材料的显微组织、微观缺陷，甚至原子和分子的尺度上进行微观研究。人们试图将两者联系起来，建立微观模型来解释宏观现象，并验证微观模型的正确性。

6.2 断 口 分 析

为研究材料的断裂过程、断裂类型和断裂机理，通常要应用断口分析这一方法。材料断口分析是一门研究材料断面的科学。零件断裂后的自然表面称为断口，它为人们提供了断裂过程的大量真实信息。断口分析，尤其是断口的微观分析，研究断口形貌与显微组织的关系，断裂过程中微观区域（包括裂纹端）所发生的变化，能够帮助人们在金相、金属物理和断裂力学之间架起联系的桥梁。目前断口分析有许多已从定性的解释进入到破断原因的定量分析阶段，其实用意义和理论意义都是很深远的。

众所周知，设计零件（或结构件）时，虽然已经考虑了其安全性和可靠性，但是在规定的使用期限内，仍然经常发生突然断裂的意外事故。因此研究和分析事故发生的原因，从中吸取教训，采取相应的措施，对保障安全生产，避免重大事故的发生有着重要的意义。

产生事故的原因可以从内因和外因两方面去分析。外因主要指外界温度、介质、载荷等条件，内因则指结构材料的内在缺陷（如白点、夹杂、组织反常等）和设计不当、加工不良等导致的外表缺陷（如尖角、切削刀痕等）。零件（或结构件）从制造到使用，直至破坏，经历了各种加工、负载、温度、介质，其历史过程往往是不太清楚的。如果能从断口的形貌、形状发现其所经历的过程及材料的内在质量，那就能推断破坏的原因，从而改进材质，改善设计或制造方法，限制零件的使用条件，或者选择更为合适的材料。由此可以看出，断口分析的作用有三方面：（1）判定断裂的性质，分析、找出破坏的原因；（2）研究断裂机理；（3）提出防止断裂事故的措施。

断口分析包括宏观断口分析和微观断口分析两个方面：

（1）宏观断口。用肉眼或小于20倍的放大镜观察到的断口形貌称为宏观断口。从宏观断口可以大体判断出断裂的类型（韧性断裂、脆性断裂、疲劳断裂），找出裂纹源和扩展途径，并粗略地找出破坏原因。

（2）微观断口。用光学显微镜或电镜观察到的断口形貌称为微观断口。从微观断口可以更深刻地认识断口的特征，揭示断裂的过程，分析断裂的机理、裂纹的扩展，揭示断裂的本质，从而更好地指导生产实践，使断口分析发展成为一项研究金属断裂和进行破断分析的科学技术。

6.3　断裂的类型

多数材料的断裂过程包括裂纹的形成与扩展两个阶段。对于不同的断裂类型，这两个阶段的机理与特征并不相同。

工程应用中，在不同的场合下，常根据不同的特征将断裂分成若干类型，并用不同的术语进行描述。如根据断裂前是否发生明显的宏观塑性变形，或断裂前是否明显地吸收了能量，常把断裂分成韧性断裂和脆性断裂两大类；按照断裂机制分类，则有解理断裂、沿晶断裂和微孔聚集型断裂；若按裂纹的走向，则分为穿晶断裂和沿晶断裂；如按裂纹的取向分，则有正断和切断。应注意有关术语的含义及它们之间的相互关系和区别。

6.3.1　韧性断裂与脆性断裂

根据金属材料完全断裂前的总变形量（宏观变形量）不同，可将断裂分为脆性断裂（断面收缩率 $Z>5\%$）和韧性断裂（断面收缩率 $Z<5\%$）两大类。断裂前几乎不产生明

显塑性变形的称为脆性断裂，反之则称为韧性断裂。图6-1为拉伸试样发生脆性断裂、塑性断裂时宏观变形量的对比。图6-1a中没有缩颈，宏观变形量很小，为脆性断裂；而图6-1b中缩颈明显，变形量很大，为塑性断裂。

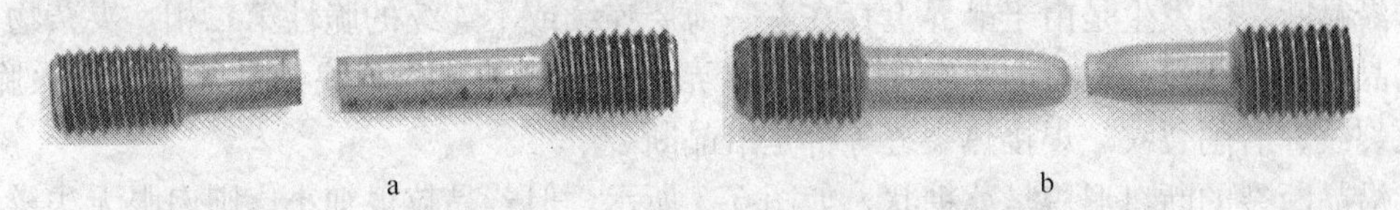

图6-1　脆性断裂、塑性断裂的宏观变形量的对比
a—脆性断裂；b—塑性断裂

然而这种根据宏观总变形量划分断裂性质的方法，只具有相对的意义。例如，同一种材料，条件变了（如应力、环境、温度等变化），其变形量也可能发生显著的变化。又如，在宏观范围内是脆性断裂，但在局部范围或微观范围内却存在大量的集中变形。

就材料本身而言，决定其是脆断还是韧断的因素是其韧性。韧性与强度和塑性有关，一般用材料在塑性变形和断裂全过程中吸收能量的多少来表示韧性的优劣。决定材料的断裂形式的因素还有外界条件，例如温度、应变速度、周围环境以及应力状态等。

韧性断裂对构件和环境造成的危险远小于脆性断裂，因为其断裂前的大量塑性变形可以预先引起人们的注意，防止事故的发生，或者因变形量超过允许值而在构件断裂前即告失效，即使破断，也不会产生大量的碎片伤害周围的人员、设备和环境。与此相反，脆性断裂则常引起非常危险的突然事故，它通常会产生很多碎片，危害性很大。历史上曾经发生过很多脆性断裂的事故，所以早就引起人们的极大注意。例如，1949～1963年间美国有20艘吨位在2500t以上的船舶在使用中发生突然脆断，造成很大的人员伤亡和财产损失。

6.3.2　穿晶断裂与沿晶断裂

多晶体金属断裂时根据裂纹扩展的路径不同，可分为穿晶断裂和沿晶断裂两类。穿晶断裂的特点是裂纹穿过晶粒内部扩展，如图6-2a所示；而沿晶断裂是指裂纹沿晶粒的晶界扩展，如图6-2b所示。

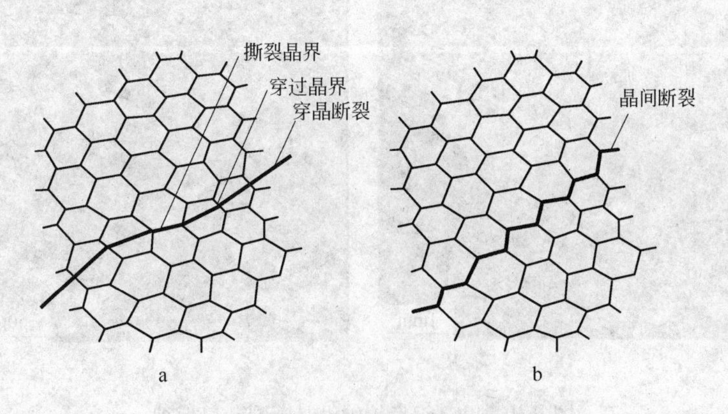

图6-2　穿晶断裂和沿晶断裂示意图
a—穿晶断裂；b—沿晶断裂

从断裂的性质上看，穿晶断裂既可以是韧性断裂（即微孔聚集型断裂，如室温下的穿晶断裂），也可以是脆性断裂（即穿晶解理断裂，如低温下的穿晶断裂），而沿晶断裂则多数是脆性断裂。

沿晶断裂的发生是由于晶界上存在着一薄层连续或不连续的脆性第二相、夹杂物，破坏了晶界的连续性，也可能是杂质元素向晶界偏聚引起的。应力腐蚀、氢脆、回火脆性、淬火裂纹、磨削裂纹、焊接热裂缝等都是沿晶断裂。

沿晶断裂的断口形貌呈冰糖状，如图6-3所示。但若晶粒很细小，则肉眼无法辨认出冰糖状形貌，此时断口一般呈晶粒状，颜色较纤维状断口明亮，但比纯脆性断口要灰暗些，这是因为它们没有反光能力很强的小平面，如图6-4a所示。穿晶断裂和沿晶断裂有时可以混合发生，如图6-4b所示。

图6-4a为淬火40Cr钢齿轮轴断裂后的宏观断口形貌。断口呈细瓷状，中间区域为纤维状断口，*A*处为沿晶断裂加少量微孔聚集型断裂，沿晶断裂部分尚有二次裂纹，如图6-4b所示。

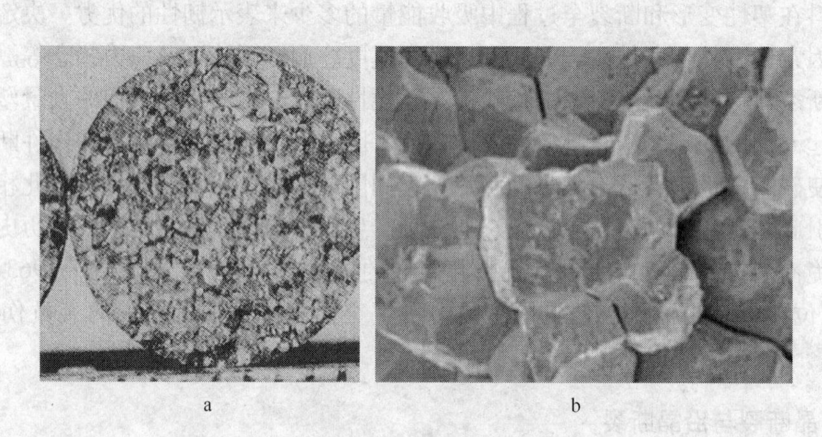

a　　b

图6-3　Cr12MoV钢沿晶断裂的断口形貌

a—宏观断口；b—微观断口

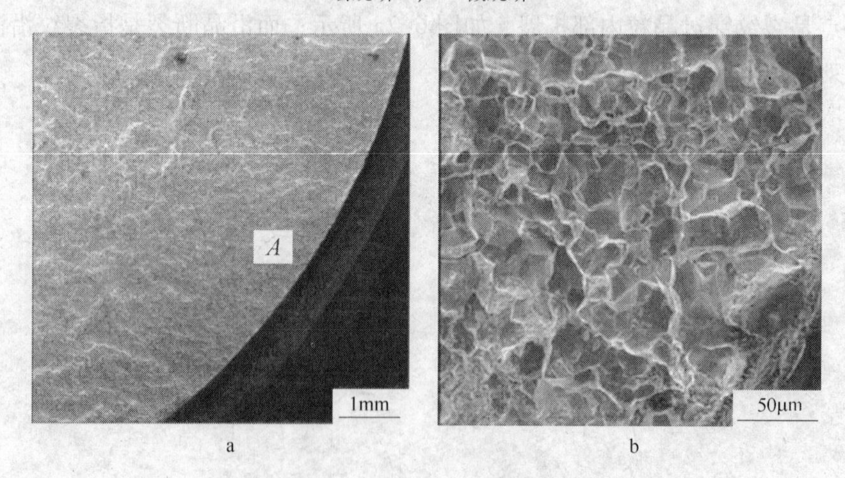

a　　b

图6-4　40Cr钢齿轮轴沿晶断裂断口形貌

a—宏观断口；b—微观断口

6.3.3 剪切断裂与解理断裂

6.3.3.1 剪切断裂

剪切断裂是金属材料在切应力作用下，沿滑移面分离而造成的断裂。剪切断类有两类，一类称滑断或纯剪切断裂，另一类是微孔聚集型断裂。

A 滑断或纯剪切断裂

纯金属尤其是单晶体金属常产生纯剪切断裂。金属在外力作用下沿最大切应力方向的滑移面（单轴向拉伸或双轴向拉伸时，最大切应力方向一般与拉伸轴成45°角）滑移，最后因滑移面滑动分离而断裂。单晶体金属的断口常呈锋利的楔型，见图6-5b；多晶体金属的纯剪切断裂则呈刀尖型，见图6-5c。

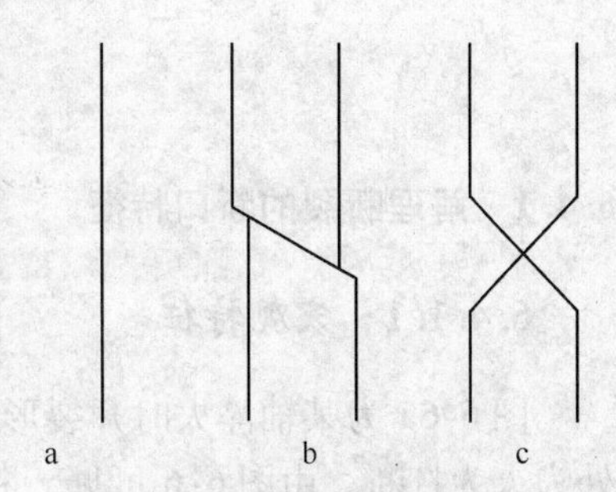

图6-5 纯剪切断裂的示意图

a—变形前；b—单晶体；c—多晶体

B 微孔聚集型断裂

微孔聚集型断裂是通过微孔形核、长大聚合而导致材料分离的。由于实际材料中常同时形成许多微孔，通过微孔长大互相连接而最终导致断裂，故常用金属材料一般均产生这类性质的断裂，如低碳钢室温下的拉伸断裂。微孔聚集型断裂的机理及断口形貌将在6.5节详细介绍。

6.3.3.2 解理断裂

解理断裂是金属材料在一定条件下（如低温），在正应力作用下，以极快的速率沿一定严格的晶体学平面产生的穿晶断裂，因与大理石断裂类似，故称此晶面为解理面。解理断裂多见于体心立方、密排六方金属及合金。特殊情况下，面心立方金属如Al等也能发生解理断裂。低温、应力集中、冲击有利于解理断裂的发生。通常，解理断裂总是脆性断裂，但有时在解理断裂前也呈现很大的韧性。所以，不能把解理与脆性断裂完全等同起来。前者是相对断裂机理而言，后者则指断裂的宏观性态。解理面一般是低指数晶面或表面能最低的晶面。典型金属单晶体的解理面见表6-1。解理断裂的机理及断口形貌将在6.4节详细介绍。

表6-1 典型金属单晶体的解理面

晶体结构	材　料	主解理面	次解理面
bcc	Fe、W、Mo	{001}	{112}
hcp	Zn、Cd、Mg	{0001}，$\{\bar{1}000\}$	$\{11\bar{2}4\}$

6.3.4 正断断裂与切断断裂

根据断面的宏观取向与最大正应力的交角不同，断裂方式可分为正断型和切断型两种：

（1）正断型断裂。宏观断面的取向与最大正应力相垂直。常见于解理断裂或形变约束较大的场合，例如平面应变条件下的断裂。

（2）切断型断裂。宏观断面的取向与最大切应力方向相一致，倾向于与最大正应力约成45°交角。常发生于滑移形变不受约束或约束较小的情况，例如平面应力条件下的断裂。

由于解理断裂是典型的脆性断裂，而韧性断裂多数是微孔聚集型断裂，所以下面着重介绍这两类断裂的机理和断裂的力学条件，以及两类断裂的相互转化。

6.4 解理断裂

6.4.1 解理断裂的断口特征

6.4.1.1 宏观特征

图6-6a为某轴淬火时开裂形成的解理断口的宏观形貌，图中①处为淬火时形成，②处为人为打断。由图6-6可见，断口比较平整，与正应力垂直；断口较为光亮，呈磁状；裂纹源在外表面处，裂纹向内扩展，放射线明显，呈“河流状”。

a

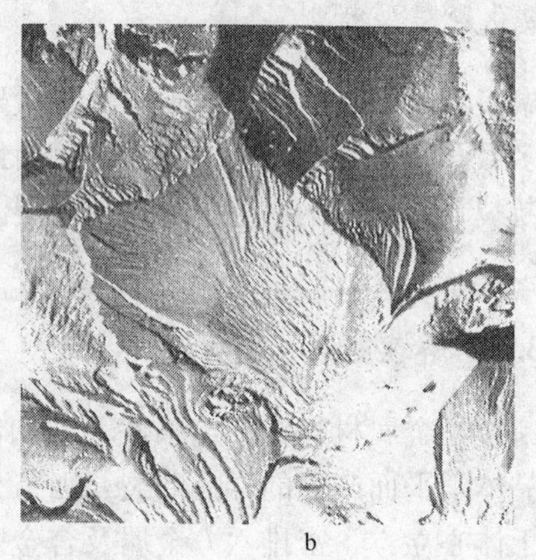
b

图6-6 解理断口的形貌
a—宏观；b—微观

6.4.1.2 微观特征

用电子显微镜观察解理断裂的断口形貌，可以观察到一些特殊的花样。解理台阶、河流花样和舌状花样都是解理断裂的基本微观特征。

A 解理台阶、河流花样

解理断裂是沿特定界面发生的脆性穿晶断裂，其微观特征应该是极平坦的镜面。但是，实际的解理断裂断口是由许多大致相当于晶粒大小的解理面集合而成的。这种大致以晶粒大小为单位的解理面称为解理刻面。在解理刻面内部只从一个解理面发生解理破坏实际上是很少的，在多数情况下，裂纹要跨越若干个相互平行的而且位于不同高度的解理面，从而在同一刻面内部出现解理台阶和河流花样，如图6-6b所示，后者实际上是解理台阶的一种标志。

解理裂纹与螺型位错相交是形成解理台阶的一种方式。设晶体内有一螺型位错，并设解理裂纹为一刃型位错。当解理裂纹与螺型位错相遇时，便形成一个高度为 b 的台阶，如图 6-7 所示。它们沿裂纹前端滑动而相互汇合，同号台阶相互汇合长大。当汇合台阶的高度足够大时，便成为河流花样，如图 6-8 所示。

此外，河流花样还可以通过次生解理或撕裂（剪切断裂）的方式形成。两个相互平行但处于不同高度上的解理裂纹可通过次生解理或撕裂的方式相互连接而形成台阶，其示意图如图 6-9 所示。河流花样是判断是否为解理断裂的重要微观依据。“河流”的流向与裂纹扩展方向一致，所以可以根据“河流”流向确定在微观范围内解理裂纹的扩展方向，而按“河流”反方向去寻找断裂源。

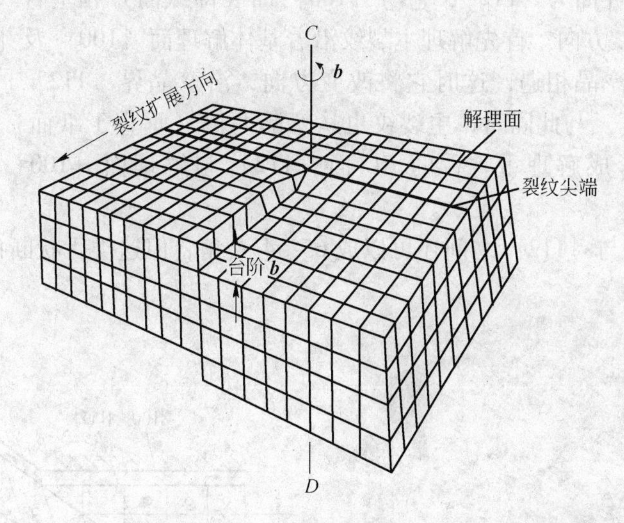

图 6-7 解理断裂与螺型位错交截形成一个柏氏矢量

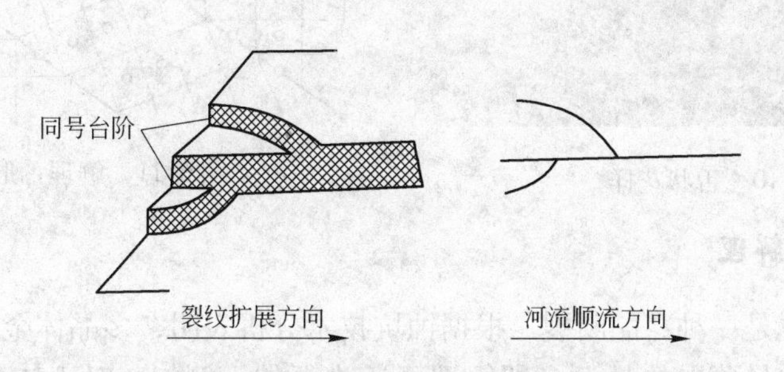

图 6-8 河流花样形成示意图

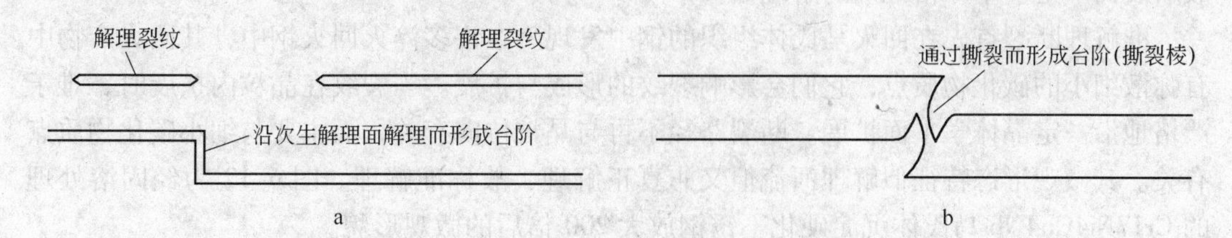

图 6-9 通过次生解理或撕裂形成台阶

a—次生解理形成的台阶；b—撕裂形成的台阶

B 舌状花样

解理断裂的另一微观特征是存在舌状花样（如图 6-10 所示），因其电子显微形貌与舌头相似而得名。它是由于解理裂纹沿孪晶界扩展而留下舌头状凹坑或凸台，故在匹配断口上“舌头”为黑白对应的。

舌状花样的形成与解理裂纹沿形变孪晶-基体界面扩展有关。此种形变孪晶是当解理裂纹以很高的速度向前扩展时，在裂纹前端形成的，并常发生于低温。

体心立方金属解理舌状花样的形成过程如图 6-11 所示。平行于纸面的晶面为 {100} 面，孪晶与基体的界面为 {112}，它与 {100} 面（即纸面）相垂直。{112} 与 {110} 面的交线为［111］方向。首先解理主裂纹沿着基体解理面 {100} 及［110］方向由 A 扩展到 B，在 B 处与孪晶相遇，这时它将改变方向，沿孪晶界 {112}［111］方向扩展到 C，然后沿 CD 断开。与此同时，主裂纹也从孪晶两侧（垂直于纸面）越过孪晶而沿 DE 继续扩展，于是形成解理舌。舌的 BC 面 {112} 与解理面 {100} 之间的夹角应为 35°16′。

另外，{100} 与 {112} 之间还可以成 65°54′夹角，但这类舌状断口比较少见。

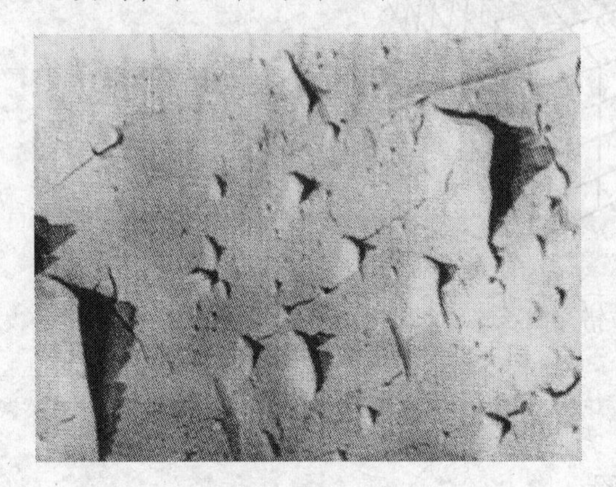

图 6-10 舌状花样

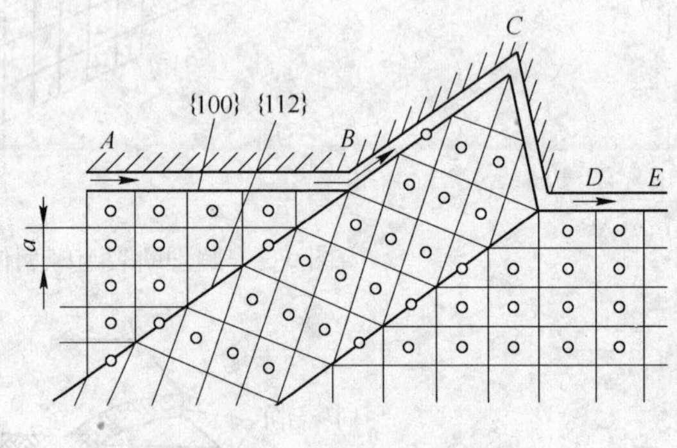

图 6-11 解理舌形成示意图

6.4.1.3 准解理

准解理断裂也是一种穿晶断裂。根据蚀坑技术分析表明，多晶体金属的准解理断裂也是沿着原子键合力最薄弱的晶面（即解理面）进行的。例如：对于体心立方金属（如钢等），准解理断裂也基本上是 {100} 晶面，但由于断裂面上存在较大程度的塑性变形，故断裂面不是一个严格准确的解理面。

准解理断裂首先在回火马氏体组织的钢中发现。在许多淬火回火钢中，其回火产物中有弥散细小的碳化物质点，它们会影响裂纹的形成与扩展。当裂纹在晶粒内扩展时，难于严格地沿一定晶体学平面扩展。断裂路径不再与晶粒位向有关，而主要与细小碳化物质点有关。其微观形态特征似解理河流但又非真正解理，故称准解理。图 6-12 为经固溶处理的 Cr17Ni4Cu4Nb 马氏体沉淀硬化不锈钢放大 200 倍后的微观形貌。

准解理断口与解理断口的相同点是：都是穿晶断裂，有小解理刻面；有台阶或撕裂棱及河流花样。不同点是：准解理小刻面不是晶体学解理面。真正的解理裂纹常源于晶界，

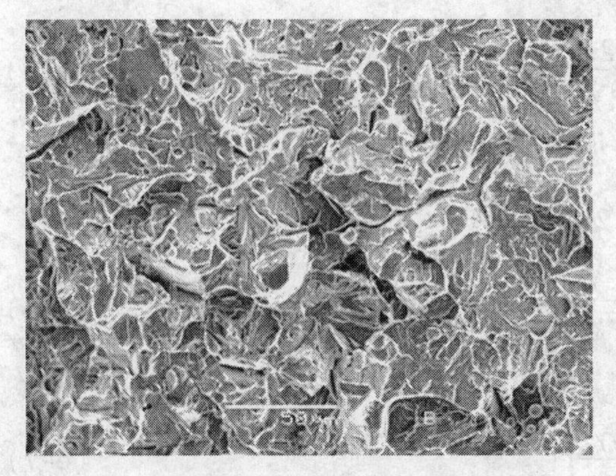

图 6-12 Cr17Ni4Cu4Nb 不锈钢的准解理断口

而准解理裂纹则常源于晶内硬质点，形成从晶内某点发源的放射状河流花样。准解理不是一种独立的断裂机理，而是解理断裂的变种。

准解理断裂的微观形貌特征在某种程度上反映了解理裂纹与已发生塑性变形的晶粒间相互作用的关系。因此，对准解理断裂面上的塑性应变进行定量测量，则有可能把它同断裂有关的一些力学参数（如屈服应力、解理应力和应变硬化参数）等联系起来。

6.4.2 解理断裂的强度理论

6.4.2.1 理想断裂强度

决定材料强度的最基本因素是原子间结合力。原子间结合力越高，则弹性模量、熔点就越高。人们曾经根据原子间结合力推导出在正应力作用下，将晶体的两个原子面沿垂直于外力方向拉断所需要的应力，即理论断裂强度。粗略计算表明，理论断裂强度与杨氏模量差一定数量级。

假设完整晶体原子间结合力与原子间位移呈正弦函数关系，如图 6-13 所示。曲线上的最大值 σ_m 即代表晶体在弹性状态下的最大结合力——理论断裂强度，则

$$\sigma = \sigma_m \sin\frac{2\pi x}{\lambda} \tag{6-1}$$

式中，λ 为正弦曲线的波长；x 为原子间位移。

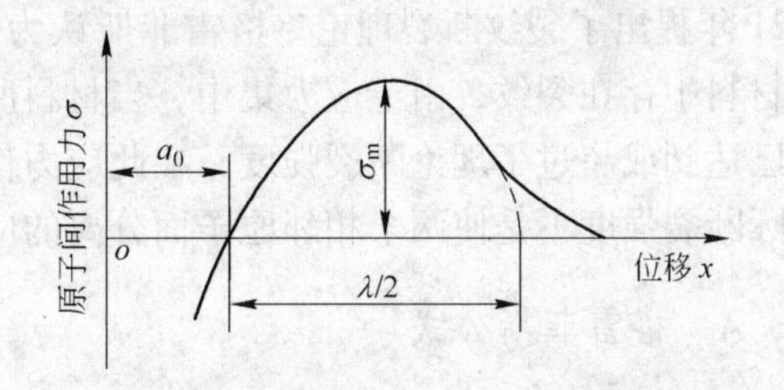

图 6-13 原子间作用力与原子间位移的关系曲线

因弹性变形阶段原子位移很小，则 $\sin\frac{2\pi x}{\lambda} \approx \frac{2\pi x}{\lambda}$，于是有：

$$\sigma = \sigma_m \frac{2\pi x}{\lambda} \tag{6-2}$$

根据虎克定律：

$$\sigma = E\varepsilon = E\frac{x}{a_0} \tag{6-3}$$

式中，ε 为弹性应变；a_0 为原子间平衡距离。

合并上述两式，消去 x 得：

$$\sigma_m = \frac{\lambda E}{2\pi a_0} \tag{6-4}$$

另一方面，晶体脆性断裂时所消耗的功用来供给形成两个新表面所需的表面能，设裂纹面上单位面积的表面能为 γ_s，则形成单位裂纹表面外力所做的功应为 σ-ε 曲线下所包围的面积，即：

$$U_0 = \int_0^{\lambda/2} \sigma_m \sin\frac{2\pi x}{\lambda}dx = \frac{\lambda}{2\pi}\sigma_m\left[-\cos\frac{2\pi x}{\lambda}\right]_0^{\lambda/2} = -\frac{\lambda}{2\pi}\sigma_m(-1-1) = \frac{\lambda\sigma_m}{\pi} \quad (6\text{-}5)$$

这个功应等于表面能 γ_s 的两倍（断裂时形成两个新表面），即：

$$\frac{\lambda\sigma_m}{\pi} = 2\gamma_s$$

或

$$\lambda = \frac{2\pi\gamma_s}{\sigma_m} \quad (6\text{-}6)$$

将式 6-6 代入式 6-4，消去 λ，得：

$$\sigma_m = \left(\frac{E\gamma_s}{a_0}\right)^{\frac{1}{2}} \quad (6\text{-}7)$$

此即理想晶体解理断裂的理论断裂强度。将铁的相应参数 $E = 2\times10^5$MPa，$a_0 = 2.5\times10^{-10}$m，$\gamma_s = 2$J/m^2 带入式 6-7，得铁的 $\sigma_m = 4.0\times10^4$MPa 。这与 Fe 的实际断裂强度（约 100MPa）相差甚远。实际金属材料的断裂应力仅为理论 σ_m 值的 1/10～1/1000。与引进位错理论以解释实际金属的屈服强度低于理论切变强度相似，人们自然想到，实际金属材料中一定存在某种缺陷，使断裂强度显著下降。

6.4.2.2 格雷菲斯裂纹理论

为了解释玻璃、陶瓷等脆性材料断裂强度的理论值与实际值的巨大差异，格雷菲斯在 1921 年提出了裂纹断裂理论。格雷菲斯认为，实际断裂强度远低于理想断裂强度的原因是材料中存在裂纹，由于应力集中，当材料所受的平均应力还很低时，裂纹尖端的局部应力已达到或超过了理论断裂强度，在此应力作用下，裂纹失稳扩展，造成脆性断裂。所以实际断裂强度不是使两个相邻原子面分离的应力，而是使已有微裂纹扩展的应力。

A 格雷菲斯公式

格雷菲斯理论是从热力学原理出发，即材料在外应力作用下引起弹性变形，储存弹性应变能，当裂纹扩展断裂时弹性能释放。同时，裂纹的扩展、断裂引起裂纹的表面能增加。裂纹扩展释放的弹性应变能是裂纹扩展的动力，增加的表面能是裂纹扩展的阻力。两者平衡即是裂纹自动扩展的临界热力学条件，据此可以求出裂纹失稳扩展的临界强度 σ_c。

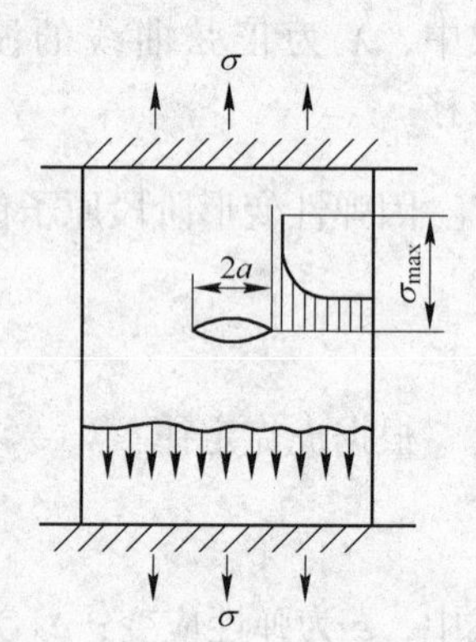

图 6-14 格雷菲斯裂纹模型

设想有一单位厚度的无限宽薄板，对之施加一拉应力（如图 6-14 所示）。板材单位体积储存的弹性能为 $\sigma^2/2E$。因为是单位厚度，故 $\sigma^2/2E$ 实际上亦代表单位面积的弹性能，如在板的中心开一个垂直于应力 σ，长度为 $2a$ 的椭圆形穿透性裂纹，则原来弹性拉紧的平板就要释放弹性能。根据弹性理论计算释放的弹性能为：

$$U_e = -\frac{\pi\sigma^2 a^2}{E} \quad (6\text{-}8)$$

另外，裂纹形成时新增的表面能为 $W = 4a\gamma_s$，γ_s 为裂纹的比表面能，故系统的总能量为：

$$U_e + W = -\frac{\pi\sigma^2 a^2}{E} + 4a\gamma_s \quad (6\text{-}9)$$

因 γ_s、σ 恒定，故系统总能量随 $2a$ 变化的曲线如图 6-15 所示，曲线极大值处对裂纹长度的一半 a 的一阶偏导数应等于 0，即：

$$\partial\left(-\frac{\pi\sigma^2 a^2}{E} + 4a\gamma_s\right) \Big/ \partial a = 0$$

则裂纹失稳扩展的临界应力为：

$$\sigma_c = \left(\frac{2E\gamma_s}{\pi a}\right)^{\frac{1}{2}} \quad (6\text{-}10)$$

此即格雷菲斯公式，σ_c 为有裂纹物体的断裂强度，亦即实际断裂强度。它表明，在脆性材料中，裂纹扩展所需的应力 σ_c 反比于裂纹长度的一半的平方根。如物体所受的外加应力 σ 达到 σ_c，则裂纹产生失稳扩展。如外加应力不变，裂纹在物体服役时不断长大，则当裂纹长大到下列尺寸 a_c 时，也达到失稳扩展的临界状态，即：

$$a_c = \frac{2E\gamma_s}{\pi\sigma^2} \quad (6\text{-}11)$$

这是格雷菲斯公式的另一种表达式。

式 6-10 仅是脆性断裂的热力学条件，但裂纹自动扩展还需满足动力学条件，即尖端应力要等于或大于理论断裂强度 σ_m。设图 6-14 中裂纹尖端的曲率半径为 ρ，根据弹性力学，可以求得断裂时的名义断裂应力或实际断裂强度为：

$$\sigma_c = \left(\frac{E\gamma_s\rho}{4aa_0}\right)^{\frac{1}{2}} \quad (6\text{-}12)$$

式中，a_0 为原子面间距。

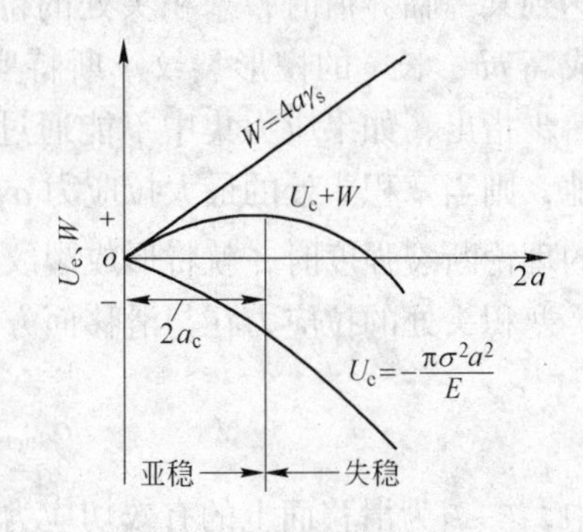

图 6-15 裂纹扩展尺寸与能量变化关系

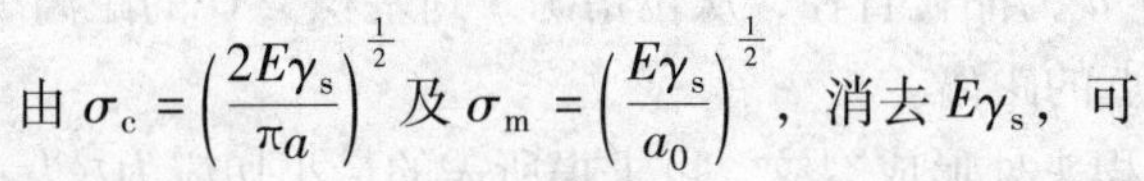
由 $\sigma_c = \left(\frac{2E\gamma_s}{\pi a}\right)^{\frac{1}{2}}$ 及 $\sigma_m = \left(\frac{E\gamma_s}{a_0}\right)^{\frac{1}{2}}$，消去 $E\gamma_s$，可得 $\sigma_c = \left(\frac{2a_0}{\pi a}\right)^{\frac{1}{2}}\sigma_m$。如假设 $a_0 \approx 10^{-9}$cm，$a \approx 10^{-1}$cm，带入上式，可得 $\sigma_c \approx 10^{-4}\sigma_m$，即 σ_c 仅为 σ_m 的万分之一，与实际情况相符，这就解释了为什么实际断裂强度远远低于理论断裂强度。

B 塑性修正

格雷菲斯公式只适用于玻璃、陶瓷等脆性材料，但金属材料在裂纹扩展时，裂纹尖端通常发生较大塑性变形，要消耗大量塑性变形功 γ_p，其值往往比表面能高几个数量级，是裂纹扩展需要克服的主要阻力。为此奥罗万（Orowan）和欧文（Irwin）对式 6-11 进行了修正，得到格雷菲斯-奥罗万-欧文公式：

$$\sigma_c = \left[\frac{E(2\gamma_s + \gamma_p)}{\pi a}\right]^{\frac{1}{2}} \quad (6\text{-}13)$$

式中，$(2\gamma_s+\gamma_p)$ 称为有效表面能。因 γ_p 远大于 γ_s，故式 6-13 可改写为：

$$\sigma_c=\left(\frac{2E\gamma_p}{\pi a}\right)^{\frac{1}{2}} \tag{6-14}$$

6.4.3 裂纹的形成和扩展

格雷菲斯理论解决了裂纹体的断裂强度问题，但没有解决裂纹的形成问题。为此，甄纳等人先后提出了几种裂纹形成机制。

实验表明，在解理断裂发生之前，总是有少量的塑性变形发生，这说明裂纹形成与位错运动有关，于是人们用位错运动、塞积和相互作用来解释裂纹的成核和扩展过程。现有的几种理论都在一定条件下得到了实验的证实，但迄今还不能统一地解释全部有关断裂的现象。下面简要介绍其中的几种理论。

6.4.3.1 甄纳-斯特罗位错塞积理论

该理论是甄纳（G. Zener）于 1948 年提出的，其模型如图 6-16 所示。在切应力作用下，滑移面上的刃位错因运动受阻而塞积，当切应力达到某一临界值时，塞积头处的位错互相聚合成高 nb、长 r 的楔形裂纹。斯特罗（Stroh）进一步指出，如果应力集中不能通过塑性变形松弛，则当塞积头处的最大拉应力 σ_{fmax} 大于材料的理论断裂强度时，就将形成裂纹。

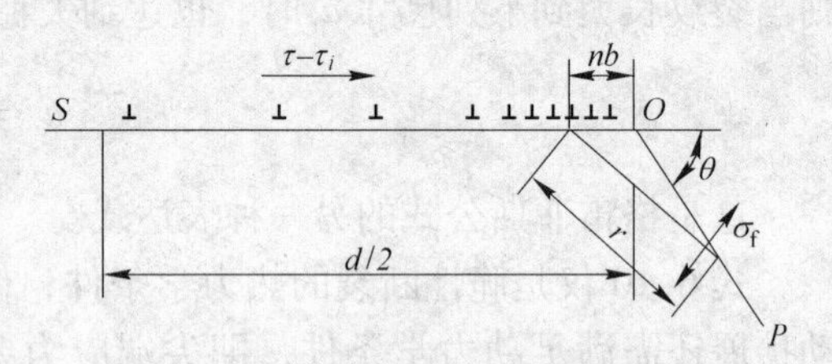

图 6-16 位错塞积形成裂纹示意图

塞积头处的拉应力在与滑移面方向成 $\theta=70.5°$ 时达到最大值，且近似为：

$$\sigma_{fmax}=(\tau-\tau_i)\left(\frac{d/2}{r}\right)^{\frac{1}{2}} \tag{6-15}$$

式中，$\tau-\tau_i$ 为滑移面上的有效切应力；d 为晶粒直径，从位错源 S 到塞积头 O 的距离可视为 $d/2$；r 为自位错塞积头到裂纹形成点的距离。

当 $\sigma_{fmax}\geqslant\sigma_m$（见式 6-7）时，塞积头处形成裂纹，可求得所需的最小切应力 τ_f 为：

$$\tau_f=\tau_i+\sqrt{\frac{2Er\gamma_s}{da_0}} \tag{6-16}$$

对于裂纹的扩展，柯垂尔（Cottrell）应用热力学原理，即裂纹扩展时外加正应力所做的功等于新增裂纹表面能，推导出解理裂纹扩展的临界条件为：

$$\sigma nb=2\gamma \tag{6-17}$$

式中，σ 为外加正应力；n 为塞积的位错数；b 为位错柏氏矢量的模。

式 6-17 结合霍尔-佩奇公式，可以推导出：

$$\sigma_c=\frac{2G\gamma_s}{k_y\sqrt{d}} \tag{6-18}$$

σ_c 即表示长度相当于直径 d 的裂纹扩展所需的应力，或裂纹体的实际断裂强度。式 6-18 也就是屈服时产生解理断裂的判据，可见，晶粒直径 d 减小，σ_c 提高。

晶粒大小对断裂应力的影响已为许多金属材料的试验结果所证实：细化晶粒，断裂应力提高，材料的脆性减小。图6-17为晶粒尺寸对低碳钢屈服应力和断裂应力的影响。由图可见，当晶粒尺寸小于某一临界值时，屈服应力延长线与断裂应力线重合，断裂是脆性的。

对于有第二相质点的合金，d 实际上代表质点间距，d 越小，则材料的断裂应力越高。

6.4.3.2 柯垂尔位错反应理论

该理论是柯垂尔为了解释体心立方金属晶体的解理而提出。如图6-18所示，在bcc晶体中，有两个相交滑移面（$10\bar{1}$）和（101），与解理面（001）相交，三个面的交线为［010］。现沿（101）面有一群柏氏矢量为$\frac{a}{2}$［$\bar{1}\bar{1}1$］的刃型位错，而沿（$10\bar{1}$）面有一群柏氏矢量为$\frac{a}{2}$［111］的刃型位错，两者于［010］轴相遇，并产生下列反应：

$$\frac{a}{2}[\bar{1}\bar{1}1]+\frac{a}{2}[111]\rightarrow a[001]$$

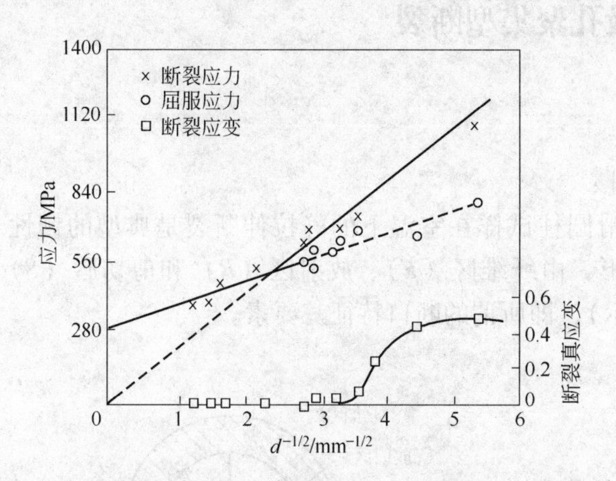

图6-17 晶粒尺寸与低碳钢屈服应力和断裂应力的关系

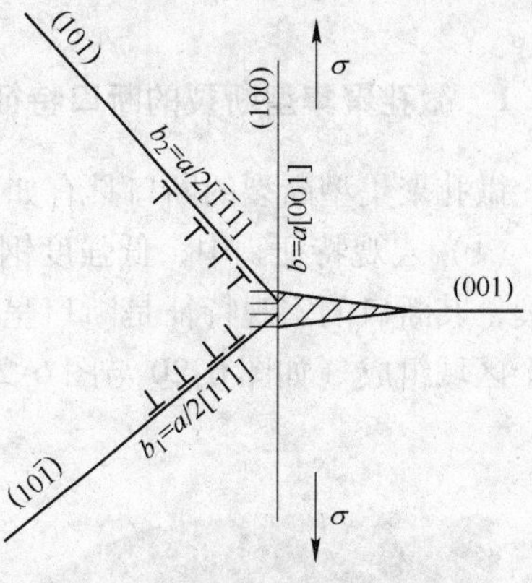

图6-18 位错反应形成裂纹

新形成的位错线在（001）面上，其柏氏矢量为 a［001］。因为（001）面不是bcc晶体的固有滑移面，故 a［001］为不动位错。结果两相交滑移面上的位错群就在该不动位错附近产生塞积。当塞积位错较多时，其多余半原子面如同楔子一样插入解理面中间，形成高度为 nb 的裂纹。

因该位错反应是降低能量的过程，所以裂纹成核是自发进行的。面心立方金属虽也有类似的位错反应，但不是降低能量的过程，故面心立方金属不可能具有这样的裂纹成核机理。

上述两种解理裂纹形成模型的共同之处在于：裂纹形核前均需有塑性变形；位错运动受阻时，在一定条件下便会形成裂纹。实验证实，裂纹往往在晶界、亚晶界、孪晶交叉处出现，如体心立方金属在低温和高应变速率下，常因孪晶与晶界或其他孪晶相交导致较大位错塞积而形成解理裂纹。不过，通过孪生形成解理裂纹只有在晶粒较大时才产生。

6.4.3.3 斯密施碳化物开裂理论

设低碳钢的晶粒直径为 d_0，晶界上有厚度为 C_0 的层状碳化物，铁素体内位错塞积群的应力集中使碳化物开裂，形成长为 C_0 的微裂纹，并在外加应力作用下，裂纹向相邻铁素体晶粒内扩展造成解理脆断，如图 6-19 所示。斯密施（Smith）推导出此时裂纹失稳扩展的临界应力，即断裂应力 σ_c 为：

$$\sigma_c = \left[\frac{4E(\gamma_f + \gamma_c)}{\pi(1-\nu^2)C_0}\right]^{\frac{1}{2}} \tag{6-19}$$

式中，γ_f、γ_c 分别为铁素体、碳化物的表面能；C_0 为碳化物的厚度；ν 为泊松比。

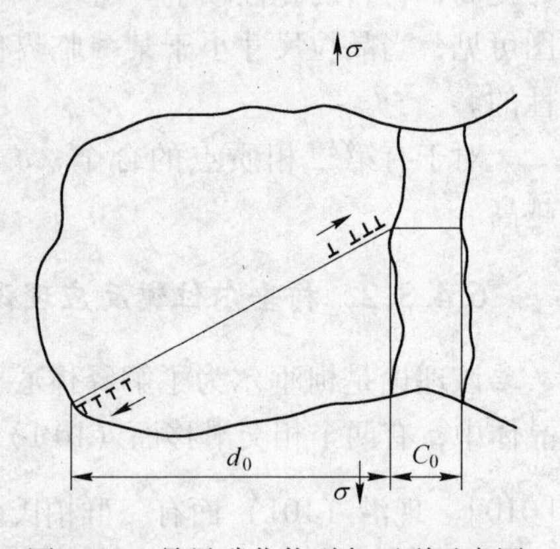

图 6-19　晶界碳化物引起开裂示意图

麦克马洪（McMahon）和柯亨（Cohen）通过实验证实低碳钢晶界碳化物粗化能促进钢的解理脆断。

6.5 微孔聚集型断裂

6.5.1 微孔聚集型断裂的断口特征

微孔聚集型断裂的断口具有如下特征：

（1）宏观特征。中、低强度钢的光滑圆柱试样在室温下的静拉伸断裂是典型的韧性断裂，其断口的宏观特征是断口呈杯锥形，由纤维区（F）、放射区（R）和剪切唇（S）三个区域组成（如图 6-20 与图 6-21 所示），即所谓的断口特征三要素。

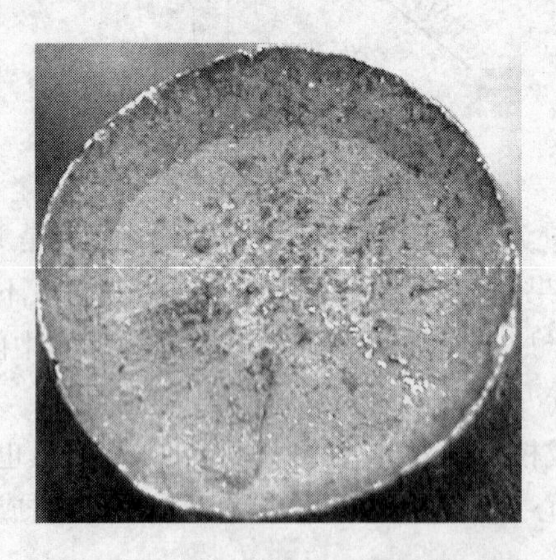
图 6-20　韧性拉伸断口的宏观形貌

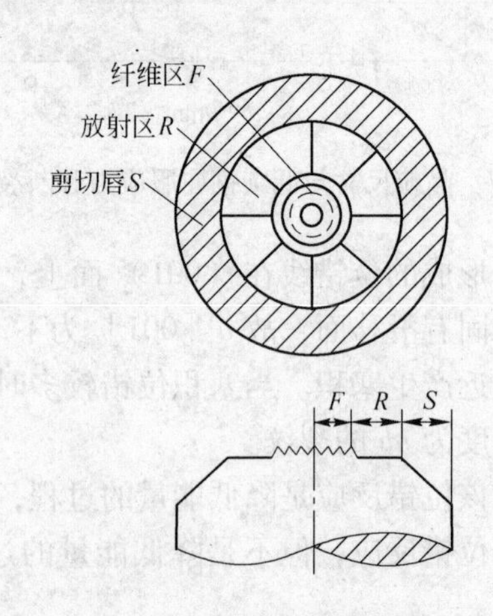

图 6-21　拉伸断口示意图

（2）微观特征。微孔聚集型断裂断口的微观形貌为韧窝，由许多凹进和凸出的微坑组成，微坑中还可以发现第二项粒子，如图 6-22 所示。韧窝是微孔聚集断裂的基本特征。

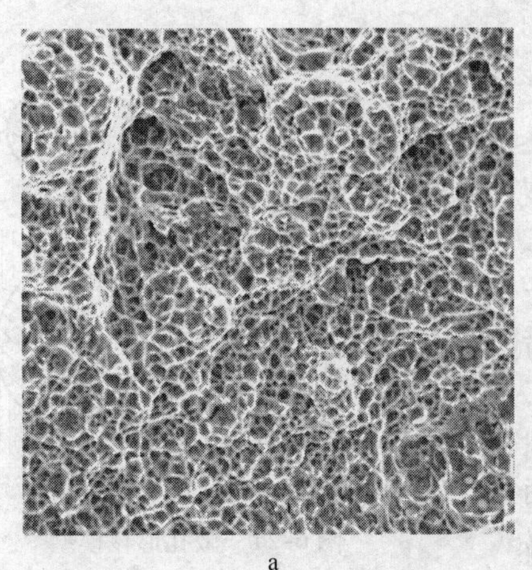

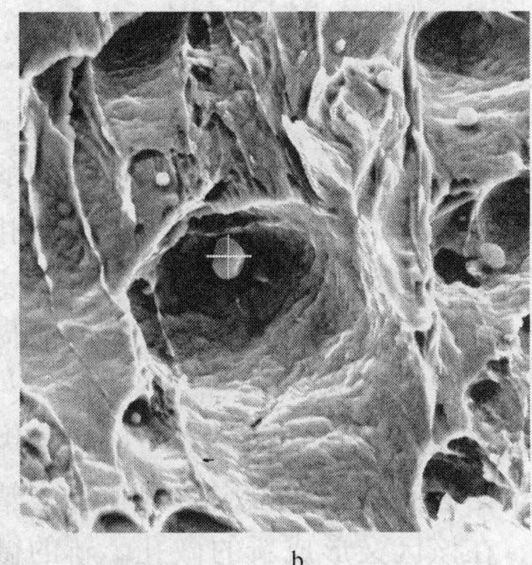

a b

图 6-22 微孔聚集型断裂的微观形貌

a—韧窝；b—韧窝及夹杂物

6.5.2 断裂机理

微孔聚集断裂的基本特征是韧窝，断裂的基本过程是微孔形核、微孔长大和微孔聚合三个步骤，如图 6-23 所示。当拉伸试样发生缩颈时，试样的应力状态由单向变为三向，且中心轴向应力最大。在中心三向拉应力的作用下，塑性变形难以进行，致使试样中心部分的夹杂物或第二相质点本身碎裂，或使夹杂物质点与基体界面脱离而形成微孔。

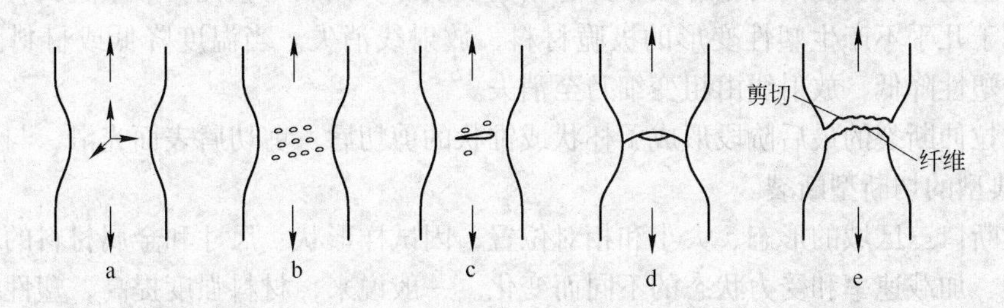

图 6-23 杯锥状断口形成示意图

a—缩颈导致三向应力；b—微孔形；c—微孔长大；d—微孔连接成锯齿状；e—边缘剪切断裂

6.5.2.1 微孔的成核、长大

微孔是通过第二相（或夹杂物）质点本身破裂，或第二相（或夹杂物）与基体界面脱离而成核的，它们是金属材料在断裂前塑性变形进行到一定程度时产生的。在第二相质点处微孔成核的原因是位错引起的应力集中，或在高应变条件下因第二相与基体塑性变形不协调而产生分离。

微孔成核的位错模型如图 6-24 所示。当位错线运动遇到第二相质点时，往往按绕过机制在其周围形成位错环，如图 6-24a 所示。这些位错环在外加应力作用下于第二相质点处堆积起来，如图 6-24b 所示。当位错环移向质点与基体的界面时，界面立即沿滑移面分离而形成微孔，如图 6-24c 所示。由于微孔成核，后面的位错所受排斥力大大下降而被迅速推向微孔，并使位错源重新被激活起来，不断放出新位错。新的位错连续进入微孔，逐渐使微孔长大，如图6-24d所示。

6.5.2.2 微孔聚合

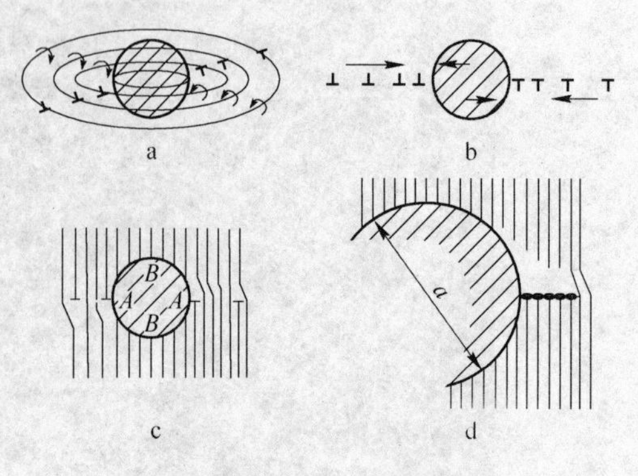

图6-24 微孔形核模型
a—形成位错环；b—位错塞积；
c—形成微孔；d—微孔长大

微孔长大的同时，几个相邻微孔之间的基体横截面积不断减小。因此，基体被微孔分割成无数个小单元，每一小单元可看做一个小拉伸试样。它们在外力作用下，可能借塑性流变方式产生缩颈（内缩颈）而断裂，使微孔连接（聚合）形成微裂纹。随后，因在裂纹尖端附近存在三向拉应力区和集中塑性变形区，在该区又形成新的微孔。新的微孔借内缩颈与裂纹连通，使裂纹向前推进一定长度，如此不断进行下去直至最终断裂。

微孔不断长大和聚合就形成显微裂纹。早期形成的显微裂纹，其端部产生较大塑性变形，且集中于极窄的高变形带内。这些剪切变形带从宏观上看大致与径向成50°~60°角。新的微孔就在变形带内成核、长大和聚合，当其与裂纹连接时，裂纹便向前扩展一段距离。这样的过程重复进行就形成锯齿形的纤维区，纤维区所在平面垂直于拉伸应力方向。

纤维区中裂纹扩展的速率是很慢的，当其达到临界尺寸后就快速扩展而形成放射区。放射区是裂纹作快速低能量撕裂形成的，放射区有放射线花样特征，放射线平行于裂纹扩展方向而垂直于裂纹前端的轮廓线，并逆指向裂纹源。撕裂时塑性变形量越大，则放射线越粗。对于几乎不产生塑性变形的极脆材料，放射线消失。当温度降低或材料强度增加时，由于塑性降低，放射线由粗变细乃至消失。

试样拉伸断裂的最后阶段形成了杯状或锥状的剪切唇。剪切唇表面光滑，与拉伸轴成45°，是典型的切断型断裂。

上述断口三区域的形态、大小和相对位置，因试样形状、尺寸和金属材料的性能以及试验温度、加载速率和受力状态的不同而变化。一般说来，材料强度提高，塑性降低，则放射区比例增大。试样尺寸加大，放射区增大明显，而纤维区变化不大。

6.5.2.3 韧窝形态

韧窝形状视应力状态不同而异，有下列三类：等轴韧窝、拉长韧窝和撕裂韧窝（如图6-25所示），在电子显微镜下的形貌如图6-26所示。

韧窝的大小（直径和深度）取决于第二相质点的大小和密度、基体材料的塑性变形能力和应变硬化指数，以及外加应力的大小和状态等。第二相质点密度增大或其间距减小，则微孔尺寸减小。金属材料的塑性变形能力及其应变硬化指数直接影响着已长成一定尺寸的微孔的连接、聚合方式。应变硬化指数值越大的材料越难于发生内缩颈，微孔尺寸变小。应力大小和状态的改变实际上是通过影响材料塑性变形能力而间接影响韧窝深度的。

必须指出，微孔聚集断裂时一定有韧窝存在，但在微观形态上出现韧窝，其宏观上不一定就是韧性断裂。因为如前所述，宏观上为脆性断裂，在局部区域内也可能有塑性变形，从而显示出韧窝形态。

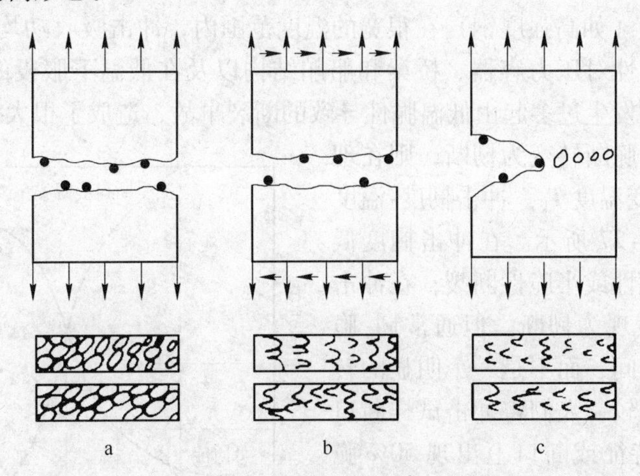

图 6-25 韧窝形态示意图
a—等轴韧窝；b—拉长韧窝；c—撕裂韧窝

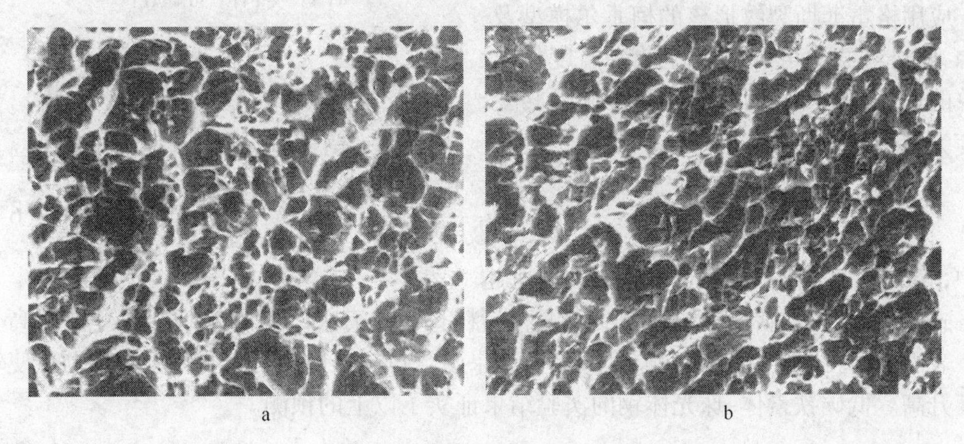

图 6-26 韧窝形态
a—等轴韧窝；b—拉长韧窝

6.6 韧性-脆性转变温度

许多机器零件是在冲击载荷下服役的，为了评定材料传递冲击载荷的能力，揭示材料在冲击载荷作用下的力学行为，需要进行冲击试验。通常采用有缺口的试样（梅氏或夏氏试样），用摆锤将其冲断，以单位面积的吸收功 a_K(J/cm^2)作为其力学性能指标，称为冲击韧度。

试验温度对冲击韧度有很大影响，体心立方、密排六方结构的金属及合金，特别是工程上常用的中、低强度结构钢（铁素体-珠光体钢），在较高温度时为韧性断裂，但当在试验温度低于某一温度 T_k时，会由韧性状态变为脆性状态，冲击功明显下降，断裂机理由微孔聚集型变为穿晶解理，断口特征由纤维状变为结晶状，这就是低温脆性。转变温度 T_k称为韧-脆转变温度，也称为冷脆转变温度。面心立方金属及其合金一般没有低温脆性现象。但有实验证明，在 20 ~4. 2K 的极低温度下，奥氏体钢及铝合金也有冷脆性。高强度的体心立方合金（如高强度钢）在很宽的温度范围内，冲击吸收功均较低，故韧-脆转变不明显。低温脆性对压力容器、桥梁和船舶结构以及在低温下服役的机件是非常重要的。历史上就曾经发生过多起由低温脆性导致的断裂事故，造成了很大损失。

材料表现出由脆断转变为韧断，则在理论上存在韧-脆转变温度 T_k。冲击韧度-温度曲线示意图如图 6-27 所示。在冲击韧度低的部分，表现为脆性或半脆性断裂；在冲击韧度高的部分，表现为韧断。但通常韧-脆转变是一个温度区间，而不是一个明显的转折点。为了便于比较，人们将冲击试样断口上开始出现脆断特征或断口上出现 50% 脆断面积时的温度定为韧-脆转变温度，简称脆性转变温度。

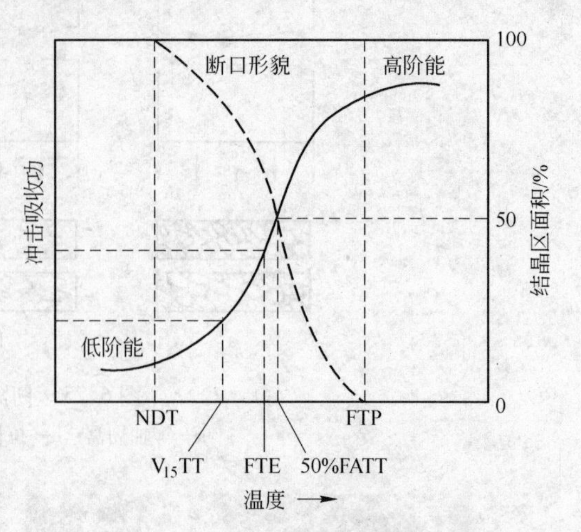

图 6-27 冲击韧度-温度曲线示意图

应用格雷菲斯裂纹形核的柯垂尔模型及霍尔-佩奇公式，可以对脆性转变温度作出简单的估算。例如，对于低碳钢，脆性转变温度为：

$$T_c = \frac{1}{C}\ln\left(\frac{Bk_s d^{\frac{1}{2}}}{\beta\mu\gamma - k_s k_y}\right) \tag{6-20}$$

式中，B、C 为常数；其他符号含义如前所述。

式 6-20 表明低碳钢的脆性转变温度和晶粒直径 d 有关，粗晶的脆性转变温度高。此外，表面能密度 γ 小也使转变温度升高。如果碳含量高，内阻力大，B 值大，也会使转变温度升高。低碳铁素体-珠光体钢的实验结果证实了以上的预测。

6.7 疲劳断裂

6.7.1 疲劳的基本概念

构件在交变载荷作用下以疲劳裂纹扩展的形式发生的断裂，称为疲劳断裂。整个疲劳断裂过程大体分为裂纹萌生、疲劳扩展、最终断裂三个过程。疲劳断裂前构件几乎没有明显的变形，一旦发现构件变形则此时几乎将最终发生断裂。

6.7.1.1 疲劳断裂的特点

疲劳断裂与静载荷或一次冲击载荷断裂相比，具有以下特点：

（1）疲劳是低应力循环延时断裂，即具有寿命的断裂。其断裂应力水平往往低于材料的抗拉强度，甚至屈服强度。断裂寿命随应力不同而变化，应力高寿命短，应力低寿命长。当应力低于某一临界值时，寿命可达无限长。

（2）疲劳是脆性断裂。由于一般疲劳的应力水平比屈服强度低，所以不论是韧性材料还是脆性材料，在疲劳断裂前均不会发生塑性变形及有形变预兆，它是在长期累积损伤过程中，经裂纹萌生和缓慢亚稳扩展到临界尺寸 a_c 时才突然发生的。因此，疲劳是一种潜在的突发性断裂。

（3）疲劳对缺陷（缺口、裂纹及组织缺陷）十分敏感。由于疲劳破坏是从局部开始的，所以它对缺陷具有高度的选择性。缺口和裂纹因应力集中增大了对材料的损伤作用；组织缺陷（夹杂、疏松、白点、脱碳等）降低了材料的局部强度，三者都加快了疲劳破坏的开始和发展。

6.7.1.2 交变应力

交变应力是指大小、方向或大小和方向随时间作周期性变化的应力，如图 6-28 所示。图中 σ_{max}、σ_{min} 分别为最大应力、最小应力，其他交变应力的特征参量意义如下：

平均应力 σ_m：

$$\sigma_m = (\sigma_{max} + \sigma_{min})/2$$

应力幅 σ_a：

$$\sigma_a = (\sigma_{max} - \sigma_{min})/2$$

应力比 r：

$$r = \sigma_{min}/\sigma_{max}$$

常见的循环应力有以下几种：

（1）对称交变应力。$\sigma_m = 0$，$r = -1$，如图 6-28a 所示，如大多数旋转轴类零件的循环应力。

（2）脉动应力。$\sigma_m = \sigma_a > 0$，$r = 0$，如图 6-28b 所示，如齿轮齿根的循环弯曲应力；$\sigma_m = \sigma_a < 0$，$r \to -\infty$，如图 6-28c 所示，如轴承的循环脉动压应力。

（3）波动应力。$\sigma_m > \sigma_a$，$0 < r < 1$，如图 6-28d 所示，如发动机缸盖螺栓的循环应力。

（4）不对称交变应力。$-1 < r < 0$，如图 6-28e 所示，如发动机连杆的循环应力。

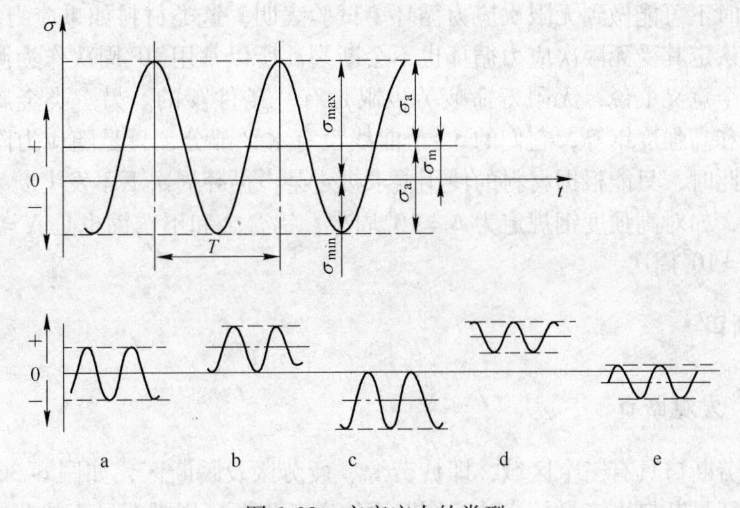

图 6-28 交变应力的类型

a—$r = -1$；b—$r = 0$；c—$r \to -\infty$；d—$0 < r < 1$；e—$r < 0$

6.7.2　疲劳寿命曲线

6.7.2.1　疲劳曲线

疲劳曲线是疲劳应力与疲劳寿命的关系曲线，即 *S-N* 曲线，它是确定疲劳极限、建立疲劳应力判据的基础。典型的金属材料疲劳曲线如图 6-29 所示。图中纵坐标为循环应力的最大应力 σ_{max}或应力幅 σ_a；横坐标为断裂循环周次 *N*，常用对数值表示。可以看出，*S-N* 曲线由高应力段和低应力段组成。前者寿命短，后者寿命长，且随应力水平下降，断裂循环周次增加。

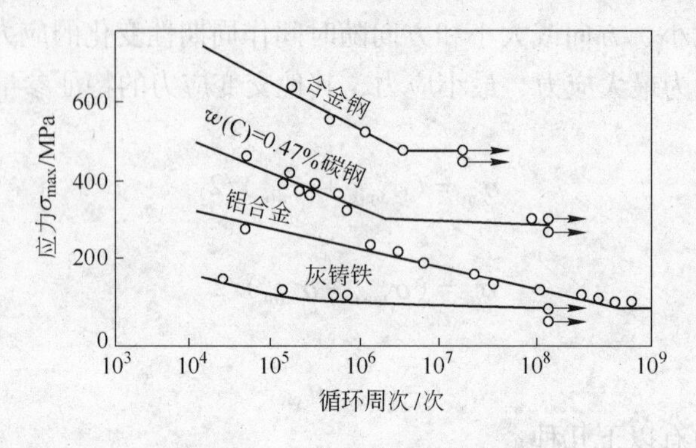

图 6-29　几种材料的疲劳曲线

6.7.2.2　疲劳极限

对于一般具有应变时效的金属材料，如碳钢、合金结构钢等，当交变应力水平降低到某一临界值时，低应力段变为水平线段，表明试样可以经无限次应力循环也不发生疲劳断裂，故将对应的应力称为疲劳极限，记为 σ_r。对于对称交变应力，$r = -1$，则记为 σ_{-1}。疲劳极限是金属材料在交变应力作用下能经受无限次应力循环而不断裂的最大应力。但是，实际测试时不可能做到无限次应力循环。试验表明，这类材料如果应力循环 10^7 周次不断裂，则可认定其受无限次应力循环也不会断裂。所以常用 10^7 周次作为测定疲劳极限的基数，从这个意义上说，无限寿命疲劳极限是有“条件”的。另一类金属材料，如铝合金、不锈钢和高强度钢等，它们的 *S-N* 曲线没有水平部分，只是随应力降低，循环周次不断增大。此时，只能根据材料的使用要求规定某一循环周次下不发生断裂的应力作为条件疲劳极限，如对高强度钢规定为 $N = 10^8$ 周次；铝合金和不锈钢也是 $N = 10^8$ 周次；而钛合金则取 $N = 10^7$ 周次。

6.7.3　疲劳断口

6.7.3.1　宏观断口

典型的疲劳断口具有三个区域，即疲劳源、疲劳区及瞬断区，如图 6-30 所示。疲劳断口的宏观特征是断口平齐且较光洁，同时围绕着断裂源区周围有贝壳状花纹，这是区别于其他断口最重要的标志。而在最终断裂区则有撕裂棱、放射纹等。在贝壳状区内两条贝壳纹间从电子显微镜上还可观察到若干条纹，如“海滩状”花纹，亦称“疲劳辉纹”。

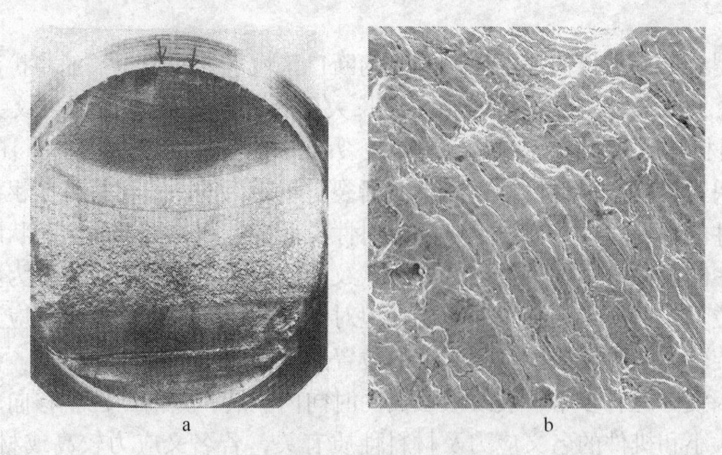

a　　　　b

图 6-30　Cr12MoV 钢沿晶断裂的断口形貌

a—宏观断口；b—微观断口

A　疲劳源

疲劳源是疲劳裂纹萌生的地方。疲劳源一般位于机件的表面，缺口、裂纹、刀痕、蚀坑等表面缺陷处，因为这些地方存在应力集中，容易引发裂纹萌生。材料内部存在严重冶金缺陷（夹杂、缩孔、偏析、白点等）时，因局部强度降低也会在机件内部产生疲劳源。

从断口形貌来看，疲劳源区的光亮度最大，因为这里在整个裂纹亚稳扩展过程中断面不断摩擦挤压，故显得光亮平滑，而且因加工硬化其表面硬度也有所提高。在一个疲劳断口中，疲劳源可以有一个或几个不等，这主要与机件的应力状态及应力大小有关。当断口中同时存在几个疲劳源时，可以根据源区的光亮度、相邻疲劳区的大小和贝纹线的密度去确定它们的产生顺序。源区光亮度越大，相邻疲劳区越大，贝纹线越多越密者，其疲劳源就越先产生；反之，疲劳源就越后产生。

B　疲劳区

疲劳区是疲劳裂纹亚稳扩展所形成的断口区域，断口比较光滑、平整，并分布有贝纹线。该区是判断疲劳断裂的重要特征依据。贝纹线是疲劳区的最大特征，一般认为它是由载荷变动引起的。在变动载荷作用下，裂纹以不同的速率扩展，在断面上留下不同使用时刻的裂纹形状痕迹，形成了明暗相间的条带，这些条带称为“贝纹线”。每个疲劳区的贝纹线好像一簇以疲劳源为圆心的平行弧线，其凹侧指向疲劳源，凸侧指向裂纹扩展方向。这种贝纹特征总是出现在实际机件的疲劳断口中，而在实验室所用试样的疲劳断口中，因变动载荷较平稳，很难看到明显的贝纹线。有些脆性材料如铸铁、铸钢、高强度钢等，它们的疲劳断口上也看不到贝纹线。此外，裂纹的两个表面在扩展过程中不断地张开、闭合，相互摩擦，使得断口较为平整、光滑，有时也会使贝纹线变得不太明显。

由于疲劳裂纹扩展有一个较长的时间过程，则在环境的作用下，裂纹扩展区还常常留有腐蚀的痕迹。裂纹扩展区的大小，贝纹线的形状和尺寸及断口微观形貌等，可为失效分析提供十分丰富的信息。

C 瞬断区

瞬断区是裂纹最后失稳快速扩展所形成的断口区域。在疲劳裂纹亚稳扩展阶段，随着应力不断循环，裂纹尺寸不断长大，当裂纹长大到临界尺寸 a_c时，因裂纹尖端的应力强度因子 K_1 达到材料断裂韧度 K_{IC}（K_C）（或是裂纹尖端的应力集中达到材料的断裂强度），则裂纹就失稳快速扩展，导致机件最后瞬时断裂。瞬断区的断口比疲劳区粗糙，宏观特征与静载的裂纹件的断口一样。断口形状随材料性质而变：脆性材料为结晶状断口；若为韧性材料，则在中间平面应变区为放射状或人字纹断口，在边缘平面应力区为剪切唇。

瞬断区的位置一般应在疲劳源的对侧，但对于旋转弯曲来说，低名义应力的光滑机件因疲劳裂纹逆旋转方向扩展快，其瞬断区的位置逆旋转方向偏转一定角度。但是，当名义应力较高时，因疲劳源有多个，裂纹从表面同时向内扩展，其瞬断区就移向中心位置。

瞬断区的大小和机件的名义应力及材料性质有关，若名义应力较高或材料韧性较差，则瞬断区就较大；反之，则瞬断区就较小。

如机件受扭转循环载荷作用，因其最大正应力和轴向成45°角分布，最大切应力垂直于轴向或平行于轴向分布，故正断型扭转疲劳断口和轴向成45°角，而且容易出现锯齿状或星形状花样，如花键轴的断口。切应力引起的切断型扭转疲劳断口，其断面垂直或平行于轴线，在扭转疲劳断口中看不到贝纹线。

6.7.3.2 微观断口

疲劳断裂微观断口的典型特征是疲劳辉纹，是构件在交变载荷下发生疲劳裂纹时在断口上留下的显微痕迹。每一周次的应力循环总要使裂纹发生一个微小的扩展，在断口上留下较为平坦的断面。如果用电子显微镜观察该断面时，则可观察到一组近似平行的弯曲线条，形似“海滩状”花纹，称为“疲劳辉纹”。该辉纹实质上是每一次交变循环时留下的弯曲线条，线条间的间距即表示每次循环扩展的距离，可用以推算疲劳裂纹扩展速率。疲劳辉纹可以用来判断构件是否为疲劳断裂。疲劳断口宏观上的每一贝壳状条纹在电子显微镜中即显示为若干条疲劳辉纹。

6.7.4 疲劳破坏机理

疲劳过程包括疲劳的裂纹萌生、裂纹亚稳扩展及最后失稳扩展三个阶段，其疲劳寿命由疲劳裂纹萌生期和裂纹亚稳扩展期所组成。了解疲劳各阶段的物理过程，对认识疲劳的本质，分析疲劳的原因，采取强韧化对策，延长疲劳寿命都是很有意义的。

6.7.4.1 疲劳裂纹萌生机理

材料中疲劳裂纹的起始或萌生，也称为疲劳裂纹成核。疲劳裂纹成核处称为“裂纹源”。裂纹源通常萌生于高应力处。一般来说，裂纹源通常萌生于构件的表面或缺陷处，通常表面的应力较高（如承受弯曲或扭转的圆轴，其最大正应力或最大剪应力在截面半径最大的表面处），后者因为缺陷处的几何不连续将引起应力集中，应力也较高。

研究表明，疲劳微观裂纹是由不均匀的局部滑移和显微开裂引起的。主要方式有表面滑移带开裂；第二相、夹杂物或其界面开裂；晶界或亚晶界开裂等。

A 滑移带开裂产生裂纹

试验表明，金属在循环应力（$\sigma > \sigma_{-1}$）的长期作用下，即使其应力低于屈服应力，也会发生循环滑移并形成循环滑移带。与静载荷时均匀滑移带相比，循环滑移是极不均匀的，总是集中分布于某些局部薄弱区域。这种循环滑移带称为驻留滑移带，驻留滑移带一般只在表面形成，其深度较浅。随着加载循环次数的增加，循环滑移带会不断地加宽，当加宽至一定程度时，由于位销的塞积和交割作用，便在驻留滑移带处形成微裂纹。

在驻留滑移带的加宽过程中，还会出现挤出脊和侵入沟，于是此处就产生了应力集中和空洞，经过一定循环后也会产生微裂纹。挤出和侵入的现象在很多实验中曾经被观察到，而且看到了由它们所形成的裂纹（如图6-31所示）。

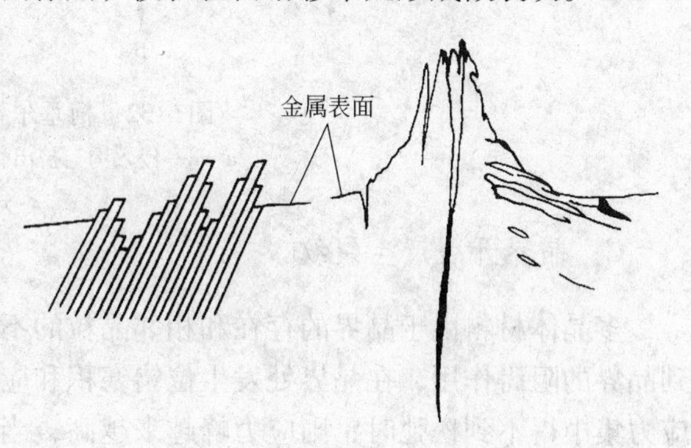

图6-31 挤出脊和侵入沟示意图

柯垂尔（A. H. Cottrel）和霍尔（D. Hull）提出的挤出脊、侵入沟形成模型如图6-32所示。这个模型是以交叉滑移为前提的，它认为在应力循环的每个前半周期内，两个取向不同的滑移面上的位错源（图6-32中1和2为滑移面，S_1、S_2为两个滑移面上相应的位错源）交替激活，后半周期内又交替沿两个滑移面的相反方向激活，从而形成挤出脊和侵入沟。

在拉应力的半周期内，先是取向最有利的滑移面上的位错源S_1被激活，由它增殖的位错滑动到表面，便在P处留下一个滑移台阶，如图6-32a所示。在同一半周期内，随着拉应力的增大，在另一个滑移面上的位错源S_2也被激活，由它增殖的位错滑动到表面，在Q处也留下一个滑移台阶；与此同时，后一个滑移面上的位错运动使第一个滑移面错开，造成位错源S_1与滑移台阶P不再处于一个平面内，如图6-32b所示。在压应力的半周期内，位错源S_1又被激活，位错向相反方向滑动，在晶体表面留下一个反向滑移台阶P'，于是在P处形成一个侵入沟；与此同时，也造成位错源S_2与滑移台阶Q不再处于一个平面内，如图6-32c所示。同一半周期内，随着压应力增加，位错源S_2又被激活，位错沿相反方向运动，滑出表面后留下一个反向的滑移台阶Q'，于是在此处形成一个挤出脊，如图6-32d所示；与此同时又将位错源S_1带回原位置，与滑移台阶P处于一个平面内。如此，应力不断循环下去，挤出脊的高度和侵入沟的深度将不断增加，而宽度不变。

从以上疲劳裂纹的形成机理看，只要提高材料的滑移抗力（如固溶强化、细晶强化），均可阻止疲劳裂纹萌生，提高疲劳强度。

B 相界面开裂产生裂纹

试验发现很多疲劳源是由材料中的第二相或夹杂物和基体间的界面开裂，或第二相、夹杂物本身开裂引起的。因此只要能降低第二相或夹杂物的脆性，提高相界面强度，控制第二相或夹杂物的数量、形态、大小和分布，使之“少、小、匀、圆”，就可抑制或延缓疲劳裂纹在第二相或夹杂物附近萌生，提高疲劳强度。

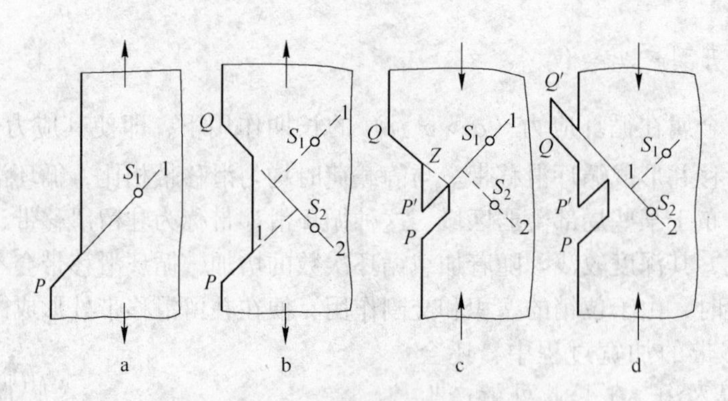

图6-32　柯垂尔-霍尔模型
a～d—侵入沟与挤出脊的形成过程

C　晶界开裂产生裂纹

多晶体材料由于晶界的存在和相邻晶粒的不同取向性，位错在某一晶粒内运动时会受到晶界的阻碍作用，在晶界处发生位错塞积和应力集中现象。在应力不断循环，晶界处的应力集中得不到松弛时，则应力峰越来越高，当超过晶界强度时就会在晶界处产生裂纹。从晶界萌生裂纹来看，凡使晶界弱化和晶粒粗化的因素，如晶界有低熔点夹杂物等有害元素和成分偏析、回火脆性、晶界析氢及晶粒粗化等，均易产生晶界裂纹，降低疲劳强度；反之，凡使晶界强化、净化和细化晶粒的因素，均能抑制晶界裂纹形成，提高疲劳强度。

6.7.4.2　疲劳裂纹扩展过程及机理

疲劳裂纹在高应力处由持久滑移带成核，是由最大剪应力控制的。形成的微裂纹与最大剪应力方向一致，如图6-33所示。

在循环载荷作用下，由持久滑移带形成的微裂沿45°最大剪应力作用面继续扩展或相互连接。此后，有少数几条微裂纹达到几十微米的长度，逐步汇聚成一条主裂纹，并由沿最大剪应力面扩展逐步转向沿垂直于载荷作用线的最大拉应力面扩展。裂纹沿45°最大剪应力面的扩展是第一阶段扩展，在最大拉应力面内的扩展是第二阶段的扩展。从第一阶段向第二阶段转变所对应的裂纹尺寸主要取决于材料和作用应力的水平，但通常都在0.05mm范围内，即只有几个晶粒的尺寸。第一阶段裂纹扩展的尺寸虽小，但对寿命的贡献却很大，对于高强材料尤其如此。

与第一阶段相比，第二阶段的裂纹扩展更便于观察。C. Laird观察了循环应力作用下韧性材料中裂纹尖端几何形状的改变，提出了描述疲劳裂纹扩展的“塑性钝化模型”，如图6-34所示。图6-34a为循环开始时裂纹尖端的形状；随着循环应力的增加，裂纹逐步张开，裂尖材料由于高度的应力集中而沿最大剪应力方向滑移，如图6-34b所示；应力进一步增大，裂纹充分张开，裂尖钝化成半圆形，并开创出新的表面，如图6-34c所示；卸载时已张开的裂纹要收缩，但新开创的裂纹面却不能消失，它将在卸载引入的压应力作用下失稳而在裂尖处形成凹槽形，如图6-34d所示；最后，在最大循环压应力作用下，又成为尖裂纹，但其长度已增加了Δa，如图6-34e所示。下一循环，裂纹又张开、钝化、扩展、锐化，重复上述过程。这样，每一个应力循环都将在裂纹面上留下一条痕迹，称为疲劳辉纹。

疲劳辉纹不同于前述的贝纹线，断口上的贝纹线一般是肉眼（或用低倍放大镜）可见的；疲劳辉纹在晶粒级别出现，必须借助于高倍电子显微镜才能观察到，故一条贝纹线可以包含几千条甚至上万条疲劳辉纹。

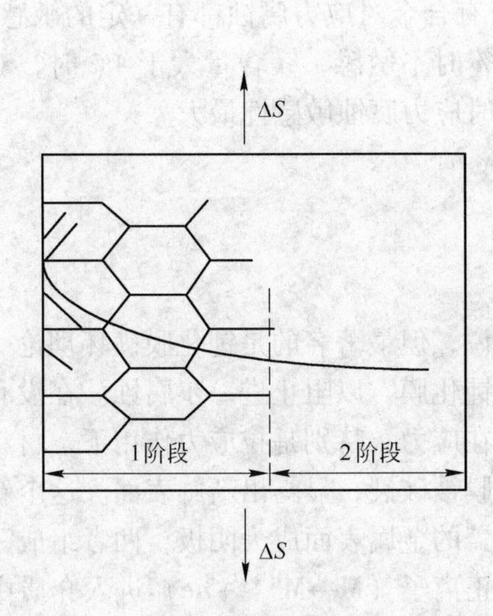

图 6-33 裂纹扩展两个阶段的示意图

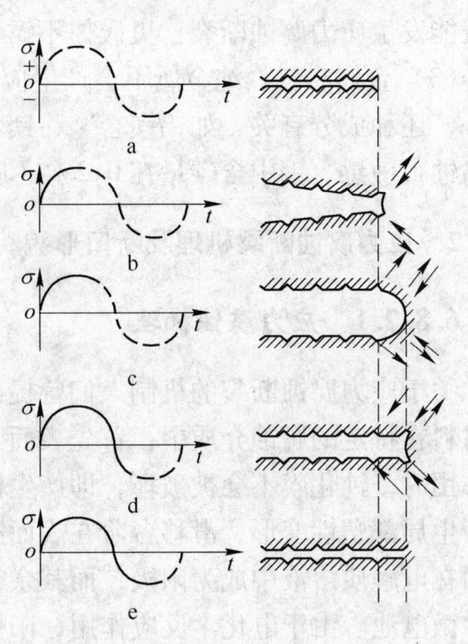

图 6-34 疲劳裂纹扩展过程（a~e）

6.8 应力腐蚀

6.8.1 应力腐蚀现象及其产生条件

6.8.1.1 应力腐蚀现象

材料在拉应力和腐蚀介质共同作用下发生的脆性断裂称为腐蚀断裂（缩写为 SCC）。应力腐蚀断裂并不是应力和腐蚀介质两个因素对材料性能损伤的简单叠加。通常发生应力腐蚀断裂所需要的应力是很小的。假如不是处于特定的腐蚀介质中，这样小的应力是不可能使材料发生断裂的，反之，如果没有任何应力存在，则材料在这种介质中所受的腐蚀也是很轻微的。应力腐蚀断裂的危险性就在于它常发生在缓和的介质中和不大的应力状态下，而且往往事先没有明显的预兆，因此常造成灾难性的事故。

6.8.1.2 产生条件

具体如下：

（1）拉应力。应力腐蚀必须有应力，特别是拉应力的作用，包括工作拉应力和残余拉应力。拉应力越大，断裂所需的时间越短。焊接、热处理或装配过程中产生的残余拉应力，在应力腐蚀中也有重要作用。在压应力作用下也可能发生应力腐蚀断裂，但其应力腐蚀断裂的孕育期比拉应力要大 1~2 个数量级，裂纹扩展的速率也慢得多。一般来说，产生应力腐蚀的应力并不一定很大，如果没有化学介质的协同作用，机件在该应力作用下可以长期服役而不致断裂。

（2）化学介质。一定成分的合金只有在特定的化学介质中，才能发生应力腐蚀。例如，α 黄铜在 NH_3 的介质中易发生应力腐蚀，但在其他介质中不敏感，而 β 黄铜在水介质中就能发生应力腐蚀断裂。奥氏体不锈钢在氯化物介质中敏感，在 NH_3 的介质中不敏感。

（3）金属材料。纯金属不会产生应力腐蚀，所有合金对应力腐蚀都有一定的敏感性。此外，还和成分有关，如铝镁合金，镁含量小于4%时不敏感，镁含量大于4%时，对应力腐蚀很敏感。钢中含碳量在0.2%（质量分数）时应力腐蚀敏感性最大。

6.8.2 应力腐蚀断裂机理及断口形貌

6.8.2.1 应力腐蚀机理

关于应力腐蚀断裂的机制人们曾提出了许多学说，但最著名的是钝化膜破坏理论。金属材料在特定的腐蚀介质中，首先表面会形成一层钝化膜，以阻止进一步腐蚀。在没有应力作用时，钝化膜不会被破坏，即产生钝化。但若在应力，特别是拉应力作用下，材料表面产生局部塑性变形，滑移台阶在表面露头时钝化膜被破裂，显露出新鲜表面。这个新鲜表面在电解质溶液中成为阳极，而其余被钝化膜覆盖的金属表面成为阴极，两者组成一个腐蚀微电池。由于电化学反应作用，阳极金属变成正离子（$M \rightarrow M^{n+} + ne$）进入介质中而发生阳极溶解，从而在金属表面形成蚀坑。拉应力除促成局部地区保护膜破坏外，更主要的是在蚀坑或原有裂纹的尖端形成应力集中，使阳极电位降低，加速阳极金属的溶解。如果裂纹尖端的应力集中始终存在，那么微电池反应便不断进行，钝化膜不能恢复，裂纹将逐步向纵深扩展，如图6-35所示。

6.8.2.2 应力腐蚀断口的特征

应力腐蚀显微裂纹通常呈树枝状，如图6-36所示。在主裂纹快速扩展的同时，有很多二次、三次裂纹生成，这些分支裂纹扩展较慢。据此特征可以将应力腐蚀与腐蚀疲劳、晶间腐蚀以及其他形式的断裂区分开来。

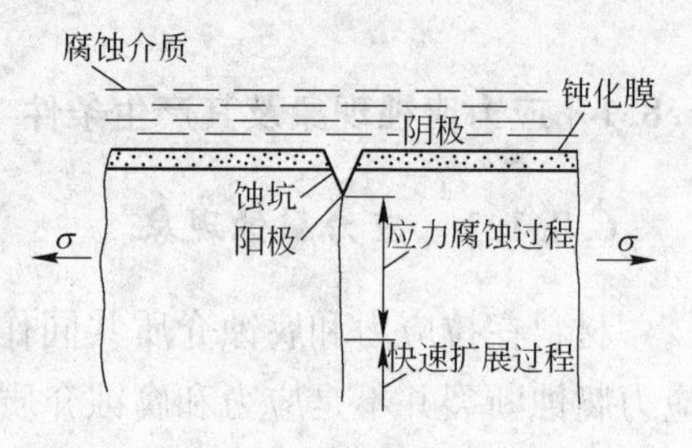

图6-35 疲劳裂纹扩展过程

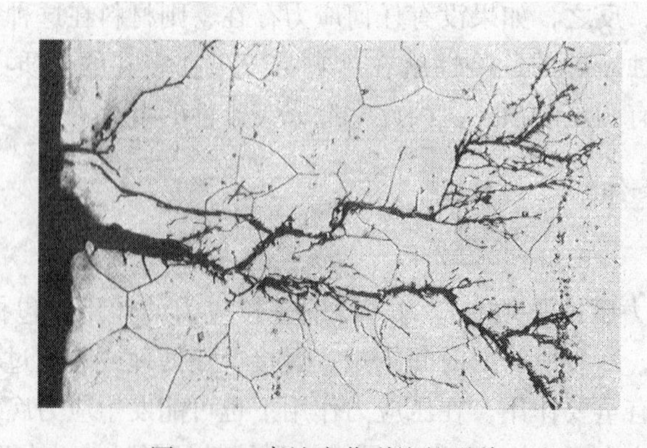

图6-36 腐蚀疲劳裂纹的形貌

应力腐蚀断口的宏观形貌与疲劳断口相似，也有亚稳扩展区和瞬断区。在亚稳扩展区可见到腐蚀产物和氧化现象，故常呈黑色，具有脆性特征。最后瞬断区一般为快速撕裂破坏，显示出基体材料的特性。

应力腐蚀断口的微观形貌一般为沿晶断裂（如图6-37所示），也可能为穿晶解理断裂（如图6-38所示）或准解理断裂，有时还出现混合断裂。腐蚀断口表面还经常可以看到“泥状花样”的腐蚀产物（如图6-39所示）及腐蚀坑（如图6-37所示）。

图6-37～图6-39为经固溶处理的1Cr18Ni9Ti不锈钢在氯离子介质中发生应力腐蚀断裂断口。图6-37为不同位向晶粒开裂的特征，有台阶条纹及有一定几何形状的腐蚀坑。图中有长方形和三角形两种形态的腐蚀坑。长方形腐蚀坑所在的晶粒为{110}晶面开裂，正三角形腐蚀坑所在的晶粒为{111}晶面上的腐蚀坑，说明裂纹沿{111}晶面开裂。

由于介质中氯离子对断口的侵蚀，在某些区域会出现腐蚀坑。这种腐蚀坑常呈现规则的形状，类似于金相位错腐蚀坑，如图6-38所示。图中所示腐蚀坑为正方形，可说明此腐蚀坑所在的开裂晶面为{100}晶面。

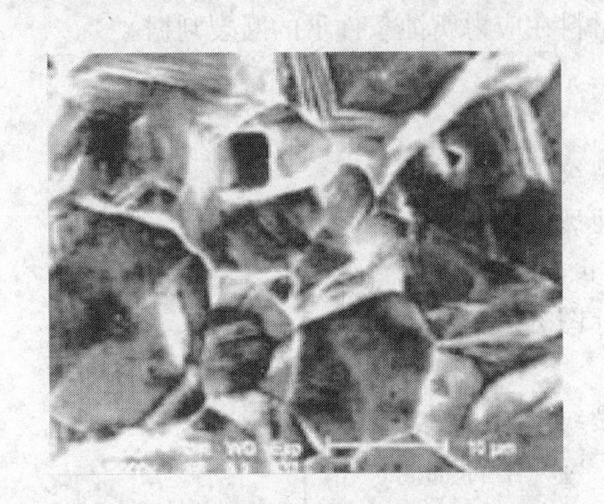

图6-37 沿晶应力腐蚀断裂的断口

图6-38 解理应力腐蚀断裂的断口

图6-39为氯离子环境下应力腐蚀断口上的泥状花样，其特征是类似干裂的泥块。通常在腐蚀产物堆积较厚的区域出现，是腐蚀产物开裂的特征。

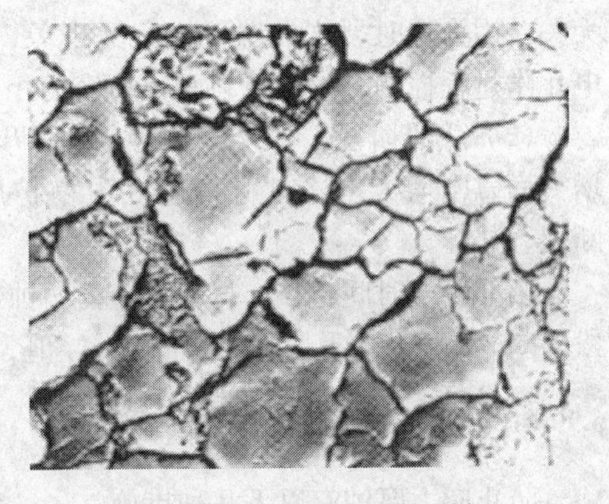

图6-39 应力腐蚀泥状花样

6.8.3 应力腐蚀抗力指标

应力腐蚀抗力的指标有两种。第一种是经典力学方法，即根据光滑试样在拉应力和化学介质共同作用下发生断裂的持续时间来评定金属材料的抗应力腐蚀性能。用这种方法必须先采用一组相同试样，在不同应力水平作用下测定其断裂时间 t_f，作出 $\sigma - t_f$ 曲线，从而求出该种材料不发生应力腐蚀的临界应力 σ_{SCC}，据此来研究合金元素、组织结构及化学介质对材料应力腐蚀敏感性的影响。但这种方法所用的试样是光滑的，所测定的断裂总时间 t_f 包括裂纹形成与裂纹扩展的时间，前者约占断裂总时间的90%。而实际机件一般都不可避免地存在着裂纹或类似裂纹的缺陷。因此，用常规方法测定的金属材料的抗应力腐蚀性能指标 σ_{SCC}，不能客观地反映带裂纹的机件对应力腐蚀的抗力。

第二种方法是借鉴断裂力学的研究方法，采用预制裂纹的试样，引入应力场强度因子 K_I 的概念来研究金属材料的抗应力腐蚀性能，得到了两个重要的应力腐蚀抗力指标，即应力腐蚀临界应力场强度因子 K_{ISCC} 和应力腐蚀裂纹扩展速率 da/dt，作为选材和设计的依据。

6.8.3.1 应力腐蚀临界应力场强度因子 K_{ISCC}

将试样在特定化学介质中不发生应力腐蚀断裂的最大应力场强度因子称为应力腐蚀临界应力场强度因子，以 K_{ISCC} 表示。K_{ISCC} 是金属材料的力学性能指标，它表示含有宏观裂纹的材料在应力腐蚀条件下的断裂韧度。对于含有裂纹的机件，当作用于裂纹尖端的初始应力场强度因子 $K_{I初} \leq K_{ISCC}$ 时，原始裂纹在化学介质和力的共同作用下不会扩展，机件可以安全服役。因此，$K_{I初} \leq K_{ISCC}$ 为金属材料在应力腐蚀条件下的断裂判据。

6.8.3.2 应力腐蚀裂纹扩展速率 da/dt

当应力腐蚀裂纹尖端的 $K_I > K_{ISCC}$ 时，裂纹就会不断扩展。单位时间内裂纹的扩展量叫做应力腐蚀裂纹扩展速率，用 da/dt 表示。da/dt 与 K_I 有关，即 $da/dt = f(K_I)$，其关系如图6-40所示。lg（da/dt）$-K_I$ 坐标图分为三个阶段：

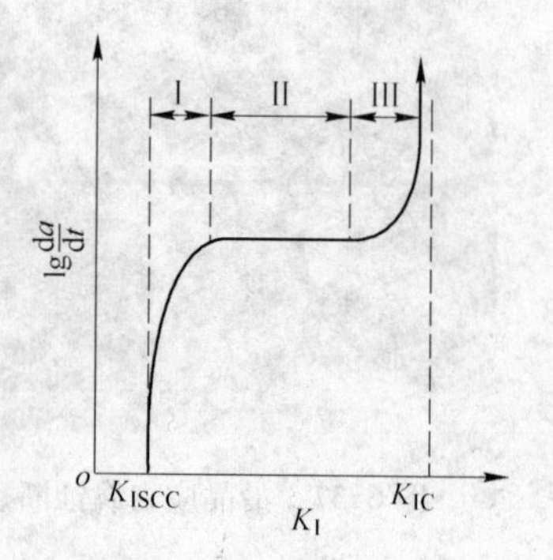

图6-40 裂纹扩展速率 da/dt 与 K_I 的关系

（1）第Ⅰ阶段。当 K_I 刚超过 K_{ISCC} 时，裂纹经过一段孕育期后突然加速扩展，$da/dt-K_I$ 曲线几乎与纵坐标轴平行。

（2）第Ⅱ阶段。曲线出现水平线段，da/dt 与 K_I 几乎无关。因为这时裂纹尖端发生分叉现象，裂纹扩展主要受电化学过程控制，故与材料和环境密切相关。

（3）第Ⅲ阶段。裂纹长度已接近临界尺寸，da/dt 又明显地依赖于 K_I，da/dt 随 K_I 增大而急剧增大。这时材料进入失稳扩展的过渡区。当 K_I 达到 K_{IC} 时便失稳扩展而断裂。

第Ⅱ阶段时间越长，材料抗应力腐蚀性能越好。如果通过试验测出某种材料在第Ⅱ阶段的 da/dt 值及第Ⅱ阶段结束时的 K_I 值，就可估算出机件在应力腐蚀条件下的剩余寿命。

6.8.4 防止应力腐蚀的措施

防止应力腐蚀有以下几种措施：

（1）合理选择金属材料。例如，铜对氨的应力腐蚀敏感性很高，因此，接触氨的机件就应避免使用铜合金。又如，在高浓度氯化物介质中，一般可选用不含镍的高铬铁素体不锈钢。

（2）减少残余拉应力。应尽量减少机件上的应力集中效应，加热和冷却要均匀。可采用退火工艺以消除应力。如果能采用喷丸或其他表面处理方法，使机件表层中产生一定的残余压应力，则更为有效。

（3）改善化学介质。一方面设法减少和消除促进应力腐蚀开裂的有害化学离子，例如，通过水净化处理，降低冷却水与蒸汽中的氯离子含量，对预防奥氏体不锈钢的氯脆十分有效，铁合金厂常采用此法；另一方面，也可在化学介质中添加缓蚀剂，例如，在高温水中加入磷酸盐，可使铬镍奥氏体不锈钢抗应力腐蚀性能大为提高。

（4）采用电化学保护。由于金属在化学介质中只有在一定的电极电位范围内才会产生应力腐蚀现象，因此，采用外加电位的方法，使金属在化学介质中的电位远离应力腐蚀敏感电位区域，也是防止应力腐蚀的一种措施，一般采用阴极保护法。

6.9 腐蚀疲劳

6.9.1 腐蚀疲劳及特点

在循环应力与腐蚀环境的共同作用下，发生的疲劳断裂称为腐蚀疲劳，腐蚀疲劳是一种特殊的疲劳形式。腐蚀疲劳比单纯疲劳或单纯腐蚀所造成的破坏要严重得多。腐蚀疲劳是工业上常遇到的一种破坏形式，如船舶的推进器、轴、舵，飞机的机翼、机身框架，车辆的弹簧、发动机的转轴，海洋平台的构架等常发生腐蚀疲劳。严格来说，所谓的腐蚀介质应当包含空气在内，因为除低碳钢外，许多其他材料在空气中的疲劳极限均较其在真空中的低。但一般所说的腐蚀疲劳是指空气以外的腐蚀介质中的疲劳行为。腐蚀疲劳有如下特点：

（1）腐蚀疲劳没有真实的疲劳极限值。发生腐蚀疲劳时，即使交变应力很低，只要循环周次足够高，材料总会发生疲劳断裂，因此只能采取条件疲劳极限作为评定指标。通常规定交变载荷的循环周次在10^7次时，材料所能承受的循环应力为其条件疲劳极限。

（2）腐蚀疲劳在任何腐蚀介质中都会发生，没有特定的材料-介质组合关系。当然，介质的腐蚀性越强，腐蚀疲劳越明显。

（3）腐蚀疲劳极限与静强度之间不存在直接关系。如抗拉强度在275～1720MPa范围的碳钢和低合金钢，它们的腐蚀疲劳极限只在85～210MPa之间变动。

（4）腐蚀疲劳性能与所作用载荷的频率（f）、波型、应力比（R）有着密切的关系。一般来说，载荷频率越低，在一定载荷周期数下，材料与腐蚀介质接触时间就越长，介质的腐蚀作用越强，材料的腐蚀疲劳性能就越低。载荷波型的影响以三角波、正弦波和正锯齿波对腐蚀疲劳性能的损害较显著；正脉冲波和负脉冲波的影响较小。随着应力比（R）增加，腐蚀疲劳性能变差。

（5）腐蚀疲劳裂纹的产生往往是多源的，且多起源于表面腐蚀坑或表面缺陷，往往成群出现。腐蚀疲劳裂纹主要是穿晶的，但也可能出现沿晶的或混合的。

（6）腐蚀疲劳断口既有腐蚀的特征（如腐蚀坑、腐蚀产物等），又有疲劳的特征（如疲劳辉纹），如图6-41a所示。但有时因腐蚀作用而比较模糊，甚至引起断口形貌的变化，见图6-41b。与应力腐蚀相比，腐蚀疲劳裂纹的扩展很少有分叉的情况。

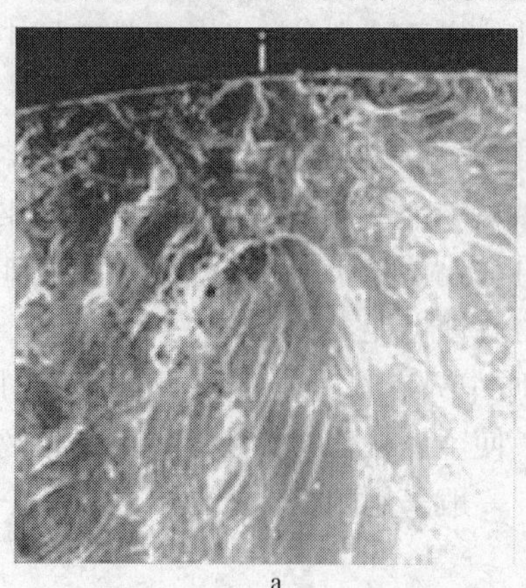
a

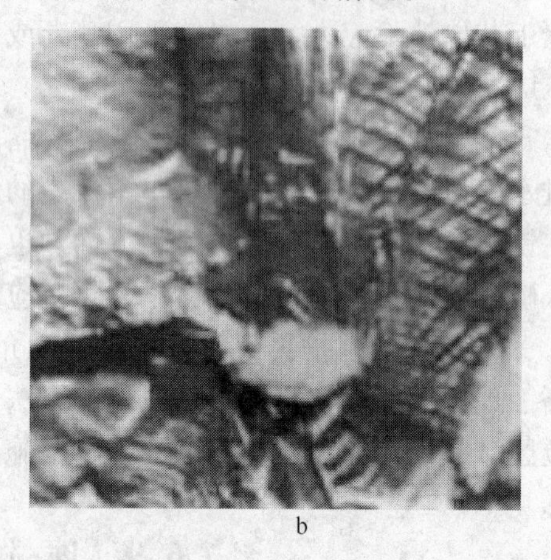
b

图6-41 腐蚀疲劳断口的形貌

a—疲劳辉纹清晰；b—疲劳辉纹模糊

通常用损伤比来表达腐蚀对疲劳强度的影响：

$$损伤比=\frac{腐蚀疲劳强度}{空气中疲劳极限}$$

在以盐水作为介质时，碳钢的损伤比约为0.2，不锈钢约为0.5，铝合金约为0.4，铜约为1.0。

6.9.2 腐蚀疲劳机制

6.9.2.1 滑移-溶解机制

该理论认为，交变应力导致金属变形不均匀。在变形区产生强烈的滑移，出现了滑移台阶。在交变应力的上升期，滑移台阶露出了新鲜表面，此新鲜表面的原子比内部原子具有更高的活性，在腐蚀介质中将被优先溶解。在交变应力的下降期，金属发生反向滑移。但是由于在应力上升期暴露于腐蚀介质的滑移台阶已被先溶解，因而不能闭合。这样在往复交变载荷作用下，滑移台阶不断溶解，便促进了腐蚀疲劳裂纹的形成和发展（图6-42）。

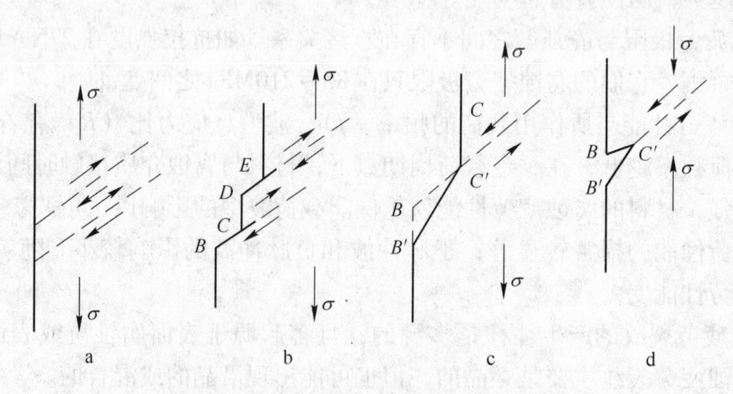

图6-42 腐蚀疲劳滑移-溶解机制示意图

a—局部应变区；b—生成滑移台阶；c—滑移台阶生成新表面；d—裂纹源形成

6.9.2.2 孔蚀-应力集中机制

这个机制强调了孔蚀对腐蚀疲劳裂纹萌生的重要作用，认为蚀坑的缺口效应使坑底往往成为腐蚀疲劳的起源点。往复的交变应力促进了孔蚀的形成，因而使腐蚀疲劳裂纹更快萌生。这个机制很好地说明了腐蚀疲劳具有多源的特点。

但是也有实验表明，在不产生孔蚀的介质中，腐蚀疲劳仍然可以发生；同时也有些发生了孔蚀的情况，而对腐蚀疲劳寿命却没有明显的影响。因而一般认为，孔蚀可以促进腐蚀疲劳的发展，但并不是造成腐蚀疲劳的唯一原因。

6.10 氢 脆

金属材料在冶炼、加工、热处理、酸洗和电镀等过程中，或在含氢介质中长期使用时，材料由于吸氢或氢渗而造成韧性严重下降，发生脆断的现象，称为氢脆。不仅普通钢材有氢脆现象，不锈钢、铝合金、钛合金、镍基合金中也都有此现象。

从力学性能上看，氢对金属材料的屈服强度和极限强度影响不大，但使伸长率尤其是断面收缩率严重下降，疲劳寿命明显缩短，冲击韧性值显著降低。在低于断裂强度拉伸应力的持续作用下，材料经过一段时期后会突然脆断。

6.10.1 氢在金属中的存在形式

因氢的来源和存在的形式不同，氢脆的类型和机制亦不相同。根据氢的来源，可分为内含的和外来的两种。前者是指金属在熔炼及随后的加工制造过程中吸收的氢，后者是金属机件在服役时从含氢环境介质中吸收的氢。

氢一般以间隙原子的形式固溶于金属中，但当氢的含量较高，或随着金属材料温度的降低，氢在金属中的溶解度下降时，氢通过扩散偏聚在缺陷（如空洞、气泡、裂纹等）处，以氢分子状态存在。氢还可以和 Ti、V、Nb 等金属生成脆硬的化合物 MH_x。此外，钢中的氢还可以和渗碳体中的碳原子作用形成甲烷等。

6.10.2 氢脆类型

氢脆有以下几种类型：

(1) 氢蚀。氢与金属中的第二相作用生成高压气体，使基体金属晶界结合力减弱而导致金属脆化。如碳钢在 300～500℃的高压氢气氛中工作时，由于氢与钢中的碳化物作用生成高压的 CH_4 气泡，当气泡在晶界上达到一定密度后，金属的塑性将大幅度降低。

(2) 白点（发裂）。当钢中含有过量的氢时，随着温度降低，氢在钢中的溶解度减小。如果过饱和的氢未能扩散逸出，便聚集在某些缺陷处而形成氢分子。此时，氢的体积发生急剧膨胀，内压力很大足以将金属局部撕裂，而形成微裂纹。这种微裂纹的断面呈圆形或椭圆形，颜色为银白色，故称为白点。

(3) 氢化物致脆。因钛、钒、铌等强碳化物形成元素与氢的亲和力很强，所以极易生成脆性的氢化物，使金属脆化。例如，在室温时氢在 α-Ti 中的溶解度很小，钛与氢又具有较强的化学亲和力，因此容易形成氢化钛（TiH_x）而产生氢脆。

（4）钢的氢致延滞断裂。高强钢在低于屈服强度的应力持续作用下，处于固溶状态的氢经过一段孕育期后，促使在钢的内部，特别是在三向拉应力区形成裂纹，裂纹逐步扩展并导致最后突然发生脆性断裂。这种由于氢的作用而产生的延滞断裂现象称为氢致延滞断裂。工程上所说的氢脆大多数是指这类氢脆。

6.10.3 氢脆机理

氢脆的机制已有几种，但目前还没有一个完全公认的说法。这里仅简要介绍钢的氢致延滞断裂机制。

高强钢氢致延滞断裂的过程分为孕育期、裂纹亚稳扩展及裂纹失稳扩展三个阶段。孕育期包括氢被钢的表面吸附、向内部扩散和在刃型位错处偏聚形成“氢气团”三个步骤。

溶入钢中的氢通常倾向于占据刃型位错的间隙位置，因为这样可使α-Fe的晶格弹性畸变减小，系统自由能较低，从而形成“氢气团”。显然，位错密度高的区域，其氢的浓度必然较高。同样，氢原子还倾向于偏聚在拉应力，特别是三向拉应力区域，以降低拉应力及系统自由能。而裂纹尖端是高位错密度的三向拉应力区，于是氢往往向这些区域聚集。

氢向裂纹尖端聚集是靠位错“输送”的。当钢的形变速率较低而温度又不太低时，氢原子的扩散速度与位错的运动速度相当，位错将携带氢原于一起运动。当位错与氢气团运动遇到障碍（如晶界、相界）时，便产生位错塞积和氢的聚集。若应力足够大，则在位错塞积的端部形成裂纹。若氢被位错输送到裂纹尖端处，当其浓度达到临界数值后，由于该区域明显脆化，故裂纹向前扩展，并最终产生脆性断裂。

6.10.4 防止氢脆的措施

防止氢脆的措施有以下几种：

（1）减少氢进入金属中的量，如在金属的冶炼过程中降低相对湿度，可以降低金属中氢的浓度。

（2）采用表面涂层，使机件表面与环境介质中的氢隔离。对于需经酸洗和电镀的机件，应制定正确工艺，防止吸入过多的氢。

（3）采用适当的防护措施，如酸洗或电镀时，在镀液或电解液中添加缓蚀剂，使溶液中产生的大量氢原子在金属表面相互结合成氢分子直接从溶液中逸出，避免氢原子进入金属内部，并在酸洗、电镀后及时进行去氢处理。

（4）在机件设计和加工过程中，应排除各种产生残余拉应力的因素以减少吸氢和氢的聚集。喷丸、滚压等工艺方法可使工件表面获得残余压应力，有利于防止氢脆的发生。

（5）降低硫、磷杂质含量可降低氢脆的敏感性。细化晶粒可提高抗氢脆能力，冷变形使氢脆敏感性增大。

习 题

6-1 何为韧性断裂、脆性断裂、穿晶断裂、沿晶断裂、剪切断裂、解理断裂、纯剪切断裂、微孔聚集型断裂、正断断裂、切断断裂？

6-2 试述韧性断裂与脆性断裂的区别，为什么脆性断裂最危险？

6-3　论述格雷菲斯理论的意义。

6-4　晶粒尺寸对材料断裂性质有什么影响？试论述怎么将金属脆性断裂转为韧性断裂。

6-5　解理断口有何特征？

6-6　何为舌状断口？通常在什么情况下发生？

6-7　何为拉伸断口三要素？影响其宏观断口形态的因素有哪些？

6-8　何为微孔聚集型断裂？其断口特征怎样？论述其断裂机理。

6-9　何为韧脆转变温度？确定韧脆转变温度的方法是什么？

6-10　何为交变应力？何为疲劳断裂？其宏观、微观断口有何特征？

6-11　何为疲劳曲线、疲劳寿命？疲劳寿命有哪两种？疲劳微裂纹是怎样产生的？

6-12　何为应力腐蚀？其断口特征怎样？防止应力腐蚀的措施有哪些？

6-13　何为氢脆？何为钢的氢致延滞断裂？防止措施有哪些？

参考文献

[1] 冯端，等．金属物理学［M］．北京：科学出版社，2000.
[2] 胡赓祥，等．材料科学基础［M］．上海：上海交通大学出版社，2000.
[3] 崔忠圻，等．金属学与热处理［M］．北京：机械工业出版社，2009.
[4] 熊兆贤．材料物理导论［M］．北京：科学出版社，2001.
[5] 赖祖涵．金属的晶体缺陷与力学性质［M］．北京：冶金工业出版社，2004.
[6] 石德珂，等．材料物理［M］．北京：机械工业出版社，2006.
[7] 刘国勋．金属学原理［M］．北京：冶金工业出版社，1979.
[8] 余永宁，等．材料的结构［M］．北京：冶金工业出版社，2001.
[9] 王国梅，等．材料物理［M］．武汉：武汉理工大学出版社，2004.
[10] 陈扬，等．机械工程材料［M］．沈阳：东北大学出版社，2007.
[11] 张宝昌．有色金属及其热处理［M］．西安：西北工业大学出版社，1993.
[12] 石德珂，等．材料力学性能［M］．西安：西安交通大学出版社，1998.
[13] 连法增．材料物理性能［M］．沈阳：东北大学出版社，2005.
[14] 张联盟，等．材料科学基础［M］．武汉：武汉理工大学出版社，2008.
[15] 杜丕一，等．材料科学基础［M］．北京：中国建材工业出版社，2002.
[16] 潘金生，等．材料科学基础［M］．北京：清华大学出版社，1998.
[17] 石德珂．材料科学基础［M］．北京：机械工业出版社，1999.
[18] 哈宽富，等．金属力学性质的微观理论［M］．北京：科学出版社，1983.
[19] 毛卫民，等．金属结构材料与性能［M］．北京：清华大学出版社，2008.
[20] 杨德庄．位错与金属强化机制［M］．哈尔滨：哈尔滨工业大学出版社，1991.
[21] 郑修麟．材料的力学性能［M］．西安：西北工业大学出版社，1994.
[22] 束德林．金属力学性能［M］．北京：机械工业出版社，1995.
[23] 陈传尧．疲劳与断裂［M］．武汉：华中科技大学出版社，2002.